江苏省“道德发展智库”成果
江苏省“公民道德与社会风尚协同创新中心”成果

国家社科基金重大招标项目
“现代伦理学诸理论形态研究”（10&ZD072) 成果

2018 年国家社会科学基金重大项目
“改革开放 40 年中国伦理道德数据库建设研究”
（18ZDA022）成果

中国伦理道德发展数据库

第四卷（上）

樊 浩 王 珏 等著

中国社会科学出版社

图书在版编目（CIP）数据

中国伦理道德发展数据库：全七卷／樊浩等著．—北京：中国社会科学出版社，2018.12

ISBN 978-7-5203-3603-1

Ⅰ．①中…　Ⅱ．①樊…　Ⅲ．①社会公德—调查研究—中国　Ⅳ．①B822

中国版本图书馆 CIP 数据核字（2018）第 260004 号

出 版 人　赵剑英
责任编辑　高　歌
责任校对　石春梅
责任印制　戴　宽

出　　版　中国社会科学出版社
社　　址　北京鼓楼西大街甲 158 号
邮　　编　100720
网　　址　http://www.csspw.cn
发 行 部　010-84083685
门 市 部　010-84029450
经　　销　新华书店及其他书店

印刷装订　北京君升印刷有限公司
版　　次　2018 年 12 月第 1 版
印　　次　2018 年 12 月第 1 次印刷

开　　本　787×1092　1/16
印　　张　482.5
字　　数　8918 千字
定　　价　2788.00 元（全七卷）

中国伦理道德发展数据库
建设委员会

总　序

东南大学的伦理学科起步于20世纪80年代前期，由著名哲学家、伦理学家萧焜焘教授、王育殊教授创立，90年代初开始组建一支由青年博士构成的年轻的学科梯队，至90年代中期，这个团队基本实现了博士化。在学界前辈和各界朋友的关爱与支持下，东南大学的伦理学科得到了较大的发展。自20世纪末以来，我本人和我们团队的同仁一直在思考和探索一个问题：我们这个团队应当和可能为中国伦理学事业的发展做出怎样的贡献？换言之，东南大学的伦理学科应当形成和建立什么样的特色？我们很明白，没有特色的学术，其贡献总是有限的。2005年，我们的伦理学科被批准为“985工程”国家哲学社会科学创新基地，这个历史性的跃进推动了我们对这个问题的思考。经过认真讨论并向学界前辈和同仁求教，我们将自己的学科特色和学术贡献点定位于三个方面：道德哲学；科技伦理；重大应用。

以道德哲学为第一建设方向的定位基于这样的认识：伦理学在一级学科上属于哲学，其研究及其成果必须具有充分的哲学基础和足够的哲学含量；当今中国伦理学和道德哲学的诸多理论和现实课题必须在道德哲学的层面探讨和解决。道德哲学研究立志并致力于道德哲学的一些重大乃至尖端性的理论课题的探讨。在这个被称为“后哲学”的时代，伦理学研究中这种对哲学的执着、眷念和回归，着实是一种“明知不可为而为之”之举，但我们坚信，它是我们这个时代稀缺的学术资源和学术努力。科技伦理的定位是依据我们这个团队的历史传统、东南大学的学科生态以及对伦理道德发展的新前沿而做出的判断和谋划。东南大学最早的研究生培养方向就是“科学伦理学”，当年我本人就在这个方向下学习和研究，而东南大学以科学技术为主体、文管艺医综合发展的学科生态，也使我们这些90年代初成长起来的“新生代”再次认识到，选择科技伦理为学科生长点是明智之举。如果说道德哲学与科技伦理的定位与我们的学科传统有关，那么，重大应用的定位就是基于对伦理学的现实本性以及为中国伦理道德建设做贡献的愿望和抱负的选择。定位“重大应用”而不是一般的“应用伦理学”，昭明我们在这方面有所为也有所不为，只是试图在伦理学应用的某些重大方面和重大领域凝聚我们的努力。

基于以上定位，在“985 工程”建设中，我们决定进行系列研究并在长期积累的基础上严肃而审慎地推出以“东大伦理”为标识的学术成果。“东大伦理”取名于两种考虑：这些系列成果的作者主要是东南大学伦理学团队的成员，有的系列也包括东南大学培养的伦理学博士生的优秀博士论文；更深刻的原因是，我们希望并努力使这些成果具有某种特色，以为中国伦理学事业的发展做出自己的贡献。“东大伦理”由六个系列构成：道德哲学研究系列；科技伦理研究系列；重大应用研究系列；与以上三个结构相关的译著系列；以丛刊形式出现并在 20 世纪 90 年代已经创刊的《伦理研究》专辑系列，该丛刊同样围绕三大定位组稿和出版；还有优秀博士论文系列。

“道德哲学系列”的基本结构是“两史一论”，即道德哲学基本理论；中国道德哲学；外国道德哲学。道德哲学理论的研究基础，不仅在概念上将“伦理”与“道德”相区分，而且在一定意义将伦理学、道德哲学、道德形而上学相区分。这些区分某种意义上回归到德国古典哲学的传统，但它更深刻地与中国道德哲学传统相契合。在这个被宣布“哲学终结”的时代，深入而细致、精致而宏大的哲学研究反倒是必需而稀缺的，虽然那个“致广大、尽精微、综罗百代”的“朱熹气象”在中国几乎已经一去不返，但这并不代表我们今天的学术已经不再需要深刻、精致和宏大气魄。中国道德哲学史、西方道德哲学史研究的理念基础，是将道德哲学史当作“哲学的历史”，而不只是道德哲学“原始的历史”和“反省的历史”，它致力探索和发现中西方道德哲学传统中那些具有“永远的现实性”的精神内涵，并在哲学层面进行中西方道德传统的对话与互释。专门史与通史，将是道德哲学史研究的两个基本维度，马克思主义的历史辩证法是其灵魂与方法。

“科技伦理系列”的学术风格与“道德哲学系列”相接并一致，它同样包括两个研究结构。第一个研究结构是科技道德哲学研究，它不是一般的科技伦理学，而是从哲学的层面、用哲学的方法进行科技伦理的理论建构和学术研究，故名之“科技道德哲学”而不是“科技伦理学”；第二个研究结构是当代科技前沿的伦理问题研究，如基因伦理研究、网络伦理研究、生命伦理研究等。第一个结构的学术任务是理论建构，第二个结构的学术任务是问题探讨，由此形成理论研究与现实研究之间的互补与互动。

“重大应用系列”以目前我作为首席专家的国家哲学社会科学重大招标课题和江苏省哲学社会科学重大委托课题为起步，以调查研究和对策研究为重点。目前我们正组织四个方面的大调查，即当今中国社会的伦理关系大调查；道德生活大调查；伦理—道德素质大调查；伦理—道德发展的经验教训及其影响因子的大调查。我们的目标和任务，是努力了解和把握当今中国伦理道德的真实状况，在此基础上进行理论推进和理论创新，为中国伦理道德建设提出具有战略意义和创新意义的对策思路。这就是我们对“重大应用”的诠释和理解，今后我们将沿着这个方向走下去，并贡献出团队和个人的研究成果。

“译著系列”、《伦理研究》丛刊，将围绕以上三个结构展开。我们试图进行的努力是：这两个系列将以学术交流，包括团队成员对国外著名大学、著名学术机构、著名学者的访问，以及高层次的国际国内学术会议为基础，以“我们正在做的事情”为主题和主线，由此凝聚自己的资源和努力。“优秀博士论文系列”将审慎地推出一些东南大学伦理学科的优秀博士论文，以检阅我们的文脉传承。

马克思曾经说过，历史只能提出自己能够完成的任务，因为任务的提出已经表明完成任务的条件已经具备或正在具备。也许，我们提出的是一个自己难以完成或不能完成的任务，因为我们完成任务的条件尤其是我本人和我们这支团队的学术资质方面的条件还远没有具备。我们期待通过漫漫兮求索乃至几代人的努力，建立起以道德哲学、科技伦理、重大应用为三原色的“东大伦理”的学术标识。这个计划所展示的，与其说是某些学术成果，不如说是我们这个团队的成员为中国伦理学事业贡献自己努力的抱负和愿望。我们无法预测结果，因为哲人罗素早就告诫，没有发生的事情是无法预料的，我们甚至没有足够的信心展望未来，我们唯一可以昭告和承诺的是：

我们正在努力！

我们将永远努力！

樊 浩

谨识于东南大学“舌在谷”

2007年2月11日

前　言
国家需求—学术成长—学科发展的协奏

东南大学伦理学团队是中国第三个伦理学博士点，在学科建设的初期就将道德哲学、科技伦理、重大应用定位于“东大伦理”的三原色，但重大应用的“重大”如何确认？重大应用研究如何与道德哲学研究良性互动？这个学术研究和学科发展的战略问题一开始并不是很清晰，只是有一点很明确：之所以瞄准“重大”，就是要有所为有所不为，着力于理论创新和文化传承。在中国学术界，应用研究的缺陷很明显，很多是理论研究的功力不够而转向“应用”，就像高考，不少人是因为理科成绩不理想而选考文科，于是对文科学习的激情和好奇心不够，直接影响了人文社会科学教学与研究的质量。还有一个问题是，我们发现不少学者长期从事应用研究，理论研究的高度和深度明显下滑，学界所谓“上行”与“下行”之说便由此而来。在国家“985”创新基地建设的初期，在我们的学术与学科发展理念中只是知道必须“重大”，但到底何谓“重大”、如何“重大”却并不聚焦。

这一问题的自觉始于2007年。那一年，全国哲学社会科学规划办第一次启动全国范围的重大招标项目，东南大学以樊和平教授为首席专家申报的“构建社会主义和谐社会进程中的思想道德与和谐伦理的理论与实践研究”在激烈竞争中获得成功。一段时间后，江苏省哲学社会科学规划办公室委托樊和平教授作为首席专家之一，承担重大委托项目“当前我国思想道德文化多元、多样、多变的特点和规律研究”。当时，整个团队都很兴奋，同时压力也很大，更重要的是，面对这两个以前从未邂逅的“重大”项目，不知从何处下手。樊和平教授做了多种方案，一年中团队多次研讨，但总觉得难以聚焦，也难以找到突破口，最后樊和平教授决定两个课题都从国情省情的调查研究突破。然而，到底如何调查，这支从未受过调查研究系统训练的团队只是凭着青春期的那股朝气和勇气前行。樊和平教授制定了一个“‘四大结构’—‘六大群体’—‘两类地区’”的逻辑框架。“四大结构”即“四大调查”：伦理关系大调查、道德生活大调查、伦理道德素质大调查、伦理道德的影响因子大调查；“六大群体”即政府公务员群体、企业家与企业员工群体、青少年群体、青年知识分子群体、新兴群体、弱势群体；“两类地区”即在全国和江苏都分别从发达地区和发展中地区采样，在全国以江苏、广东（广东以专题调查和补充调查为主）和广西、新疆，在江苏以苏州和盐城分别代表发达地区和发展中地区。两大课题分别设总课题调查组和六大群体的子课题调查组，投放问卷一万多份，故称“万人大调查”。子课题组根据六大群体的不同情况分别设计问卷，分别召开座谈会，总课题组设计综合问卷不分群体进行综合调查和座谈。无疑，问卷设计是基础也是第一道难关，因为它不仅考验和锻炼学者将学术问题转化为现实问题的那种“入化”的学术能力和学术境界，而且必须在这个过程中打造和建立团队。据此，问题设计的基本方法是：樊和平教授设计总体框架和学术内容，然后由各子课题负责人设计四大调查和六大群体的相关内容，在此基础上集体研讨，最后由樊和平教授逐一修改定稿，最后形成了由五十多个问题构成的两大问卷，并开始了在全国和江苏的浩浩荡荡的调查研究。国家课题组分别在江苏、广西、新疆三地，以多阶层抽样的方式共投放问卷 1200 份，获得有效样本 984 份，有效回收率为 82%，其中江苏地区 417 份，新疆、广西两地区共 567 份。江苏委托项目的总课题组的调查在三地同样投放 1200 份问卷，获得有效样本 971 份，有效回收率为 81%，其中江苏 427 份，广西、新疆 544 份。六大群体中的每个课题组都投放了相当数量的调查问卷。当时，不少学者包括规划办的领导都提醒我们可能将课题展开得太大了，但团队处于高昂的热情之中，深夜从数百里之外的盐城回来，还从车厢里飘出一路歌声。调查研究最终形成了 200 多万字的研究报告和数据库《中国伦理道德报告》《中国大众意识形态报告》（中国社会科学出版社，2010 年 12 月版），首发式和成果发布会后，包括《人民日报》和《光明日报》在内的各主流媒体都以不同方式对成果做了报道和介绍，受到时任中共中央政治局常委李长春同志的关注，并作了重要批示。

首轮道德国情调查焕发了东大伦理学团队的激情，它不仅主要是由东南大学伦理学团队组织和完成，而且主要是用伦理学的方法进行调查研究。首轮道德国情调查的重要尝试和进展是在问卷设计上做出了原创性的理论探索，但是在此过程中也暴露了这支团队在学术体制和能力结构上社会学素养方面的短板。为此，我们一方面进行知识学习，请社会调查的著名社会学家做学术辅导；另一方面着手组建一支新型的国际化的社会学团队。于是，在道德国情调查研究的过程中，一支来自世界各社会学重镇的知识结构和学术视野全新的优秀青年社会学团队暨东南大学社会学系诞生了，它从一开始便与伦理学团队交会，这一交会赋予两个团队、两个学科以特殊的活力与魅力。伦理学团队找到“道德哲学”与“重大应用”的结合点，形成了“道德国情与道德哲学前沿”江苏省创新团队，这个团队的目标和气派是“顶天立地”，方法和境界是在道德国情的调查研究中发现道德哲学前沿，而不再是从理论到理论，从热点到热点，更不是跟风西方学术，而是摆脱西方学术的路径信赖，将“前沿”与“热点”相区分，将“重大应用”聚力于道德国情的调查研究，在调查研究的基础上发现前沿，进行尖端性的道德哲学理论创新。

2013 年，“东大伦理”团队依托“公民道德与社会风尚”协同创新研究中心“2011 项目”和江苏省决策咨询基地“道德国情调查研究中心”，开展了第二轮江苏道德省情和中国道德国情调查。江苏调查由社会学系第一任系主任李林艳博士领衔，在 2007 年调查问卷的基础上补充一些新内容，并将整个问卷“社会学化”，使之更专业。江苏省省委常委、宣传部部长王燕文决定，全国调查搭载中国人民大学中国调查与数据中心的 CGSS 项目进行，CGSS（China General Social Survey）是中国人民大学社会学系和香港科技大学社会科学部发起的一项全国范围的大型抽样调查项目。2013 年为中国综合社会调查（CGSS）第二期（2010—2019）的第 4 次年度调查，也是 CGSS 自 2003 年开始以来的第 10 年。本次调查在全国一共抽取了 100 个县（区），加上北京、上海、天津、广州和深圳 5 个大城市，作为初级抽样单元。其中在每个抽中的县（区），随机抽取 4 个居委会或村委会；在每个居委会或村委会又计划调查 25 个家庭；在每个抽取的家庭，随机抽取一人进行访问。而在北京、上海、天津、广州和深圳这 5 个大城市，一共抽取 80 个居委会；在每个居委会计划调查 25 个家庭；在每个抽取的家庭，随机抽取一人进行访问。这样，在全国一共调查 480 个村/居委会，每个村/居委会调查 25 个家庭，每个家庭随机调查 1 人，最终完成有效调查样本 5666 个。江苏省道德省情调查项目由东南大学道德国情调查中心和社会学系具体实施，调查采用多阶段抽样方法，按照经济发展水平和地理位置进行分类。先把所有地级市分为三类，南京单独成一类，把其他地级市按照人均 GDP 高低分成两类，即人均 GDP 较高和较低两类。然后用概率比例规模抽样（PPS）在经济发展水平较高和较低这两大类中分别抽取了无锡市和连云港市，由此产生了南京、无锡和连云港三个地级市抽样样本。在每个地级市中，把城乡分开、按照 PPS 方法抽取两个区县，在每个区县中采用 PPS 方法抽取两个街道/乡镇，最后在每个街道/乡镇中采用 PPS 方法抽取两个社区（居委会/村委会）。随后利用社区常住人口名单进行系统抽样，每个社区抽取 50—60 户进行调查。因此，最终抽中了 3 个地级市中的 6 个区县、12 个街道/乡镇、24 个社区。入户问卷调查于 2013 年 9 月 5—15 日、11

月 9 日进行，访谈员主要是东南大学人文学院社会学系师生。入户之后，调查员利用 KISH 表抽取户内 18—69 岁的 1 名被访者进行面访。最终完成 1281 份调查问卷，其中南京完成问卷 446 份，无锡完成 443 份，连云港完成 392 份。第二次道德国情与道德省情调查，借助专业的社会学调查机构和调查团队进行，为中国道德国情与江苏道德省情调查提供更为专业的调研平台。但是在此过程中也经历了十分艰难的磨合，在与中国人民大学合作意向确定之后，樊和平教授就问卷中每个问题的主题及试图获得的相关信息，逐一与南京大学社会学家吴愈晓教授进行研讨，从而共同讨论出双方可以接受的问卷方式。在此过程中，伦理学与社会学两个学科的专家有学术交锋，乃至有不见面的学术争吵，社会学似乎认为伦理学主观并难以操作，而伦理学认为这是以社会学的偶然性代替伦理学的主观性，深度不够。然而，正是经过磨合甚至争吵，我们的国情调查才真正既有伦理学的主题和立场，又有社会学的味道。

2015 年 10 月，东南大学伦理学团队成为江苏省首批重点高端智库“道德发展智库”，它以“道德发展研究院”为依托，以东南大学伦理学科为牵头单位，与“公民道德与社会风尚协同创新中心”合而为一，与江苏省委宣传部、北京大学世界伦理中心、吉林大学马克思主义基本理论教育部重点研究基地、华东师范大学中国传统思想文化研究所教育部重点研究基地、中山大学马克思主义与中国现代化教育部重点研究基地、中国人民大学伦理学与道德建设教育部重点研究基地合作，进行协同创新。道德发展智库成立后，江苏省委宣传部、江苏省文明办与东南大学伦理学团队在全国首创《江苏省道德发展测评体系》，该测评体系由李林艳博士为课题负责人，先后经过十一轮的艰难探索和修改。测评体系主要包括“主流价值引领”“崇德向善风尚”“人文精神培育”“道德突出问题治理”和“政策法规保障”5 大类 23 项测评内容。2016 年 8 月，以江苏省道德发展测评体系为指南，道德发展智库与江苏省委宣传部、江苏省文明办协同，组织 320 多位师生，由人文学院院长王珏教授为行政总负责，社会学系龙书芹博士在一线指挥，对江苏全省 13 个设区市、41 个县（市），共抽中了 70 个区县、139 个街道、248 个社区，进行覆盖全省万户家庭的首轮江苏道德发展测评与第三轮道德省情大调查。第三次江苏道德省情调查总样本量 7000 份，其中有效样本量为 6355 份（成人问卷），同时完成青少年问卷 704 份。2017 年 9 月 19 日，在第 15 个公民道德宣传日来临之际，江苏省文明办和东南大学道德发展智库联合发布 2016 年江苏省道德发展状况测评指数报告。此次调查主要由东南大学伦理学团队与社会学团队合作完成，同时也是学术研究与社会服务相结合的智库合作尝试。

2017 年，江苏省委宣传部、江苏省文明办与道德发展智库深入合作，开展“2017 年全国和江苏省道德发展状况调查”。调查以“道德发展”理念为核心，先由樊和平教授进行理念和理论研究，形成并发表《伦理道德，如何才是发展?》的长篇学术论文，论证“以发展看待道德”的理念，提出“七力”的调查研究的理论体系和问卷框架，即：公民道德的自主力、家庭伦理的承载力、集团伦理的建构力、社会伦理的凝聚力、政府伦理的公信力、生态伦理的亲和力、世界伦理的兼容力。由此，测评当代中国伦理道德发展的“七大指数”，即公民的道德自觉自持指数、家庭的伦理承载力指数、集团的伦理可靠性指数、社会的伦理凝聚力指数、政府的伦理公信力指数、生态的伦理亲和力指数、文化的伦理魅力指数。在“伦理道德，如何才是发展”的理论框架的基础上，伦理学与社会学团队相整合，分部分进行问卷设计，以此推进团队建设和个体学术发展，锻炼和提升学者和团队“顶天立地”的学术能力，最后由樊和平教授逐一修改，定稿问卷。虽然过程漫长并十分艰苦，足够让那些耐心和耐力不够的学者望而却步，但在此过程中大家明显感到，学者和团队又一次进步了。江苏省省委常委、宣传部部长王燕文再次决定，此次调查过程由北京大学政府管理学院中国国情研究中心通过招标完成，东南大学伦理团队进行全程合作和全程监督。为解决流动人口的覆盖偏差问题，调查采用“GPS/GIS 辅助的地址抽样”（GPS Assistant Area Sampling）方法，以单元格内人口数为规模度量（Measure of Size），按照分层、多阶段的概率与规模成比例的方法（Probabilities Proportional to Size，PPS）进行选取。调查团队于 2017 年 8—11 月在全国 29 个省（自治区、直辖市）、89 个市、143 个县（市）进行抽样调查，派出督导员 30 人，访员 185 人。中国道德国情调查实际共抽取了 13358 个符合调查资格的住宅单位，完成了 8755 个有效样本，有效回答率为 65.5%；江苏道德省情调查实际共抽取了 6523 个符合调查资格的住宅单位，完成了 4362 个有效样本，有效回答率为 66.9%，同时完成青少年样本 576 个。调查由人文学院院长王珏为行政总负责，道德发展研究院庞俊来副院长负责执行。第三次道德国情与第四次道德省情调查进一步完善了道德国情与道德省情调查的问卷体系，积极探索了适合当代中国的道德发展状况的伦理道德调查理论与社会调查实践方法。

目前，东南大学伦理学团队已经完成三轮中国道德国情调查（2007 年、2013 年、2017 年），四轮江苏道德省情调查（2007 年、2013 年、2016 年、2017 年）。东南大学道德发展研究院对所有调查数据全部进行复核，并以大众可以接受的方式呈现，以直接服务于政府决策、大众需求和理论研究。2018 年，为纪念改革开放 40 周年，东南大学道德发展智库决定出版“中国伦理道德国情数据库”系列，记录这个伟大时代、伟大民族的道德发展历程。数据库的建设由庞俊来、龙书芹、李林艳具体负责，樊和平、王珏总负责。我们的目标和抱负是：将中国伦理道德国情数据库做成服务政府决策和学术研究的最全面、最专业、最权威的数据库。显然，我们和最终目标的实现还有相当距离，但我们的承诺一如既往——

我们正在努力！

我们将永远努力！

樊　浩

2018 年 9 月 10 日

总 目 录

中国伦理道德发展数据库·第一卷
伦理道德国情调查的问卷设计与初始数据库（2007年）

本卷编著责任专家：徐　嘉

上篇　伦理道德国情调查问卷设计与行动方案

第一章　调查问卷 …… (3)

2007年中国伦理道德状况调查问卷 …… (3)

2007年中国思想、道德、文化状况调查问卷 …… (18)

2013年中国综合社会调查问卷（CGSS） …… (33)

2013年居民伦理道德发展状况调查问卷 …… (46)

2016年居民伦理道德发展状况调查问卷 …… (66)

2016年江苏省居民伦理道德发展状况调查问卷（青少年问卷） …… (88)

2017年中国（暨江苏）伦理道德发展状况调查问卷 …… (92)

2017年江苏省伦理道德发展状况调查青少年问卷 …… (149)

第二章　调查方案 …… (151)

2017年江苏省道德发展状况测评抽样设计与调查实施方案 …… (151)

2017年中国伦理道德发展状况调查与研究抽样设计与调查实施方案 …… (164)

第三章　调查手册与受访者答案卡 …… (180)

2017年中国（暨江苏）伦理道德发展状况调查采访员手册 …… (180)

2017年中国（暨江苏）伦理道德发展状况调查受访者答案卡 …… (247)

第四章　调查数据使用说明 …… (277)

2017年江苏省道德发展状况测评调查数据使用说明 …… (277)

2017年中国伦理道德发展状况调查数据使用说明 …… (279)

第五章　理论框架：伦理道德，如何才是发展？ …… (281)

下篇　伦理道德发展初始数据库（2007年·中国与江苏）

第六章　2007年中国伦理道德发展数据库 ……………………………… (317)
　2007年中国伦理道德状况调查数据库 ……………………………… (317)
　　2007年中国伦理道德状况调查数据库 ……………………………… (317)
　　2007年中国伦理道德状况比较数据库 ……………………………… (342)
　2007年中国思想、道德、文化状况调查数据库 …………………… (370)
　　2007年中国思想、道德、文化状况数据库 ………………………… (370)
　　2007年中国思想、道德、文化状况比较数据库 …………………… (393)
第七章　2007年江苏省伦理道德发展数据库 …………………………… (419)
　2007年江苏省伦理道德状况数据库 ………………………………… (419)
后记　数字写春秋 ……………………………………………………… (434)

中国伦理道德发展数据库·第二卷
伦理道德发展的大众共识与群体差异数据库（2013年）

本卷编著责任专家：李林艳

上篇　2013年中国伦理道德发展数据库

第一章　2013年中国伦理道德发展数据库频数分析表 ……………………… (3)
第二章　2013年中国伦理道德发展数据库交互分析表 …………………… (36)
　中国伦理道德评价的户口差异 ………………………………………… (36)
　中国伦理道德评价的年龄差异 ………………………………………… (65)
　中国伦理道德评价的收入差异 ………………………………………… (94)
　中国伦理道德评价的教育差异 ………………………………………… (123)
　中国伦理道德评价的体制差异 ………………………………………… (153)
　中国伦理道德评价的职业差异 ………………………………………… (181)
　中国伦理道德评价的宗教差异 ………………………………………… (207)
　中国伦理道德评价的民族差异 ………………………………………… (236)

下篇　2013年江苏省伦理道德发展数据库

第三章　2013年江苏省伦理道德发展数据库 …………………………… (267)
第四章　2013年江苏省伦理道德发展数据库交互分析表 ……………… (384)
　江苏省伦理道德评价的户口差异 ……………………………………… (384)
　江苏省伦理道德评价的年龄差异 ……………………………………… (438)

江苏省伦理道德评价的收入差异 ……………………………………………… (494)
江苏省伦理道德评价的教育差异 ……………………………………………… (550)
江苏省伦理道德评价的性别差异 ……………………………………………… (602)
江苏省伦理道德评价的体制差异 ……………………………………………… (657)
江苏省伦理道德评价的职业差异 ……………………………………………… (713)
江苏省伦理道德评价的宗教差异 ……………………………………………… (766)
后记　数字写春秋 ……………………………………………………………… (822)

中国伦理道德发展数据库·第三卷
伦理道德发展的大众共识与群体差异数据库（中国·2017 年）

本卷编著责任专家：庞俊来

第一章　2017 年中国伦理道德发展状况频数分析表 ……………………… (1)
第二章　2017 年中国伦理道德发展数据库交互分析表 …………………… (331)
中国伦理道德评价的户口差异 ……………………………………………… (331)
中国伦理道德评价的年龄差异 ……………………………………………… (503)
中国伦理道德评价的收入差异 ……………………………………………… (677)
中国伦理道德评价的教育差异 ……………………………………………… (852)
中国伦理道德评价的性别差异 ……………………………………………… (1030)
中国伦理道德评价的政治面貌差异 ………………………………………… (1201)
中国伦理道德评价的职业差异 ……………………………………………… (1377)
中国伦理道德评价的诸群体差异 …………………………………………… (1551)
中国伦理道德评价的宗教信仰差异 ………………………………………… (1745)
后记　数字写春秋 ……………………………………………………………… (1917)

中国伦理道德发展数据库·第四卷
伦理道德发展的大众共识与群体差异数据库（江苏省·2016 年）

本卷编著责任专家：龙书芹

第一章　2016 年江苏省伦理道德发展数据库频数分析表 ………………… (1)
2016 年江苏省伦理道德调研成人问卷频数 ………………………………… (1)
2016 年江苏省伦理道德调研青少年问卷频数 ……………………………… (183)
第二章　2016 年江苏省伦理道德发展数据库交互分析表 ………………… (221)
江苏省伦理道德评价的宗教信仰差异 ……………………………………… (221)

江苏省伦理道德评价的体制差异……………………………………………………（324）
江苏省伦理道德评价的职业差异……………………………………………………（429）
江苏省伦理道德评价的诸群体差异…………………………………………………（537）
江苏省伦理道德评价的性别差异……………………………………………………（649）
江苏省伦理道德评价的收入差异……………………………………………………（752）
江苏省伦理道德评价的年龄差异……………………………………………………（856）
江苏省伦理道德评价的教育差异……………………………………………………（963）
江苏省伦理道德评价的户口差异 …………………………………………………（1068）
后记　数字写春秋 …………………………………………………………………（1172）

中国伦理道德发展数据库·第五卷
伦理道德发展的大众共识与群体差异数据库（江苏省·2017年）

本卷编著责任专家：蒋艳艳

第一章　2017年江苏省伦理道德发展状况频数分析表 ………………………………（1）
第二章　2017年江苏省伦理道德发展数据库交互分析表 …………………………（319）
江苏省伦理道德评价的户口差异……………………………………………………（319）
江苏省伦理道德评价的年龄差异……………………………………………………（489）
江苏省伦理道德评价的收入差异……………………………………………………（661）
江苏省伦理道德评价的教育差异……………………………………………………（834）
江苏省伦理道德评价的性别差异 …………………………………………………（1010）
江苏省伦理道德评价的政治面貌差异 ……………………………………………（1180）
江苏省伦理道德评价的职业差异 …………………………………………………（1355）
江苏省伦理道德评价的诸群体差异 ………………………………………………（1530）
江苏省伦理道德评价的宗教信仰差异 ……………………………………………（1725）
后记　数字写春秋 …………………………………………………………………（1898）

中国伦理道德发展数据库·第六卷
中国伦理道德发展的时序差异比较数据库（2007—2017）

本卷编著责任专家：许　敏

第一章　中国伦理道德发展比较数据库（2007—2017） ……………………………（1）
中国2007年与2017年伦理道德发展比较数据库 ……………………………………（1）

中国 2007 年、2013 年、2017 年伦理道德发展比较数据库 ………………… (56)
第二章　江苏省伦理道德发展比较数据库（2007—2017） …………………… (87)
江苏省 2007 年与 2013 年伦理道德发展比较数据库 ………………………… (87)
江苏省 2013 年与 2016 年伦理道德发展比较数据库 ………………………… (111)
江苏省 2007 年、2013 年、2016 年伦理道德发展比较数据库 ……………… (157)
江苏省 2007 年、2013 年、2016 年、2017 年伦理道德发展比较数据库 ……………………………………………………………………… (184)
第三章　江苏省与全国伦理道德发展比较数据库（2013、2017） ………… (219)
2013 年江苏省与全国伦理道德发展比较数据库 …………………………… (219)
2017 年江苏省与全国伦理道德发展比较数据库 …………………………… (259)
后记　数字写春秋 ……………………………………………………………… (547)

中国伦理道德发展数据库·第七卷
伦理道德发展的大众共识与地域差异比较数据库

本卷编著责任专家：洪岩壁

第一章　江苏省与全国伦理道德发展的共识与差异比较数据库 ……………… (1)
2013 年江苏省与全国伦理道德发展的共识与差异比较数据库 ……………… (1)
2013 年江苏省与全国诸社会群体道德认知的共识与差异比较数据库 …… (18)
2017 年江苏省与全国伦理道德发展的共识与差异比较数据库 …………… (57)
2017 年江苏省与全国诸社会群体道德认知的共识与差异比较数据库 …… (215)
第二章　江苏省伦理道德发展的共识与差异比较数据库 ………………… (579)
2007 年、2013 年、2016 年、2017 年江苏省伦理道德发展状况比较数据库 ……………………………………………………………………… (579)
2013 年、2016 年、2017 年江苏省伦理道德发展的共识与差异 ………… (602)
2013 年、2016 年、2017 年江苏省诸群体道德认知的共识与差异 ……… (646)
后记　数字写春秋 ……………………………………………………………… (718)

第四卷目录

（上）

第一章　2016 年江苏省伦理道德发展数据库频数分析表 …………………………（1）
2016 年江苏省伦理道德调研成人问卷频数 ……………………………………………（1）
2016 年江苏省伦理道德调研青少年问卷频数 ………………………………………（183）
第二章　2016 年江苏省伦理道德发展数据库交互分析表 ……………………（221）
江苏省伦理道德评价的宗教信仰差异……………………………………………（221）
江苏省伦理道德评价的体制差异…………………………………………………（324）
江苏省伦理道德评价的职业差异…………………………………………………（429）

（下）

江苏省伦理道德评价的诸群体差异………………………………………………（537）
江苏省伦理道德评价的性别差异…………………………………………………（649）
江苏省伦理道德评价的收入差异…………………………………………………（752）
江苏省伦理道德评价的年龄差异…………………………………………………（856）
江苏省伦理道德评价的教育差异…………………………………………………（963）
江苏省伦理道德评价的户口差异 ………………………………………………（1068）
后记　数字写春秋 …………………………………………………………………（1172）

第一章 2016年江苏省伦理道德发展数据库频数分析表

2016年江苏省伦理道德调研成人问卷频数

S1 地级市

		频数	百分比	有效百分比	累积百分比
有效	南京	838	13.2%	13.2%	13.2%
	无锡	307	4.8%	4.8%	18.0%
	徐州	618	9.7%	9.7%	27.7%
	常州	201	3.2%	3.2%	30.9%
	苏州	500	7.9%	7.9%	38.8%
	南通	625	9.8%	9.8%	48.6%
	连云港	413	6.5%	6.5%	55.1%
	淮安	518	8.2%	8.2%	63.3%
	盐城	702	11.0%	11.0%	74.3%
	扬州	406	6.4%	6.4%	80.7%
	镇江	406	6.4%	6.4%	87.1%
	泰州	407	6.4%	6.4%	93.5%
	宿迁	414	6.5%	6.5%	100.0%
	总计	6355	100.0%	100.0%	

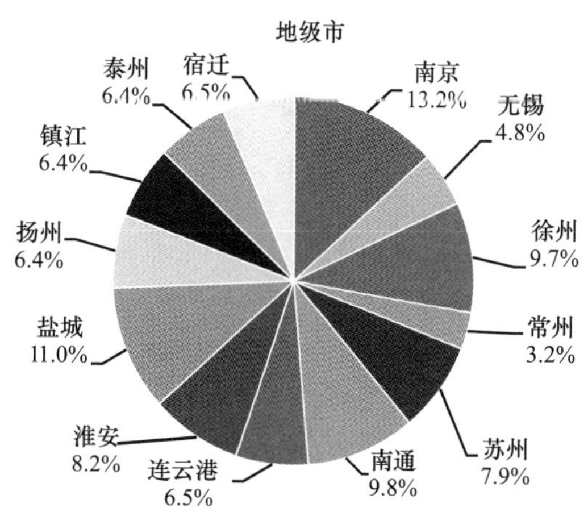

S2 区/县

		频数	百分比	有效百分比	累积百分比
有效	鼓楼区	206	3.2%	3.2%	3.2%
	雨花区	220	3.5%	3.5%	6.7%
	浦口区	208	3.3%	3.3%	10.0%
	高淳区	203	3.2%	3.2%	13.2%
	梁溪区	52	0.8%	0.8%	14.0%
	滨湖区	48	0.8%	0.8%	14.7%
	江阴市	103	1.6%	1.6%	16.4%
	宜兴市	101	1.6%	1.6%	18.0%
	鼓楼区	58	0.9%	0.9%	18.9%
	铜山区	50	0.8%	0.8%	19.7%
	丰县	104	1.6%	1.6%	21.3%
	沛县	105	1.7%	1.7%	22.9%
	睢宁县	102	1.6%	1.6%	24.6%
	新沂市	105	1.7%	1.7%	26.2%
	邳州市	100	1.6%	1.6%	27.8%
	钟楼区	50	0.8%	0.8%	28.6%
	金坛区	50	0.8%	0.8%	29.4%
	溧阳市	100	1.6%	1.6%	30.9%
	姑苏区	52	0.8%	0.8%	31.7%
	虎丘区	48	0.8%	0.8%	32.5%
	常熟市	99	1.6%	1.6%	34.1%
	张家港市	102	1.6%	1.6%	35.7%
	昆山市	99	1.6%	1.6%	37.2%
	太仓市	102	1.6%	1.6%	38.8%
	崇川区	54	0.8%	0.8%	39.7%
	通州区	55	0.9%	0.9%	40.5%
	海安县	105	1.7%	1.7%	42.2%
	如东县	100	1.6%	1.6%	43.8%
	启东市	100	1.6%	1.6%	45.3%
	如皋市	104	1.6%	1.6%	47.0%
	海门市	109	1.7%	1.7%	48.7%
	连云区	55	0.9%	0.9%	49.6%
	赣榆区	51	0.8%	0.8%	50.4%
	东海县	97	1.5%	1.5%	51.9%
	灌云县	104	1.6%	1.6%	53.5%
	灌南县	111	1.7%	1.7%	55.3%
	淮安区	60	0.9%	0.9%	56.2%

续表

		频数	百分比	有效百分比	累积百分比
有效	青浦区	50	0.8%	0.8%	57.0%
	涟水区	103	1.6%	1.6%	58.6%
	洪泽县	101	1.6%	1.6%	60.2%
	盱眙县	100	1.6%	1.6%	61.8%
	金湖县	102	1.6%	1.6%	63.4%
	亭湖区	52	0.8%	0.8%	64.2%
	大丰区	50	0.8%	0.8%	65.0%
	响水县	100	1.6%	1.6%	66.6%
	滨海县	101	1.6%	1.6%	68.2%
	阜宁县	100	1.6%	1.6%	69.7%
	射阳县	99	1.6%	1.6%	71.3%
	建湖县	100	1.6%	1.6%	72.9%
	东台市	100	1.6%	1.6%	74.4%
	广陵区	50	0.8%	0.8%	75.2%
	江都区	58	0.9%	0.9%	76.1%
	宝应县	100	1.6%	1.6%	77.7%
	仪征市	95	1.5%	1.5%	79.2%
	高邮市	99	1.6%	1.6%	80.8%
	润州区	52	0.8%	0.8%	81.6%
	京口区	50	0.8%	0.8%	82.4%
	丹阳市	105	1.7%	1.7%	84.0%
	扬中市	101	1.6%	1.6%	85.6%
	句容市	101	1.6%	1.6%	87.2%
	海陵区	52	0.8%	0.8%	88.0%
	姜堰区	49	0.8%	0.8%	88.8%
	兴化市	97	1.5%	1.5%	90.3%
	靖江市	107	1.7%	1.7%	92.0%
	泰兴市	101	1.6%	1.6%	93.6%
	宿城区	51	0.8%	0.8%	94.4%
	宿豫区	50	0.8%	0.8%	95.2%
	沭阳县	100	1.6%	1.6%	96.8%
	泗阳县	100	1.6%	1.6%	98.3%
	泗洪县	106	1.7%	1.7%	100.0%
	总计	6354	100.0%	100.0%	
缺失		1	0.0%		
总计		6355	100.0%		

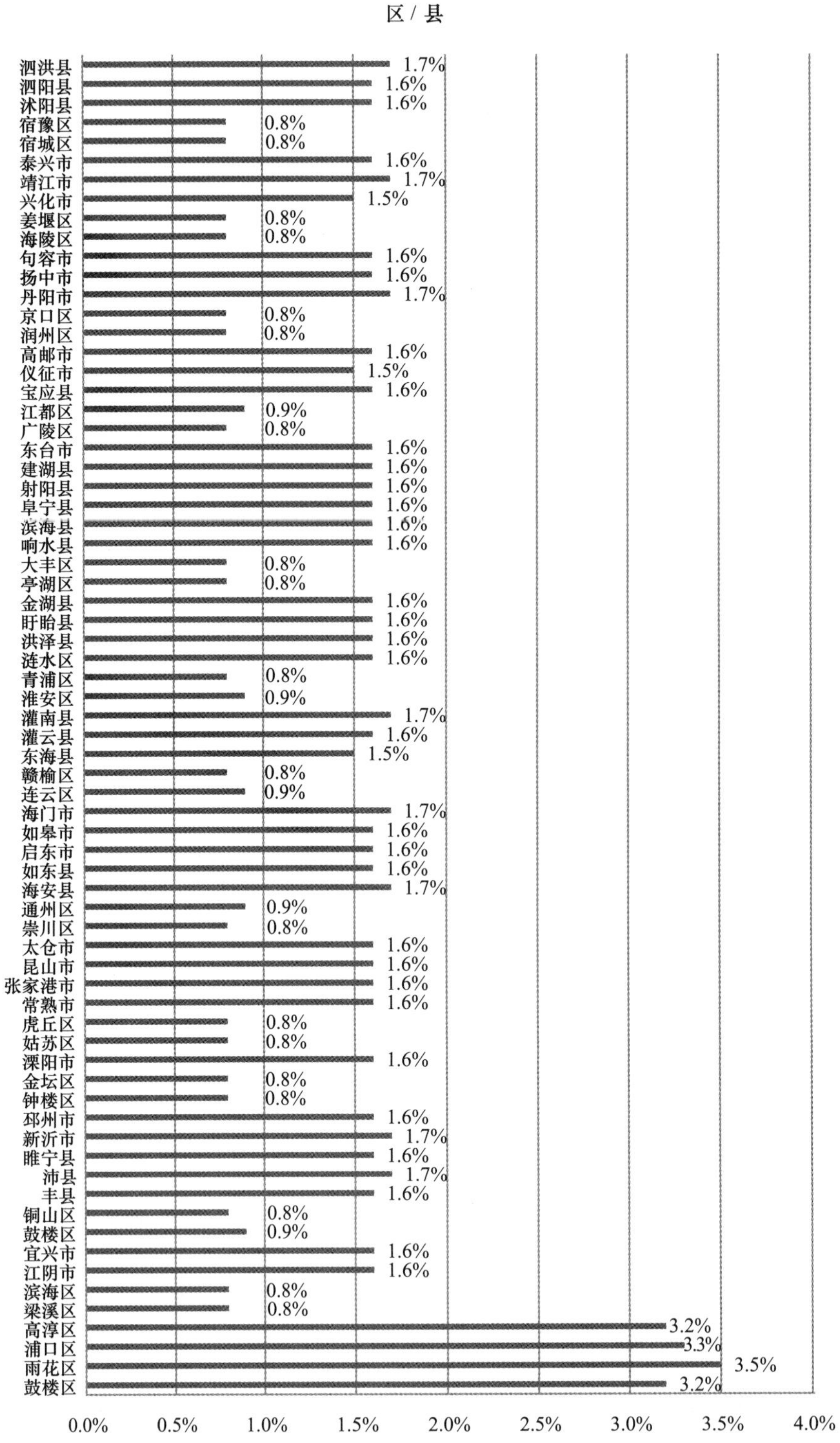

区 / 县	比例
泗洪县	1.7%
泗阳县	1.6%
沭阳县	1.6%
宿豫区	0.8%
宿城区	0.8%
泰兴市	1.6%
靖江市	1.7%
兴化市	1.5%
姜堰区	0.8%
海陵区	0.8%
句容市	1.6%
扬中市	1.6%
丹阳市	1.7%
京口区	0.8%
润州区	0.8%
高邮市	1.6%
仪征市	1.5%
宝应县	1.6%
江都区	0.9%
广陵区	0.8%
东台市	1.6%
建湖县	1.6%
射阳县	1.6%
阜宁县	1.6%
滨海县	1.6%
响水县	1.6%
大丰区	0.8%
亭湖区	0.8%
金湖县	1.6%
盱眙县	1.6%
洪泽县	1.6%
涟水区	1.6%
青浦区	0.8%
淮安区	0.9%
灌南县	1.7%
灌云县	1.6%
东海县	1.5%
赣榆区	0.8%
连云区	0.9%
海门市	1.7%
如皋市	1.6%
启东市	1.6%
如东县	1.6%
海安县	1.7%
通州区	0.9%
崇川区	0.8%
太仓市	1.6%
昆山市	1.6%
张家港市	1.6%
常熟市	1.6%
虎丘区	0.8%
姑苏区	0.8%
溧阳市	1.6%
金坛区	0.8%
钟楼区	0.8%
邳州市	1.6%
新沂市	1.7%
睢宁县	1.6%
沛县	1.7%
丰县	1.6%
铜山区	0.8%
鼓楼区	0.9%
宜兴市	1.6%
江阴市	1.6%
滨海区	0.8%
梁溪区	0.8%
高淳区	3.2%
浦口区	3.3%
雨花区	3.5%
鼓楼区	3.2%

0.0% 0.5% 1.0% 1.5% 2.0% 2.5% 3.0% 3.5% 4.0%

A1 性别

		频数	百分比	有效百分比	累积百分比
有效	男	3011	47.4%	47.5%	47.5%
	女	3325	52.3%	52.5%	100.0%
	总计	6336	99.7%	100.0%	
缺失	0	13	0.2%		
	System	6	0.1%		
	总计	19	0.3%		
总计		6355	100.0%		

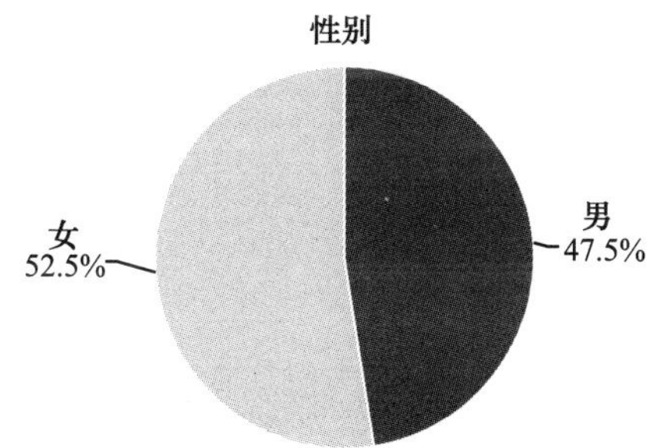

A2a 年龄/出生年份

		频数	百分比	有效百分比	累积百分比
有效	1936	1			
	1938	1			
	1939	1			
	1942	2			0.1%
	1944	3			0.1%
	1945	7	0.1%	0.1%	0.2%
	1947	3			0.3%
	1948	6	0.1%	0.1%	0.4%
	1949	5	0.1%	0.1%	0.5%
	1950	25	0.4%	0.4%	0.9%
	1951	232	3.7%	3.7%	4.5%
	1952	266	4.2%	4.2%	8.7%
	1953	214	3.4%	3.4%	12.1%
	1954	255	4.0%	4.0%	16.1%
	1955	242	3.8%	3.8%	20.0%
	1956	212	3.3%	3.4%	23.3%
	1957	178	2.8%	2.8%	26.1%
	1958	167	2.6%	2.6%	28.8%
	1959	112	1.8%	1.8%	30.5%
	1960	134	2.1%	2.1%	32.7%
	1961	120	1.9%	1.9%	34.6%

续表

		频数	百分比	有效百分比	累积百分比
有效	1962	191	3.0%	3.0%	37.6%
	1963	219	3.4%	3.5%	41.0%
	1964	208	3.3%	3.3%	44.3%
	1965	177	2.8%	2.8%	47.1%
	1966	196	3.1%	3.1%	50.2%
	1967	178	2.8%	2.8%	53.0%
	1968	206	3.2%	3.3%	56.3%
	1969	165	2.6%	2.6%	58.9%
	1970	184	2.9%	2.9%	61.8%
	1971	165	2.6%	2.6%	64.4%
	1972	122	1.9%	1.9%	66.3%
	1973	92	1.4%	1.5%	67.8%
	1974	118	1.9%	1.9%	69.7%
	1975	109	1.7%	1.7%	71.4%
	1976	138	2.2%	2.2%	73.6%
	1977	85	1.3%	1.3%	74.9%
	1978	104	1.6%	1.6%	76.6%
	1979	79	1.2%	1.2%	77.8%
	1980	75	1.2%	1.2%	79.0%
	1981	85	1.3%	1.3%	80.3%
	1982	82	1.3%	1.3%	81.6%
	1983	66	1.0%	1.0%	82.7%
	1984	64	1.0%	1.0%	83.7%
	1985	64	1.0%	1.0%	84.7%
	1986	92	1.4%	1.5%	86.2%
	1987	79	1.2%	1.2%	87.4%
	1988	80	1.3%	1.3%	88.7%
	1989	112	1.8%	1.8%	90.4%
	1990	113	1.8%	1.8%	92.2%
	1991	71	1.1%	1.1%	93.3%
	1992	62	1.0%	1.0%	94.3%
	1993	47	0.7%	0.7%	95.1%
	1994	43	0.7%	0.7%	95.7%
	1995	66	1.0%	1.0%	96.8%
	1996	60	0.9%	0.9%	97.7%
	1997	61	1.0%	1.0%	98.7%
	1998	67	1.1%	1.1%	99.8%
	1999	14	0.2%	0.2%	100.0%
	2009	1			100.0%
	总计	6326	99.5%	100.0%	
缺失	0	15	0.2%		
	System	14	0.2%		
	总计	29	0.5%		
总计		6355	100.0%		

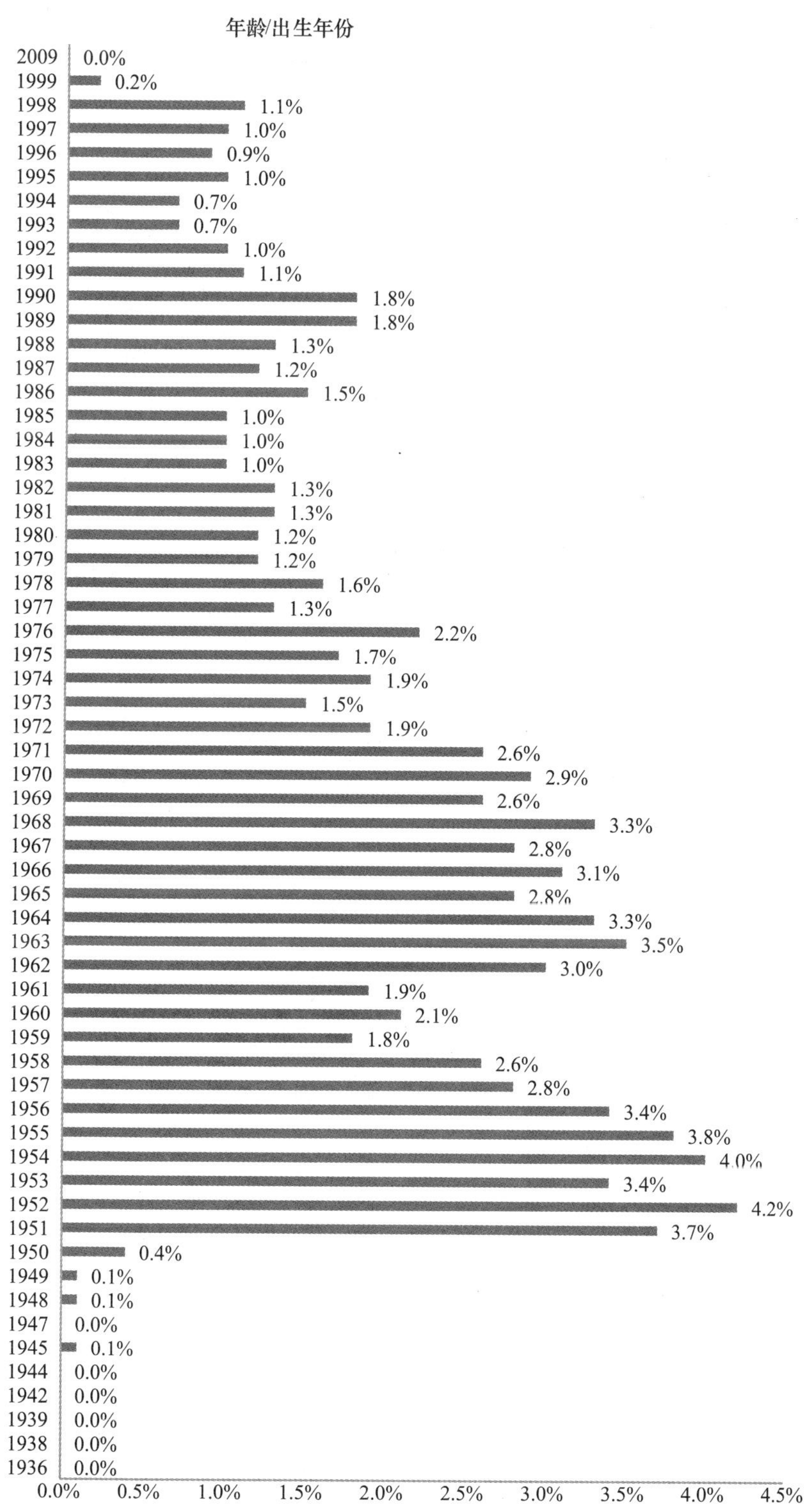
年龄/出生年份
2009 0.0%
1999 0.2%
1998 1.1%
1997 1.0%
1996 0.9%
1995 1.0%
1994 0.7%
1993 0.7%
1992 1.0%
1991 1.1%
1990 1.8%
1989 1.8%
1988 1.3%
1987 1.2%
1986 1.5%
1985 1.0%
1984 1.0%
1983 1.0%
1982 1.3%
1981 1.3%
1980 1.2%
1979 1.2%
1978 1.6%
1977 1.3%
1976 2.2%
1975 1.7%
1974 1.9%
1973 1.5%
1972 1.9%
1971 2.6%
1970 2.9%
1969 2.6%
1968 3.3%
1967 2.8%
1966 3.1%
1965 2.8%
1964 3.3%
1963 3.5%
1962 3.0%
1961 1.9%
1960 2.1%
1959 1.8%
1958 2.6%
1957 2.8%
1956 3.4%
1955 3.8%
1954 4.0%
1953 3.4%
1952 4.2%
1951 3.7%
1950 0.4%
1949 0.1%
1948 0.1%
1947 0.0%
1945 0.1%
1944 0.0%
1942 0.0%
1939 0.0%
1938 0.0%
1936 0.0%
0.0% 0.5% 1.0% 1.5% 2.0% 2.5% 3.0% 3.5% 4.0% 4.5%

A2b 年龄/出生月份

		频数	百分比	有效百分比	累积百分比
有效	1	473	7.4%	7.5%	7.5%
	2	585	9.2%	9.3%	16.8%
	3	570	9.0%	9.1%	25.9%
	4	411	6.5%	6.5%	32.4%
	5	477	7.5%	7.6%	40.0%
	6	493	7.8%	7.8%	47.8%
	7	461	7.3%	7.3%	55.1%
	8	612	9.6%	9.7%	64.8%
	9	492	7.7%	7.8%	72.6%
	10	651	10.2%	10.3%	83.0%
	11	511	8.0%	8.1%	91.1%
	12	560	8.8%	8.9%	100.0%
	总计	6296	99.1%	99.9%	
缺失	0	29	0.5%		
	System	30	0.5%		
	总计	59	0.9%		
总计		6355	100.0%		

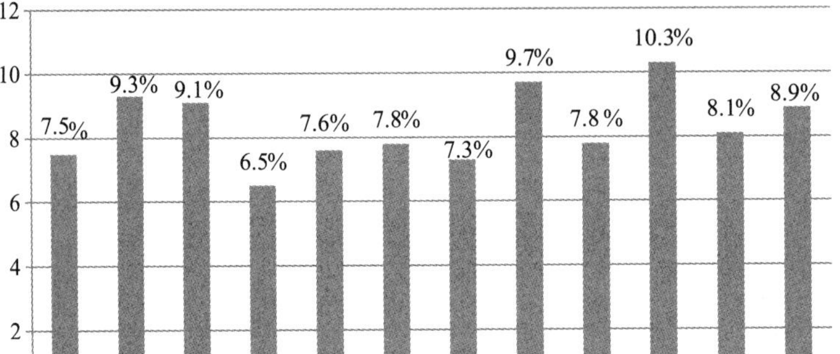

A3 婚姻状况

		频数	百分比	有效百分比	累积百分比
有效	未婚	568	8.9%	9.0%	9.0%
	已婚	5551	87.3%	87.7%	96.7%

续表

		频数	百分比	有效百分比	累积百分比
有效	离婚	71	1.1%	1.1%	97.8%
	丧偶	139	2.2%	2.2%	100.0%
	总计	6329	99.6%	100.0%	
缺失	0	16	0.3%		
	System	10	0.2%		
	总计	26	0.4%		
总计		6355	100.0%		

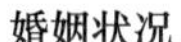

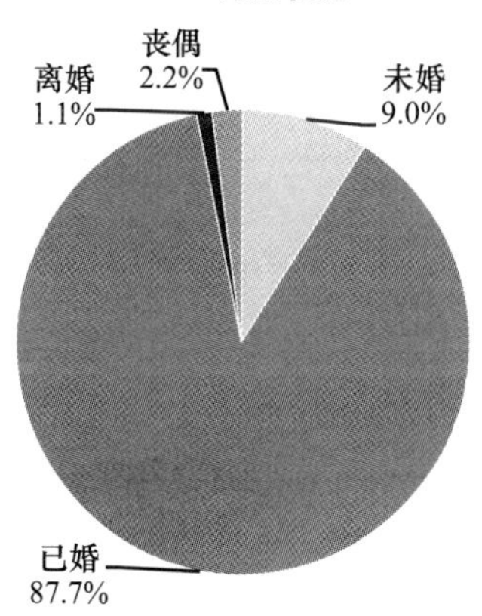

A4 民族

		频数	百分比	有效百分比	累积百分比
有效	汉	6295	99.1%	99.4%	99.4%
	蒙	7	0.1%	0.1%	99.5%
	满	3			99.6%
	回	19	0.3%	0.3%	99.9%
	藏	2			99.9%
	其他	6	0.1%	0.1%	100.0%
	总计	6332	99.6%	99.9%	
缺失	0	13	0.2%		
	System	10	0.2%		
	总计	23	0.4%		
总计		6355	100.0%		

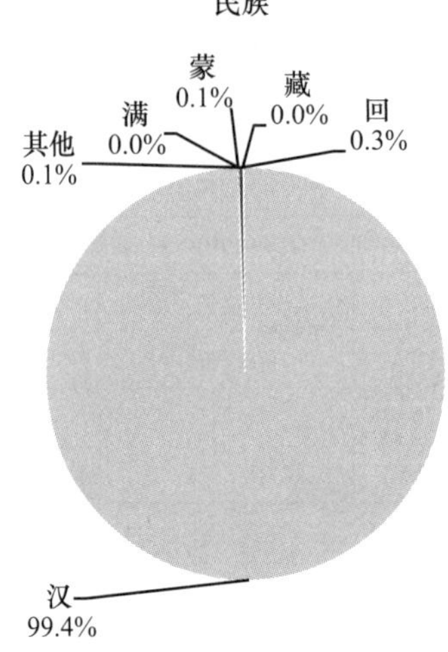

A5a 有无宗教信仰

		频数	百分比	有效百分比	累积百分比
有效	没有宗教信仰	5661	89.1%	90.8%	90.8%
	有信仰宗教	573	9.0%	9.2%	100.0%
	总计	6234	98.1%	100.0%	
缺失	0	73	1.1%		
	System	48	0.8%		
	总计	121	1.9%		
总计		6355	100.0%		

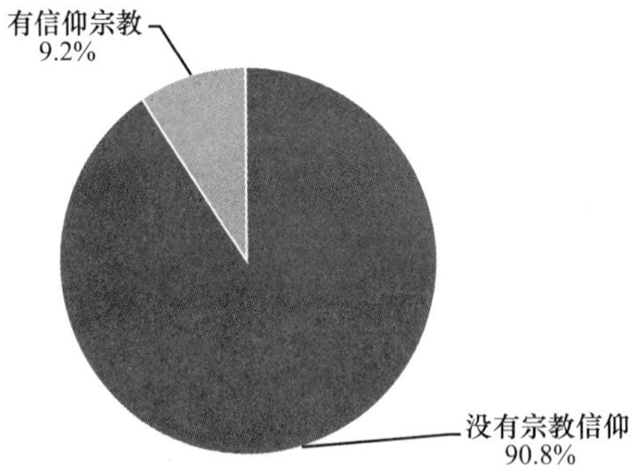

A5b 信仰宗教

		频数	百分比	有效百分比	累积百分比
有效	佛教	348	5.5%	52.8%	52.8%
	道教	8	0.1%	1.2%	54.0%
	伊斯兰教/回教	18	0.3%	2.7%	56.8%
	民间信仰	34	0.5%	5.2%	61.9%
	天主教	8	0.1%	1.2%	63.1%
	基督教	226	3.6%	34.3%	97.4%
	其他	17	0.3%	2.6%	100.0%
	总计	659	10.4%	100.0%	
缺失	0	1126	17.7%		
	System	4570	71.9%		
	总计	5696	89.6%		
总计		6355	100.0%		

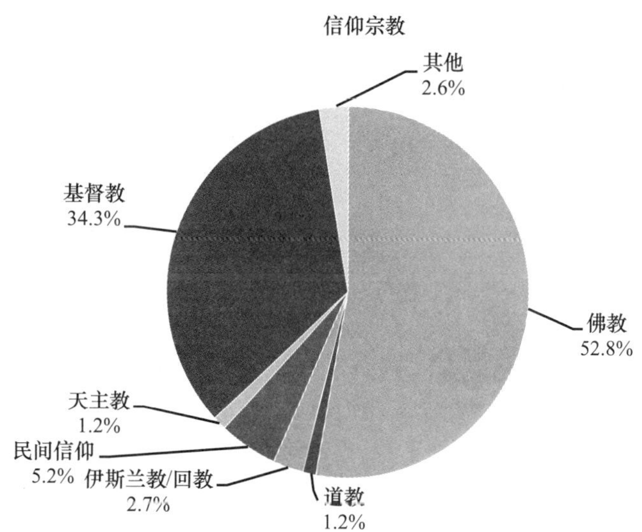

A6 最高教育程度（包括目前在读的）

		频数	百分比	有效百分比	累积百分比
有效	没上过学	454	7.1%	7.2%	7.2%
	小学	1021	16.1%	16.1%	23.2%
	初中	2205	34.7%	34.7%	58.0%
	高中、中专和职高	1402	22.1%	22.1%	80.1%

续表

		频数	百分比	有效百分比	累积百分比
有效	大专	644	10.1%	10.1%	90.2%
	本科	591	9.3%	9.3%	99.5%
	研究生及以上	29	0.5%	0.5%	100.0%
	总计	6346	99.9%	100.0%	
缺失	0	3			
	System	6	0.1%		
	总计	9	0.1%		
总计		6355	100.0%		

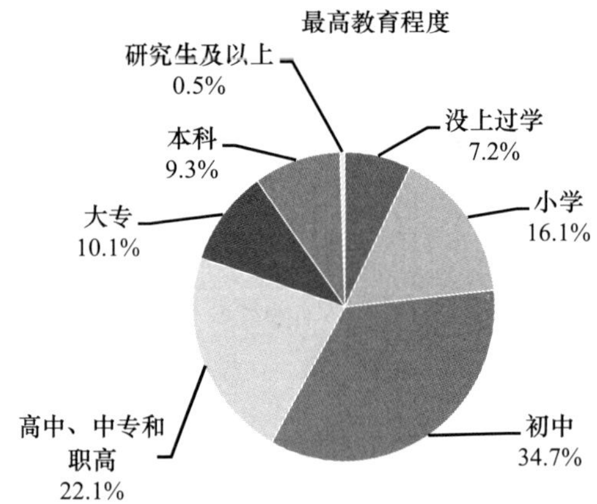

A7 政治面貌

		频数	百分比	有效百分比	累积百分比
有效	共产党员	1087	17.1%	17.1%	17.1%
	民主党派	8	0.1%	0.1%	17.3%
	共青团员	561	8.8%	8.8%	26.1%
	群众	4689	73.8%	73.9%	100.0%
	总计	6345	99.8%	99.9%	
缺失	0	6	0.1%		
	System	4	0.1%		
	总计	10	0.2%		
总计		6355	100.0%		

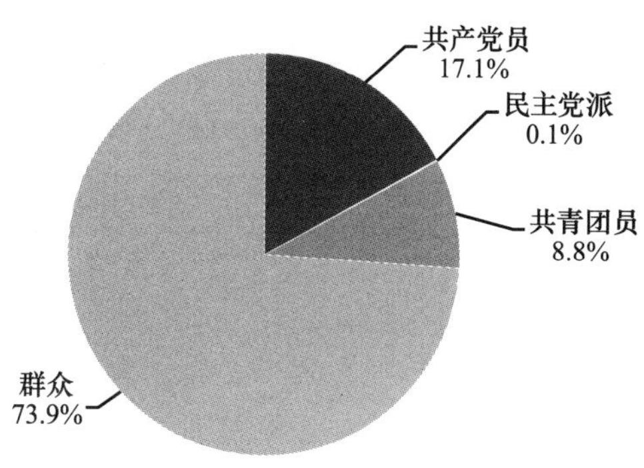

A8 户口

		频数	百分比	有效百分比	累积百分比
有效	农业户口	3775	59.4%	59.5%	59.5%
	非农业户口	2566	40.4%	40.4%	99.9%
	没有户口	4	0.1%	0.1%	100.0%
	总计	6345	99.9%	100.0%	
缺失	0	5	0.1%		
	System	5	0.1%		
	总计	10	0.2%		
总计		6355	100.0%		

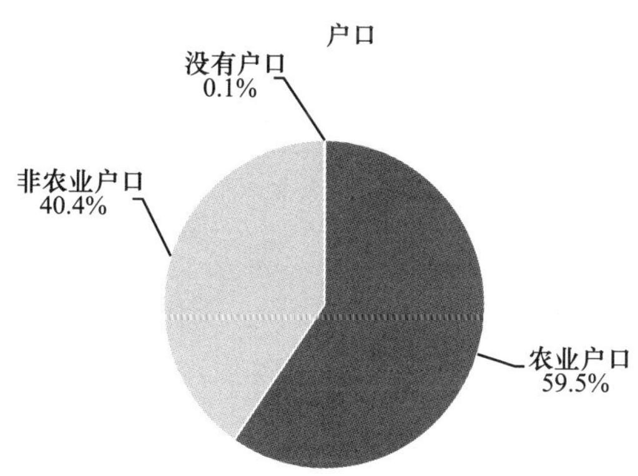

A9 户口所在地

		频数	百分比	有效百分比	累积百分比
有效	本区/县	5910	93.0%	93.1%	93.1%
	本地级市其他区县	266	4.2%	4.2%	97.3%

续表

		频数	百分比	有效百分比	累积百分比
有效	本省其他县市	81	1.3%	1.3%	98.6%
	外省	91	1.4%	1.4%	100.0%
	总计	6348	99.9%	100.0%	
缺失	0	2			
	System	5	0.1%		
	总计	7	0.1%		
总计		6355	100.0%		

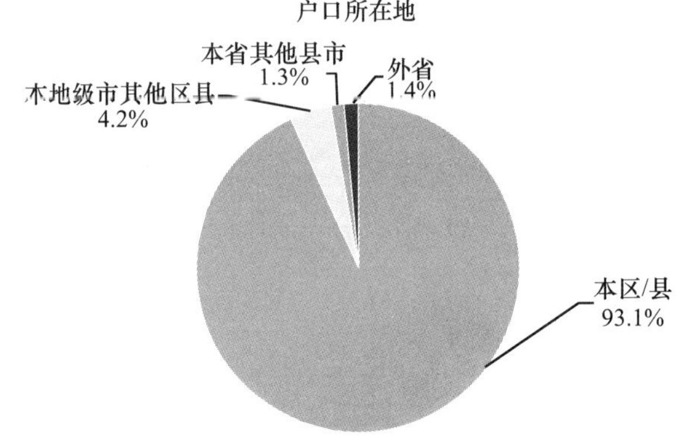

A10 职业

职业		频数	百分比	有效百分比	累积百分比
有效	办事人员（如办公室普通职员、业务人员）	782	12.3%	12.4%	12.4%
	服务人员（如营业员、保安、收银员等）	365	5.7%	5.8%	18.2%
	做小生意（如卖菜、开小餐馆等）	507	8.0%	8.0%	26.2%
	流动小贩	18	0.3%	0.3%	26.5%
	体力工人（勤杂工、搬运工等）	336	5.3%	5.3%	31.8%
	技术工人/维修人员/手工艺人	800	12.6%	12.7%	44.5%
	企业领导/公司老板	50	0.8%	0.8%	45.3%
	企业中层管理人员	149	2.3%	2.4%	47.7%
	教师、医生、科研/技术/工程人员	247	3.9%	3.9%	51.6%
	事业单位领导	55	0.9%	0.9%	52.5%
	文化、艺术、体育从业人员	25	0.4%	0.4%	52.9%

续表

职业		频数	百分比	有效百分比	累积百分比
有效	普通公务员	62	1.0%	1.0%	53.9%
	机关干部（科级及以上）	57	0.9%	0.9%	54.8%
	军人/警察	26	0.4%	0.4%	55.2%
	农民/牧民	1654	26.0%	26.2%	81.4%
	无业/失业/下岗	1173	18.5%	18.6%	100.0%
	总计	6306	99.3%	100.0%	
缺失	0	42	0.7%		
	System	7	0.1%		
	总计	49	0.8%		
总计		6355	100.0%		

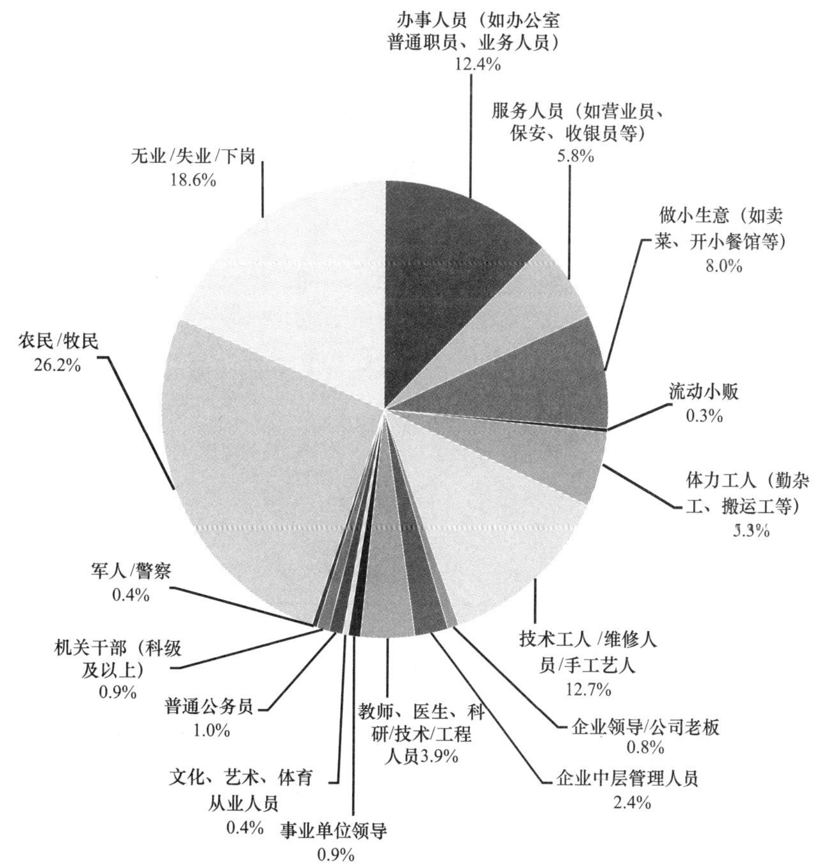

A11 目前工作的类型

		频数	百分比	有效百分比	累积百分比
有效	党政机关	224	3.5%	3.7%	3.7%
	事业单位	472	7.4%	7.7%	11.4%
	国有企业	475	7.5%	7.8%	19.2%
	私营企业	894	14.1%	14.7%	33.9%
	外商独资或中外合资企业	77	1.2%	1.3%	35.2%
	民间团体	155	2.4%	2.5%	37.7%
	自雇/个体户	1368	21.5%	22.5%	60.2%
	军队	10	0.2%	0.2%	60.3%
	其他	2418	38.0%	39.7%	100.0%
	总计	6093	95.8%	100.1%	
缺失	0	76	1.2%		
	System	186	2.9%		
	总计	262	4.1%		
总计		6355	100.0%		

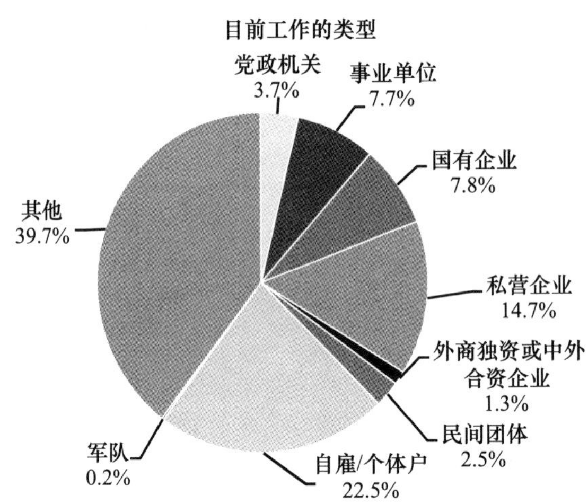

A12 最近一年来的月平均收入（包括工资、奖金、房租、股票等各种收入）

		频数	百分比	有效百分比	累积百分比
有效	无收入	1233	19.4%	19.6%	19.6%
	1—999 元	773	12.2%	12.3%	31.9%
	1000—1999 元	1186	18.7%	18.8%	50.7%
	2000—3999 元	2004	31.5%	31.8%	82.5%
	4000—5999 元	704	11.1%	11.2%	93.7%
	6000—8999 元	239	3.8%	3.8%	97.5%

续表

		频数	百分比	有效百分比	累积百分比
有效	9000—12999 元	96	1.5%	1.5%	99.0%
	13000—20000 元	29	0.5%	0.5%	99.5%
	20000 元以上	33	0.5%	0.5%	100.0%
	总计	6297	99.2%	100.0%	
缺失	0	42	0.7%		
	System	16	0.3%		
	总计	58	0.9%		
总计		6355	100.0%		

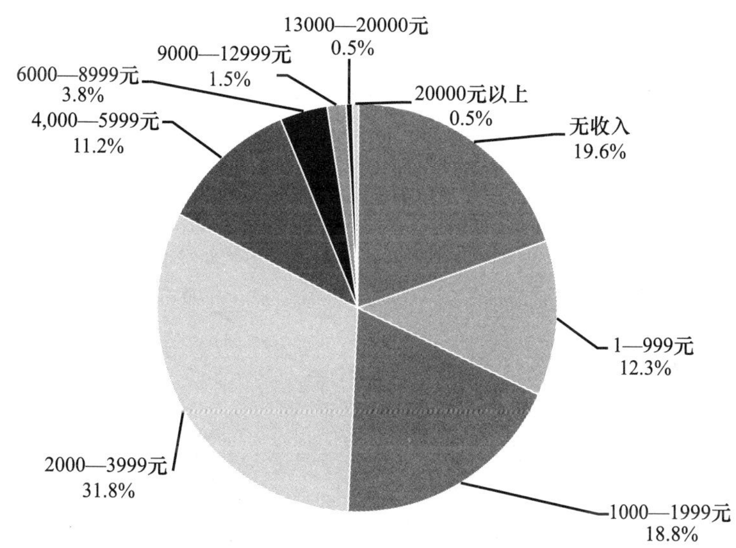

A13 2015 年家庭全年总收入（包括工资、奖金、房租、股票等各种收入）

		频数	百分比	有效百分比	累积百分比
有效	少于 1000 元	99	1.6%	1.6%	1.6%
	1000—1999 元	96	1.5%	1.5%	3.1%
	2000—3999 元	205	3.2%	3.3%	6.4%
	4000—6999 元	280	4.4%	4.5%	10.8%
	7000—9999 元	180	2.8%	2.9%	13.7%
	1 万—2 万元	760	12.0%	12.1%	25.8%
	2 万—4 万元	1194	18.8%	19.0%	44.8%
	4 万—6 万元	1163	18.3%	18.5%	63.3%

续表

		频数	百分比	有效百分比	累积百分比
有效	6 万—8 万元	760	12. 0%	12. 1%	75. 4%
	8 万—10 万元	608	9. 6%	9. 7%	85. 1%
	10 万—20 万元	703	11. 1%	11. 2%	96. 3%
	20 万—30 万元	173	2. 7%	2. 8%	99. 1%
	30 万—50 万元	41	0. 6%	0. 7%	99. 7%
	50 万—100 万元	15	0. 2%	0. 2%	100. 0%
	100 万元及以上	2			100. 0%
	总计	6279	98. 8%	100. 1%	
缺失	0	44	0. 7%		
	System	32	0. 5%		
	总计	76	1. 2%		
总计		6355	100. 0%		

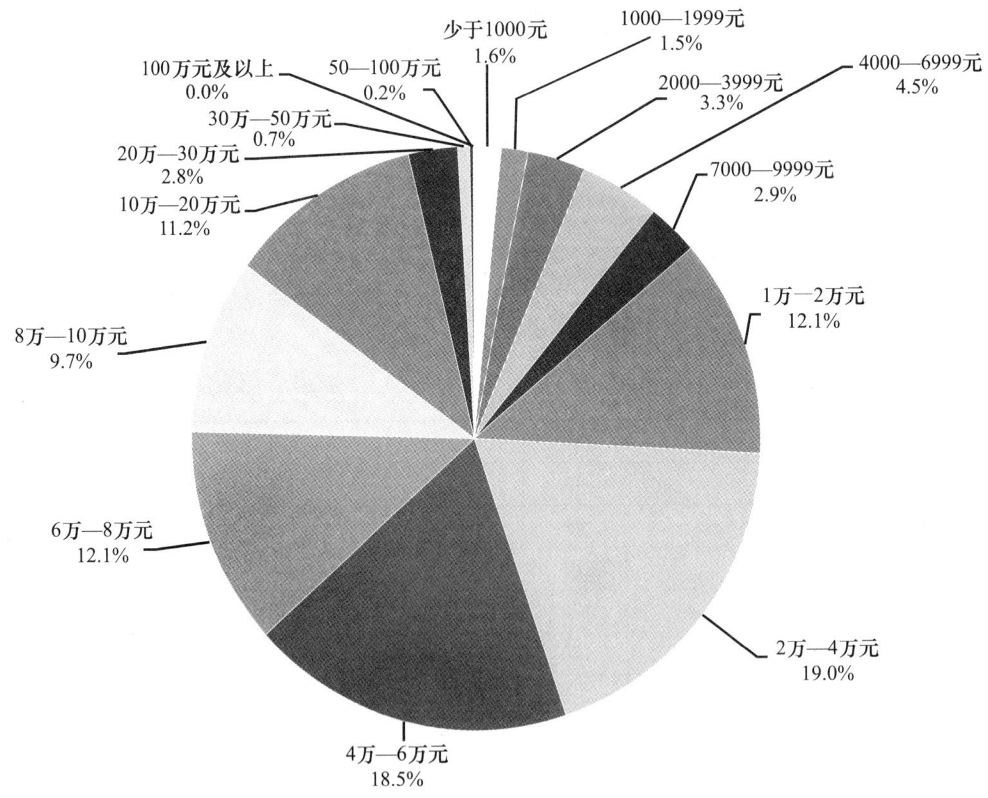

B1 您对下面三项的总体情况是否满意（汇总表）

	非常满意	比较满意	比较不满意	非常不满意	平均值
对当前我国社会的道德状况的满意程度	1767	3742	656	156	1.87
对当前我国社会人与人之间关系的满意程度	1583	3921	710	102	1.89
对您自己的道德状况的满意程度	2954	3201	130	25	1.56

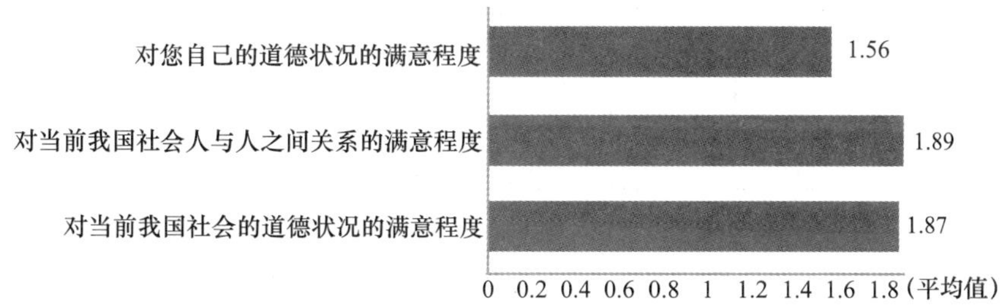

B1a 对当前我国社会的道德状况的满意程度

		频数	百分比	有效百分比	累积百分比
有效	非常满意	1767	27.8%	28.0%	28.0%
	比较满意	3742	58.9%	59.2%	87.2%
	比较不满意	656	10.3%	10.4%	97.5%
	非常不满意	156	2.5%	2.5%	100.0%
	总计	6321	99.5%	100.1%	
缺失	0	20	0.3%		
	System	14	0.2%		
	总计	34	0.5%		
总计		6355	100.0%		

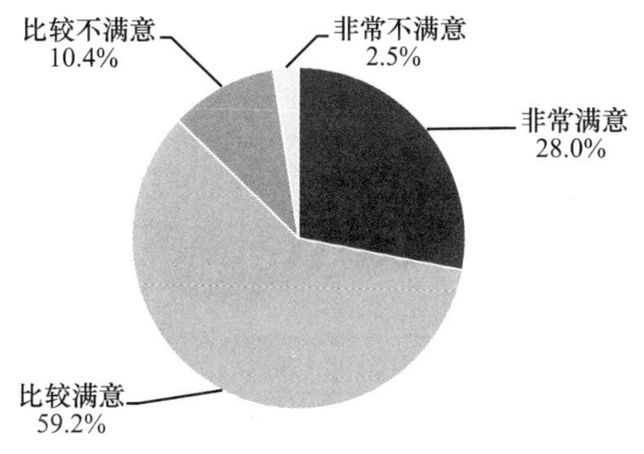

B1b 您对当前我国社会人与人之间关系的满意程度

		频数	百分比	有效百分比	累积百分比
有效	非常满意	1583	24.9%	25.1%	25.1%
	比较满意	3921	61.7%	62.1%	87.1%
	比较不满意	710	11.2%	11.2%	98.4%
	非常不满意	102	1.6%	1.6%	100.0%
	总计	6316	99.4%	100.0%	
缺失	0	23	0.4%		
	System	16	0.3%		
	总计	39	0.6%		
总计		6355	100.0%		

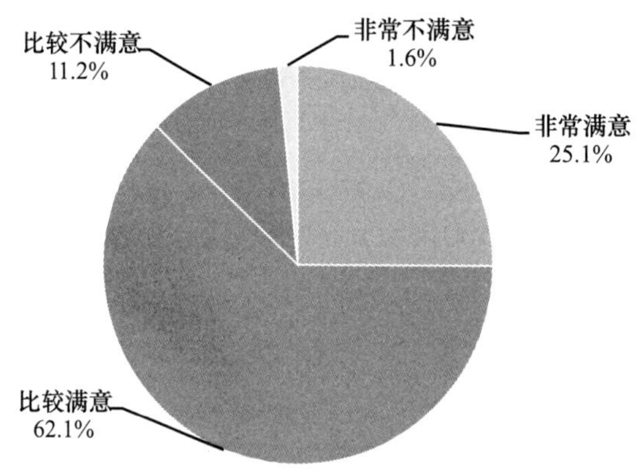

B1c 对您自己的道德状况的满意程度

		频数	百分比	有效百分比	累积百分比
有效	非常满意	2954	46.5%	46.8%	46.8%
	比较满意	3201	50.4%	50.7%	97.5%
	比较不满意	130	2.0%	2.1%	99.6%
	非常不满意	25	0.4%	0.4%	100.0%
	总计	6310	99.3%	100.0%	
缺失	0	28	0.4%		
	System	17	0.3%		
	总计	45	0.7%		
总计		6355	100.0%		

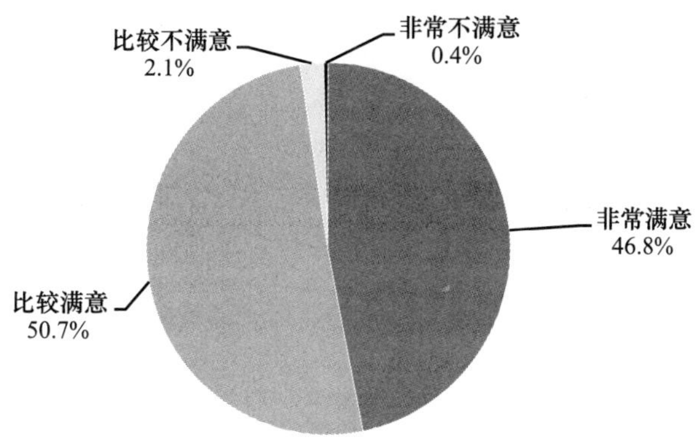

B2 您认为目前我国社会中道德和幸福的现实关系是

		频数	百分比	有效百分比	累积百分比
有效	总体上道德和幸福能够一致，能惩恶扬善	4868	76.6%	78.3%	78.3%
	有道德、讲伦理的人大都吃亏，不守道德的人更能讨便宜	931	14.6%	15.0%	93.3%
	道德和幸福没有关系，能挣钱、有发展无论怎样行动都行	417	6.6%	6.7%	100.0%
	总计	6216	97.8%	100.0%	
缺失	0	104	1.6%		
	System	35	0.6%		
	总计	139	2.2%		
总计		6355	100.0%		

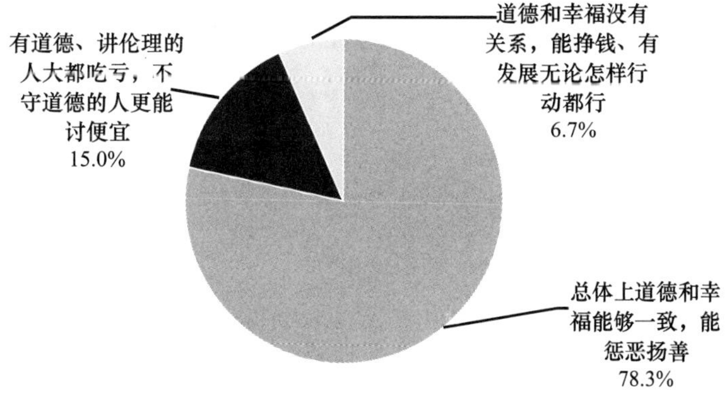

B3a 您认为您目前的状况是：生活水平提高了，但幸福感和快乐感降低了

		频数	百分比	有效百分比	累积百分比
有效	未选	5474	86.1%	86.1%	86.1%
	已选	881	13.9%	13.9%	100.0%
	总计	6355	100.0%	100.0%	

您认为您目前的状况是：生活水平提高了，但幸福感和快乐感降低了

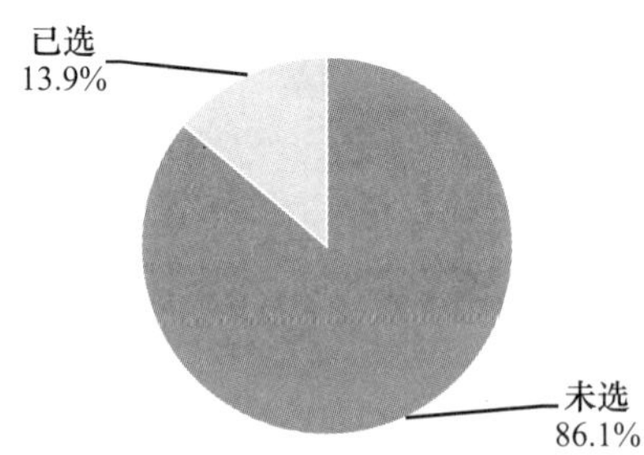

B3b 您认为您目前的状况是：生活既不富裕也不小康，但幸福并快乐着

		频数	百分比	有效百分比	累积百分比
有效	未选	4438	69.8%	69.9%	69.9%
	已选	1915	30.1%	30.1%	100.0%
	总计	6353	99.9%	100.0%	
缺失	System	2			
总计		6355	100.0%		

您认为您目前的状况是：生活既不富裕也不小康，但幸福并快乐着

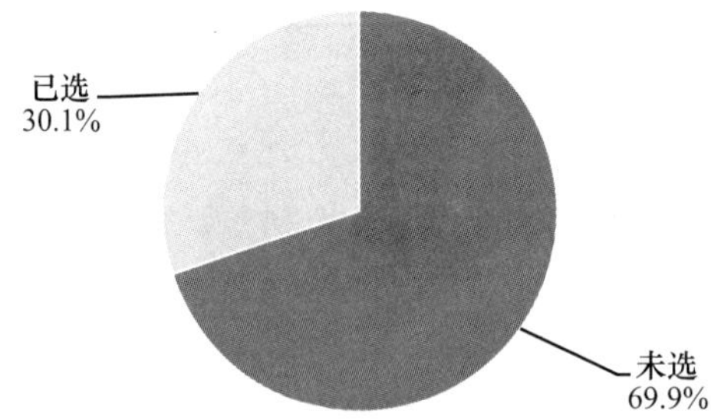

B3c 您认为您目前的状况是：生活富裕，但不感到幸福和快乐

		频数	百分比	有效百分比	累积百分比
有效	未选	6154	96.8%	96.9%	96.9%
	已选	198	3.1%	3.1%	100.0%
	总计	6352	99.9%	100.0%	
缺失	System	3			
总计		6355	100.0%		

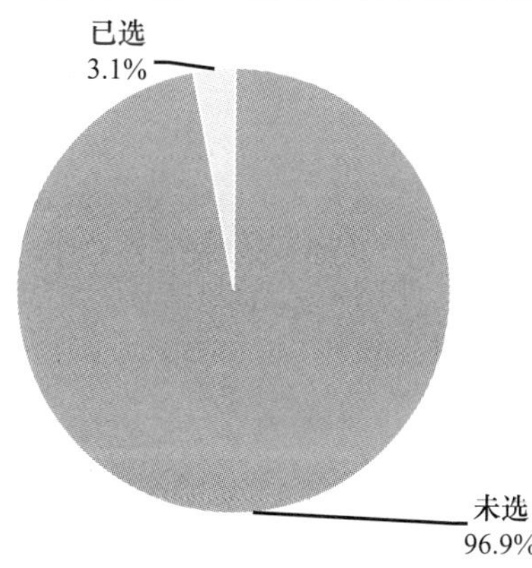

B3d 您认为您目前的状况是：生活小康，幸福且快乐

		频数	百分比	有效百分比	累积百分比
有效	未选	3782	59.5%	59.5%	59.5%
	已选	2571	40.5%	40.5%	100.0%
	总计	6353	100.0%	100.0%	
缺失	System	2			
总计		6355	100.0%		

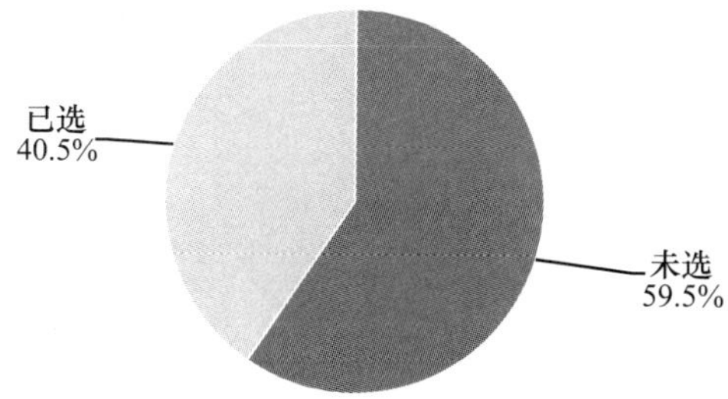

B3e 您认为您目前的状况是：生活贫困，既不幸福，也不快乐

		频数	百分比	有效百分比	累积百分比
有效	未选	6012	94.6%	94.6%	94.6%
	已选	340	5.4%	5.4%	100.0%
	总计	6352	100.0%	100.0%	
缺失	System	3			
总计		6355	100.0%		

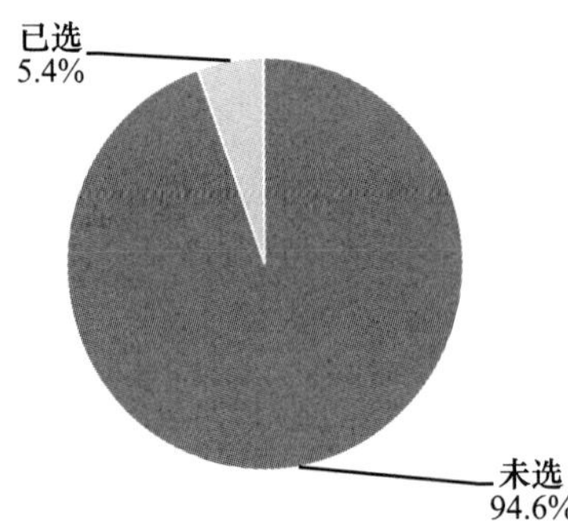

B3f 您认为您目前的状况是：生活富裕，幸福也快乐

		频数	百分比	有效百分比	累积百分比
有效	未选	5737	90.3%	90.3%	90.3%
	已选	616	9.7%	9.7%	100.0%
	总计	6353	100.0%	100.0%	
缺失	System	2			
总计		6355	100.0%		

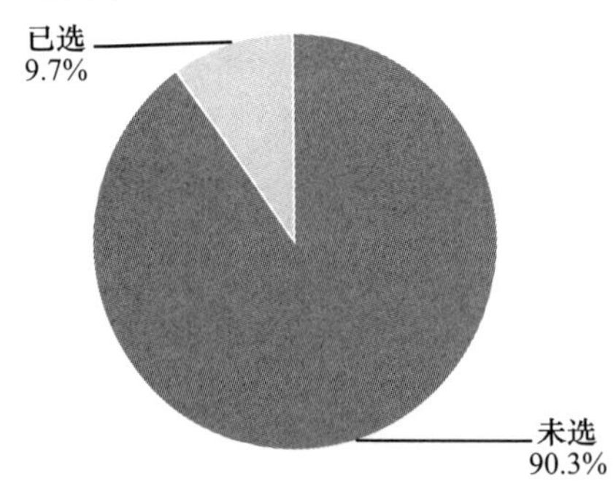

B3h 您认为您目前的状况是：幸福感和快乐感提高了

		频数	百分比	有效百分比	累积百分比
有效	未选	4649	73.2%	73.2%	73.2%
	已选	1703	26.8%	26.8%	100.0%
	总计	6352	100.0%	100.0%	
缺失	System	3			
总计		6355	100.0%		

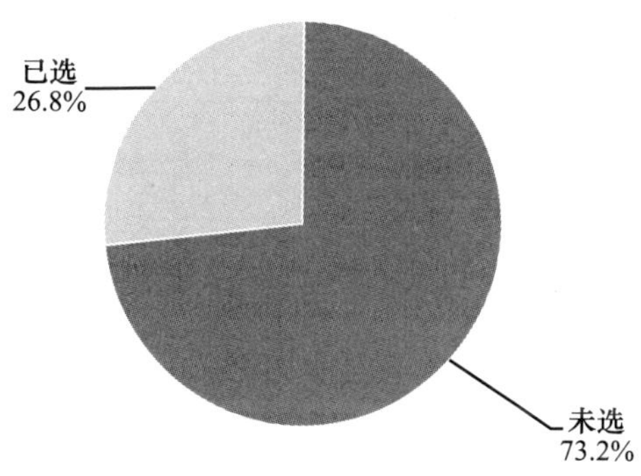

B4 如果条件允许的话，您或者您的孩子愿意生活在国内，还是到国外定居

		频数	百分比	有效百分比	累积百分比
有效	还是在国内生活好	4957	78.0%	78.4%	78.4%
	选择到国外定居	506	8.0%	8.0%	86.4%
	走一步看一步	521	8.2%	8.2%	94.7%
	无所谓	336	5.3%	5.3%	100.0%
	总计	6320	99.5%	99.9%	
缺失	0	22	0.3%		
	System	13	0.2%		
	总计	35	0.6%		
总计		6355	100.0%		

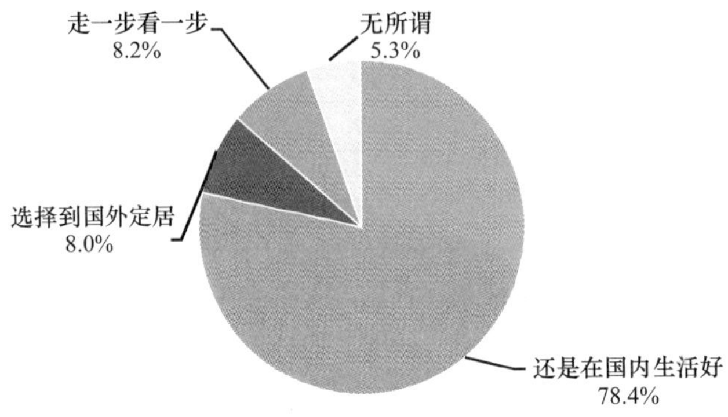

B5 您认为中国梦和您个人、家庭追求美好生活有关系吗

		频数	百分比	有效百分比	累积百分比
有效	关系很大	4192	66.0%	66.2%	66.1%
	关系不大	1221	19.2%	19.2%	85.3%
	根本没有关系	198	3.1%	3.1%	88.5%
	不清楚什么是中国梦	732	11.5%	11.5%	100.0%
	总计	6343	99.8%	100.0%	
缺失	0	9	0.1%		
	System	3			
	总计	12	0.1%		
总计		6355	100.0%		

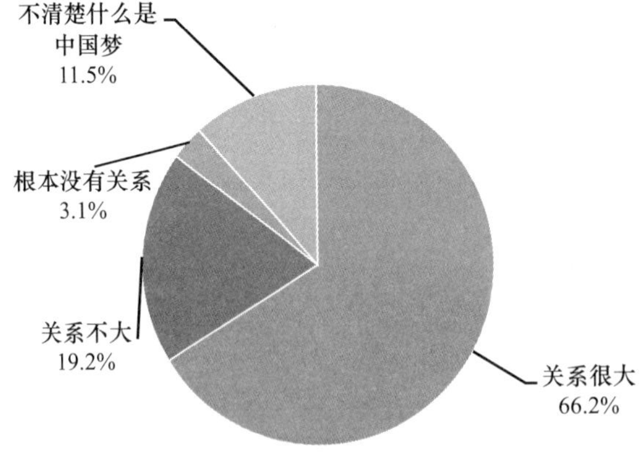

B6 现在我们省正按照习近平总书记的要求，努力建设经济强、百姓富、环境美、社会文明程度高的新江苏。您对实现“新江苏”这样的目标是否有信心

		频数	百分比	有效百分比	累积百分比
有效	很有信心	5215	82.1%	82.4%	82.4%
	没有信心	278	4.4%	4.4%	86.8%
	说不清楚	838	13.2%	13.2%	100.0%
	总计	6331	99.7%	100.0%	
缺失	0	20	0.3%		
	System	4	0.1%		
	总计	24	0.4%		
总计		6355	100.0%		

现在我们省正按照习近平总书记的要求，努力建设经济强、百姓富、环境美、社会文明程度高的新江苏。您对实现“新江苏”这样的目标是否有信心

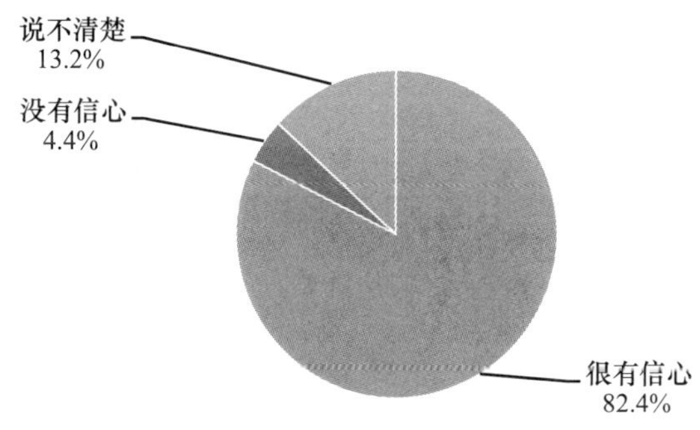

B7 您认为我国目前人与人之间的关系主要受什么影响

		频数	百分比	有效百分比	累积百分比
有效	完全受利益影响	666	10.5%	10.6%	10.6%
	主要受利益影响	2411	37.9%	38.2%	48.8%
	主要受情感影响	1422	22.4%	22.6%	71.4%
	完全受情感影响	201	3.2%	3.2%	74.6%
	受个人价值观影响	791	12.4%	12.5%	87.1%
	受共同价值观影响	813	12.8%	12.9%	100.0%
	总计	6304	99.2%	100.0%	
缺失	0	33	0.5%		
	System	18	0.3%		
	总计	51	0.8%		

续表

	频数	百分比	有效百分比	累积百分比
总计	6355	100. 0%		

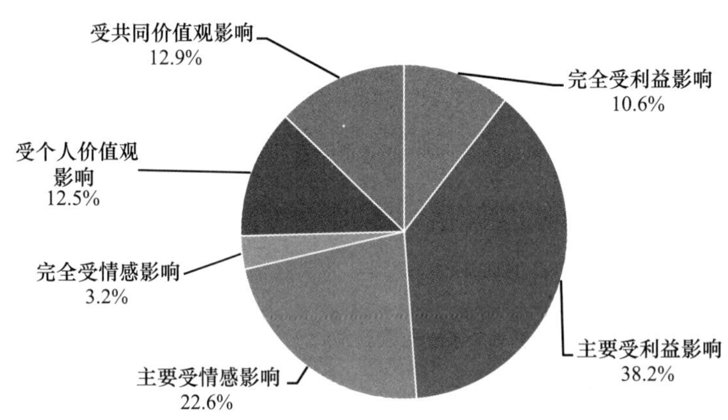

B8 您是否同意以下说法（汇总表）

	完全同意	比较同意	不太同意	完全不同意	平均值
A. 当前大多数人奉行的是个人至上	1011	2487	2159	684	2. 40
B. 现在我国大多数人是见利忘义的	600	1698	3001	1025	2. 70
C. 当前大多数人是以集体利益为重	1076	2820	2014	401	2. 28
D. 当前大多数人是以家庭利益至上	2017	3100	993	193	1. 90
E. 当前的社会是个金钱至上的社会	1546	2303	1937	523	2. 23
F. 好人有好报，恶人终归会受到惩罚	3457	2038	631	185	1. 61
G. 我们的社会中道德能够很好地约束人们行为	1780	3194	1151	190	1. 96
H. 现有的规范和习俗能够很好地调节人与人的关系	1610	3405	1102	177	1. 98
I. 为了经济利益可以少许破坏生态环境	551	1093	1912	2749	3. 09
J. 在社会生活中首要的是个人幸福，然后才可以顾及他人	1119	2437	2039	733	2. 38
K. 一个人的时候可以做一些诸如随地丢垃圾、随地吐痰等的小事，反正也没有别人知道	254	579	1617	3876	3. 44

您是否同意以下看法

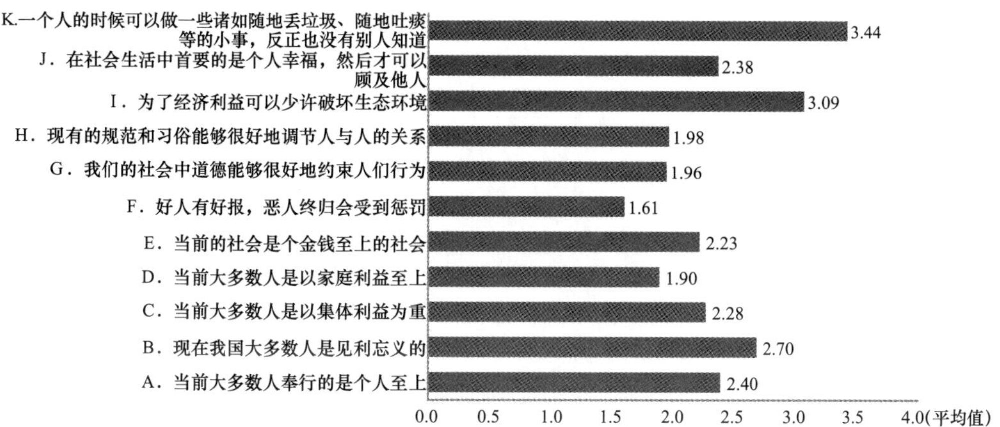

B8a 请问您是否同意以下说法：当前大多数人奉行的是“个人至上”

		频数	百分比	有效百分比	累积百分比
有效	完全同意	1011	15.9%	15.9%	15.9%
	比较同意	2487	39.1%	39.2%	55.2%
	不太同意	2159	34.0%	34.0%	89.2%
	完全不同意	684	10.8%	10.8%	100.0%
	总计	6341	99.8%	99.9%	
缺失	0	9	0.1%		
	System	5	0.1%		
	总计	14	0.2%		
总计		6355	100.0%		

请问您是否同意以下说法：当前大多数人奉行的是个人至上

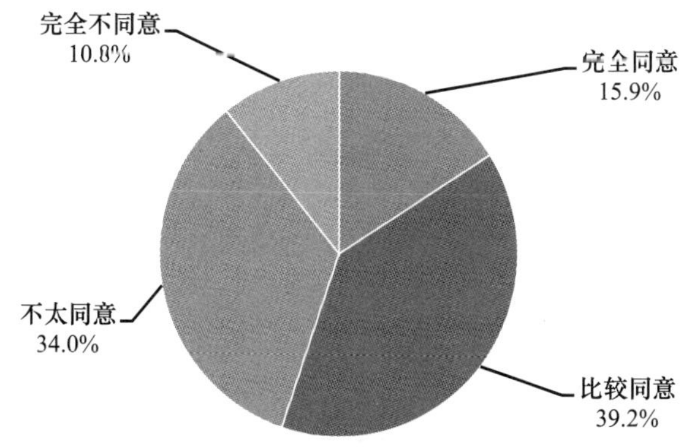

B8b 请问您是否同意以下说法：现在我国大多数人是见利忘义的

		频数	百分比	有效百分比	累积百分比
有效	完全同意	600	9.4%	9.5%	9.5%
	比较同意	1698	26.7%	26.9%	36.3%
	不太同意	3001	47.2%	47.5%	83.8%
	完全不同意	1025	16.1%	16.2%	100.0%
	总计	6324	99.4%	100.1%	
缺失	0	24	0.4%		
	System	7	0.1%		
	总计	31	0.5%		
总计		6355	100.0%		

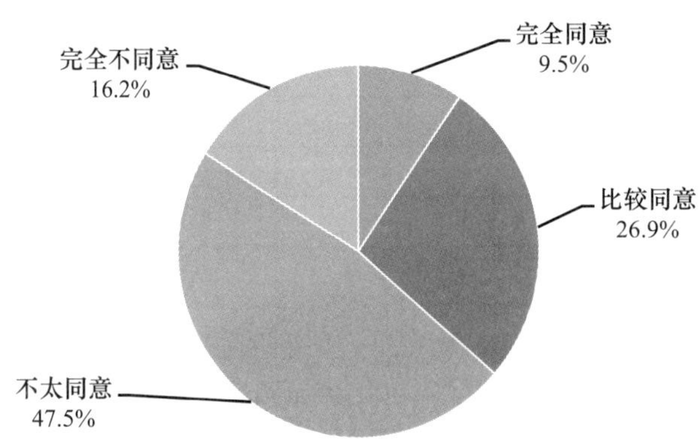

B8c 请问您是否同意以下说法：当前大多数人是以集体利益为重

		频数	百分比	有效百分比	累积百分比
有效	完全同意	1076	16.9%	17.0%	17.0%
	比较同意	2820	44.4%	44.7%	61.7%
	不太同意	2014	31.7%	31.9%	93.6%
	完全不同意	401	6.3%	6.4%	100.0%
	总计	6311	99.3%	100.0%	
缺失	0	33	0.5%		
	System	11	0.2%		
	总计	44	0.7%		
总计		6355	100.0%		

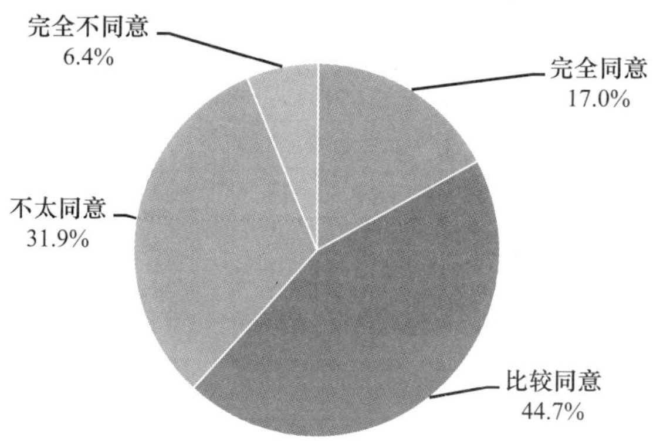

B8d 请问您是否同意以下说法：当前大多数人是以家庭利益至上

		频数	百分比	有效百分比	累积百分比
有效	完全同意	2017	31.7%	32.0%	32.0%
	比较同意	3100	48.8%	49.2%	81.2%
	不太同意	993	15.6%	15.8%	96.9%
	完全不同意	193	3.0%	3.1%	100.0%
	总计	6303	99.1%	100.1%	
缺失	0	40	0.6%		
	System	12	0.2%		
	总计	52	0.8%		
总计		6355	100.0%		

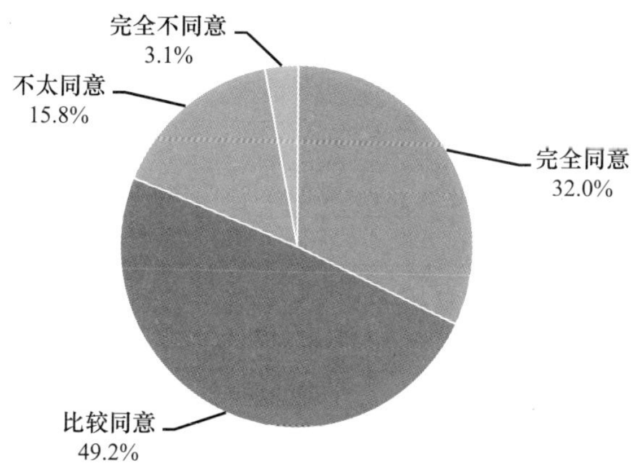

B8e 请问您是否同意以下说法：当前的社会是个金钱至上的社会

		频数	百分比	有效百分比	累积百分比
有效	完全同意	1546	24.3%	24.5%	24.5%
	比较同意	2303	36.2%	36.5%	61.0%
	不太同意	1937	30.5%	30.7%	91.7%
	完全不同意	523	8.2%	8.3%	100.0%
	总计	6309	99.2%	100.0%	
缺失	0	26	0.4%		
	System	20	0.3%		
	总计	46	0.7%		
总计		6355	100.0%		

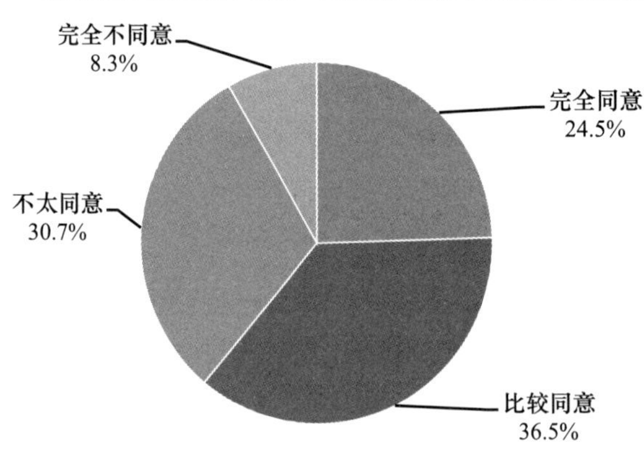

B8f 请问您是否同意以下说法：好人有好报，恶人终归会受到惩罚

		频数	百分比	有效百分比	累积百分比
有效	完全同意	3457	54.4%	54.8%	54.8%
	比较同意	2038	32.1%	32.3%	87.1%
	不太同意	631	9.9%	10.0%	97.1%
	完全不同意	185	2.9%	2.9%	100.0%
	总计	6311	99.3%	100.0%	
缺失	0	29	0.5%		
	System	15	0.2%		
	总计	44	0.7%		
总计		6355	100.0%		

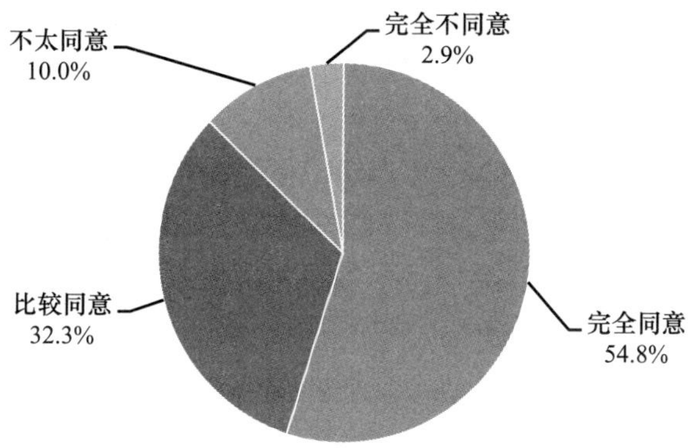

B8g 请问您是否同意以下说法：我们的社会中道德能够很好地约束人们行为

		频数	百分比	有效百分比	累积百分比
有效	完全同意	1780	28.0%	28.2%	28.2%
	比较同意	3194	50.3%	50.6%	78.8%
	不太同意	1151	18.1%	18.2%	97.0%
	完全不同意	190	3.0%	3.0%	100.0%
	总计	6315	99.4%	100.0%	
缺失	0	27	0.4%		
	System	13	0.2%		
	总计	40	0.6%		
总计		6355	100.0%		

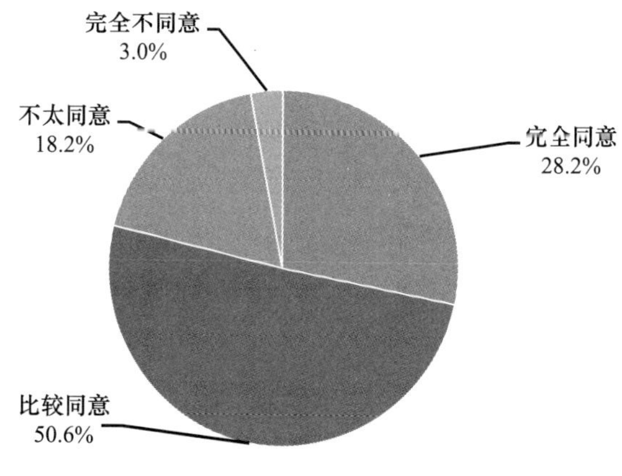

B8h 请问您是否同意以下说法：现有的规范和习俗能够很好地调节人与人的关系

		频数	百分比	有效百分比	累积百分比
有效	完全同意	1610	25.3%	25.6%	25.6%
	比较同意	3405	53.6%	54.1%	79.7%
	不太同意	1102	17.3%	17.5%	97.2%
	完全不同意	177	2.8%	2.8%	100.0%
	总计	6294	99.0%	100.0%	
缺失	0	45	0.7%		
	System	16	0.3%		
	总计	61	1.0%		
总计		6355	100.0%		

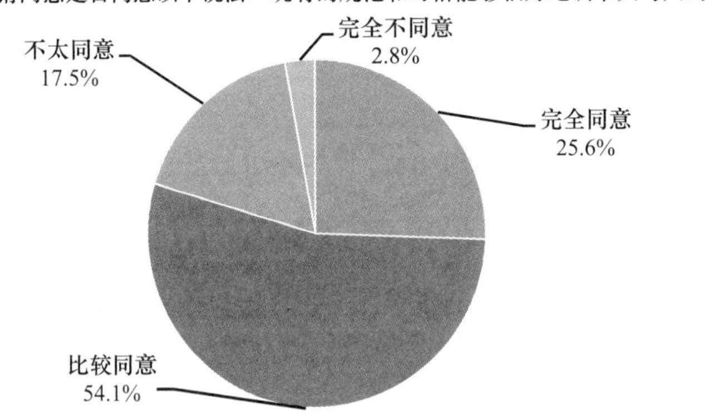

B8i 请问您是否同意以下说法：为了经济利益可以少许破坏生态环境

		频数	百分比	有效百分比	累积百分比
有效	完全同意	551	8.7%	8.7%	8.7%
	比较同意	1093	17.2%	17.3%	26.1%
	不太同意	1912	30.1%	30.3%	56.4%
	完全不同意	2749	43.3%	43.6%	100.0%
	总计	6305	99.3%	99.9%	
缺失	0	41	0.6%		
	System	9	0.1%		
	总计	50	0.7%		
总计		6355	100.0%		

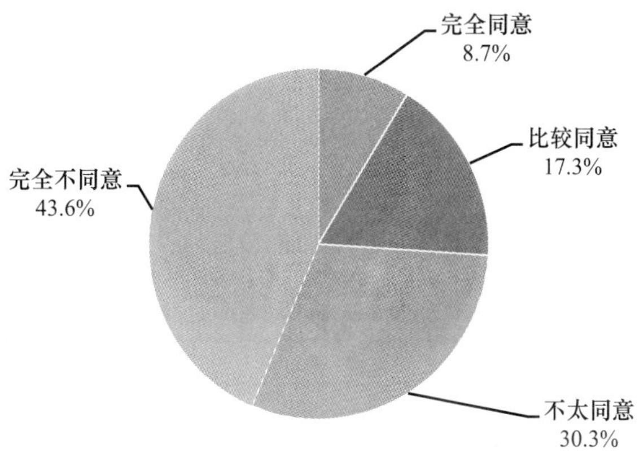

B8j 请问您是否同意以下说法：在社会生活中首要的是个人幸福，然后才可以去顾及他人

		频数	百分比	有效百分比	累积百分比
有效	完全同意	1119	17.6%	17.7%	17.7%
	比较同意	2437	38.3%	38.5%	56.2%
	不太同意	2039	32.1%	32.2%	88.4%
	完全不同意	733	11.5%	11.6%	100.0%
	总计	6328	99.5%	100.0%	
缺失	0	18	0.3%		
	System	9	0.1%		
	总计	27	0.4%		
总计		6355	100.0%		

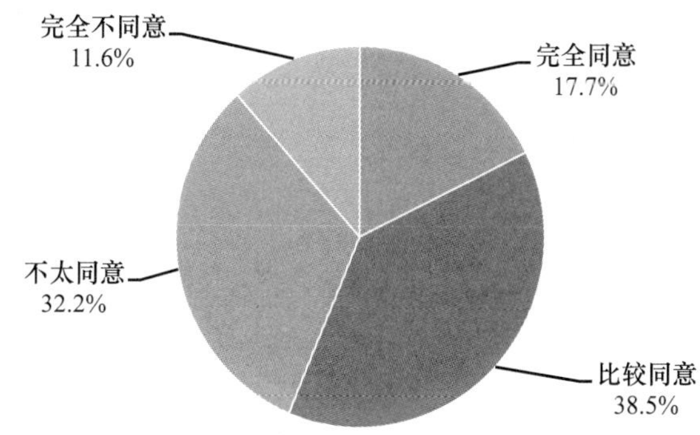

B8k 请问您是否同意以下说法：一个人的时候可以做一些诸如随地丢垃圾、随地吐痰等的小事，反正也没有别人知道

		频数	百分比	有效百分比	累积百分比
有效	完全同意	254	4.0%	4.0%	4.0%
	比较同意	579	9.1%	9.2%	13.2%
	不太同意	1617	25.4%	25.6%	38.7%
	完全不同意	3876	61.0%	61.3%	100.0%
	总计	6326	99.5%	100.1%	
缺失	0	20	0.3%		
	System	9	0.1%		
	总计	29	0.5%		
总计		6355	100.0%		

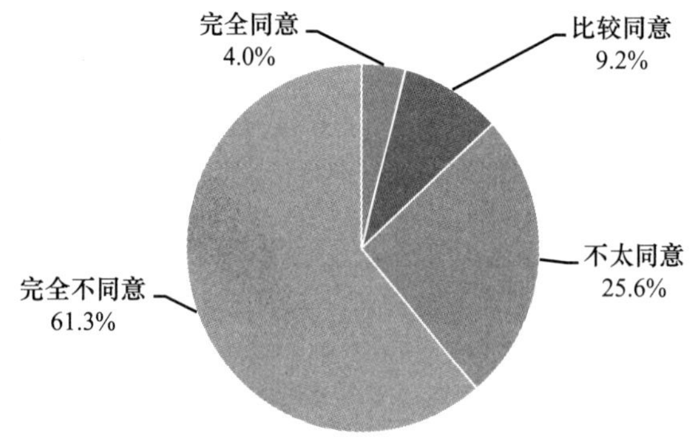

B9 对中国社会，您最担忧的问题是

		频数	百分比	有效百分比	累积百分比
有效	腐败不能根治	1864	29.3%	29.5%	29.5%
	生态环境恶化	1367	21.5%	21.6%	51.1%
	贫富不均，两极分化	1258	19.8%	19.9%	71.0%
	老无所养，未来没有把握	720	11.3%	11.4%	82.4%
	生活水平下降	310	4.9%	4.9%	87.3%
	道德滑坡，社会风气恶化	513	8.1%	8.1%	95.4%
	人际关系紧张	109	1.7%	1.7%	97.2%
	其他	180	2.8%	2.8%	100.0%
	总计	6321	99.5%	100.0%	

续表

		频数	百分比	有效百分比	累积百分比
缺失	0	19	0. 3%		
	System	15	0. 2%		
	总计	34	0. 5%		
总计		6355	100. 0%		

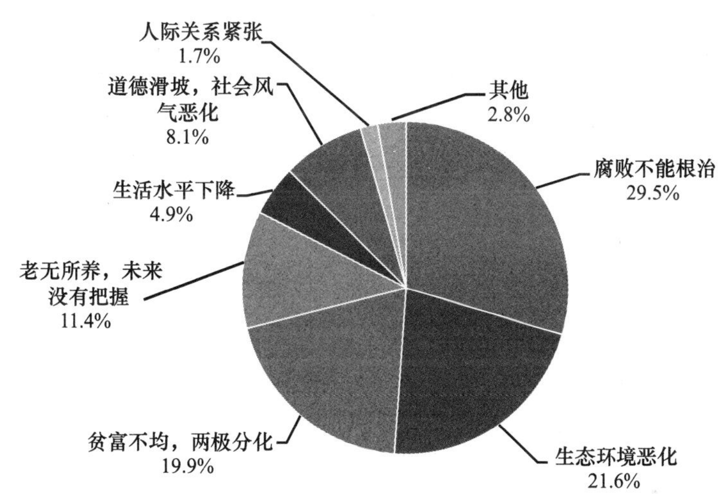

B10 和前几年相比，您认为目前我国官员腐败现象

		频数	百分比	有效百分比	累积百分比
有效	有较大改善	4669	73. 5%	73. 7%	73. 7%
	没什么变化	1443	22. 7%	22. 8%	96. 5%
	更加恶化	221	3. 5%	3. 5%	100. 0%
	总计	6333	99. 7%	100. 0%	
缺失	0	14	0. 2%		
	System	8	0. 1%		
	总计	22	0. 3%		
总计		6355	100. 0%		

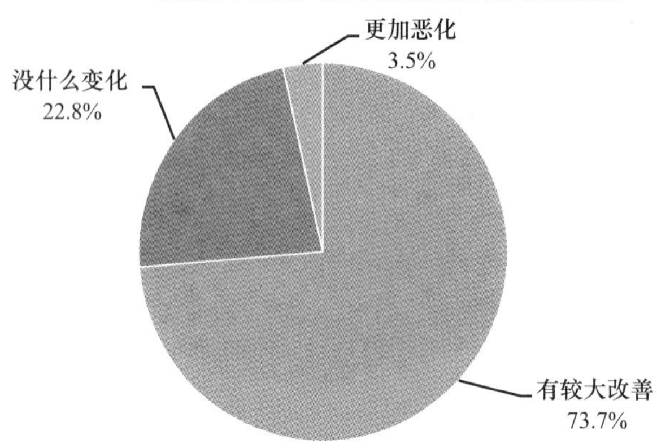

B11 当前我国社会道德生活中最重要的元素

	第一重要		第二重要		第三重要		总分	平均分
	频数	加权频数	频数	加权频数	频数	加权频数		
中国传统道德	3653	10959	1740	3480	579	579	15018	2. 41
意识形态中所提倡的社会主义道德	1661	4983	2723	5446	1308	1308	11737	1. 88
市场经济中形成的道德	683	2049	1199	2398	2930	2930	7377	1. 18
西方文化影响而形成的道德	231	693	450	900	1222	1222	2815	0. 45
其他	11	33	13	26	44	44	103	0. 02

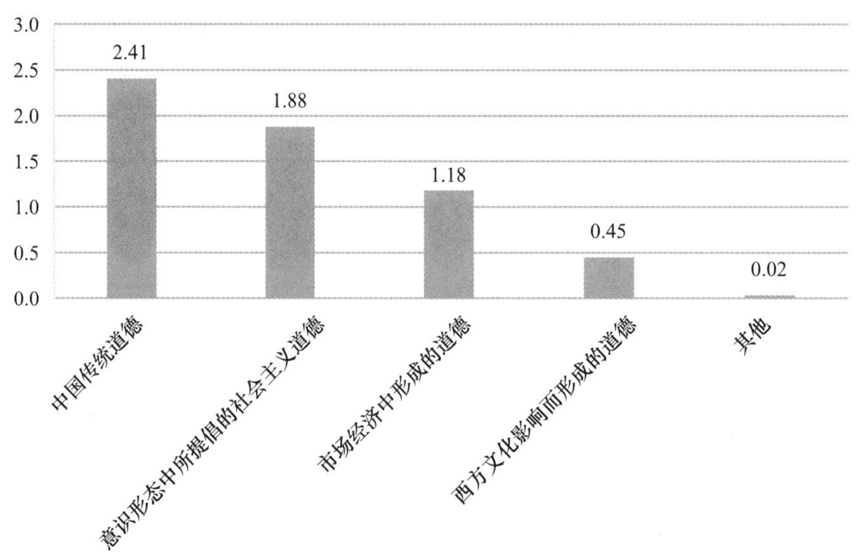

B12 对伦理关系和道德生活，您最向往或怀念的是

		频数	百分比	有效百分比	累积百分比
有效	传统社会的伦理和道德（如仁、义、礼、智、信）	2880	45.3%	45.5%	45.5%
	战争年代为理想而献身的革命精神（如革命烈士的无私献身精神）	1135	17.9%	17.9%	63.4%
	新中国成立后到“文化大革命”前的大公无私的集体主义精神	772	12.1%	12.2%	75.6%
	追求个人利益的市场经济下的道德	366	5.8%	5.8%	81.4%
	自由、平等、博爱的西方道德	1176	18.5%	18.6%	100.0%
	总计	6329	99.6%	100.0%	
缺失	0	19	0.3%		
	System	7	0.1%		
	总计	26	0.4%		
总计		6355	100.0%		

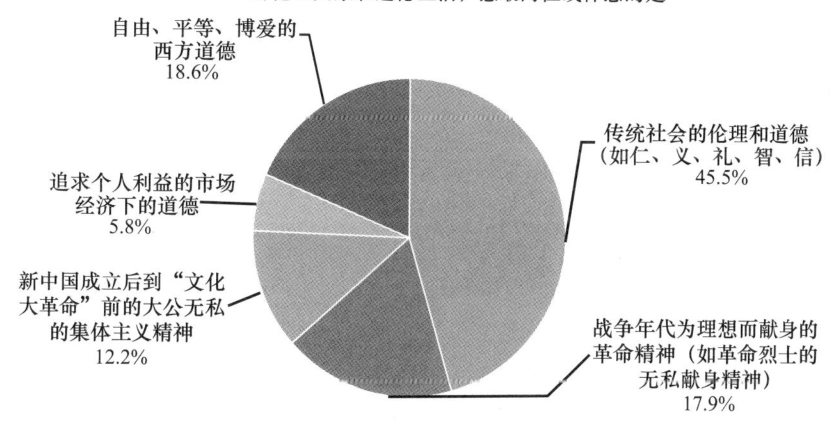

B13a 目前职业道德中最突出的问题是：将职业当作谋生的手段，缺乏责任感和奉献精神

		频数	百分比	有效百分比	累积百分比
有效	未选	3139	49.4%	49.9%	49.9%
	已选	3156	49.7%	50.1%	100.0%
	总计	6295	99.1%	100.0%	

续表

		频数	百分比	有效百分比	累积百分比
缺失	System	60	0.9%		
总计		6355	100.0%		

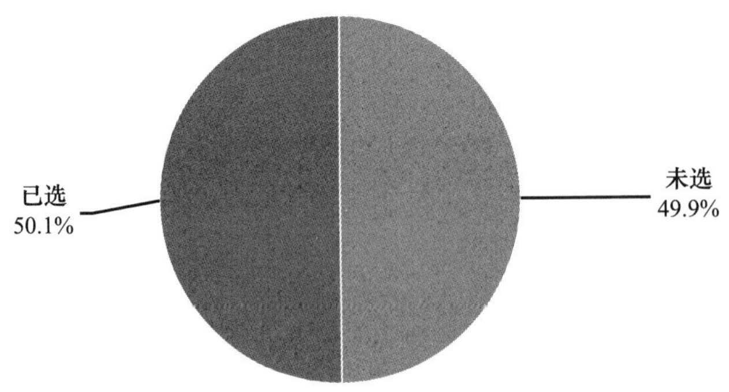

B13b 目前职业道德中最突出的问题是：企业老板剥削员工，利益关系不公正

		频数	百分比	有效百分比	累积百分比
有效	未选	3973	62.5%	63.1%	63.1%
	已选	2325	36.6%	36.9%	100.0%
	总计	6298	99.1%	100.0%	
缺失	System	57	0.9%		
总计		6355	100.0%		

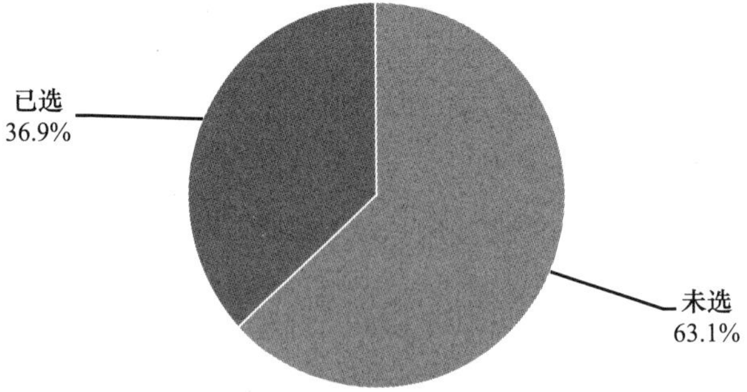

B13c 目前职业道德中最突出的问题是：老板和员工、上级和下级相互勾结，共同对社会不负责任

		频数	百分比	有效百分比	累积百分比
有效	未选	4963	78.1%	78.8%	78.8%
	已选	1336	21.0%	21.2%	100.0%
	总计	6299	99.1%	100.0%	
缺失	System	56	0.9%		
总计		6355	100.0%		

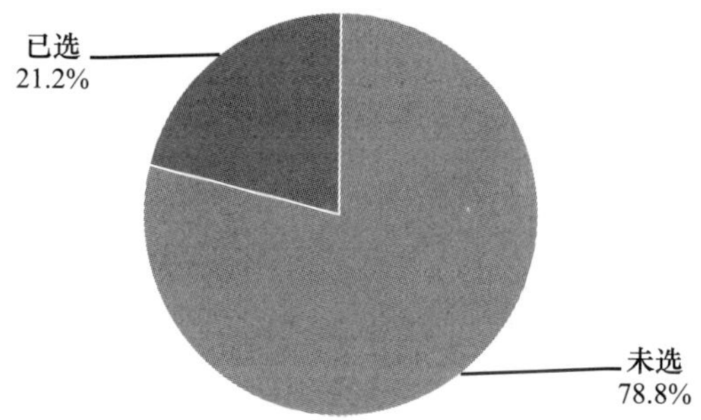

B13d 目前职业道德中最突出的问题是：领导和业主道德素质差

		频数	百分比	有效百分比	累积百分比
有效	未选	5159	81.2%	81.9%	81.9%
	已选	1140	17.9%	18.1%	100.0%
	总计	6299	99.1%	100.0%	
缺失	System	56	0.9%		
总计		6355	100.0%		

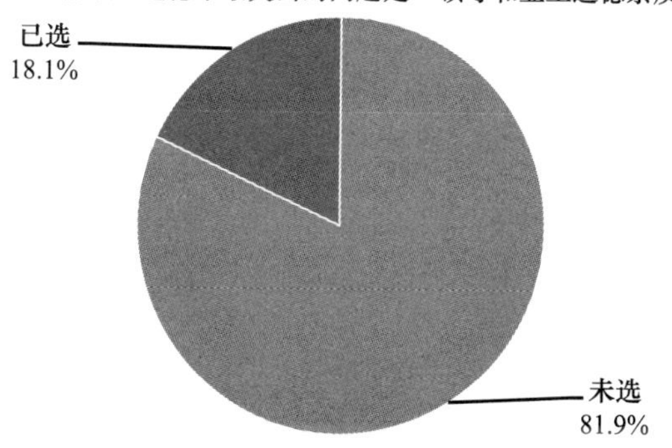

B13e 目前职业道德中最突出的问题是：组织只是利益的博弈场所，缺乏伦理性与道德性

		频数	百分比	有效百分比	累积百分比
有效	未选	5162	81.2%	81.9%	81.9%
	已选	1138	17.9%	18.1%	100.0%
	总计	6300	99.1%	100.0%	
缺失	System	55	0.9%		
总计		6355	100.0%		

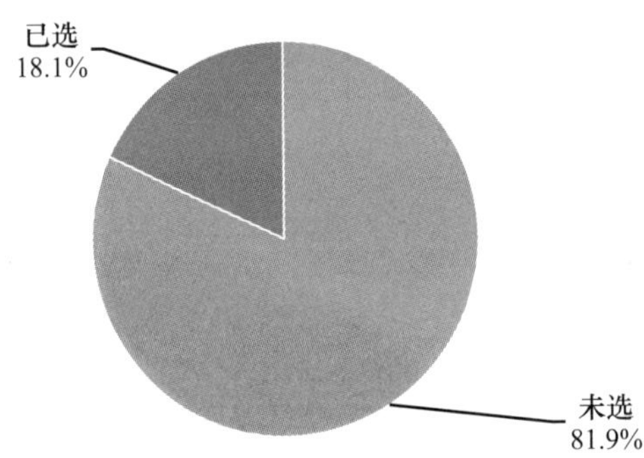

B14 您认为目前我国社会成员之间的收入差距

		频数	百分比	有效百分比	累积百分比
有效	合理，可以接受	1293	20.3%	20.5%	20.5%
	不合理，但可以接受	2512	39.5%	39.8%	60.3%
	不合理，不能接受	1724	27.1%	27.3%	87.7%
	说不清	778	12.2%	12.3%	100.0%
	总计	6307	99.2%	100.0%	
缺失	0	42	0.7%		
	System	6	0.1%		
	总计	48	0.8%		
总计		6355	100.0%		

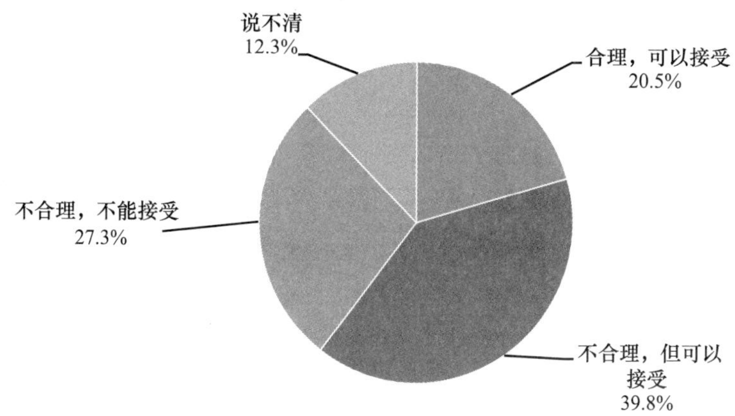

B15 和前几年相比，您认为目前我国社会的分配不公、两极分化现象

		频数	百分比	有效百分比	累积百分比
有效	有较大改善	2899	45.6%	46.0%	46.0%
	没什么变化	2523	39.7%	40.0%	86.1%
	更加恶化	878	13.8%	13.9%	100.0%
	总计	6300	99.1%	100.0%	
缺失	0	47	0.7%		
	System	8	0.1%		
	总计	55	0.9%		
总计		6355	100.0%		

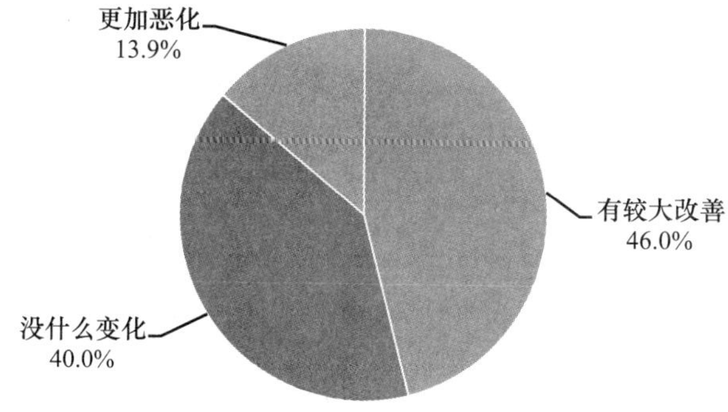

B16 跟三年前相比，您觉得自己的社会经济地位

		频数	百分比	有效百分比	累积百分比
有效	上升了	2398	37.7%	37.9%	37.9%
	差不多	2847	44.8%	45.0%	82.8%
	下降了	633	10.0%	10.0%	92.8%
	不好说/说不清	453	7.1%	7.2%	100.0%
	总计	6331	99.6%	100.0%	
缺失	0	23	0.4%		
	System	1			
	总计	24	0.4%		
总计		6355	100.0%		

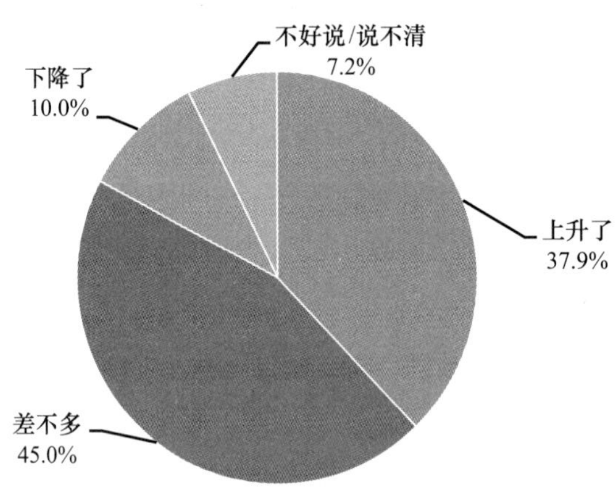

B17 跟同龄人相比，您觉得自己的社会经济地位

		频数	百分比	有效百分比	累积百分比
有效	较高	569	9.0%	9.0%	9.0%
	差不多	3861	60.8%	61.4%	70.5%
	较低	1257	19.8%	20.0%	90.4%
	不好说/说不清	601	9.5%	9.6%	100.0%
	总计	6288	98.9%	100.0%	
缺失	0	58	0.9%		
	System	9	0.1%		
	总计	67	1.1%		
总计		6355	100.0%		

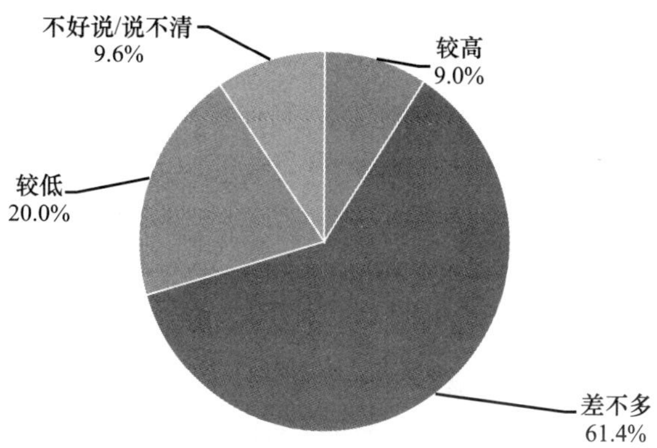

B18a 您对现代家庭伦理中最忧虑的问题是：婚姻不稳定，两性关系过度开放

		频数	百分比	有效百分比	累积百分比
有效	未选	4937	77.7%	79.0%	79.0%
	已选	1311	20.6%	21.0%	100.0%
	总计	6248	98.3%	100.0%	
缺失	System	107	1.7%		
总计		6355	100.0%		

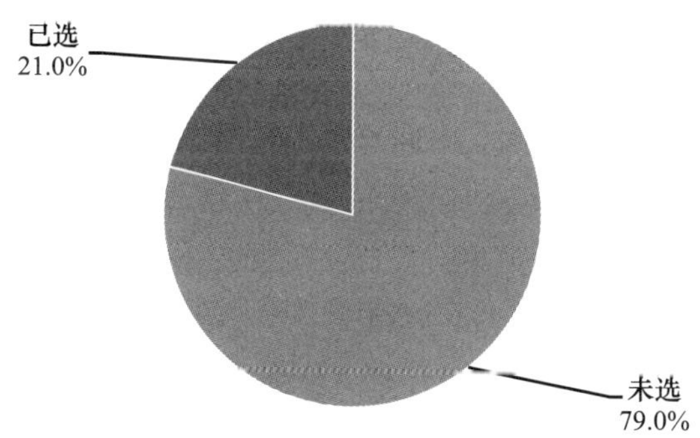

B18b 您对现代家庭伦理中最忧虑的问题是：子女，尤其是独生子女缺乏责任感

		频数	百分比	有效百分比	累积百分比
有效	未选	3714	58.4%	59.5%	59.5%
	已选	2531	39.8%	40.5%	100.0%
	总计	6245	98.3%	100.0%	

续表

		频数	百分比	有效百分比	累积百分比
缺失	System	110	1.7%		
总计		6355	100.0%		

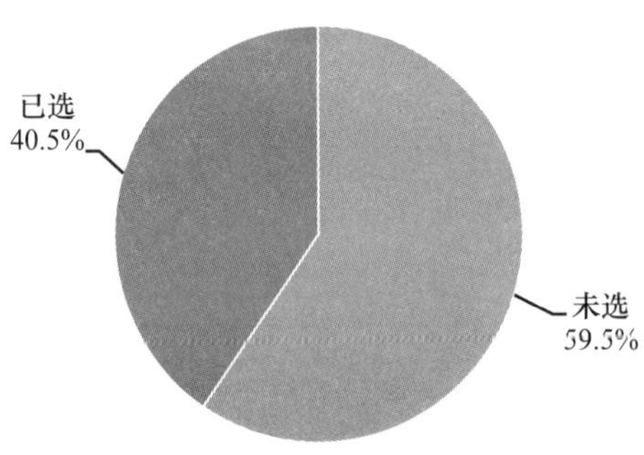

B18c 您对现代家庭伦理中最忧虑的问题是：子女不孝敬父母

		频数	百分比	有效百分比	累积百分比
有效	未选	4642	73.0%	74.3%	74.3%
	已选	1602	25.2%	25.7%	100.0%
	总计	6244	98.3%	100.0%	
缺失	System	111	1.7%		
总计		6355	100.0%		

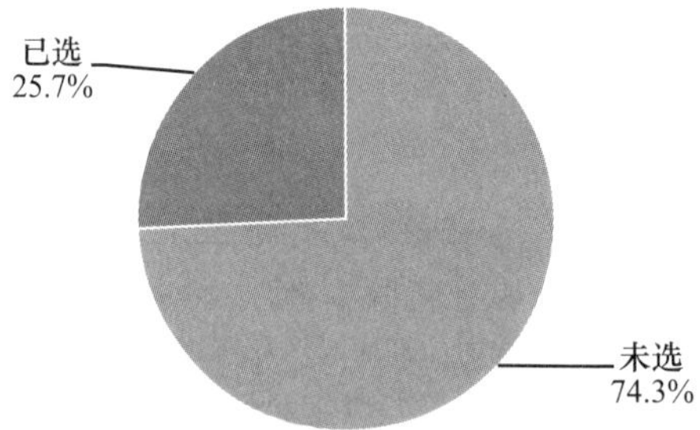

B18d 您对现代家庭伦理中最忧虑的问题是：代沟严重，价值观念对立

		频数	百分比	有效百分比	累积百分比
有效	未选	3970	62.5%	63.6%	63.6%
	已选	2274	35.8%	36.4%	100.0%
	总计	6244	98.3%	100.0%	
缺失	System	111	1.7%		
总计		6355	100.0%		

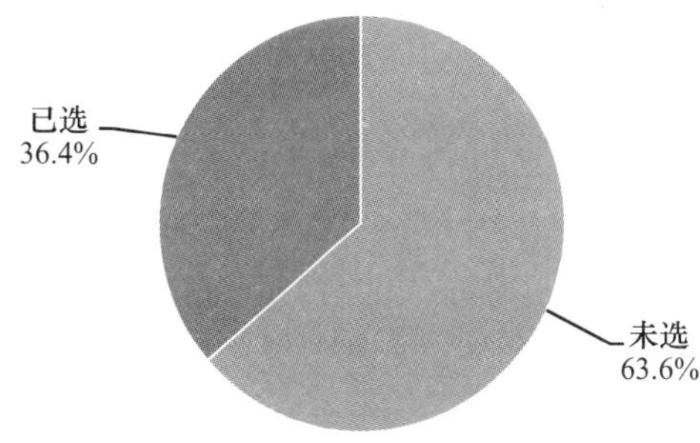

B18e 您对现代家庭伦理中最忧虑的问题是：婆媳关系紧张

		频数	百分比	有效百分比	累积百分比
有效	未选	5402	85.0%	86.5%	86.5%
	已选	843	13.3%	13.5%	100.0%
	总计	6245	98.3%	100.0%	
缺失	System	110	1.7%		
总计		6355	100.0%		

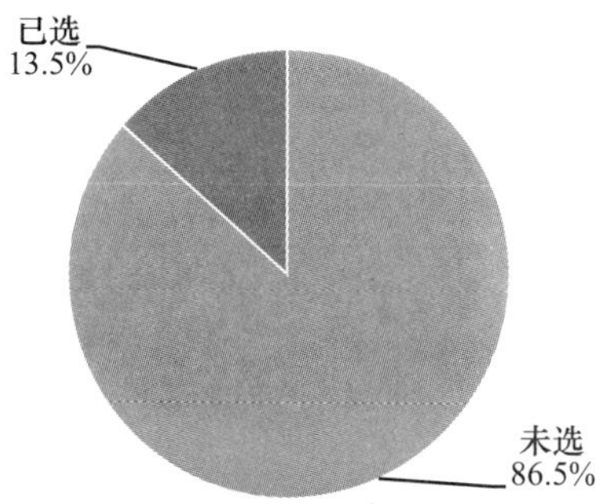

B18f 您对现代家庭伦理中最忧虑的问题是：父母不民主，不能容忍差异

		频数	百分比	有效百分比	累积百分比
有效	未选	5924	93.2%	94.9%	94.9%
	已选	320	5.0%	5.1%	100.0%
	总计	6244	98.3%	100.0%	
缺失	System	111	1.7%		
总计		6355	100.0%		

您对现代家庭伦理中最忧虑的问题是：父母不民主，不能容忍差异

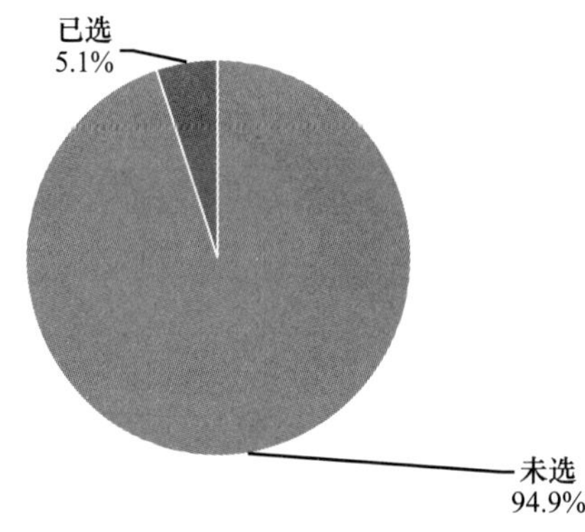

B19 您是否同意以下关于家庭和婚姻的说法（汇总表）

	完全同意	比较同意	不太同意	完全不同意	平均值
A. 是否离婚主要考虑自己的感受和利益	627	1509	2574	1577	2.81
B. 是否离婚应该从家庭整体（包括子女）考虑	2824	2761	558	157	1.69
C. 婚姻是社会的事，应当兼顾社会评价和后果	1589	2751	1476	476	2.13
D. 婚姻意味着责任，不能轻易选择离婚	3837	2017	323	126	1.48
E. 遇到困难需要别人帮助时，朋友比兄弟姐妹更可靠	1035	1820	2693	756	2.50
F. 无论父母对自己如何，都应尽赡养义务	4675	1315	233	93	1.33
G. 为了家庭利益可以一定程度上损害国家利益	242	531	1704	3835	3.45

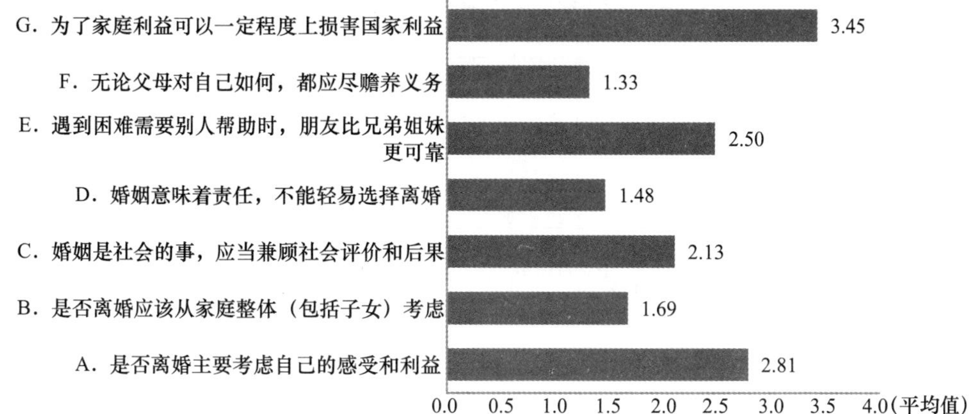

B19a 您是否同意以下关于家庭和婚姻的一些说法：是否离婚主要考虑自己的感受和利益

		频数	百分比	有效百分比	累积百分比
有效	完全同意	627	9.9%	10.0%	10.0%
	比较同意	1509	23.7%	24.0%	34.0%
	比较不同意	2574	40.5%	40.9%	74.9%
	完全不同意	1577	24.8%	25.1%	100.0%
	总计	6287	98.9%	100.0%	
缺失	0	54	0.8%		
	System	14	0.2%		
	总计	68	1.1%		
总计		6355	100.0%		

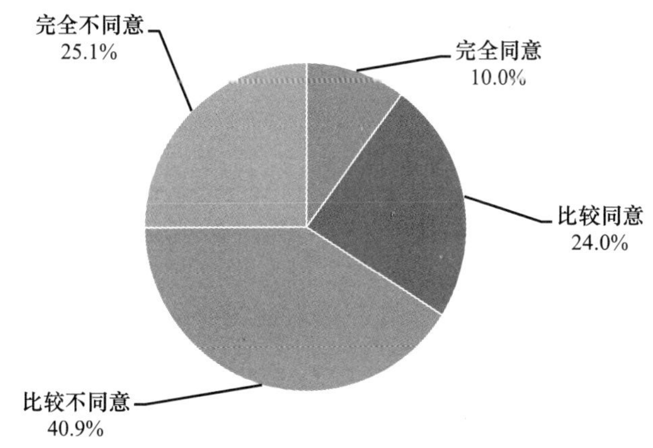

B19b 您是否同意以下关于家庭和婚姻的一些说法：是否离婚应该从家庭整体（包括子女）考虑

		频数	百分比	有效百分比	累积百分比
有效	完全同意	2824	44.4%	44.8%	44.8%
	比较同意	2761	43.4%	43.8%	88.7%
	比较不同意	558	8.8%	8.9%	97.5%
	完全不同意	157	2.5%	2.5%	100.0%
	总计	6300	99.1%	100.0%	
缺失	0	38	0.6%		
	System	17	0.3%		
	总计	55	0.9%		
总计		6355	100.0%		

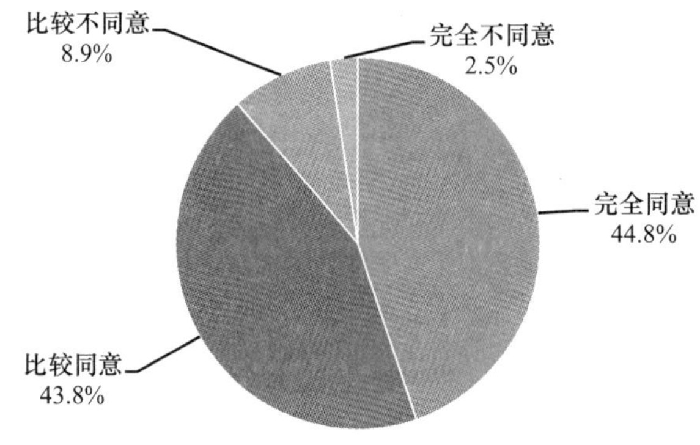

B19c 您是否同意以下关于家庭和婚姻的一些说法：婚姻是社会的事，应当兼顾社会评价和后果

		频数	百分比	有效百分比	累积百分比
有效	完全同意	1589	25.0%	25.3%	25.3%
	比较同意	2751	43.3%	43.7%	69.0%
	比较不同意	1476	23.2%	23.5%	92.4%
	完全不同意	476	7.5%	7.6%	100.0%
	总计	6292	99.0%	100.0%	

续表

		频数	百分比	有效百分比	累积百分比
缺失	0	44	0.7%		
	System	19	0.3%		
	总计	63	1.0%		
总计		6355	100.0%		

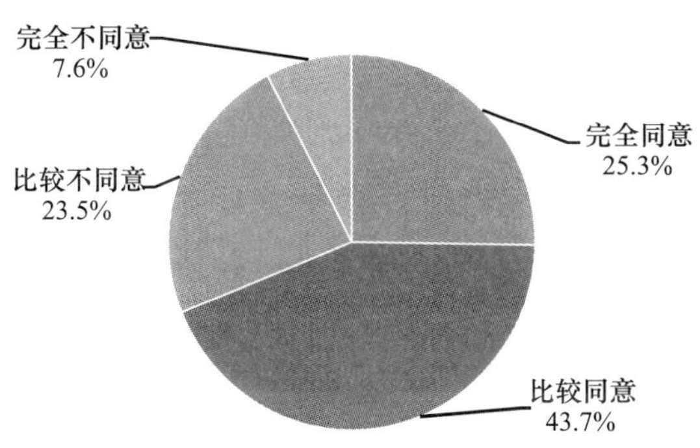

B19d 您是否同意以下关于家庭和婚姻的一些说法：婚姻意味着责任，不能轻易选择离婚

		频数	百分比	有效百分比	累积百分比
有效	完全同意	3837	60.4%	60.9%	60.9%
	比较同意	2017	31.7%	32.0%	92.9%
	比较不同意	323	5.1%	5.1%	98.0%
	完全不同意	126	2.0%	2.0%	100.0%
	总计	6303	99.2%	100.0%	
缺失	0	40	0.6%		
	System	12	0.2%		
	总计	52	0.8%		
总计		6355	100.0%		

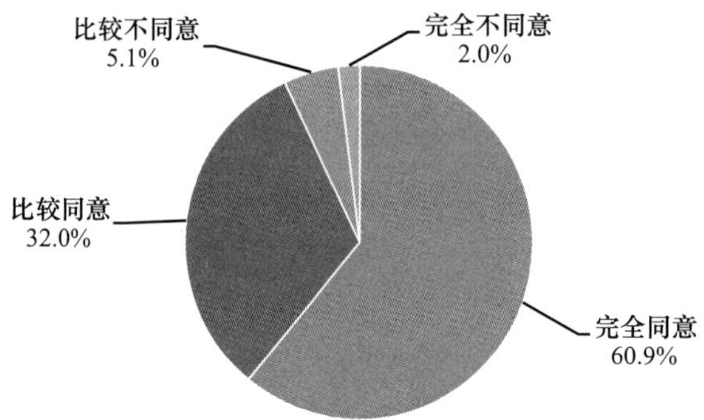

B19e 您是否同意以下关于家庭和婚姻的一些说法：遇到困难需要别人帮助时，朋友比兄弟姐妹更可靠

		频数	百分比	有效百分比	累积百分比
有效	完全同意	1035	16.3%	16.4%	16.4%
	比较同意	1820	28.6%	28.9%	45.3%
	比较不同意	2693	42.4%	42.7%	88.0%
	完全不同意	756	11.9%	12.0%	100.0%
	总计	6304	99.2%	100.0%	
缺失	0	32	0.5%		
	System	19	0.3%		
	总计	51	0.8%		
总计		6355	100.0%		

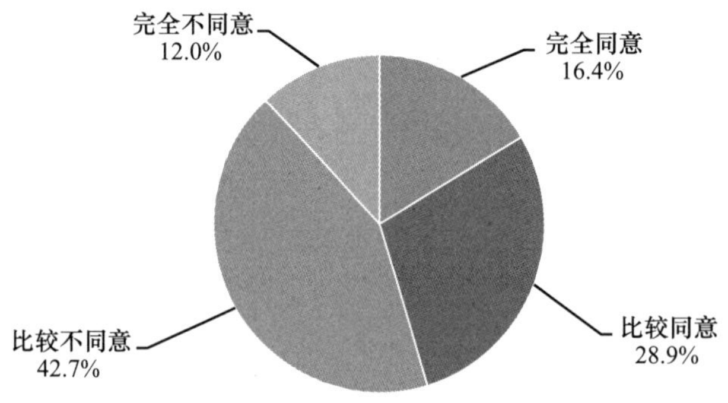

B19f 您是否同意以下关于家庭和婚姻的一些说法：无论父母对自己如何，都应尽赡养义务

		频数	百分比	有效百分比	累积百分比
有效	完全同意	4675	73.6%	74.0%	74.0%
	比较同意	1315	20.7%	20.8%	94.8%
	比较不同意	233	3.7%	3.7%	98.5%
	完全不同意	93	1.5%	1.5%	100.0%
	总计	6316	99.4%	100.0%	
缺失	0	28	0.4%		
	System	11	0.2%		
	总计	39	0.6%		
总计		6355	100.0%		

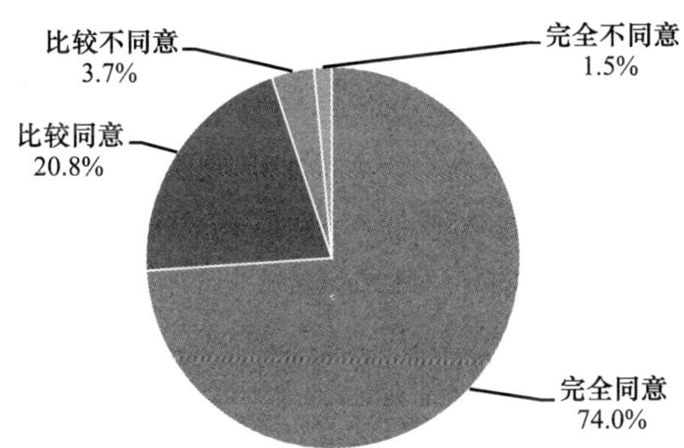

B19g 您是否同意以下关于家庭和婚姻的一些说法：为了家庭利益可以一定程度上损害国家利益

		频数	百分比	有效百分比	累积百分比
有效	完全同意	242	3.8%	3.8%	3.8%
	比较同意	531	8.4%	8.4%	12.2%
	比较不同意	1704	26.8%	27.0%	39.2%
	完全不同意	3835	60.3%	60.8%	100.0%
	总计	6312	99.3%	100.0%	
缺失	0	31	0.5%		
	System	12	0.2%		
	总计	43	0.7%		
总计		6355	100.0%		

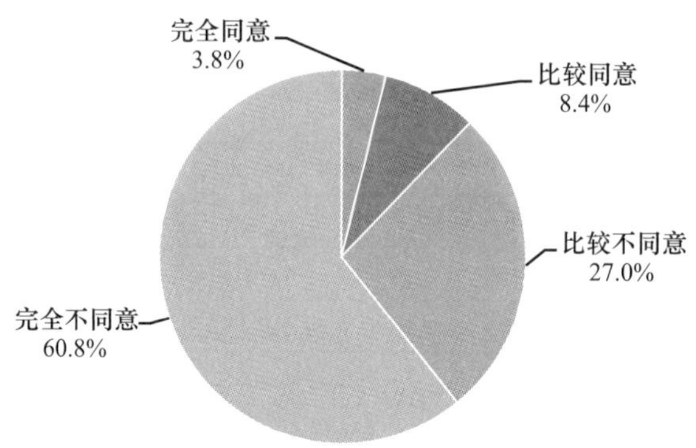

B20 您所在的地方发生过虐童事件吗

		频数	百分比	有效百分比	累积百分比
有效	经常会发生	55	0.9%	0.9%	0.9%
	偶尔发生	749	11.8%	11.9%	12.8%
	没听说过	5494	86.5%	87.2%	100.0%
	总计	6298	99.1%	100.0%	
缺失	0	33	0.5%		
	4	15	0.2%		
	System	9	0.1%		
	总计	57	0.9%		
总计		6355	100.0%		

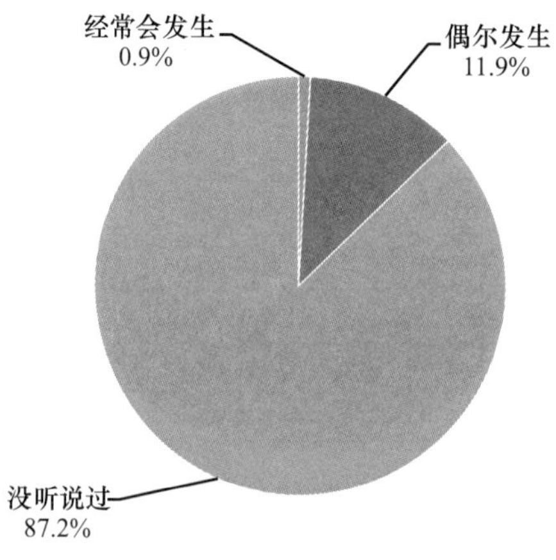

B21 以下传统现象，您听过或见过哪些

	频数	百分比
祠堂	1998	31.5%
族谱	2243	35.3%
祖先牌位	1764	27.8%
姓氏辈分（×姓×字，或第×代）	2616	41.2%
姓氏族支（×姓××堂）	698	11.0%
到祖坟上磕头、烧纸、供菜或燃放鞭炮	5113	80.5%
到祖坟上鞠躬、献鲜花或供奉水果	4218	66.4%
宗族大事记或家族活动记录	513	8.1%
古牌坊、古牌匾、人物纪念石碑等古迹古物	1416	22.3%
其他	91	1.4%
都没见过	272	4.3%

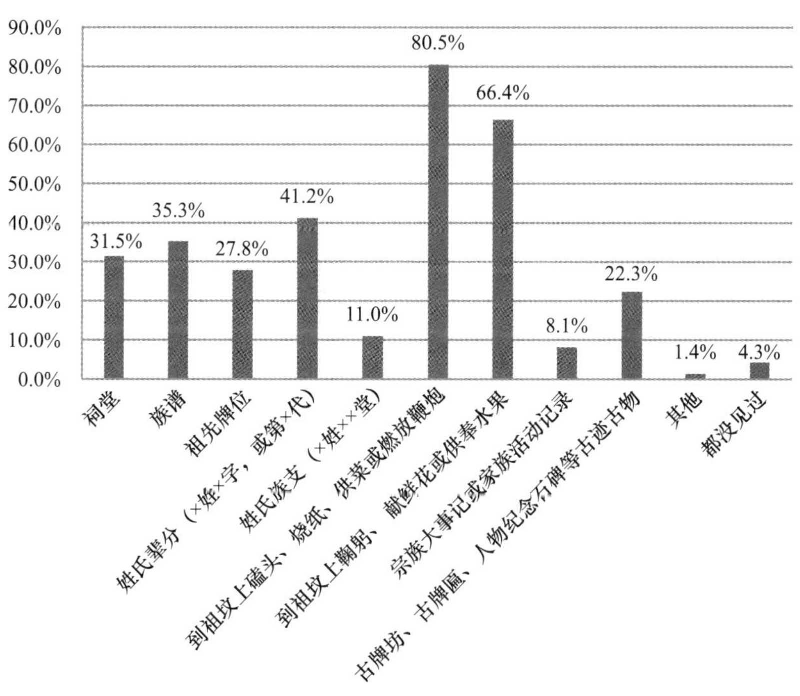

B22a 您是否见过或参与过土地庙的活动

		频数	百分比	有效百分比	累积百分比
有效	未选	3997	62.9%	63.0%	63.0%
	已选	2343	36.9%	37.0%	100.0%
	总计	6340	99.8%	100.0%	
缺失	System	15	0.2%		
总计		6355	100.0%		

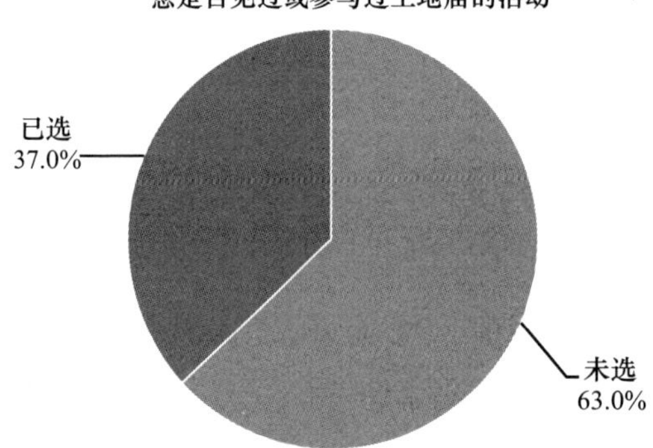

B22b 您是否见过或参与过关帝庙、娘娘庙或其他神庙的活动

		频数	百分比	有效百分比	累积百分比
有效	未选	5012	78.9%	79.1%	79.1%
	已选	1328	20.9%	20.9%	100.0%
	总计	6340	99.8%	100.0%	
缺失	System	15	0.2%		
总计		6355	100.0%		

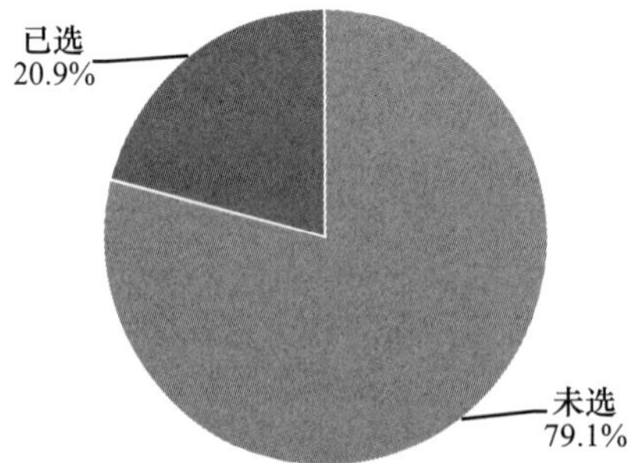

B22c 没见过或没参与过土地庙、关帝庙、娘娘庙或其他神庙的活动

		频数	百分比	有效百分比	累积百分比
有效	未选	3031	47.7%	47.8%	47.8%
	已选	3308	52.1%	52.2%	100.0%
	总计	6339	99.7%	100.0%	
缺失	System	16	0.3%		
总计		6355	100.0%		

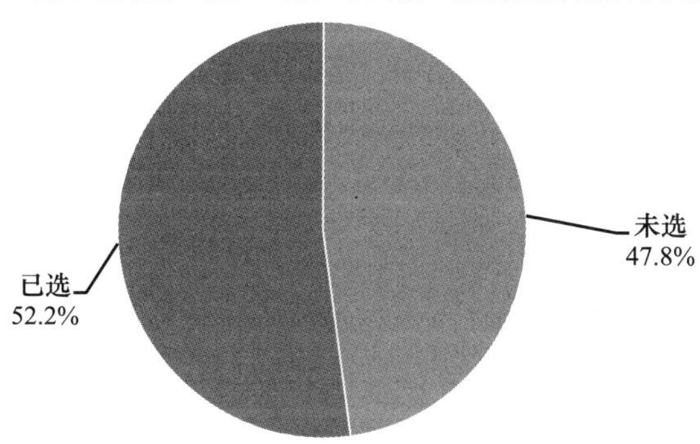

B23a 以下民间活动，您是否参加过或见过：个人敬供（烧香叩拜等）

		频数	百分比	有效百分比	累积百分比
有效	未选	3384	53.2%	53.4%	53.4%
	已选	2958	46.5%	46.6%	100.0%
	总计	6342	99.8%	100.0%	
缺失	System	13	0.2%		
总计		6355	100.0%		

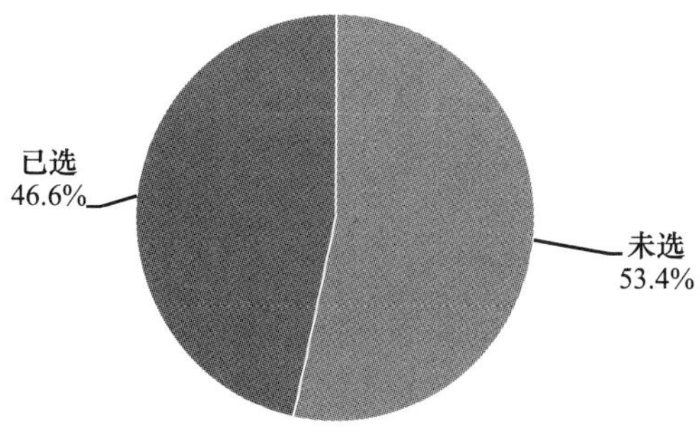

B23b 以下民间活动，您是否参加过或见过：节日集体敬供（聚餐等）

		频数	百分比	有效百分比	累积百分比
有效	未选	5064	79.7%	79.9%	79.9%
	已选	1276	20.1%	20.1%	100.0%
	总计	6340	99.8%	100.0%	
缺失	System	15	0.2%		
总计		6355	100.0%		

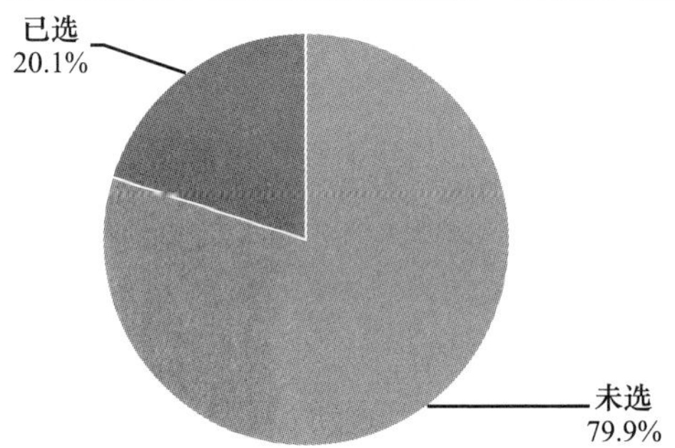

B23c 以下民间活动，您是否参加过或见过：其他活动（建庙委员会、教育、助贫、敬老、龙舟等）

		频数	百分比	有效百分比	累积百分比
有效	未选	5126	80.7%	80.9%	80.9%
	已选	1209	19.0%	19.1%	100.0%
	总计	6335	99.7%	100.0%	
缺失	System	20	0.3%		
总计		6355	100.0%		

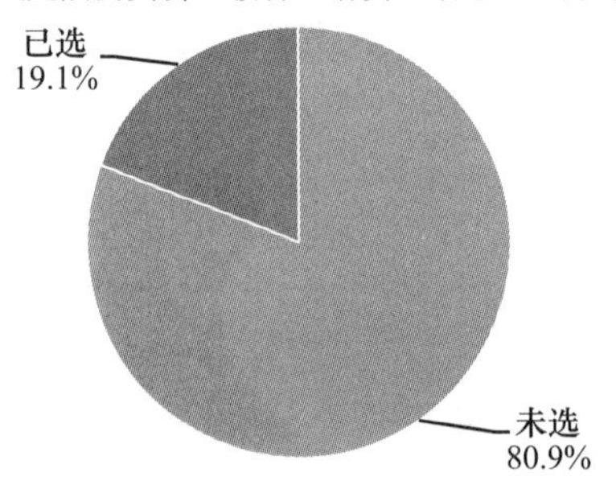

B23d 没参加过任何形式的民间活动

		频数	百分比	有效百分比	累积百分比
有效	未选	4012	63. 1%	63. 3%	63. 3%
	已选	2325	36. 6%	36. 7%	100. 0%
	总计	6337	99. 7%	100. 0%	
缺失	System	18	0. 3%		
总计		6355	100. 0%		

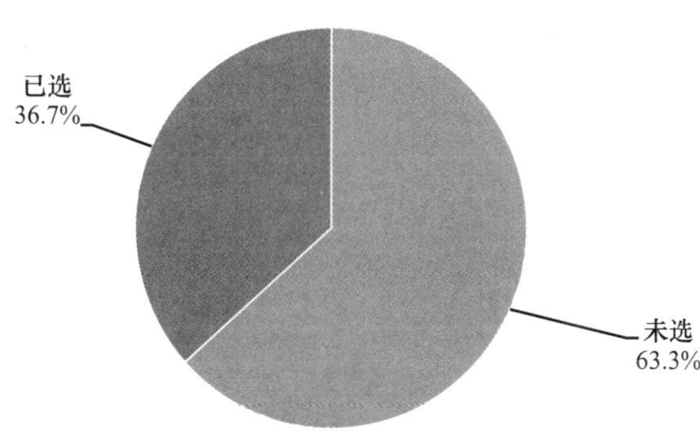

B24 您觉得您目前的身体健康状况

		频数	百分比	有效百分比	累积百分比
有效	很健康	1792	28. 2%	28. 4%	28. 4%
	比较健康	3565	56. 1%	56. 4%	84. 8%
	不太健康	860	13. 5%	13. 6%	98. 4%
	很不健康	102	1. 6%	1. 6%	100. 0%
	总计	6319	99. 4%	100. 0%	
缺失	0	29	0. 5%		
	System	7	0. 1%		
	总计	36	0. 6%		
总计		6355	100. 0%		

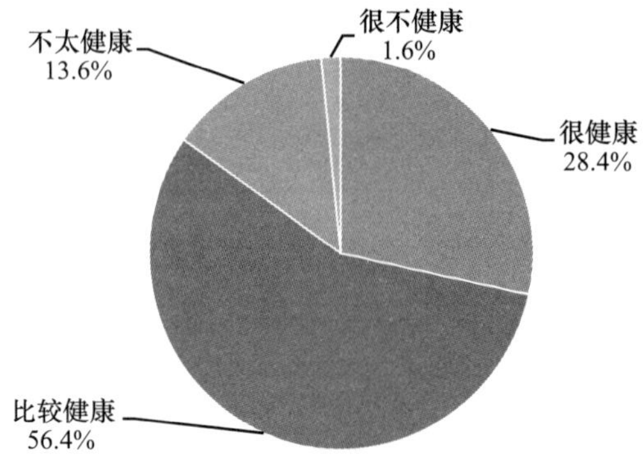

B25 您觉得您的健康状况和一年前比较起来如何

		频数	百分比	有效百分比	累积百分比
有效	更好	996	15.7%	15.7%	15.7%
	没有变化	4177	65.7%	66.0%	81.7%
	更差	1160	18.3%	18.3%	100.0%
	总计	6333	99.7%	100.0%	
缺失	0	13	0.2%		
	System	9	0.1%		
	总计	22	0.3%		
总计		6355	100.0%		

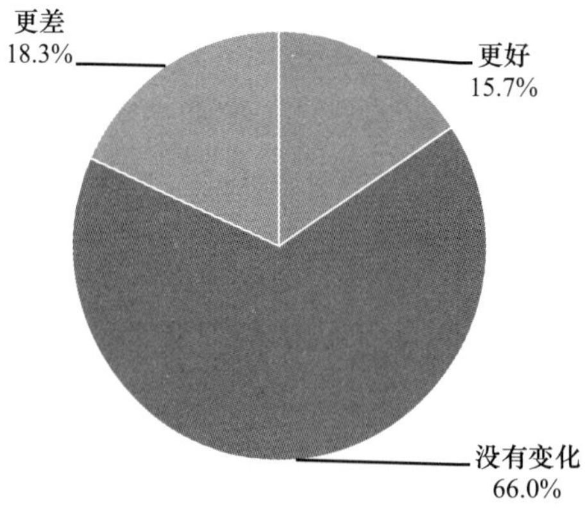

B26 您的就医习惯是

		频数	百分比	有效百分比	累积百分比
有效	出现不适就去看病	3470	54.6%	54.9%	54.9%
	症状加重时去看病	1265	19.9%	20.0%	74.9%
	能不看病就不看	1358	21.4%	21.5%	96.4%
	从不看病	168	2.6%	2.7%	99.0%
	其他	62	1.0%	1.0%	100.0%
	总计	6323	99.5%	100.1%	
缺失	0	20	0.3%		
	System	12	0.2%		
	总计	32	0.5%		
总计		6355	100.0%		

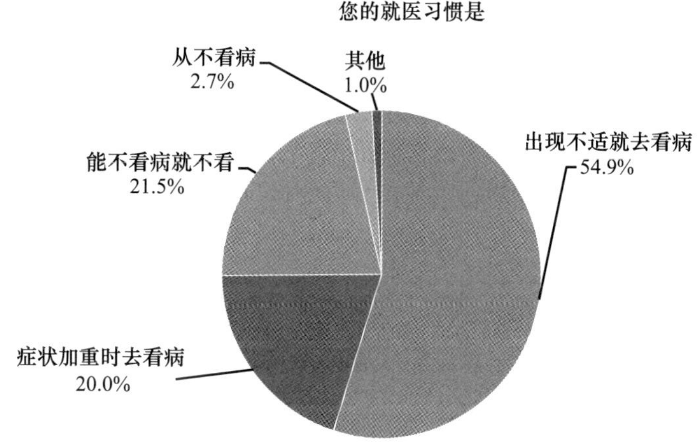

B27 总的来说，您觉得目前的生活幸福吗

		频数	百分比	有效百分比	累积百分比
有效	非常幸福	1739	27.4%	27.5%	27.5%
	比较幸福	4209	66.2%	66.4%	93.9%
	不太幸福	355	5.6%	5.6%	99.5%
	非常不幸福	31	0.5%	0.5%	100.0%
	总计	6334	99.7%	100.1%	
缺失	0	14	0.2%		
	System	7	0.1%		
	总计	21	0.3%		
总计		6355	100.0%		

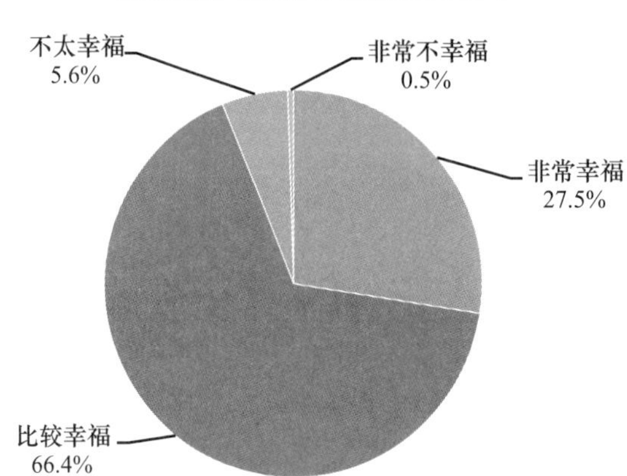

B28 您觉得对于老年人来说最理想的，或者说，您未来最希望的养老方式是哪种

		频数	百分比	有效百分比	累积百分比
有效	敬老院、养老院、护理院等专业养老机构	820	12.9%	13.0%	13.0%
	与子女一起，住在家里养老	3580	56.3%	56.7%	69.7%
	与子女分开，住在家里养老	1231	19.4%	19.5%	89.2%
	搬到其他地方独居养老	74	1.2%	1.2%	90.3%
	回到老家养老	331	5.2%	5.2%	95.6%
	旅游养老	200	3.1%	3.2%	98.7%
	其他	79	1.2%	1.3%	100.0%
	总计	6315	99.3%	100.1%	
缺失	0	20	0.3%		
	System	20	0.3%		
	总计	40	0.6%		
总计		6355	100.0%		

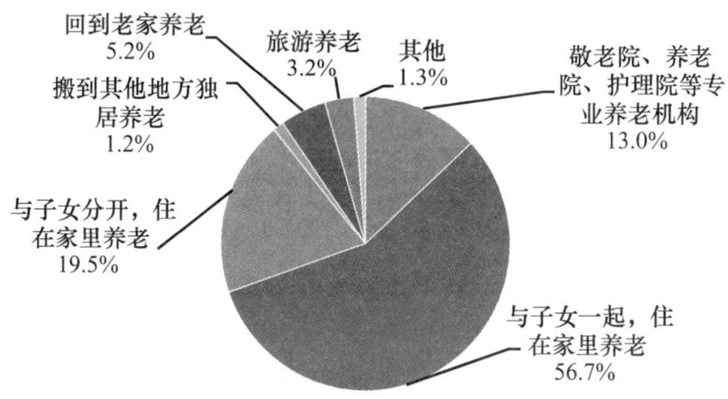

B29 过去的一周里，您为父母做过哪些事情

	频数	百分比
看望	2641	41. 6%
打电话	2650	41. 7%
买东西	2661	41. 9%
陪看病	1399	22. 0%
护理	917	14. 4%
做家务	2363	37. 2%
谈心聊天	2523	39. 7%
给钱	1236	19. 5%
外出旅游	425	6. 7%
无	124	2. 0%
父母已去世	1810	28. 5%

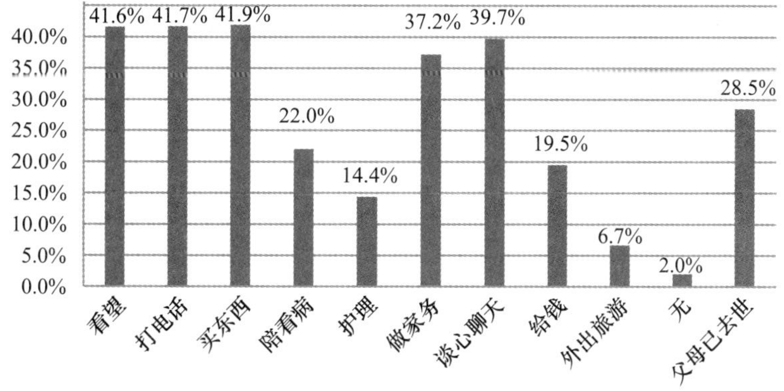

B30 总体来说，您对自己生活的以下方面满意吗

	非常不满意	不太满意	比较满意	非常满意	平均值
A. 身心健康状况	302	842	3603	1589	3. 02
B. 整体收入水平	341	1771	3527	703	2. 72
C. 家庭成员关系	219	267	3268	2581	3. 30
D. 社会保障水平	343	1203	3713	1074	2. 87

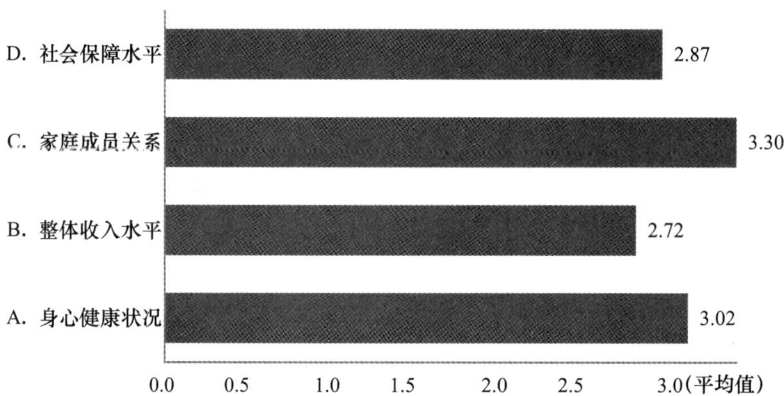

B30a 身心健康状况

		频数	百分比	有效百分比	累积百分比
有效	非常不满意	302	4. 8%	4. 8%	4. 8%
	不太满意	842	13. 2%	13. 3%	18. 1%
	比较满意	3603	56. 7%	56. 9%	74. 9%
	非常满意	1589	25. 0%	25. 1%	100. 0%
	总计	6336	99. 7%	100. 1%	
缺失	0	12	0. 2%		
	System	7	0. 1%		
	总计	19	0. 3%		
总计		6355	100. 0%		

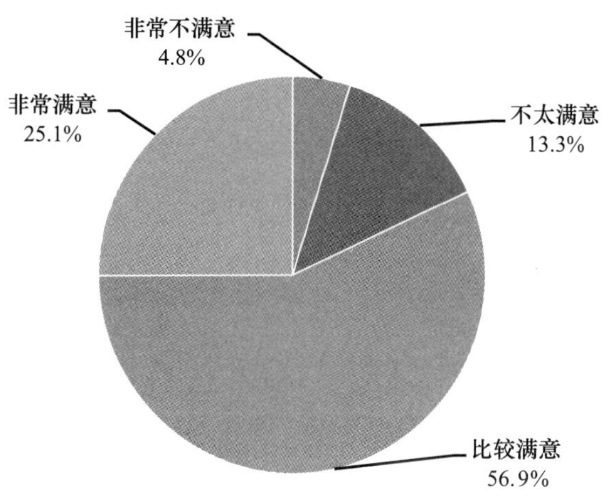

B30b 整体收入水平

		频数	百分比	有效百分比	累积百分比
有效	非常不满意	341	5.4%	5.4%	5.4%
	不太满意	1771	27.9%	27.9%	33.3%
	比较满意	3527	55.5%	55.6%	88.9%
	非常满意	703	11.1%	11.1%	100.0%
	总计	6342	99.8%	100.0%	
缺失	0	6	0.1%		
	System	7	0.1%		
	总计	13	0.2%		
总计		6355	100.0%		

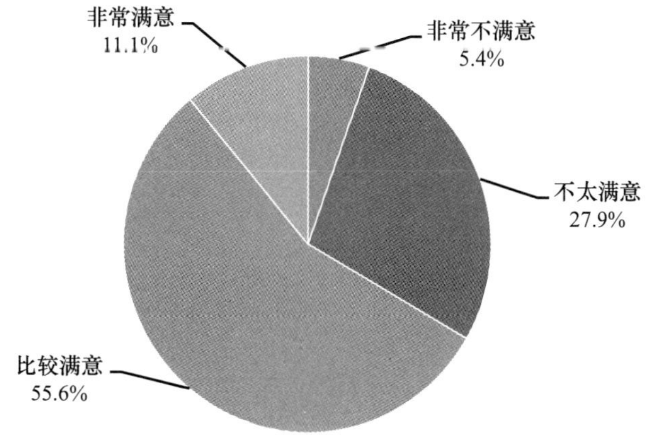

B30c 家庭成员关系

		频数	百分比	有效百分比	累积百分比
有效	非常不满意	219	3.4%	3.5%	3.5%
	不太满意	267	4.2%	4.2%	7.7%
	比较满意	3268	51.4%	51.6%	59.3%
	非常满意	2581	40.6%	40.7%	100.0%
	总计	6335	99.7%	100.0%	
缺失	0	9	0.1%		
	System	11	0.2%		
	总计	20	0.3%		
总计		6355	100.0%		

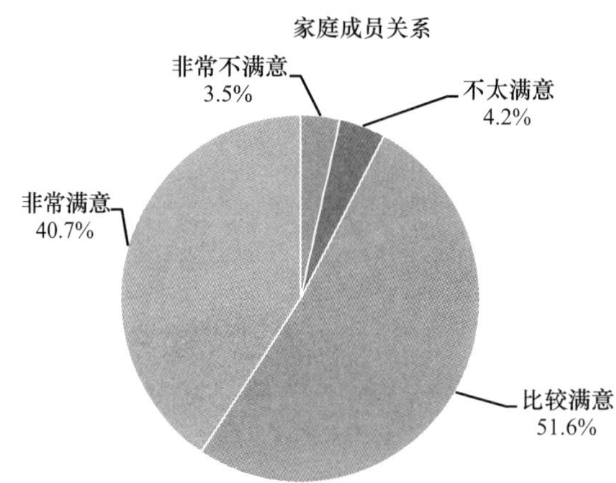

B30d 社会保障水平

		频数	百分比	有效百分比	累积百分比
有效	非常不满意	343	5.4%	5.4%	5.4%
	不太满意	1203	18.9%	19.0%	24.4%
	比较满意	3713	58.4%	58.6%	83.0%
	非常满意	1074	16.9%	17.0%	100.0%
	总计	6333	99.7%	100.0%	
缺失	0	11	0.2%		
	System	11	0.2%		
	总计	22	0.3%		
总计		6355	100.0%		

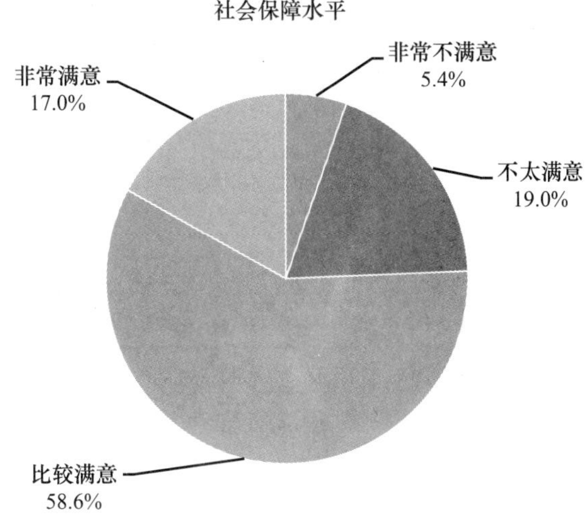

C1 当今中国社会最基本的伦理冲突

	第一重要		第二重要		第三重要		总分	平均分
	频数	加权得分	频数	加权得分	频数	加权得分		
人与人之间的冲突	7950	2650	2990	1495	1091	1091	12031	1.95
个人与社会的冲突	2838	946	3478	1739	1509	1509	7825	1.27
人与自然的冲突	4377	1459	1980	990	1268	1268	7625	1.24
人自我内在的冲突	1596	532	2306	1153	1158	1158	5060	0.82
个人与政府的冲突	1680	560	1384	692	963	963	4027	0.65
其他	60	20	14	7	55	55	129	0.02

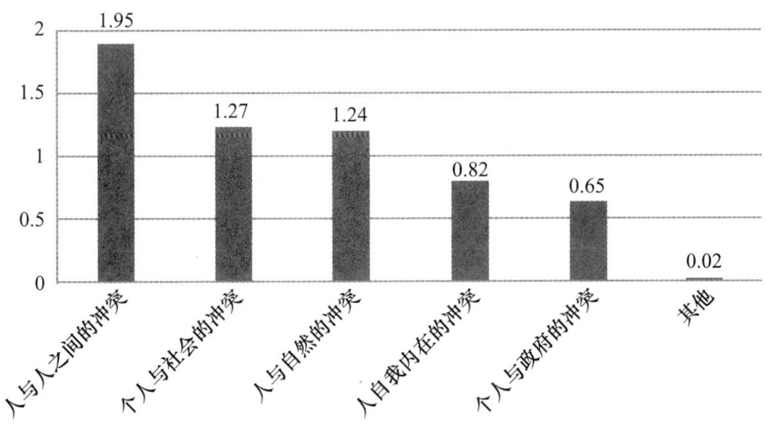

C2 您认为造成环境污染的最主要原因是

		频数	百分比	有效百分比	累积百分比
有效	企业唯利是图	2137	33. 6%	34. 0%	34. 0%
	政府缺乏生态意识，政策失当	1565	24. 6%	24. 9%	58. 9%
	当代人自私自利，不顾未来和子孙利益	1085	17. 1%	17. 3%	76. 1%
	个人缺乏环保意识	1500	23. 6%	23. 9%	100. 0%
	总计	6287	98. 9%	100. 0%	
缺失	0	48	0. 8%		
	System	20	0. 3%		
	总计	68	1. 1%		
总计		6355	100. 0%		

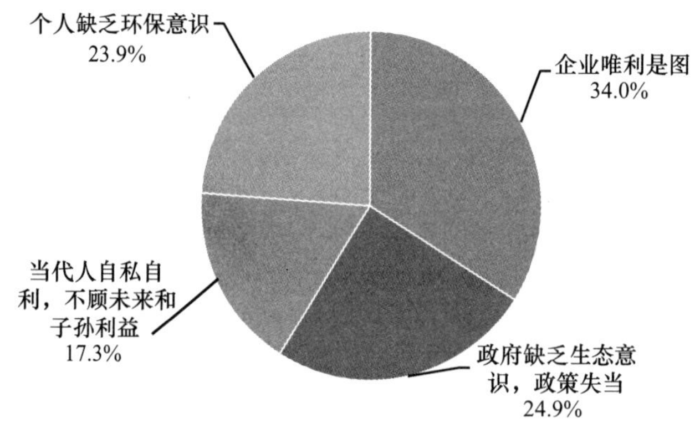

C3 您是否同意以下说法

	完全同意	比较同意	不太同意	完全不同意	平均值
A. 能够插队买到票，是一个人灵活的表现	175	465	2203	3490	3. 42
B. 如果有可能，谁都会逃税	298	895	2245	2879	3. 22
C. 合同都只是形式，只要有关系，什么都好商量	399	1191	2551	2176	3. 03
D. 要想打赢官司，找关系比找律师更有价值	520	1441	2479	1868	2. 90
E. “三个土老乡，顶得上一个公章”	378	1371	2509	2040	2. 99
F. 法院是一个替老百姓讲理的地方	2276	2562	1101	361	1. 93

续表

	完全同意	比较同意	不太同意	完全不同意	平均值
G. 在这个社会，要想不吃亏，就一定要懂得利用潜规则	629	1863	2474	1337	2.72
H. 要远离那些不守规则的人，因为当他因不守规则出事的时候，可能会连累到你	1842	2552	1448	479	2.09
I. 在这个处处讲背景的年代，规则是对普通老百姓最好的保护	2302	2671	1007	349	1.91

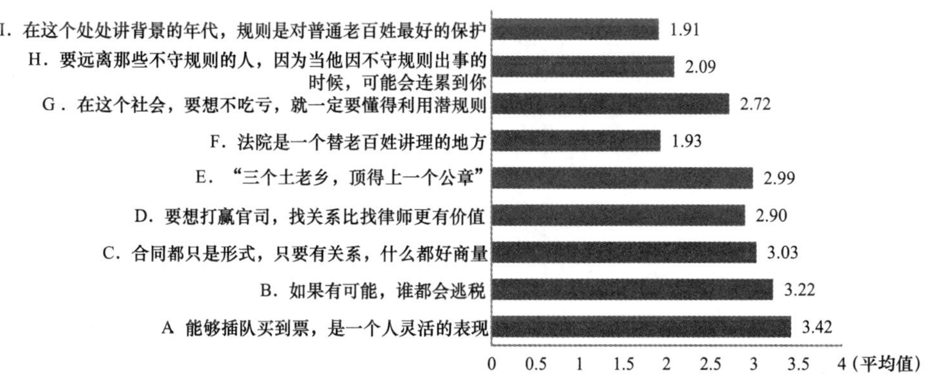

C3a 您是否同意以下说法：能够插队买到票，是一个人灵活的表现

		频数	百分比	有效百分比	累积百分比
有效	完全同意	175	2.8%	2.8%	2.8%
	比较同意	465	7.3%	7.3%	10.1%
	比较不同意	2203	34.7%	34.8%	44.9%
	完全不同意	3490	54.9%	55.1%	100.0%
	总计	6333	99.7%	100.0%	
缺失	0	15	0.2%		
	System	7	0.1%		
	总计	22	0.3%		
总计		6355	100.0%		

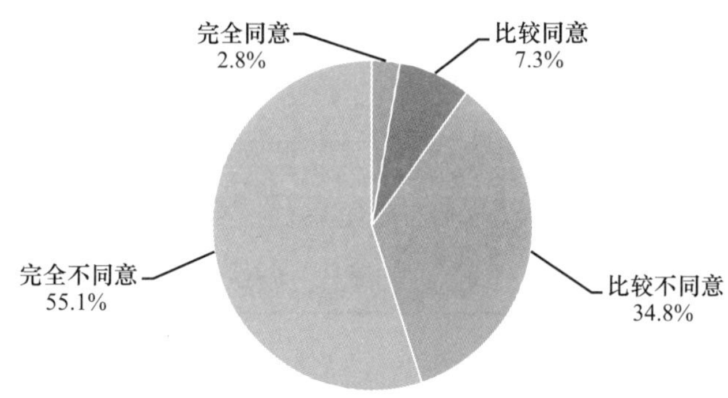

C3b 您是否同意以下说法：如果有可能，谁都会逃税

		频数	百分比	有效百分比	累积百分比
有效	完全同意	298	4.7%	4.7%	4.7%
	比较同意	895	14.1%	14.2%	18.9%
	比较不同意	2245	35.3%	35.5%	54.4%
	完全不同意	2879	45.3%	45.6%	100.0%
	总计	6317	99.4%	100.0%	
缺失	0	25	0.4%		
	System	13	0.2%		
	总计	38	0.6%		
总计		6355	100.0%		

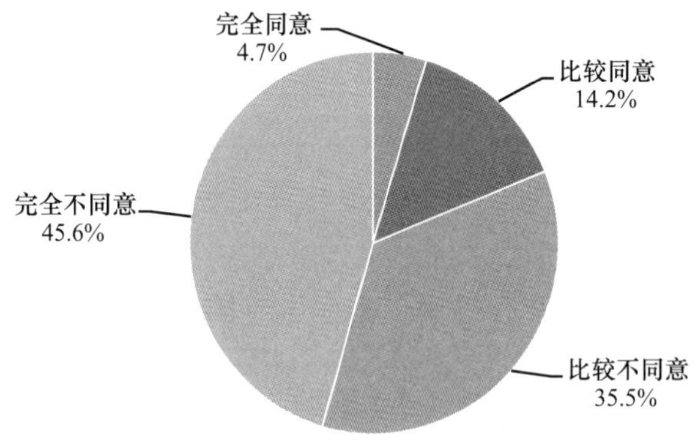

C3c 您是否同意以下说法：合同都只是形式，只要有关系，什么都好商量

		频数	百分比	有效百分比	累积百分比
有效	完全同意	399	6.3%	6.3%	6.3%
	比较同意	1191	18.7%	18.9%	25.2%
	比较不同意	2551	40.1%	40.4%	65.6%
	完全不同意	2176	34.2%	34.4%	100.0%
	总计	6317	99.4%	100.0%	
缺失	0	20	0.3%		
	System	18	0.3%		
	总计	38	0.6%		
总计		6355	100.0%		

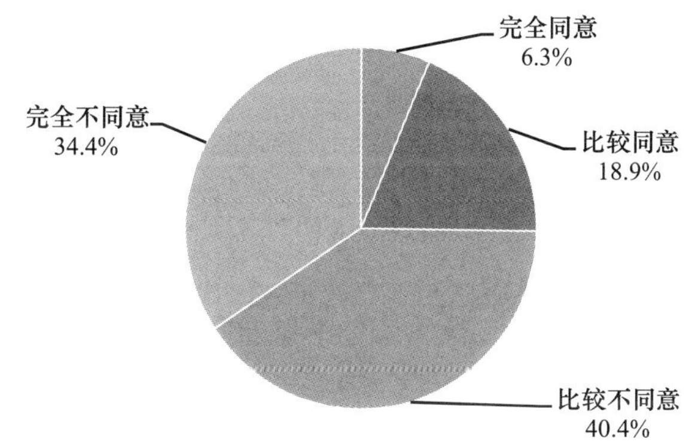

C3d 您是否同意以下说法：要想打赢官司，找关系比找律师更有价值

		频数	百分比	有效百分比	累积百分比
有效	完全同意	520	8.2%	8.2%	8.2%
	比较同意	1441	22.7%	22.8%	31.1%
	比较不同意	2479	39.0%	39.3%	70.4%
	完全不同意	1868	29.4%	29.6%	100.0%
	总计	6308	99.3%	100.0%	
缺失	0	27	0.4%		
	System	20	0.3%		
	总计	47	0.7%		
总计		6355	100.0%		

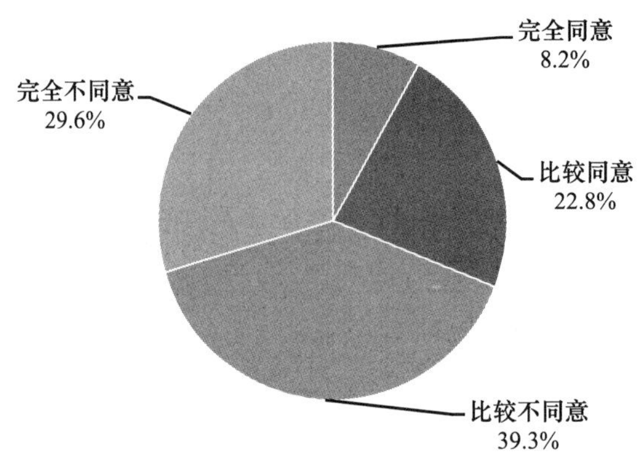

C3e 您是否同意以下说法："三个土老乡，顶得上一个公章"

		频数	百分比	有效百分比	累积百分比
有效	完全同意	378	5.9%	6.0%	6.0%
	比较同意	1371	21.6%	21.8%	27.8%
	比较不同意	2509	39.5%	39.8%	67.6%
	完全不同意	2040	32.1%	32.4%	100.0%
	总计	6298	99.1%	100.0%	
缺失	0	35	0.6%		
	System	22	0.3%		
	总计	57	0.9%		
总计		6355	100.0%		

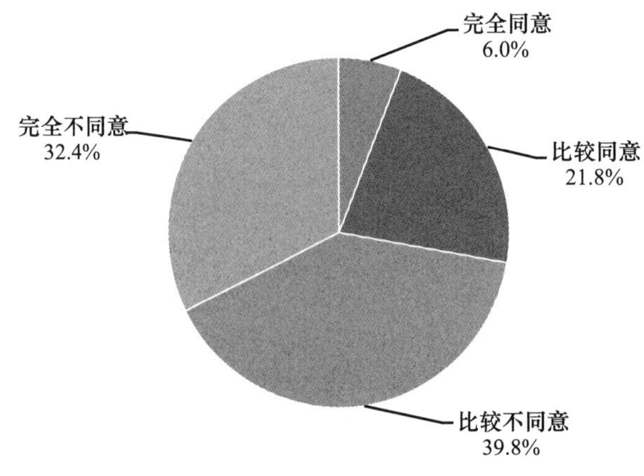

C3f 您是否同意以下说法：法院是一个替老百姓讲理的地方

		频数	百分比	有效百分比	累积百分比
有效	完全同意	2276	35.8%	36.1%	36.1%
	比较同意	2562	40.3%	40.7%	76.8%
	比较不同意	1101	17.3%	17.5%	94.3%
	完全不同意	361	5.7%	5.7%	100.0%
	总计	6300	99.1%	100.0%	
缺失	0	37	0.6%		
	System	18	0.3%		
	总计	55	0.9%		
总计		6355	100.0%		

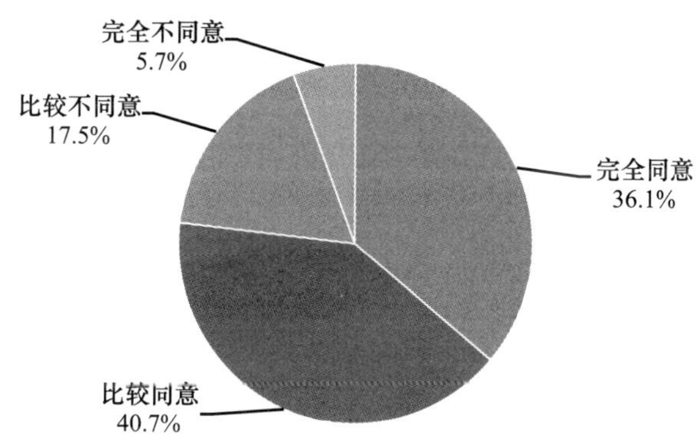

C3g 您是否同意以下说法：在这个社会，要想不吃亏，就一定要懂得利用潜规则

		频数	百分比	有效百分比	累积百分比
有效	完全同意	629	9.9%	10.0%	10.0%
	比较同意	1863	29.3%	29.6%	39.5%
	比较不同意	2474	38.9%	39.3%	78.8%
	完全不同意	1337	21.0%	21.2%	100.0%
	总计	6303	99.2%	100.0%	
缺失	0	33	0.5%		
	System	19	0.3%		
	总计	52	0.8%		
总计		6355	100.0%		

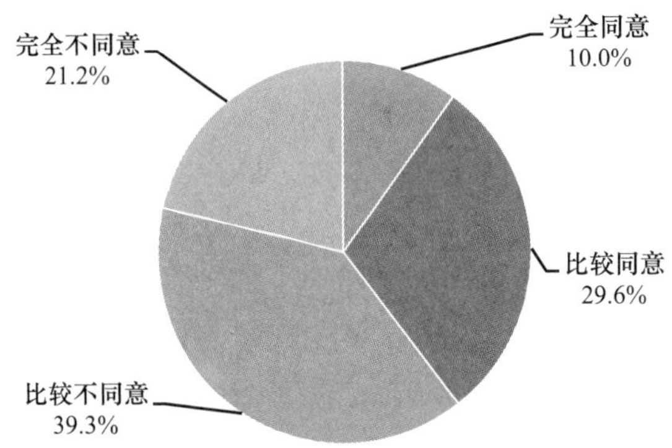

C3h 您是否同意以下说法：要远离那些不守规则的人，因为当他因不守规则出事的时候，可能会连累到你

		频数	百分比	有效百分比	累积百分比
有效	完全同意	1842	29.0%	29.1%	29.1%
	比较同意	2552	40.2%	40.4%	69.5%
	比较不同意	1448	22.8%	22.9%	92.4%
	完全不同意	479	7.5%	7.6%	100.0%
	总计	6321	99.5%	100.0%	
缺失	0	24	0.4%		
	System	10	0.2%		
	总计	34	0.5%		
总计		6355	100.0%		

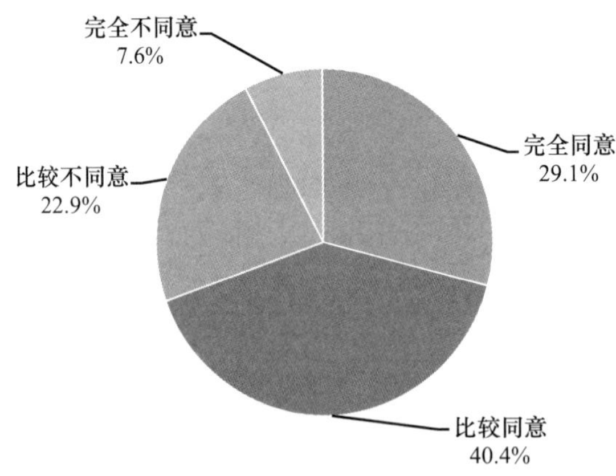

C3i 您是否同意以下说法：在这个处处讲背景的年代，规则是对普通老百姓最好的保护

		频数	百分比	有效百分比	累积百分比
有效	完全同意	2302	36.2%	36.4%	36.4%
	比较同意	2671	42.0%	42.2%	78.6%
	比较不同意	1007	15.8%	15.9%	94.5%
	完全不同意	349	5.5%	5.5%	100.0%
	总计	6329	99.6%	100.0%	
缺失	0	18	0.3%		
	System	8	0.1%		
	总计	26	0.4%		
总计		6355	100.0%		

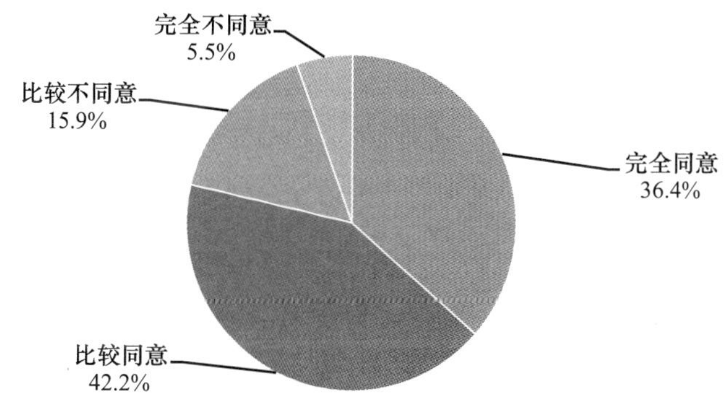

C4 哪一种关系对社会秩序最具有根本性意义

		频数	百分比	有效百分比	累积百分比
有效	家庭伦理或血缘关系	2516	39.6%	40.3%	40.3%
	个人与社会的关系	1763	27.7%	28.2%	68.5%
	职业伦理关系	168	2.6%	2.7%	71.2%
	个人与国家民族的关系	1395	22.0%	22.3%	93.5%
	人与自然的关系	209	3.3%	3.3%	96.9%
	个人与他自身的关系	194	3.1%	3.1%	100.0%
	总计	6245	98.3%	100.0%	

续表

		频数	百分比	有效百分比	累积百分比
缺失	0	69	1.1%		
	System	41	0.6%		
	总计	110	1.7%		
总计		6355	100.0%		

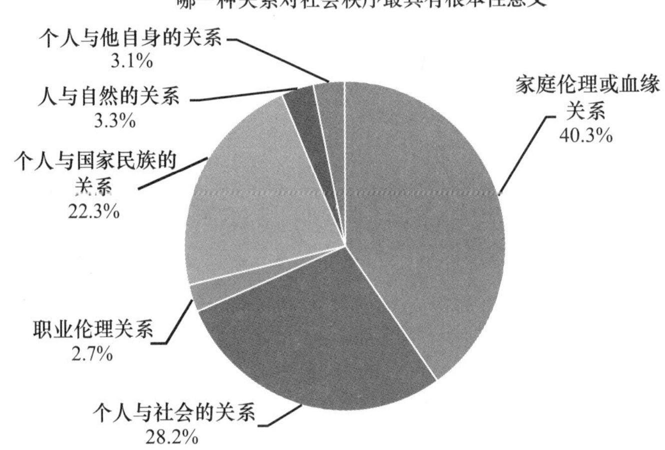

C5 对于个人而言，您认为家庭、社会和国家三者的重要性程度如何

	第一重要		第二重要		第三重要		总分	平均分
	频数	加权得分	频数	加权得分	频数	加权得分		
国家	4115	12345	1333	2666	843	843	15854	2.50
社会	209	627	3388	6776	2700	2700	10103	1.60
家庭	2010	6030	1579	3158	2710	2710	11898	1.88

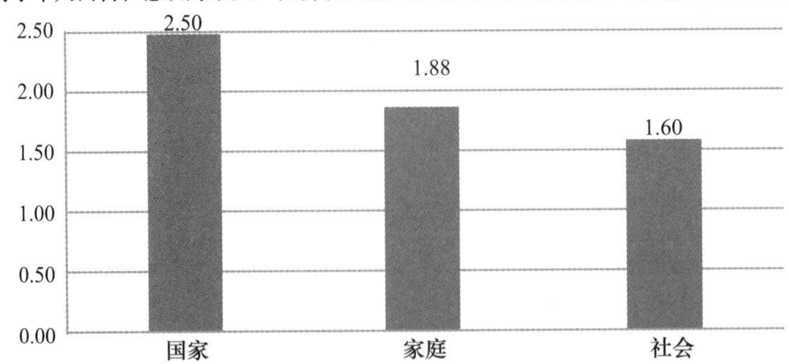

C6 下列关系，您认为最重要的是

	第一重要		第二重要		第三重要		第四重要		第五重要		总分	平均分
	频数	加权频数	频数	加权频数	频数	加权频数	频数	加权频数	频数	加权频数		
父母与子女	3955	19775	1515	6060	391	1173	226	452	83	83	27543	4.35
夫妇	1149	5745	3208	12832	714	2142	282	564	199	199	21482	3.39
兄弟姐妹	47	235	538	2152	3535	10605	600	1200	350	350	14542	2.30
个人与国家	799	3995	228	912	331	993	692	1384	784	784	8068	1.27
个人与社会	100	500	398	1592	283	849	628	1256	959	959	5156	0.81
朋友	12	60	60	240	235	705	1253	2506	1129	1129	4640	0.73
同事或同学	43	215	73	292	248	744	1188	2376	788	788	4415	0.70
上级或下级	27	135	81	324	129	387	360	720	512	512	2078	0.33
与自然的关系	53	265	80	320	147	441	271	542	362	362	1930	0.30
个人与工作单位	50	250	65	260	118	354	336	672	352	352	1888	0.30
个人与自身的关系（身心和谐）	87	435	46	184	90	270	161	322	438	438	1649	0.26
师生	10	50	23	92	69	207	248	496	247	247	1092	0.17
通过网络建立的关系	0	0	4	16	9	27	17	34	35	35	112	0.02

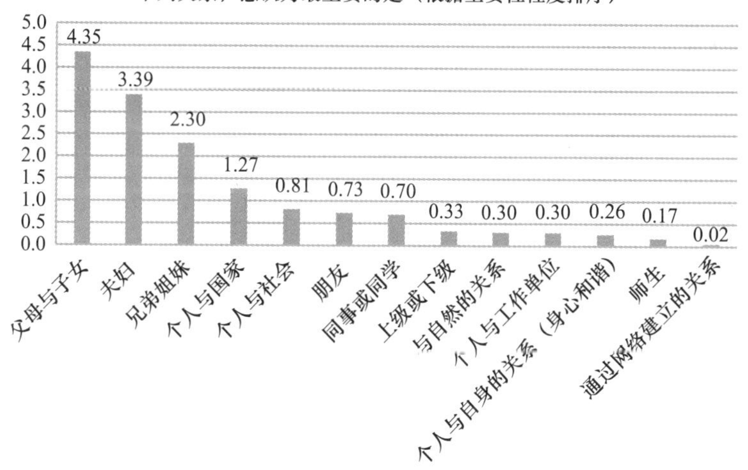

C7 您对自己所在企业（或所熟悉的本地企业）履行下列责任的满意情况如何

	非常不满意	不太满意	比较满意	非常满意	平均值
A. 劳动安全保障	328	1088	3606	1003	2.88
B. 薪酬正常发放	242	783	3588	1390	3.02
C. 职工文化生活	342	1711	3167	766	2.73

续表

	非常不满意	不太满意	比较满意	非常满意	平均值
D. 诚实守法经营	213	924	3660	1200	2.97
E. 环境保护措施	381	1474	3203	950	2.79
F. 慈善公益事业	382	1606	3112	862	2.75

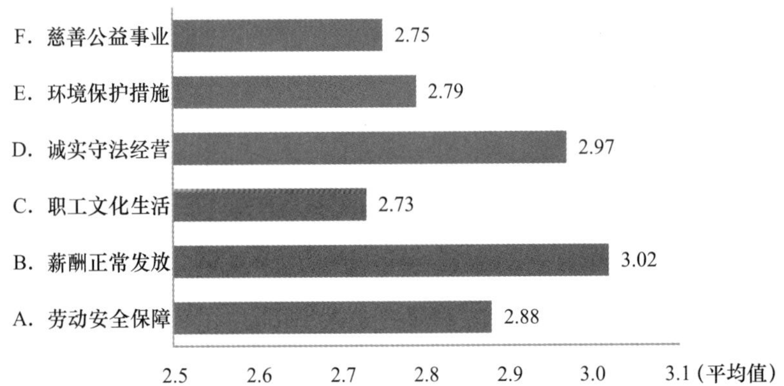

C7a 您对自己所在企业（或所熟悉的本地企业）履行劳动安全保障责任的满意度

		频数	百分比	有效百分比	累积百分比
有效	非常不满意	328	5.2%	5.4%	5.4%
	不太满意	1088	17.1%	18.1%	23.5%
	比较满意	3606	56.7%	59.9%	83.4%
	非常满意	1003	15.8%	16.6%	100.0%
	总计	6025	94.8%	100.0%	
缺失	0	210	3.3%		
	System	120	1.9%		
	总计	330	5.2%		
总计		6355	100.0%		

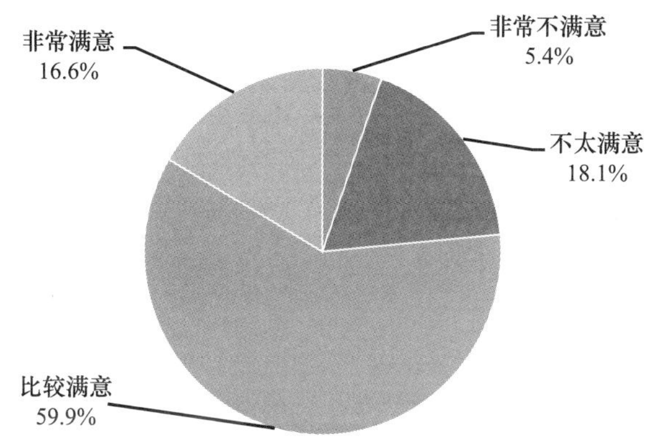

C7b 您对自己所在企业（或所熟悉的本地企业）履行薪酬正常发放责任的满意度

		频数	百分比	有效百分比	累积百分比
有效	非常不满意	242	3.8%	4.0%	4.0%
	不太满意	783	12.3%	13.0%	17.1%
	比较满意	3588	56.5%	59.8%	76.8%
	非常满意	1390	21.9%	23.2%	100.0%
	总计	6003	94.5%	100.0%	
缺失	0	222	3.5%		
	System	130	2.0%		
	总计	352	5.5%		
总计		6355	100.0%		

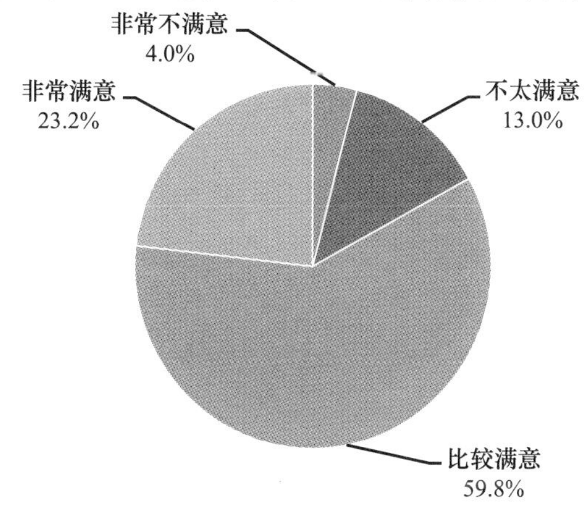

C7c 您对自己所在企业（或所熟悉的本地企业）履行职工文化生活责任的满意度

		频数	百分比	有效百分比	累积百分比
有效	非常不满意	342	5.4%	5.7%	5.7%
	不太满意	1711	26.9%	28.6%	34.3%
	比较满意	3167	49.8%	52.9%	87.2%
	非常满意	766	12.1%	12.8%	100.0%
	总计	5986	94.2%	100.0%	
缺失	0	235	3.7%		
	System	134	2.1%		
	总计	369	5.8%		
总计		6355	100.0%		

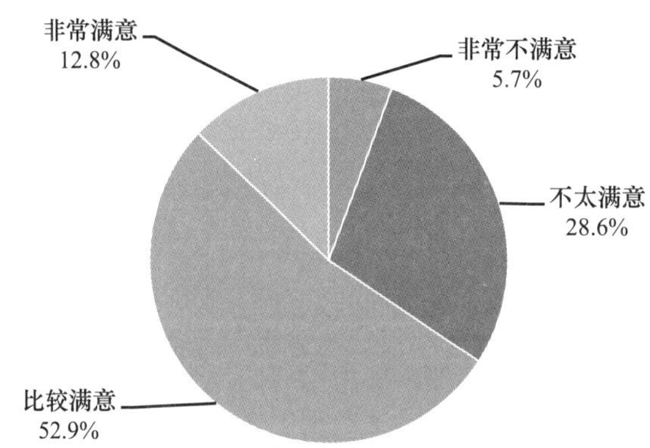

C7d 您对自己所在企业（或所熟悉的本地企业）履行诚实守法经营责任的满意度

		频数	百分比	有效百分比	累积百分比
有效	非常不满意	213	3.4%	3.6%	3.6%
	不太满意	924	14.5%	15.4%	19.0%
	比较满意	3660	57.6%	61.0%	80.0%
	非常满意	1200	18.9%	20.0%	100.0%
	总计	5997	94.4%	100.0%	

续表

		频数	百分比	有效百分比	累积百分比
缺失	0	223	3.5%		
	System	135	2.1%		
	总计	358	5.6%		
总计		6355	100.0%		

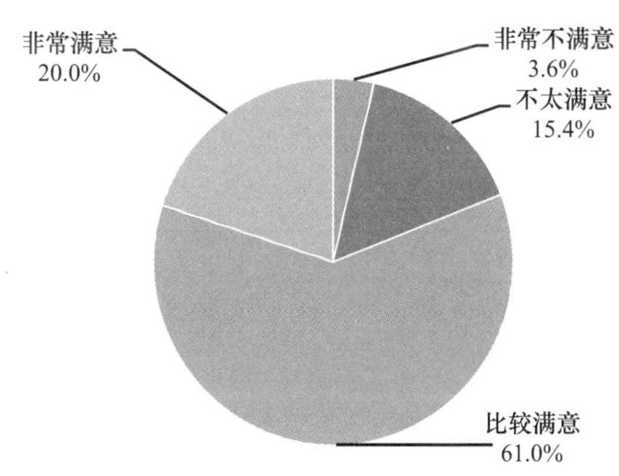

C7e 您对自己所在企业（或所熟悉的本地企业）履行环境保护责任的满意度

		频数	百分比	有效百分比	累积百分比
有效	非常不满意	381	6.0%	6.3%	6.3%
	不太满意	1474	23.2%	24.5%	30.9%
	比较满意	3203	50.4%	53.3%	84.2%
	非常满意	950	14.9%	15.8%	100.0%
	总计	6008	94.5%	100.0%	
缺失	0	220	3.5%		
	System	127	2.0%		
	总计	347	5.5%		
总计		6355	100.0%		

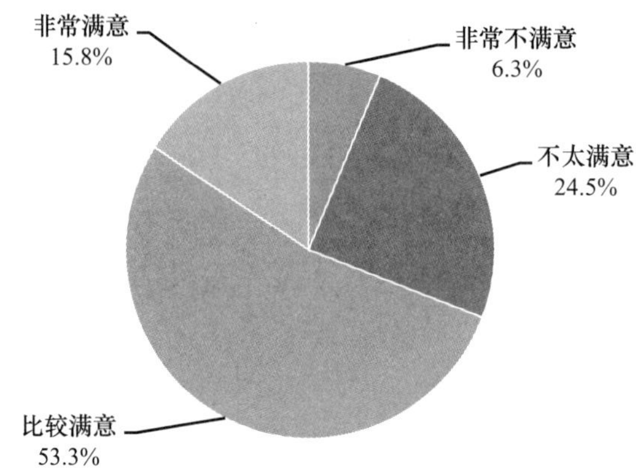

C7f 您对自己所在企业（或所熟悉的本地企业）履行慈善公益事业责任的满意度

		频数	百分比	有效百分比	累积百分比
有效	非常不满意	382	6.0%	6.4%	6.4%
	不太满意	1606	25.3%	26.9%	33.3%
	比较满意	3112	49.0%	52.2%	85.5%
	非常满意	862	13.6%	14.5%	100.0%
	总计	5962	93.8%	100.0%	
缺失	0	251	3.9%		
	System	142	2.2%		
	总计	393	6.2%		
总计		6355	100.0%		

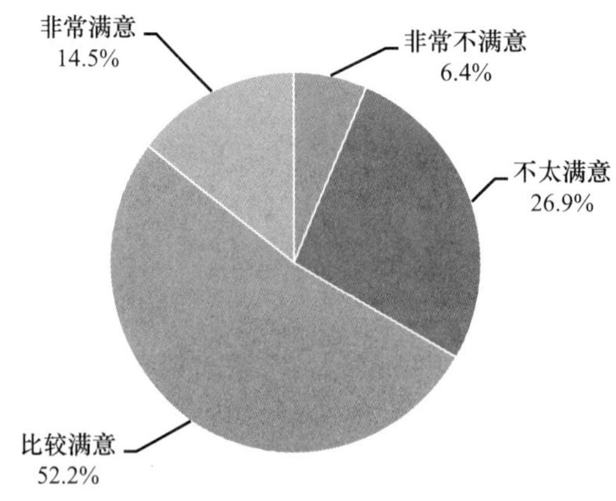

C8 您觉得您身边下列现象常见吗

	经常见到	偶尔见到	没见过	平均值
A. 占卜算命	1137	2966	2229	2.17
B. 操办喜事比富斗阔	1125	2646	2553	2.23
C. 在父母生前不尽孝，却对父母的丧事大操大办	902	2563	2859	2.31
D. 赌博或变相赌博	1349	2441	2541	2.19
E. 封建迷信活动	651	2221	3458	2.44
F. 非法宗教活动	172	779	5377	2.82

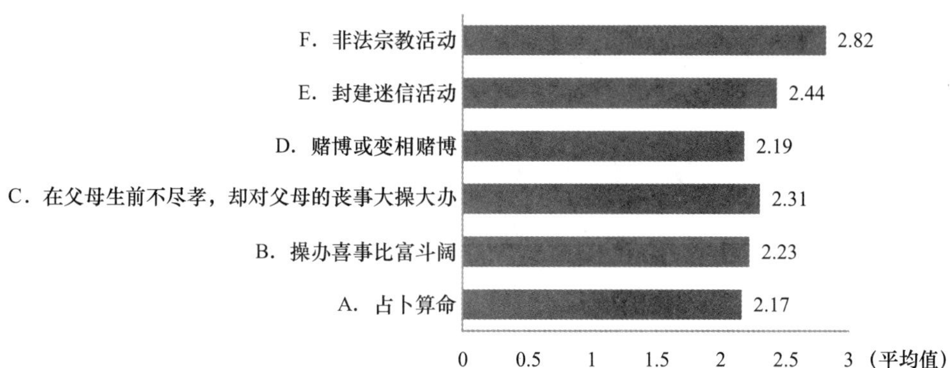

C8a 您身边“占卜算命”的现象常见吗

		频数	百分比	有效百分比	累积百分比
有效	经常见到	1137	17.9%	18.0%	18.0%
	偶尔见到	2966	46.7%	46.8%	64.8%
	没见过	2229	35.1%	35.2%	100.0%
	总计	6332	99.6%	100.0%	
缺失	0	14	0.2%		
	System	9	0.1%		
	总计	23	0.4%		
总计		6355	100.0%		

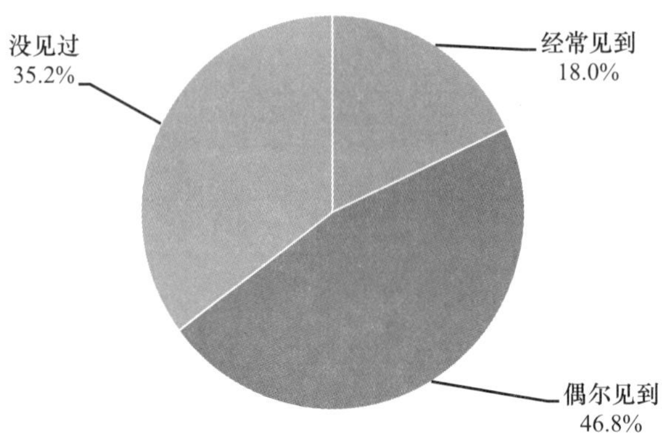

C8b 您身边“操办喜事比富斗阔”的现象常见吗

		频数	百分比	有效百分比	累积百分比
有效	经常见到	1125	17.7%	17.8%	17.8%
	偶尔见到	2646	41.6%	41.8%	59.6%
	没见过	2553	40.2%	40.4%	100.0%
	总计	6324	99.5%	100.0%	
缺失	0	16	0.3%		
	System	15	0.2%		
	总计	31	0.5%		
总计		6355	100.0%		

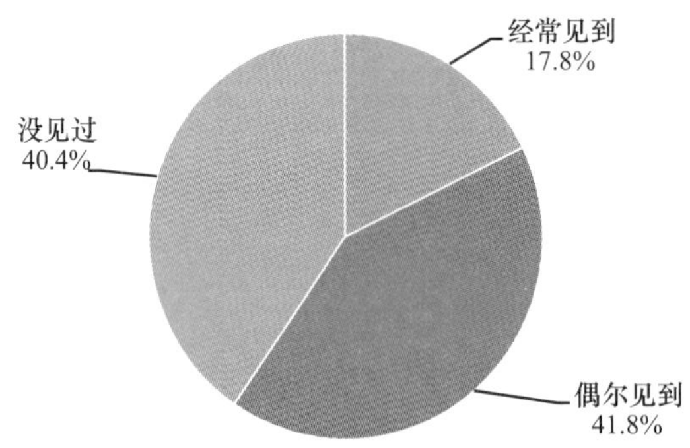

C8c 您身边“在父母生前不尽孝，却对父母的丧事大操大办”的现象常见吗

		频数	百分比	有效百分比	累积百分比
有效	经常见到	902	14.2%	14.3%	14.3%
	偶尔见到	2563	40.3%	40.5%	54.8%
	没见过	2859	45.0%	45.2%	100.0%
	总计	6324	99.5%	100.0%	
缺失	0	21	0.3%		
	System	10	0.2%		
	总计	31	0.5%		
总计		6355	100.0%		

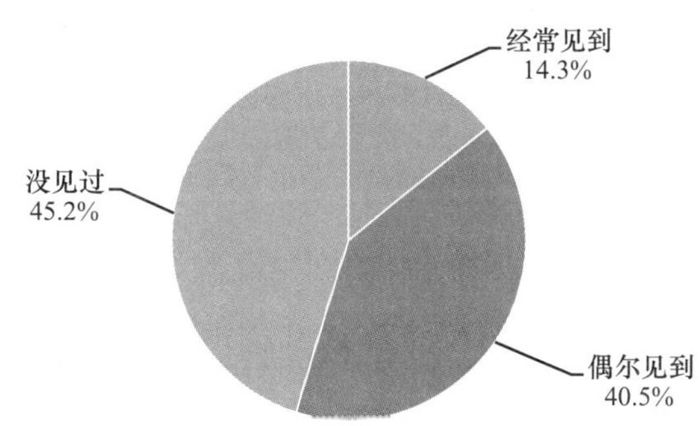

C8d 您身边“赌博或变相赌博”的现象常见吗

		频数	百分比	有效百分比	累积百分比
有效	经常见到	1349	21.2%	21.3%	21.3%
	偶尔见到	2441	38.4%	38.6%	59.9%
	没见过	2541	40.0%	40.1%	100.0%
	总计	6331	99.6%	100.0%	
缺失	0	12	0.2%		
	System	12	0.2%		
	总计	24	0.4%		
总计		6355	100.0%		

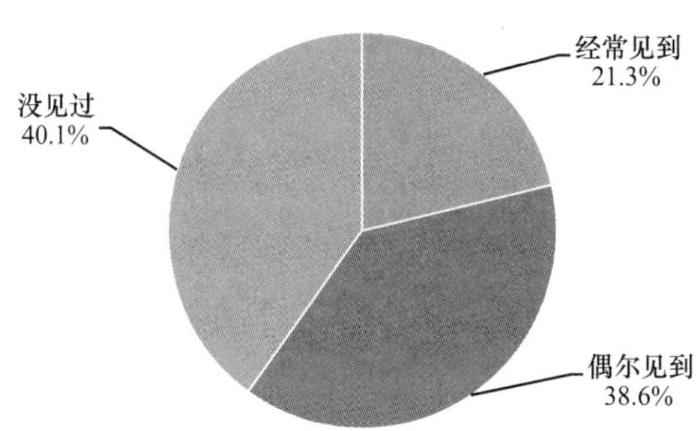

C8e 您身边封建迷信活动的现象常见吗

		频数	百分比	有效百分比	累积百分比
有效	经常见到	651	10. 2%	10. 3%	10. 3%
	偶尔见到	2221	34. 9%	35. 1%	45. 4%
	没见过	3458	54. 4%	54. 6%	100. 0%
	总计	6330	99. 6%	100. 0%	
缺失	0	14	0. 2%		
	System	11	0. 2%		
	总计	25	0. 4%		
总计		6355	100. 0%		

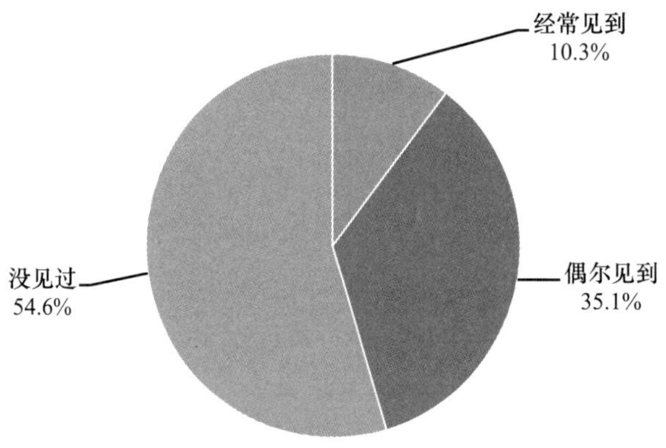

C8f 您身边的非法宗教活动常见吗

		频数	百分比	有效百分比	累积百分比
有效	经常见到	172	2.7%	2.7%	2.7%
	偶尔见到	779	12.3%	12.3%	15.0%
	没见过	5377	84.6%	85.0%	100.0%
	总计	6328	99.6%	100.0%	
缺失	0	11	0.2%		
	System	16	0.3%		
	总计	27	0.4%		
总计		6355	100.0%		

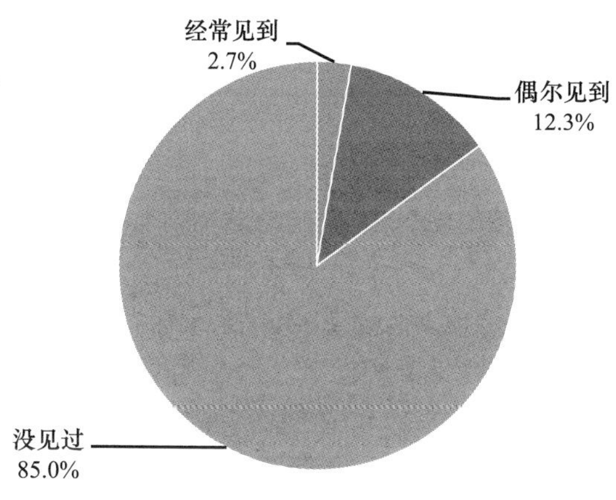

C9 您在生活中经常买到假冒伪劣商品吗

		频数	百分比	有效百分比	累积百分比
有效	经常	650	10.2%	10.3%	10.2%
	偶尔	3741	58.9%	58.9%	69.1%
	没有	1697	26.7%	26.7%	95.9%
	不清楚	263	4.1%	4.1%	100.0%
	总计	6351	99.9%	100.0%	
缺失	0	1			
	System	3			
	总计	4			
总计		6355	100.0%		

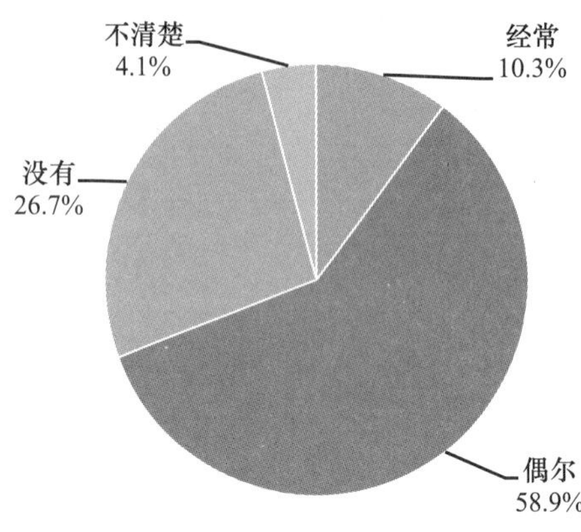

C10 您在购物、就医、理财等方面经常遇到虚假广告吗

		频数	百分比	有效百分比	累积百分比
有效	经常	1572	24.7%	24.8%	24.8%
	偶尔	3177	50.0%	50.0%	74.9%
	没有	1241	19.5%	19.6%	94.4%
	不清楚	354	5.6%	5.6%	100.0%
	总计	6344	99.8%	100.0%	
缺失	0	7	0.1%		
	System	4	0.1%		
	总计	11	0.2%		
总计		6355	100.0%		

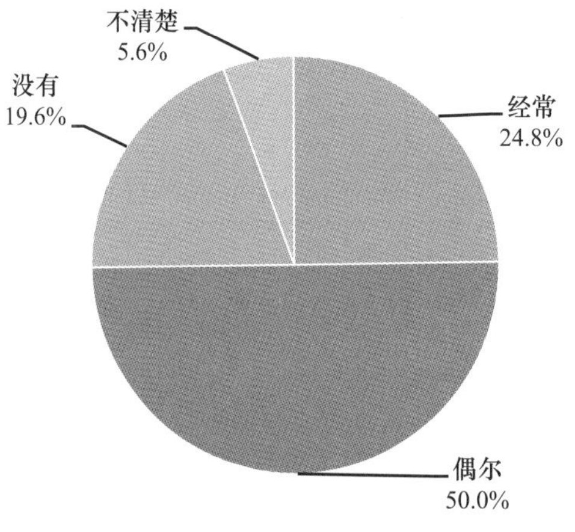

C11 您生活的社区（或村）是否有社区公约、村规民约

		频数	百分比	有效百分比	累积百分比
有效	经常	4086	64.3%	64.4%	64.4%
	偶尔	849	13.4%	13.4%	77.8%
	没有	1407	22.1%	22.2%	100.0%
	不清楚	3			100.0%
	总计	6345	99.8%	100.0%	
缺失	0	5	0.1%		
	System	5	0.1%		
	总计	10	0.2%		
总计		6355	100.0%		

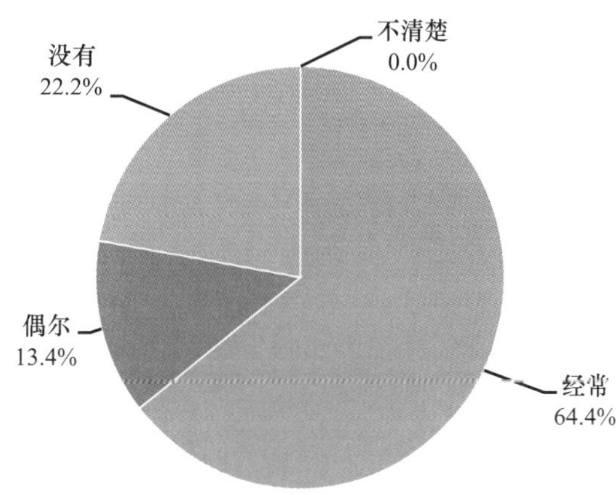

C12 您觉得您周围的人在日常生活中遵守下列规则吗

	不遵守	基本遵守	自觉遵守	平均值
A. 步行、骑车不闯红灯	611	3622	2088	2.23
B. 乘车、购物自觉排队	326	3422	2570	2.36
C. 文明游览	292	3650	2346	2.33
D. 社区公约、村规民约	298	3333	2571	2.37

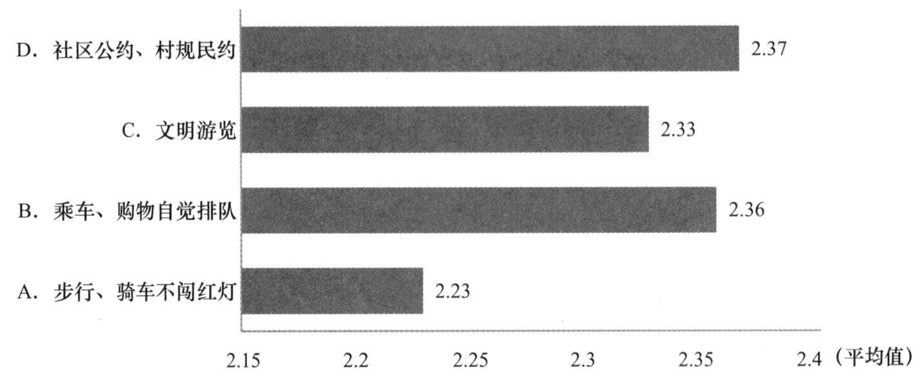

C12a 您周围的人在日常生活中遵守步行、骑车不闯红灯的规则吗

		频数	百分比	有效百分比	累积百分比
有效	不遵守	611	9.6%	9.7%	9.7%
	基本遵守	3622	57.0%	57.3%	67.0%
	自觉遵守	2088	32.9%	33.0%	100.0%
	总计	6321	99.5%	100.0%	
缺失	0	22	0.3%		
	System	12	0.2%		
	总计	34	0.5%		
总计		6355	100.0%		

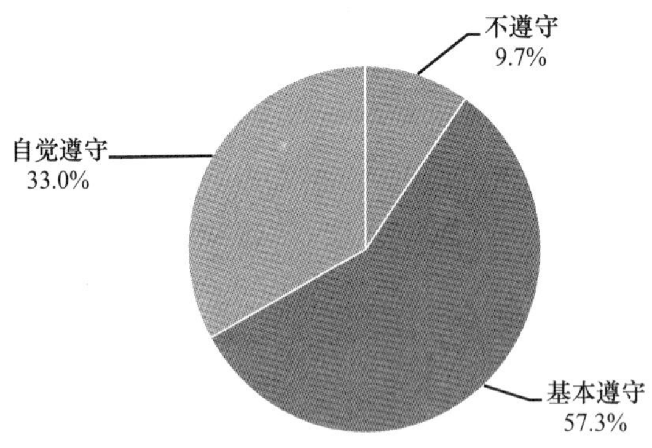

C12b 您周围的人在日常生活中遵守乘车、购物自觉排队的规则吗

		频数	百分比	有效百分比	累积百分比
有效	不遵守	326	5.1%	5.1%	5.2%
	基本遵守	3422	53.8%	54.2%	59.3%
	自觉遵守	2570	40.4%	40.7%	100.0%
	总计	6318	99.3%	100.0%	
缺失	0	21	0.3%		
	System	16	0.3%		
	总计	37	0.6%		
总计		6355	100.0%		

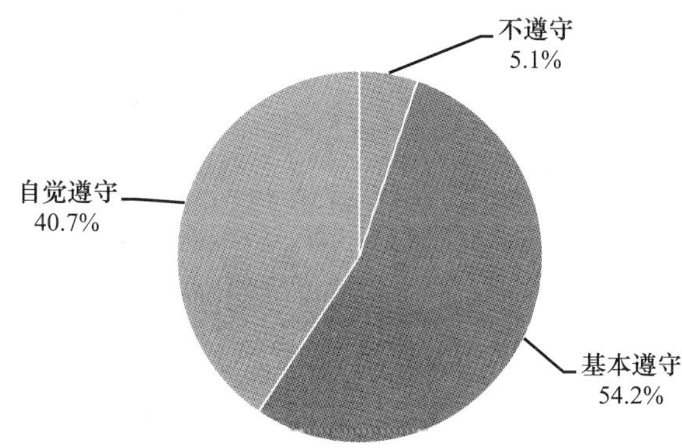

C12c 您周围的人在日常生活中遵守文明游览的规则吗

		频数	百分比	有效百分比	累积百分比
有效	不遵守	292	4.6%	4.6%	4.6%
	基本遵守	3650	57.4%	58.0%	62.7%
	自觉遵守	2346	36.9%	37.3%	100.0%
	总计	6288	98.9%	99.9%	
缺失	0	41	0.6%		
	System	26	0.4%		
	总计	67	1.0%		
总计		6355	100.0%		

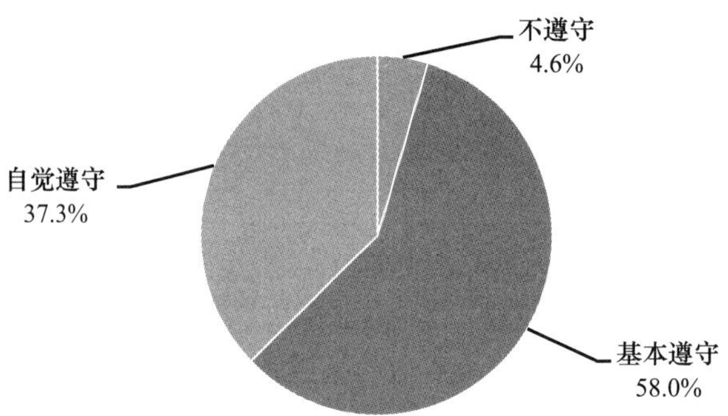

C12d 您周围的人在日常生活中遵守社会公约、村规民约吗

		频数	百分比	有效百分比	累积百分比
有效	不遵守	298	4.7%	4.8%	4.8%
	基本遵守	3333	52.4%	53.7%	58.5%
	自觉遵守	2571	40.5%	41.5%	100.0%
	总计	6202	97.6%	100.0%	
缺失	0	96	1.5%		
	System	57	0.9%		
	总计	153	2.4%		
总计		6355	100.0%		

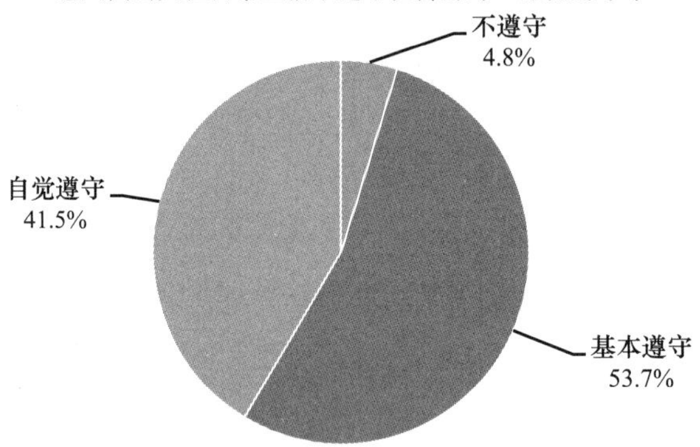

D1a 选出是社会主义核心价值观的词语：文明

		频数	百分比	有效百分比	累积百分比
有效	未选	964	15.2%	15.3%	15.3%
	已选	5339	84.0%	84.7%	100.0%
	总计	6303	99.2%	100.0%	

续表

		频数	百分比	有效百分比	累积百分比
缺失	System	52	0. 8%		
总计		6355	100. 0%		

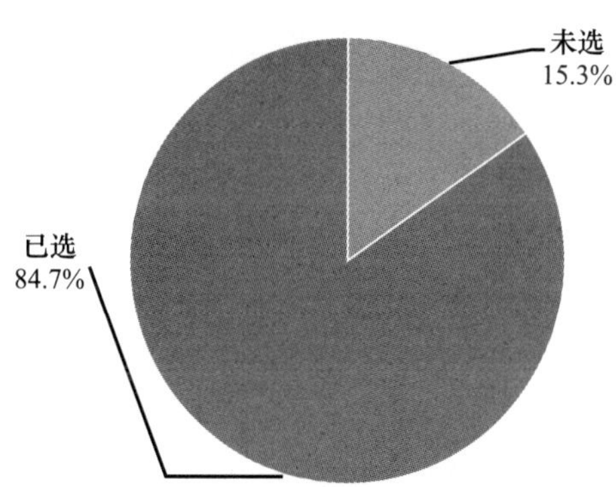

D1b 选出是社会主义核心价值观的词语：诚信

		频数	百分比	有效百分比	累积百分比
有效	未选	795	12. 5%	12. 6%	12. 6%
	已选	5509	86. 7%	87. 4%	100. 0%
	总计	6304	99. 2%	100. 0%	
缺失	System	51	0. 8%		
总计		6355	100. 0%		

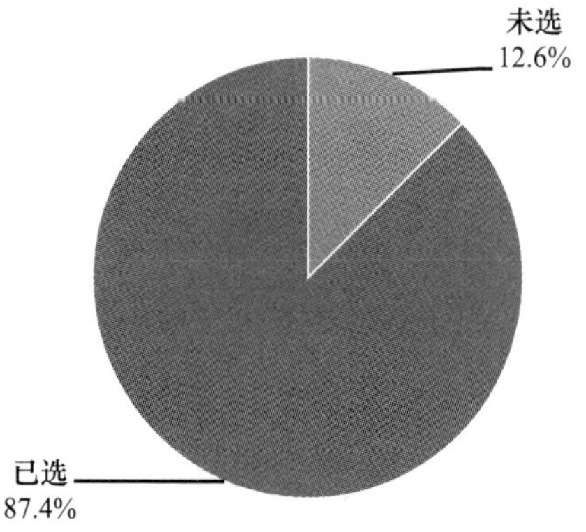

D1c 选出是社会主义核心价值观的词语：勇敢

		频数	百分比	有效百分比	累积百分比
有效	未选	5052	79.5%	80.1%	80.1%
	已选	1252	19.7%	19.9%	100.0%
	总计	6304	99.2%	100.0%	
缺失	System	51	0.8%		
总计		6355	100.0%		

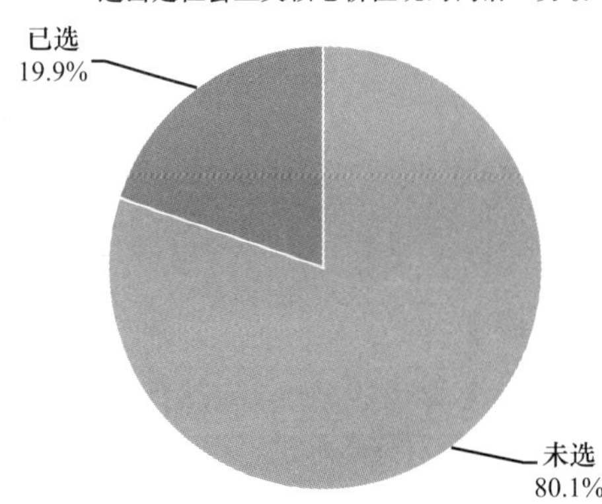

D1d 选出是社会主义核心价值观的词语：爱国

		频数	百分比	有效百分比	累积百分比
有效	未选	991	15.6%	15.7%	15.7%
	已选	5312	83.6%	84.3%	100.0%
	总计	6303	99.2%	100.0%	
缺失	System	52	0.8%		
总计		6355	100.0%		

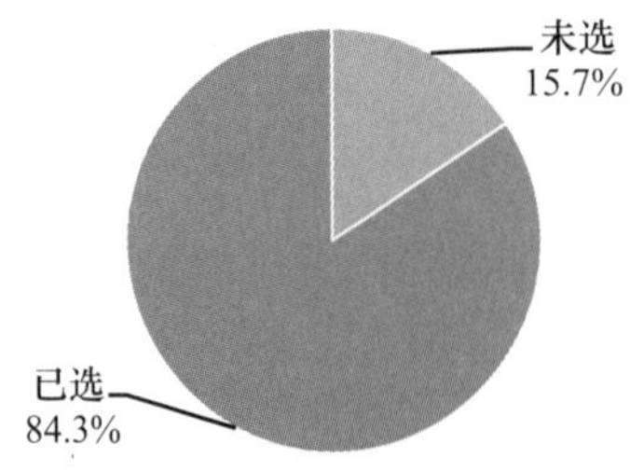

D1e 选出是社会主义核心价值观的词语：创新

		频数	百分比	有效百分比	累积百分比
有效	未选	4482	70.5%	71.1%	71.1%
	已选	1822	28.7%	28.9%	100.0%
	总计	6304	99.2%	100.0%	
缺失	System	51	0.8%		
总计		6355	100.0%		

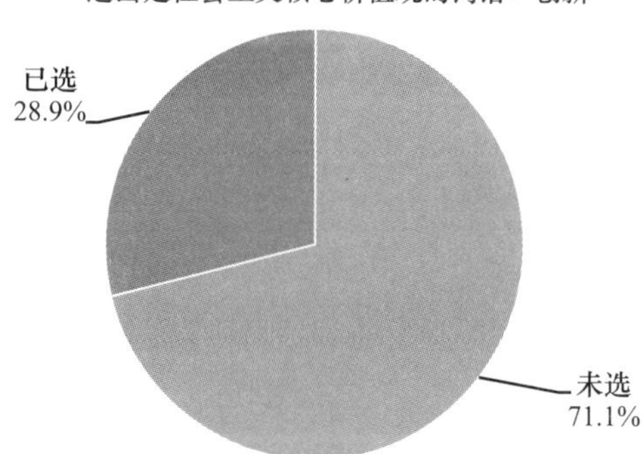

D1f 选出是社会主义核心价值观的词语：友善

		频数	百分比	有效百分比	累积百分比
有效	未选	2928	46.1%	46.5%	46.5%
	已选	3375	53.1%	53.5%	100.0%
	总计	6303	99.2%	100.0%	
缺失	System	52	0.8%		
总计		6355	100.0%		

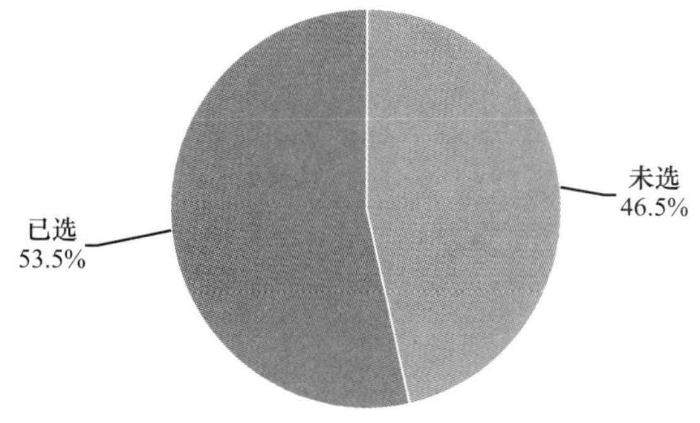

D1g 选出是社会主义核心价值观的词语：勤劳

		频数	百分比	有效百分比	累积百分比
有效	未选	4534	71.3%	71.9%	71.9%
	已选	1769	27.8%	28.1%	100.0%
	总计	6303	99.2%	100.0%	
缺失	System	52	0.8%		
总计		6355	100.0%		

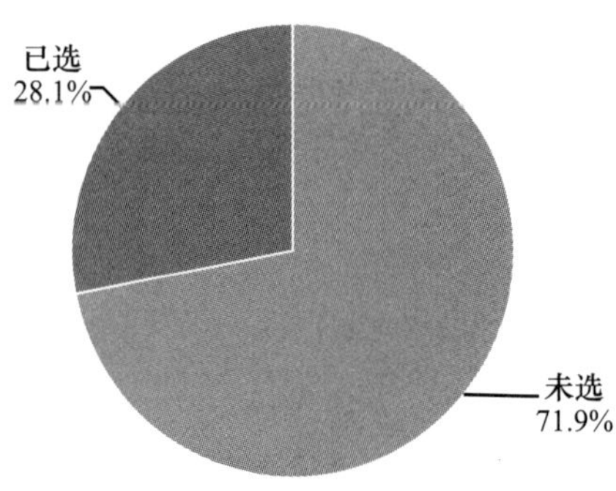

D2 您认为社会主义核心价值观和您的工作、生活有关系吗

		频数	百分比	有效百分比	累积百分比
有效	对改变社会风气有好处，每个人都应该这样做人、做事	4803	75.6%	76.1%	76.1%
	与个人工作、生活没关系	434	6.8%	6.9%	82.9%
	说不清	1077	16.9%	17.1%	100.0%
	总计	6314	99.4%	100.0%	
缺失	0	34	0.5%		
	System	7	0.1%		
	总计	41	0.6%		
总计		6355	100.0%		

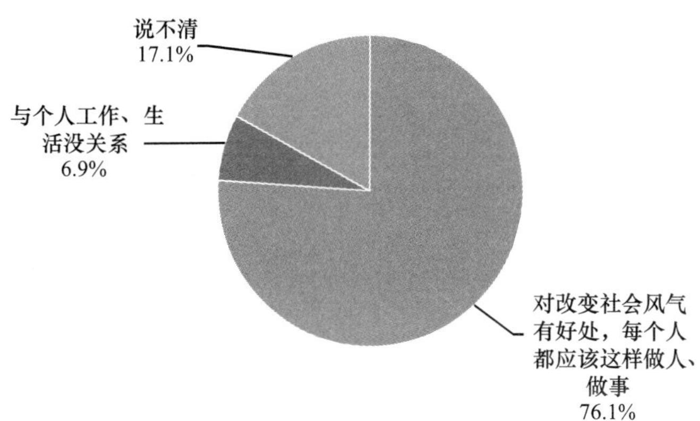

D3 中华民族历来有孝敬、礼让、仁爱、节俭的传统，您认为现在还需要这些吗

		频数	百分比	有效百分比	累积百分比
有效	这些传统什么时候都不能丢	6074	95.6%	95.7%	95.7%
	可有可无	176	2.8%	2.8%	98.5%
	已经过时，没必要讲这些	98	1.5%	1.5%	100.0%
	总计	6348	99.9%	100.0%	
缺失	0	3			
	System	4	0.1%		
	总计	7	0.1%		
总计		6355	100.0%		

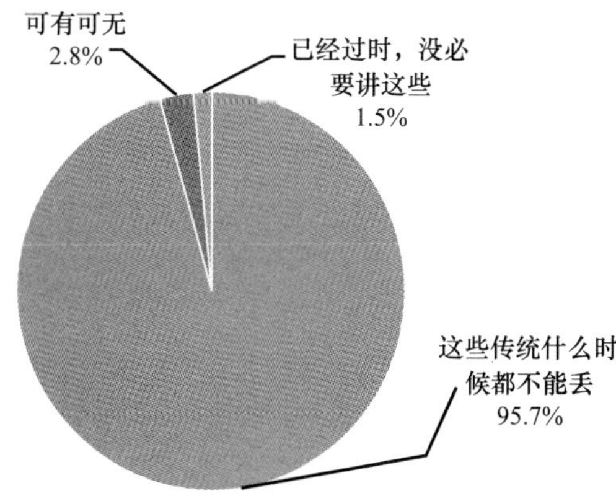

D4 您认为在青少年中开展革命传统教育是否有现实意义

		频数	百分比	有效百分比	累积百分比
有效	很有必要，应该大力开展	5639	88.7%	88.8%	88.8%
	已经过时了，没必要开展	119	1.9%	1.9%	90.7%
	可有可无，意义不大	302	4.8%	4.8%	95.4%
	说不清楚	289	4.5%	4.6%	100.0%
	总计	6349	99.9%	100.0%	
缺失	0	2			
	System	4	0.1%		
	总计	6	0.1%		
总计		6355	100.0%		

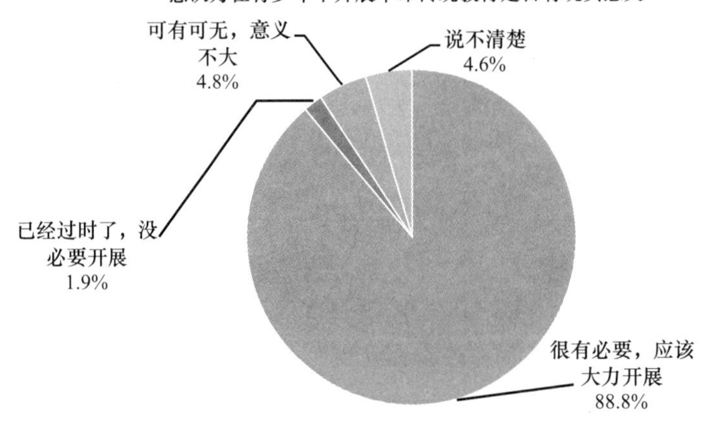

D5 您认为当前中国社会个人道德素质的主要问题

		频数	百分比	有效百分比	累积百分比
有效	道德上无知	923	14.5%	14.6%	14.6%
	有道德知识，但不见诸行动	4834	76.1%	76.5%	91.1%
	既无知，也不行动	449	7.1%	7.1%	98.2%
	其他	112	1.8%	1.8%	100.0%
	总计	6318	99.4%	100.0%	
缺失	0	17	0.3%		
	System	20	0.3%		
	总计	37	0.6%		
总计		6355	100.0%		

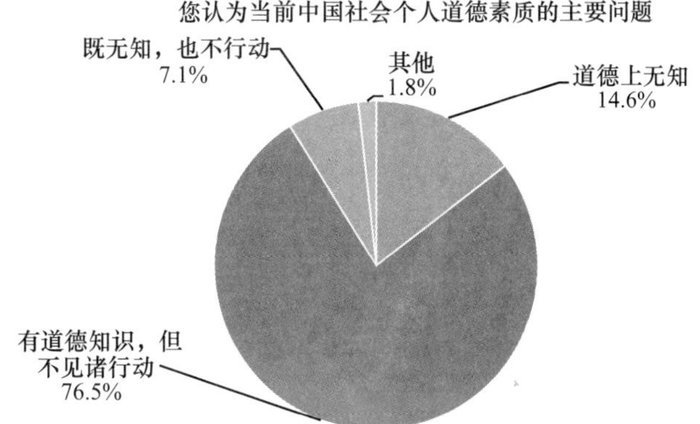

D6 您认为对社会生活而言，个体德性（即个人的道德品质）和社会公正哪个更重要

		频数	百分比	有效百分比	累积百分比
有效	个体德性最重要	1103	17.4%	17.4%	17.4%
	社会公正最重要	2053	32.3%	32.5%	49.9%
	二者应当统一，但二者矛盾时应先追求个体德性	1199	18.9%	18.9%	68.8%
	二者应当统一，但二者矛盾时应先追求社会公正	1973	31.0%	31.2%	100.0%
	总计	6328	99.6%	100.0%	
缺失	0	14	0.2%		
	System	13	0.2%		
	总计	27	0.4%		
总计		6355	100.0%		

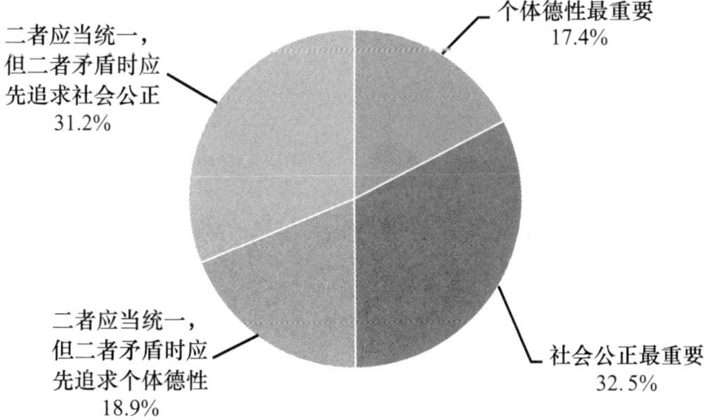

D7 您根据什么来判断某种行为是否符合伦理道德

		频数	百分比	有效百分比	累积百分比
有效	传统	1083	17.0%	17.1%	17.1%
	风俗习惯	604	9.5%	9.5%	26.6%
	大多数人认同的道德规范	1536	24.2%	24.2%	50.8%
	大多数当事人的共同利益和意志	233	3.7%	3.7%	54.5%
	自己的良心	1981	31.2%	31.2%	85.7%
	自己的利益	42	0.7%	0.7%	86.4%
	意识形态要求	150	2.4%	2.4%	88.8%
	己立立人，立达达人；己所不欲，勿施于人	713	11.2%	11.2%	100.0%
	总计	6342	99.8%	100.0%	
缺失	0	8	0.1%		
	System	5	0.1%		
	总计	13	0.2%		
总计		6355	100.0%		

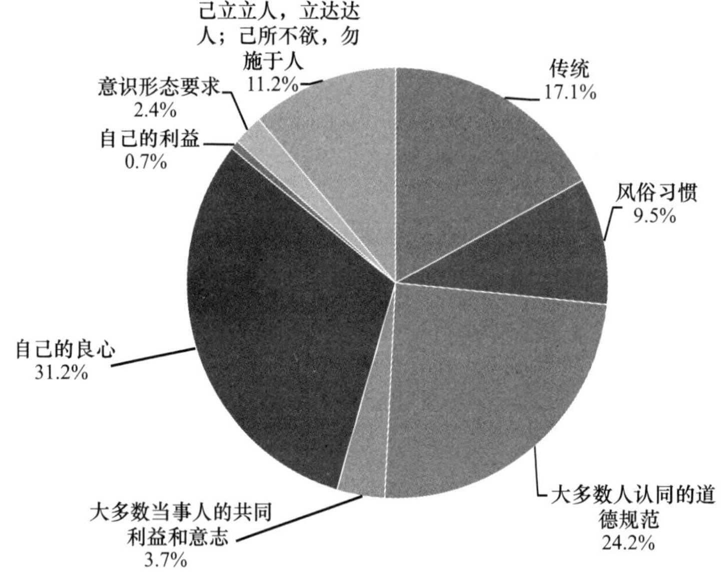

D8 老王的朋友（老张的生意竞争对手）想知道老张平时都跟哪些人接触，花钱让老王监视老张并向其报告。如果您是老王，您会怎么做

		频数	百分比	有效百分比	累积百分比
有效	毫不犹豫地答应，个人利益高于一切，只要不让朋友知道，无可厚非	173	2.7%	2.7%	2.7%
	可能答应，谈不上道德不道德	298	4.7%	4.7%	7.4%
	可能答应，虽然对朋友不道德，但是有利可图，对自身是道德的	255	4.0%	4.1%	11.5%
	不会答应，因为这不道德，见利忘义的行为无论如何都不可取	5613	88.3%	88.5%	100.0%
	总计	6339	99.7%	100.0%	
缺失	0	10	0.2%		
	System	6	0.1%		
	总计	16	0.3%		
总计		6355	100.0%		

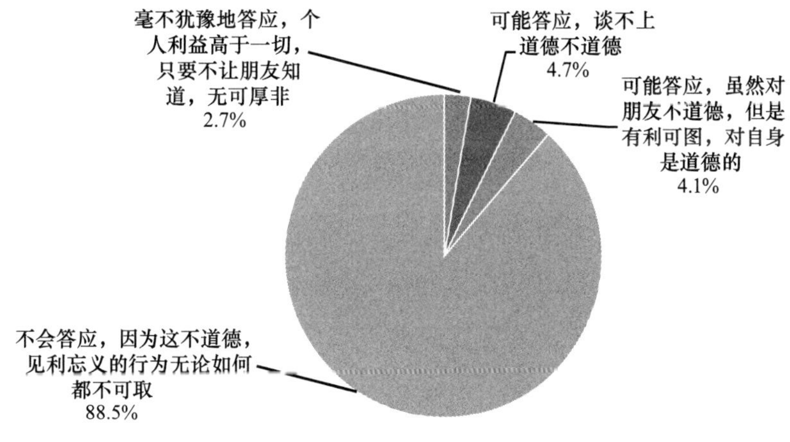

D9 遇到人生重大挫折时，您通常的反应是

		频数	百分比	有效百分比	累积百分比
有效	去寺庙，求菩萨保佑	119	1.9%	1.9%	1.9%
	找朋友倾诉，求得疏解	1166	18.3%	18.4%	20.3%

续表

		频数	百分比	有效百分比	累积百分比
有效	向家人倾诉，寻求安慰	2277	35.8%	35.9%	56.2%
	坚持自己的追求	664	10.4%	10.5%	66.7%
	自己独立承受和化解	2042	32.1%	32.2%	98.9%
	其他	68	1.1%	1.1%	100.0%
	总计	6336	99.7%	100.0%	
缺失	0	9	0.1%		
	System	10	0.2%		
	总计	19	0.3%		
总计		6355	100.0%		

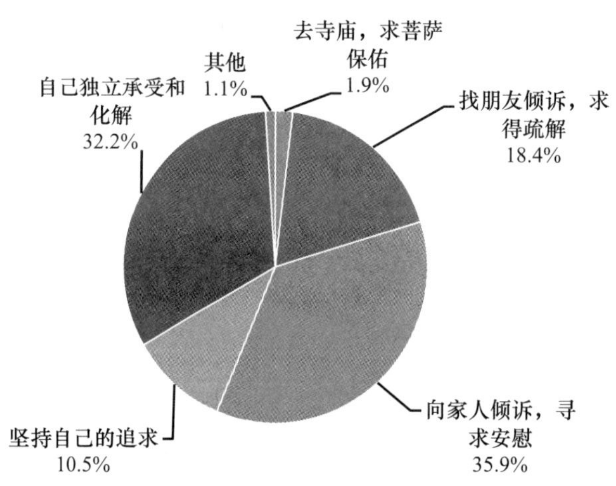

D10 当遇到人与人之间的利益冲突时，您首选的办法是

		频数	百分比	有效百分比	累积百分比
有效	诉诸法律，打官司	557	8.8%	8.8%	8.8%
	主动与对方沟通，适可而止	3436	54.1%	54.3%	63.1%
	找第三方帮助沟通调解，尽量不伤和气	1668	26.2%	26.3%	89.4%
	能忍则忍	671	10.6%	10.6%	100.0%
	总计	6332	99.6%	100.0%	

续表

		频数	百分比	有效百分比	累积百分比
缺失	0	15	0.2%		
	System	8	0.1%		
	总计	23	0.4%		
总计		6355	100.0%		

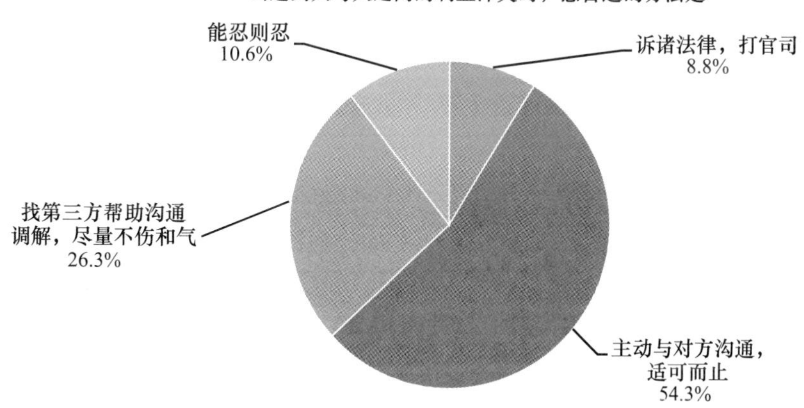

D11 当有陌生人走进您的单位或社区时，或当您在车厢中与陌生人在一起时，您通常的态度是

		频数	百分比	有效百分比	累积百分比
有效	对他/她微笑	1623	25.5%	25.6%	25.6%
	主动打招呼	954	15.0%	15.1%	40.7%
	没有任何反应	1264	19.9%	20.0%	60.7%
	保持警惕，防止上当	2447	38.5%	38.6%	99.3%
	其他	45	0.7%	0.7%	100.0%
	总计	6333	99.7%	100.0%	
缺失	0	11	0.2%		
	System	11	0.2%		
	总计	22	0.3%		
总计		6355	100.0%		

当有陌生人走进您的单位或社区时，或当您在车厢中与陌生人在一起时，您通常的态度是

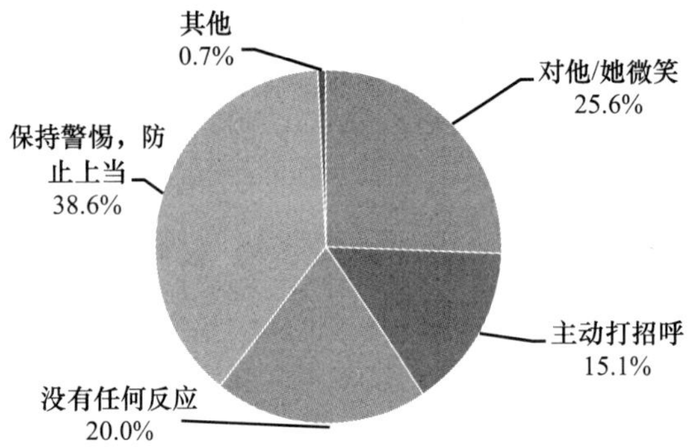

D12 假设您双手抱着东西走进电梯，您觉得电梯里的陌生人可能会怎样

		频数	百分比	有效百分比	累积百分比
有效	主动问您去几楼并帮您按楼层	2500	39. 3%	39. 6%	39. 6%
	当作没看见	1091	17. 2%	17. 3%	56. 8%
	会在您的请求下给予帮助	2730	43. 0%	43. 2%	100. 0%
	总计	6321	99. 5%	100. 0%	
缺失	0	25	0. 4%		
	System	9	0. 1%		
	总计	34	0. 5%		
总计		6355	100. 0%		

假设您双手抱着东西走进电梯，您觉得电梯里的陌生人可能会怎样

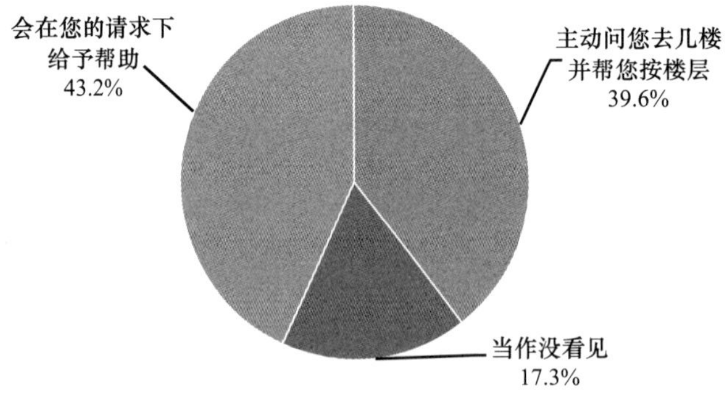

D13 假设您走在街上被陌生人不小心踩到了并发出“哎哟”一声，您认为对方会做何种反应

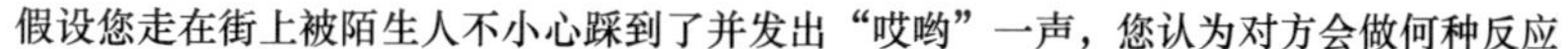

		频数	百分比	有效百分比	累积百分比
有效	用言语或手势表达歉意	5658	89.0%	89.2%	89.2%
	不会做任何表示	575	9.0%	9.1%	98.3%
	反而说您大惊小怪	107	1.7%	1.7%	100.0%
	总计	6340	99.8%	100.0%	
缺失	0	9	0.1%		
	System	6	0.1%		
	总计	15	0.2%		
总计		6355	100.0%		

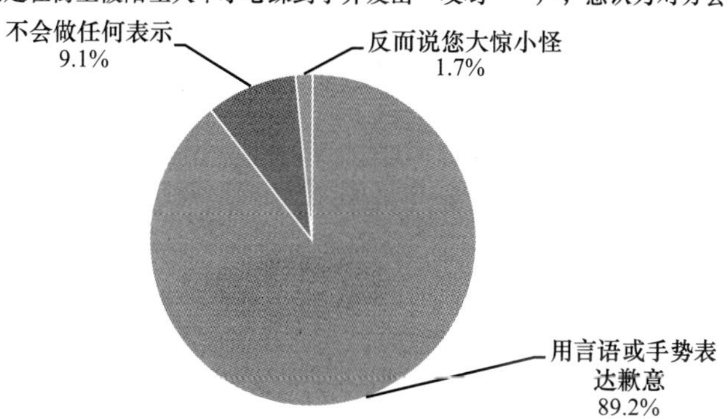

D14 与人相处时，您如何选择自己的行为

		频数	百分比	有效百分比	累积百分比
有效	按照自己的准则办事，不必顾忌太多	1192	18.8%	18.9%	18.9%
	以己度人，己立立人	1595	25.1%	25.2%	44.1%
	以自己利益最大化为最高目标	209	3.3%	3.3%	47.4%
	以对双方有好处为标准	1530	24.1%	24.2%	71.6%
	权衡利弊，理性选择	1760	27.7%	27.8%	99.4%
	其他	35	0.6%	0.6%	100.0%
	总计	6321	99.5%	100.0%	

续表

		频数	百分比	有效百分比	累积百分比
缺失	0	19	0.3%		
	System	15	0.2%		
	总计	34	0.5%		
总计		6355	100.0%		

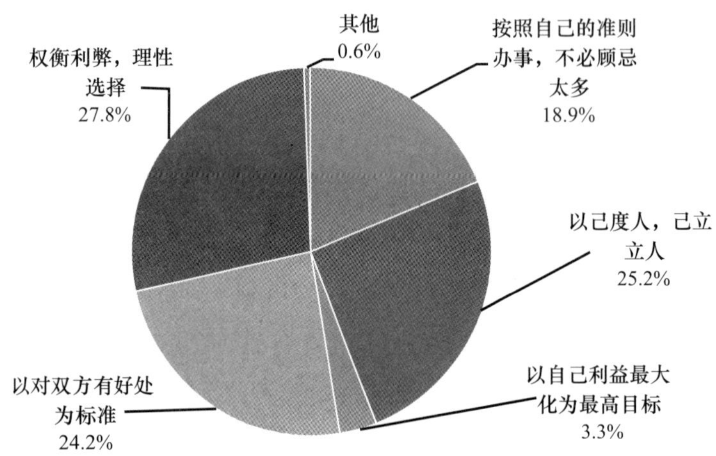

D15 您认为目前我国社会对人际关系的伦理调节能力和个人行为的道德调节能力如何

		频数	百分比	有效百分比	累积百分比
有效	良好	2427	38.2%	38.3%	38.3%
	一般	3499	55.1%	55.1%	93.4%
	很差	239	3.8%	3.8%	97.2%
	几乎没有，一切都听从法律和利益	177	2.8%	2.8%	100.0%
	总计	6342	99.8%	100.0%	
缺失	0	10	0.2%		
	System	3			
	总计	13	0.2%		
总计		6355	100.0%		

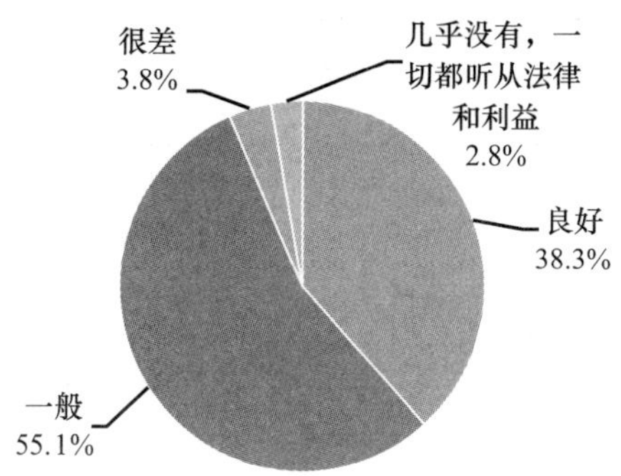

D16 现在社会上有些人不守道德反而讨了便宜，您会不会为了得到好处而仿效

		频数	百分比	有效百分比	累积百分比
有效	从来不这么做	3909	61.5%	61.6%	61.6%
	通常不这么做，关键时刻会这么做	631	9.9%	9.9%	71.5%
	经常这么做	60	0.9%	0.9%	72.5%
	相信善有善报，恶有恶报，终将会善恶报应	1314	20.7%	20.7%	93.2%
	说不清	424	6.7%	6.7%	99.8%
	其他	10	0.2%	0.2%	100.0%
	总计	6348	99.9%	100.0%	
缺失	0	4	0.1%		
	System	3			
	总计	7	0.1%		
总计		6355	100.0%		

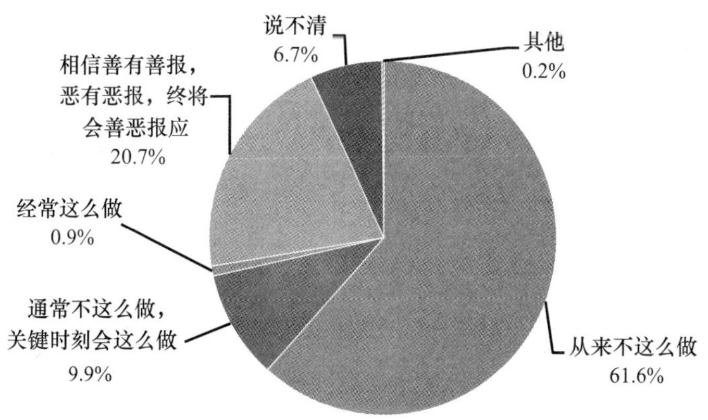

D17 您常常体验到自己身上有一种“伦理感”的存在，如感到自己不属于自己，而属于他人、某个集体、国家、民族，您的行为选择要服从于它，并有一种要为它奉献的冲动吗

		频数	百分比	有效百分比	累积百分比
有效	没有，我只感受到我自己个人实实在在的生活	2051	32.3%	32.5%	32.5%
	偶尔有，但主要是因为那种情况下我的利益与它一致	1094	17.2%	17.3%	49.8%
	偶尔有，是在受到某种作品或生活情境的影响之后	1184	18.6%	18.8%	68.6%
	时常有，它是一种内在的信念	1946	30.6%	30.8%	99.4%
	其他	35	0.6%	0.6%	100.0%
	总计	6310	99.3%	100.0%	
缺失	0	25	0.4%		
	System	20	0.3%		
	总计	45	0.7%		
总计		6355	100.0%		

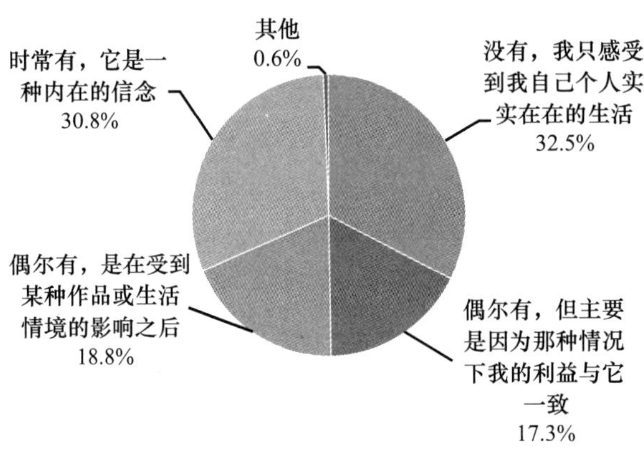

D18 您对当前中国社会下列群体的道德状况是否满意

	非常不满意	不太满意	比较满意	非常满意	平均值
A. 政府官员	459	1161	2626	2084	3.00
B. 一般公务员	223	1181	2728	2176	3.09
C. 企业家	263	1218	2930	1859	3.02

续表

	非常不满意	不太满意	比较满意	非常满意	平均值
D. 教师	233	788	1829	3476	3. 35
E. 青少年	143	985	2450	2753	3. 23
F. 演艺娱乐界	635	1422	2768	1444	2. 80
G. 自由职业者	213	1193	2759	2116	3. 08
H. 农民	132	663	1659	3863	3. 46
I. 商人	349	1258	2862	1849	2. 98
J. 工人	104	694	1917	3597	3. 43
K. 专家学者	203	780	2038	3282	3. 33
L. 医生	294	856	2131	3037	3. 25
M. 弱势群体	142	633	2122	2448	3. 29

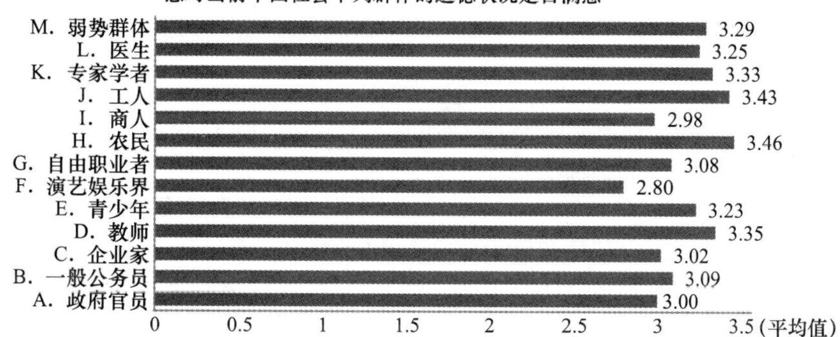

D18a 对政府官员群体道德状况的满意度

		频数	百分比	有效百分比	累积百分比
有效	非常不满意	459	7. 2%	7. 3%	7. 3%
	不太满意	1161	18. 3%	18. 3%	25. 6%
	比较满意	2626	41. 3%	41. 5%	67. 1%
	非常满意	2084	32. 8%	32. 9%	100. 0%
	总计	6330	99. 6%	100. 0%	
缺失	0	20	0. 3%		
	System	5	0. 1%		
	总计	25	0. 4%		
总计		6355	100. 0%		

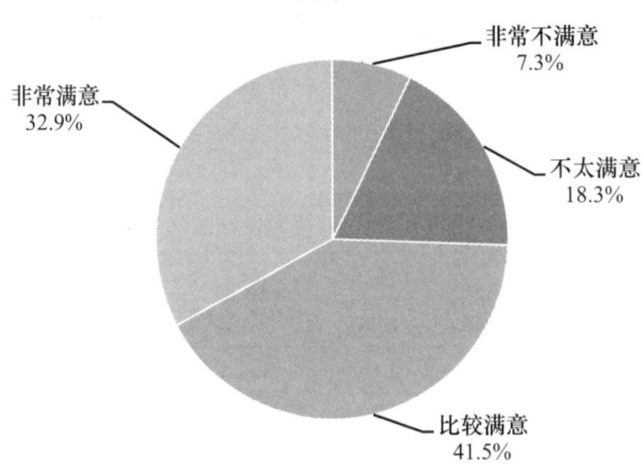

D18b 对一般公务员道德状况的满意度

		频数	百分比	有效百分比	累积百分比
有效	非常不满意	223	3.5%	3.5%	3.5%
	不太满意	1181	18.6%	18.8%	22.3%
	比较满意	2728	42.9%	43.2%	65.5%
	非常满意	2176	34.2%	34.5%	100.0%
	总计	6308	99.3%	100.0%	
缺失	0	30	0.5%		
	System	17	0.3%		
	总计	47	0.7%		
总计		6355	100.0%		

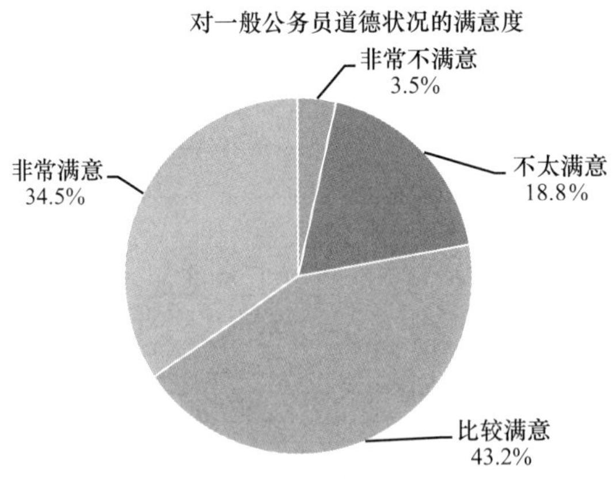

D18c 对企业家道德状况的满意度

		频数	百分比	有效百分比	累积百分比
有效	非常不满意	263	4.1%	4.2%	4.2%
	不太满意	1218	19.2%	19.4%	23.6%
	比较满意	2930	46.1%	46.8%	70.4%
	非常满意	1859	29.3%	29.6%	100.0%
	总计	6270	98.7%	100.0%	
缺失	0	49	0.8%		
	System	36	0.6%		
	总计	85	1.3%		
总计		6355	100.0%		

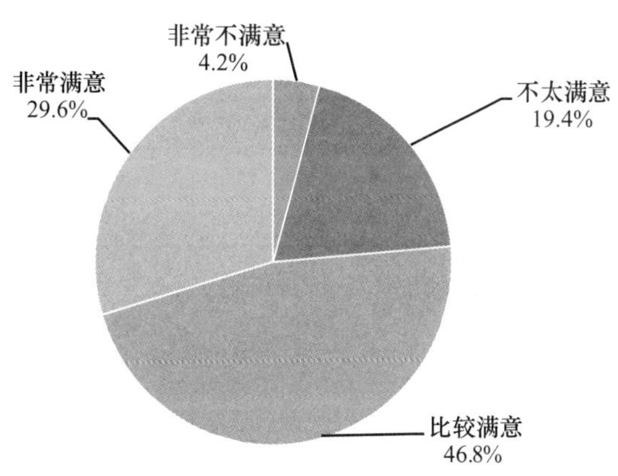

D18d 对教师道德状况的满意度

		频数	百分比	有效百分比	累积百分比
有效	非常不满意	233	3.7%	3.7%	3.7%
	不太满意	788	12.4%	12.5%	16.1%
	比较满意	1829	28.8%	28.9%	45.1%
	非常满意	3476	54.7%	54.9%	100.0%
	总计	6326	99.5%	100.0%	
缺失	0	19	0.3%		
	System	10	0.2%		
	总计	29	0.5%		
总计		6355	100.0%		

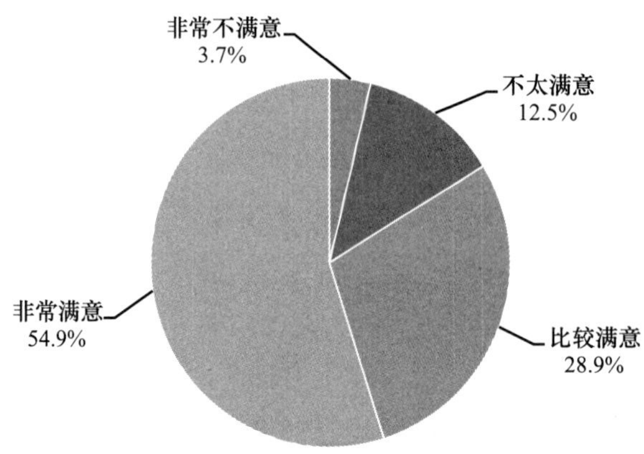

D18e 对青少年道德状况的满意度

		频数	百分比	有效百分比	累积百分比
有效	非常不满意	143	2.3%	2.3%	2.3%
	不太满意	985	15.5%	15.5%	17.8%
	比较满意	2450	38.6%	38.7%	56.5%
	非常满意	2753	43.3%	43.5%	100.0%
	总计	6331	99.6%	100.0%	
缺失	0	18	0.3%		
	System	6	0.1%		
	总计	24	0.4%		
总计		6355	100.0%		

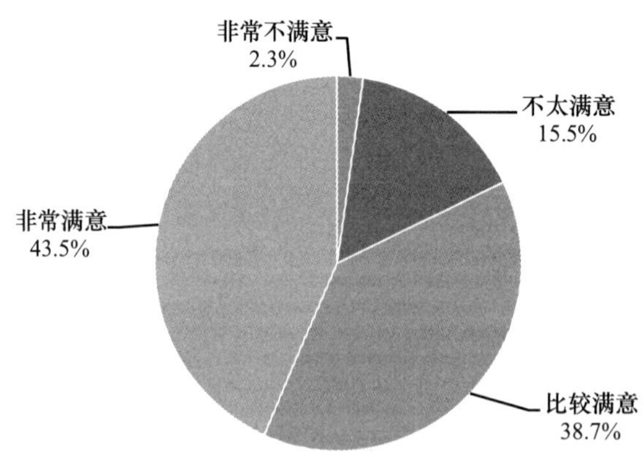

D18f 对演艺娱乐界道德状况的满意度

		频数	百分比	有效百分比	累积百分比
有效	非常不满意	635	10. 0%	10. 1%	10. 1%
	不太满意	1422	22. 4%	22. 7%	32. 8%
	比较满意	2768	43. 6%	44. 2%	77. 0%
	非常满意	1444	22. 7%	23. 0%	100. 0%
	总计	6269	98. 6%	100. 0%	
缺失	0	52	0. 8%		
	System	34	0. 5%		
	总计	86	1. 4%		
总计		6355	100. 0%		

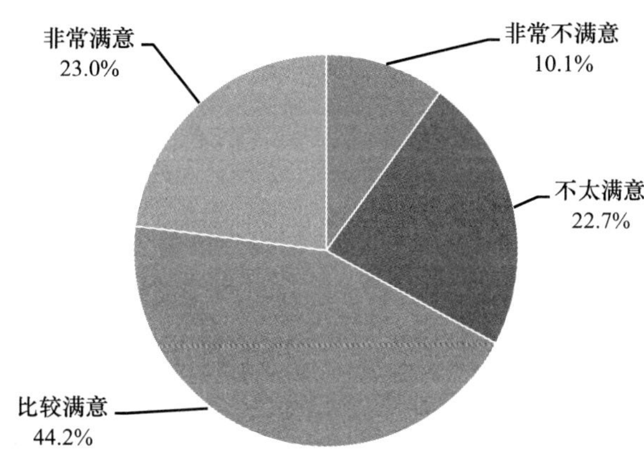

D18g 对自由职业者道德状况的满意度

		频数	百分比	有效百分比	累积百分比
有效	非常不满意	213	3. 4%	3. 4%	3. 4%
	不太满意	1193	18. 8%	19. 0%	22. 4%
	比较满意	2759	43. 4%	43. 9%	66. 3%
	非常满意	2116	33. 3%	33. 7%	100. 0%
	总计	6281	98. 8%	100. 0%	
缺失	0	50	0. 8%		
	System	24	0. 4%		
	总计	74	1. 2%		
总计		6355	100. 0%		

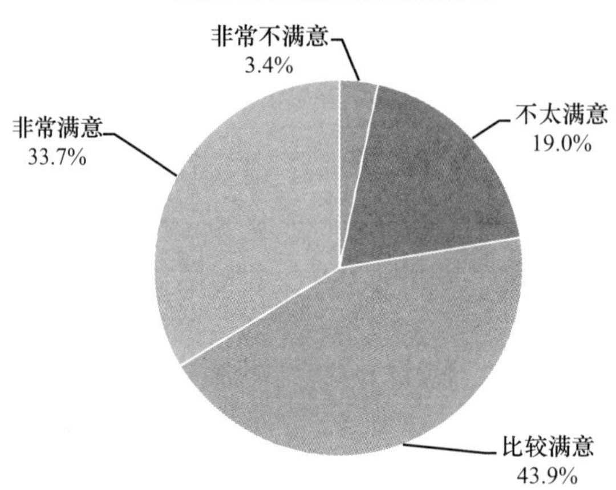

D18h 对农民道德状况的满意度

		频数	百分比	有效百分比	累积百分比
有效	非常不满意	132	2.1%	2.1%	2.1%
	不太满意	663	10.4%	10.5%	12.6%
	比较满意	1659	26.1%	26.3%	38.8%
	非常满意	3863	60.8%	61.2%	100.0%
	总计	6317	99.4%	100.0%	
缺失	0	27	0.4%		
	System	11	0.2%		
	总计	38	0.6%		
总计		6355	100.0%		

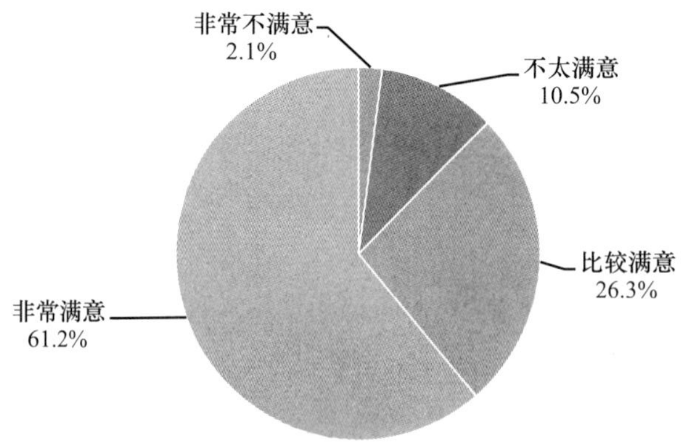

D18i 对商人道德状况的满意度

		频数	百分比	有效百分比	累积百分比
有效	非常不满意	349	5.5%	5.5%	5.5%
	不太满意	1258	19.8%	19.9%	25.4%
	比较满意	2862	45.0%	45.3%	70.7%
	非常满意	1849	29.1%	29.3%	100.0%
	总计	6318	99.4%	100.0%	
缺失	0	22	0.3%		
	System	15	0.2%		
	总计	37	0.6%		
总计		6355	100.0%		

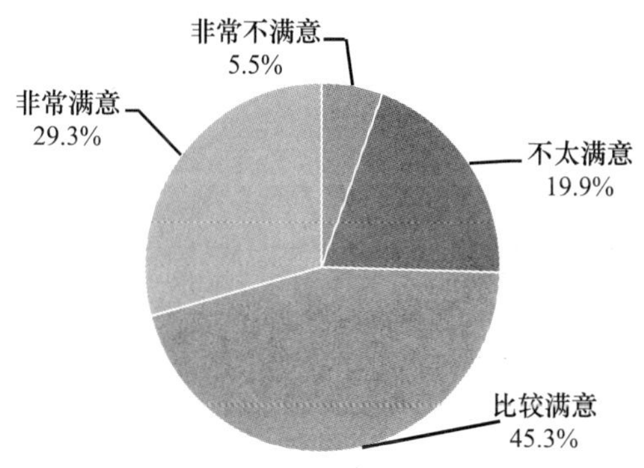

D18j 对工人道德状况的满意度

		频数	百分比	有效百分比	累积百分比
有效	非常不满意	104	1.6%	1.6%	1.6%
	不太满意	694	10.9%	11.0%	12.6%
	比较满意	1917	30.2%	30.4%	43.0%
	非常满意	3597	56.6%	57.0%	100.0%
	总计	6312	99.3%	100.0%	
缺失	0	29	0.5%		
	System	14	0.2%		
	总计	43	0.7%		
总计		6355	100.0%		

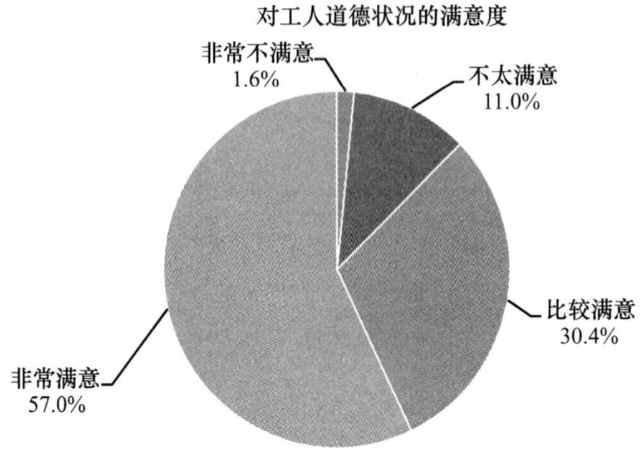

D18k 对专家学者道德状况的满意度

		频数	百分比	有效百分比	累积百分比
有效	非常不满意	203	3.2%	3.2%	3.2%
	不太满意	780	12.3%	12.4%	15.6%
	比较满意	2038	32.1%	32.3%	47.9%
	非常满意	3282	51.6%	52.1%	100.0%
	总计	6303	99.2%	100.0%	
缺失	0	26	0.4%		
	System	26	0.4%		
	总计	52	0.8%		
总计		6355	100.0%		

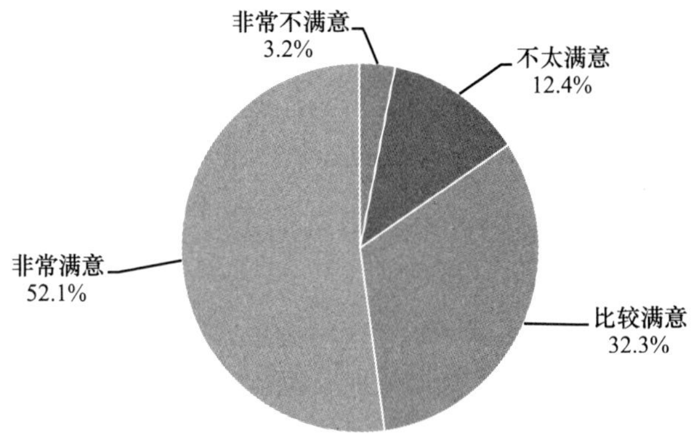

D18l 对医生道德状况的满意度

		频数	百分比	有效百分比	累积百分比
有效	非常不满意	294	4.6%	4.7%	4.7%
	不太满意	856	13.5%	13.5%	18.2%
	比较满意	2131	33.5%	33.7%	51.9%
	非常满意	3037	47.8%	48.1%	100.0%
	总计	6318	99.4%	100.0%	
缺失	0	24	0.4%		
	System	13	0.2%		
	总计	37	0.6%		
总计		6355	100.0%		

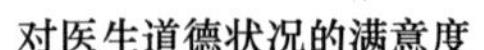

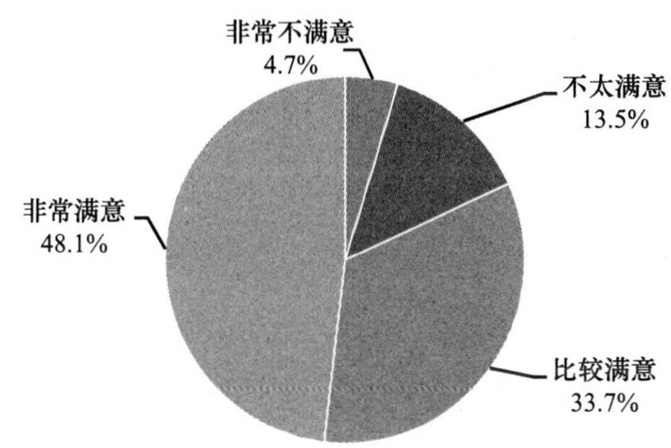

D18m 对弱势群体道德状况的满意度

		频数	百分比	有效百分比	累积百分比
有效	非常不满意	142	2.2%	2.7%	2.7%
	不太满意	633	10.0%	11.8%	14.5%
	比较满意	2122	33.4%	39.7%	54.2%
	非常满意	2448	38.5%	45.8%	100.0%
	总计	5345	84.1%	100.0%	
缺失	0	750	11.8%		
	System	260	4.1%		
	总计	1010	15.9%		
总计		6355	100.0%		

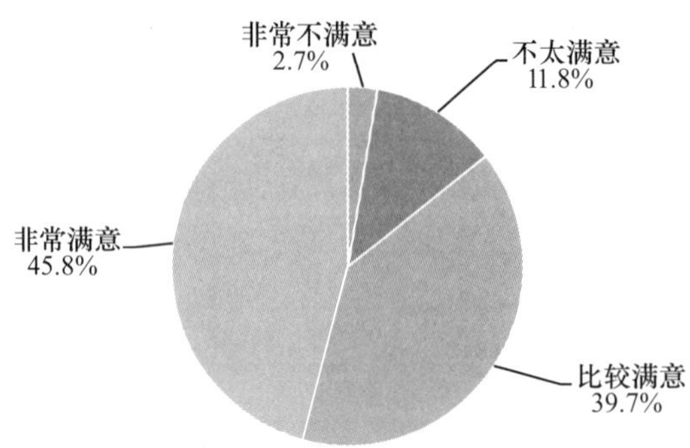

D19 您认为大家在一起合作共事，最重要的条件是

		频数	百分比	有效百分比	累积百分比
有效	心情要愉快，否则就不在一起或另找单位	1785	28.1%	28.3%	28.3%
	自由宽松的氛围	453	7.1%	7.2%	35.5%
	不违背做人的基本准则	2074	32.6%	32.9%	68.3%
	尽量约束自己，考虑别人感受	763	12.0%	12.1%	80.4%
	以共同体的利益为最高准则	1193	18.8%	18.9%	99.3%
	其他	44	0.7%	0.7%	100.0%
	总计	6312	99.3%	100.0%	
缺失	0	31	0.5%		
	System	12	0.2%		
	总计	43	0.7%		
总计		6355	100.0%		

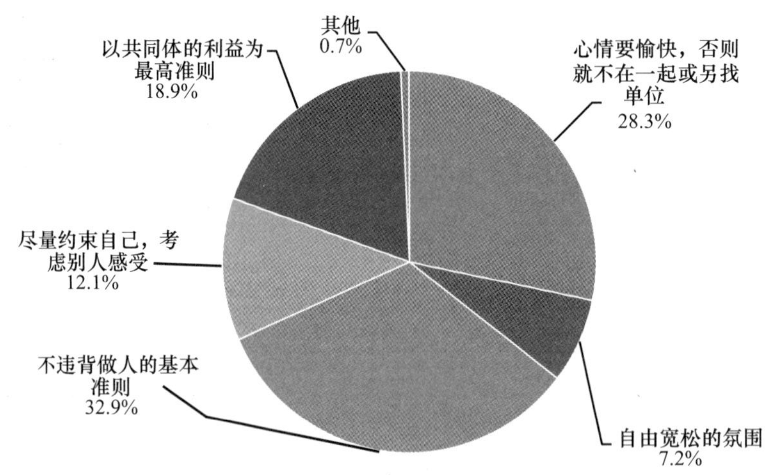

D20 您常常体验到自己身上“道德感”的存在和满足吗（如社会行为不是出于本能欲望的冲动，而是考虑是否符合道德规则）

		频数	百分比	有效百分比	累积百分比
有效	没有，只是凭自己的意志和利益办事	905	14.2%	14.3%	14.3%
	在有监督的环境中有，其他环境中没有	570	9.0%	9.0%	23.3%
	能考虑行为符合公认的道德准则，但是出于社会评价的考虑	2188	34.4%	34.7%	58.0%
	经常有，因为行为应当符合社会规则	2633	41.4%	41.7%	99.7%
	其他	22	0.3%	0.3%	100.0%
	总计	6318	99.4%	100.0%	
缺失	0	24	0.4%		
	System	13	0.2%		
	总计	37	0.6%		
总计		6355	100.0%		

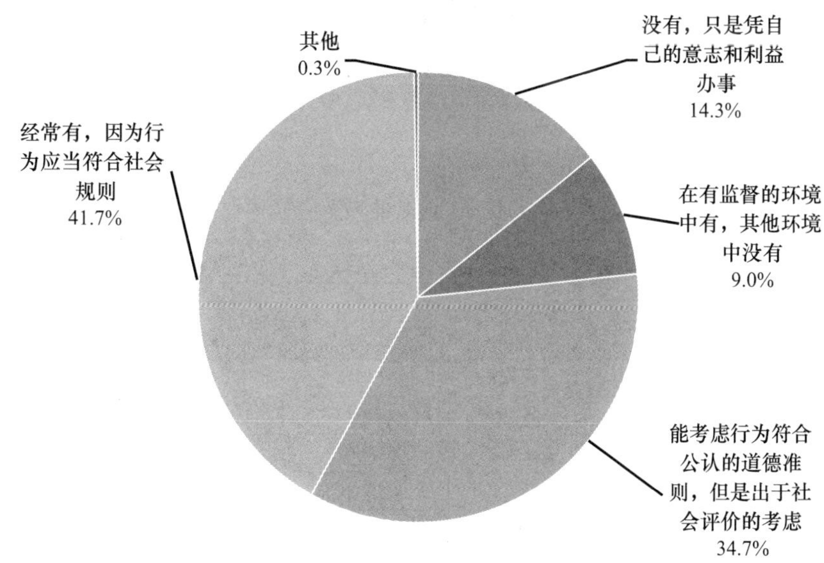

D21 您觉得大多数人都是可以相信的吗？如果 1 分代表“大多数人都可以相信”，5 分代表“对其他人都应该小心防备”，您会选几分

		频数	百分比	有效百分比	累积百分比
有效	1 分	1848	29. 1%	29. 1%	29. 1%
	2 分	1427	22. 5%	22. 5%	51. 6%
	3 分	1912	30. 1%	30. 1%	81. 7%
	4 分	686	10. 8%	10. 8%	92. 5%
	5 分	475	7. 5%	7. 5%	100. 0%
	总计	6348	99. 9%	100. 0%	
缺失	0	3			
	System	4	0. 1%		
	总计	7	0. 1%		
总计		6355	100. 0%		

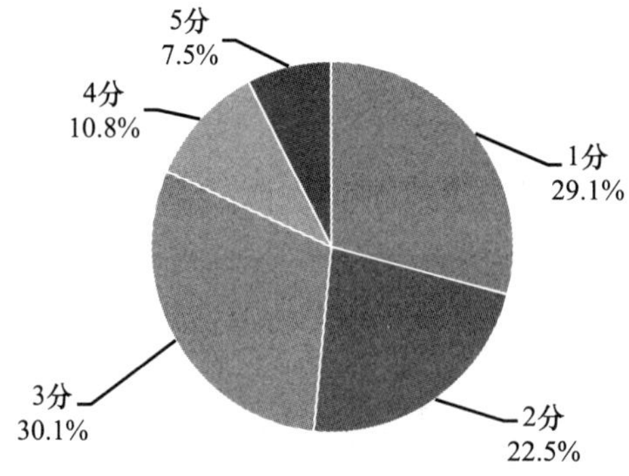

D22 如果在路边看到一个老人摔倒，您的反应是

		频数	百分比	有效百分比	累积百分比
有效	立即将其扶起	2834	44. 6%	44. 7%	44. 7%
	等有证人时再扶	1441	22. 7%	22. 7%	67. 4%
	先拍照，再扶起	752	11. 8%	11. 9%	79. 3%
	不扶，避免惹是生非	397	6. 2%	6. 3%	85. 6%
	报警	827	13. 0%	13. 0%	98. 6%
	其他	88	1. 4%	1. 4%	100. 0%
	总计	6339	99. 7%	100. 0%	
缺失	0	6	0. 1%		
	System	10	0. 2%		
	总计	16	0. 3%		

续表

	频数	百分比	有效百分比	累积百分比
总计	6355	100.0%		

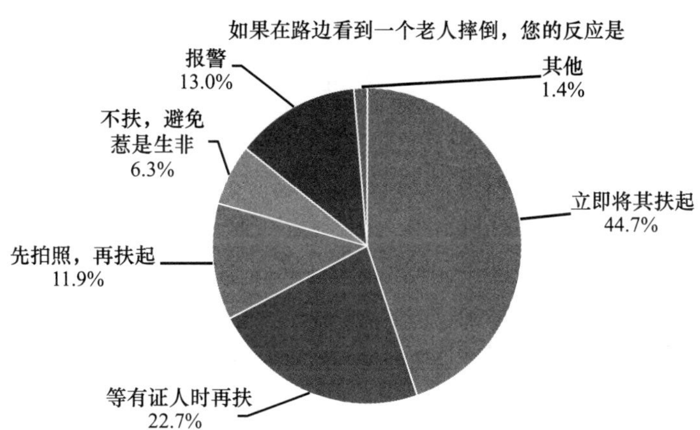

D23 您认为导致当前医患关系紧张的原因是

	首要原因		次要原因		总分	平均分
	频数	加权得分	频数	加权得分		
医生缺乏职业道德，对病人不负责任	1976	3952	1932	1932	5884	0.95
医疗制度不合理，看病难，看病贵	2766	5532	1673	1673	7205	1.16
医生腐败，不送红包，就不认真看病	791	1582	1243	1243	2825	0.45
“医闹”，病人蓄意闹事	597	1194	1007	1007	2201	0.35
其他	81	162	83	83	245	0.04

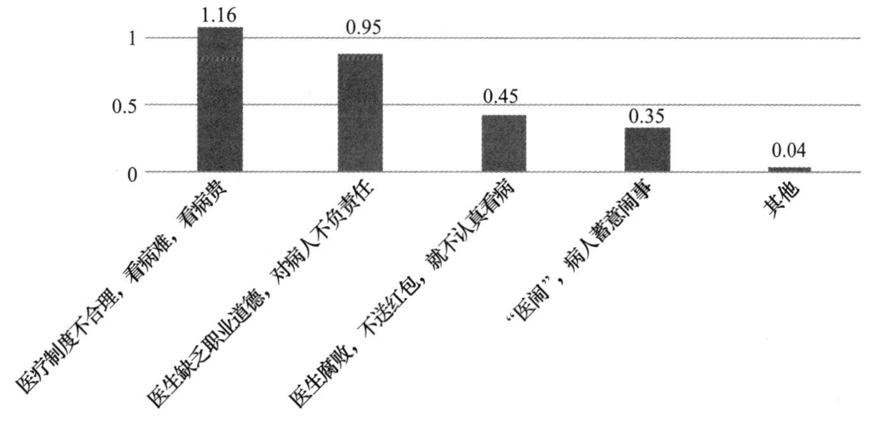

D24 人与人之间相处，信任是基础。您对下面这些人群信任程度如何

	完全信任	比较信任	不太信任	完全不信任	平均值
A. 家人	5501	695	28	5	1.12
B. 邻居	1964	3909	423	41	1.77
C. 商人	417	2137	3331	440	2.60
D. 单位领导/社区（村）干部	1573	3549	1001	208	1.98
E. 公务员	1040	3670	1445	158	2.11
F. 教师	2030	3532	679	88	1.81
G. 警察	2496	3187	545	110	1.73
H. 医生	1739	3423	1024	146	1.93
I. 法官	2081	3286	804	148	1.84
J. 陌生人	125	660	2972	2581	3.26
K. 外国人	133	883	2856	2410	3.20
L. 同事或同学	1071	4435	668	132	1.98
M. 本地政府	1911	3429	817	177	1.88
N. 中央政府	3380	2479	387	95	1.56

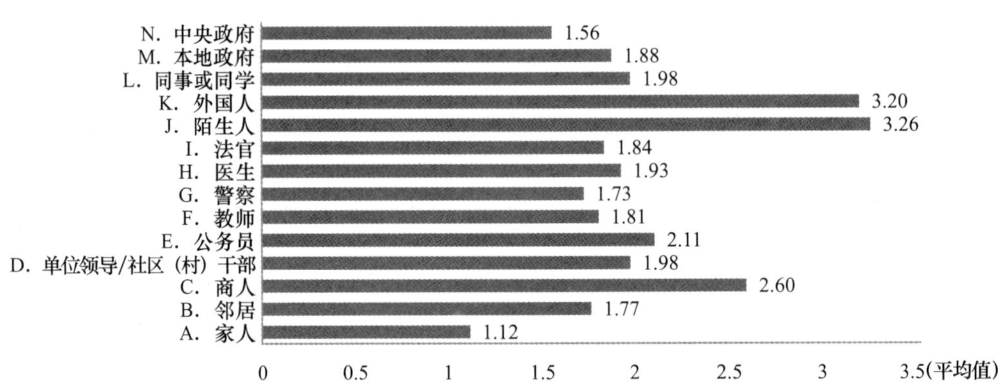

D24a 对家人的信任程度如何

		频数	百分比	有效百分比	累积百分比
有效	完全信任	5501	86.6%	88.3%	88.3%
	比较信任	695	10.9%	11.2%	99.5%
	不太信任	28	0.4%	0.4%	99.9%

续表

		频数	百分比	有效百分比	累积百分比
有效	根本不信任	5	0.1%	0.1%	100.0%
	总计	6229	98.0%	100.0%	
缺失	0	12	0.2%		
	System	114	1.8%		
	总计	126	2.0%		
总计		6355	100.0%		

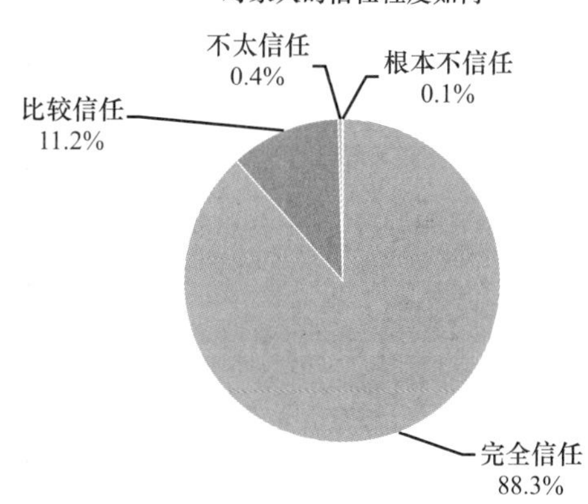

D24b 对邻居的信任程度如何

		频数	百分比	有效百分比	累积百分比
有效	完全信任	1964	30.9%	31.0%	31.0%
	比较信任	3909	61.5%	61.7%	92.7%
	不太信任	423	6.7%	6.7%	99.4%
	根本不信任	41	0.6%	0.6%	100.0%
	总计	6337	99.7%	100.0%	
缺失	0	9	0.1%		
	System	9	0.1%		
	总计	18	0.2%		
总计		6355	100.0%		

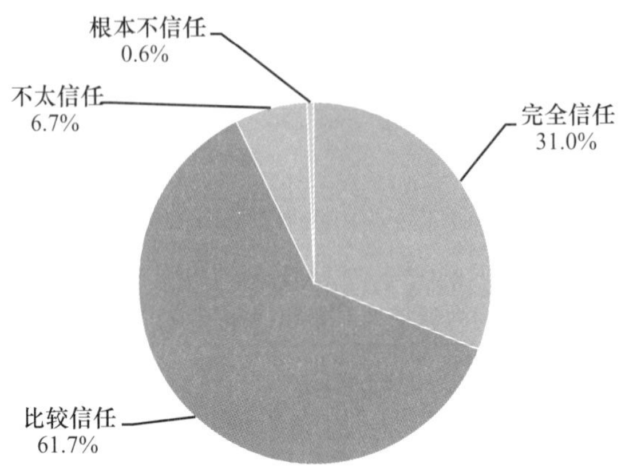

D24c 对商人的信任程度如何

		频数	百分比	有效百分比	累积百分比
有效	完全信任	417	6.6%	6.6%	6.6%
	比较信任	2137	33.6%	33.8%	40.4%
	不太信任	3331	52.4%	52.6%	93.0%
	根本不信任	440	6.9%	7.0%	100.0%
	总计	6325	99.5%	100.0%	
缺失	0	19	0.3%		
	System	11	0.2%		
	总计	30	0.5%		
总计		6355	100.0%		

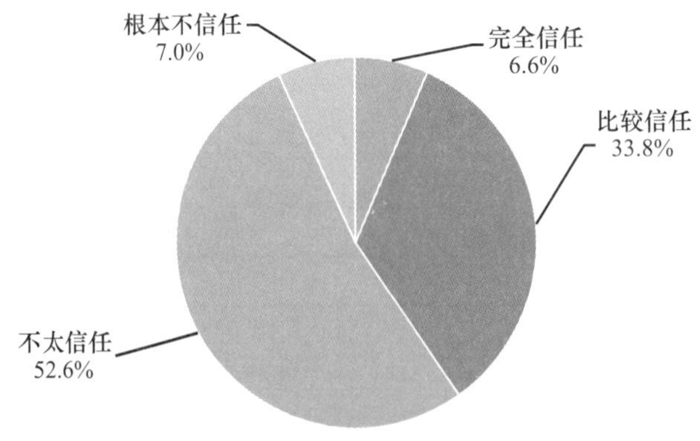

D24d 对单位领导/社区（村）干部的信任程度如何

		频数	百分比	有效百分比	累积百分比
有效	完全信任	1573	24.8%	24.8%	24.8%
	比较信任	3549	55.8%	56.1%	80.9%
	不太信任	1001	15.8%	15.8%	96.7%
	根本不信任	208	3.3%	3.3%	100.0%
	总计	6331	99.6%	100.0%	
缺失	0	13	0.2%		
	System	11	0.2%		
	总计	24	0.4%		
总计		6355	100.0%		

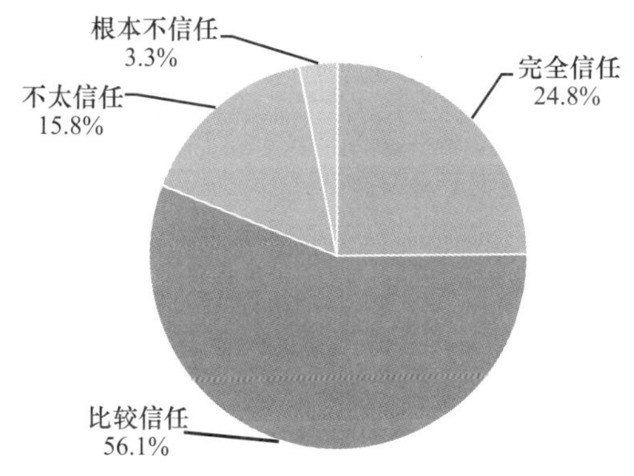

D24e 对公务员的信任程度如何

		频数	百分比	有效百分比	累积百分比
有效	完全信任	1040	16.4%	16.5%	16.5%
	比较信任	3672	57.8%	58.1%	74.6%
	不太信任	1445	22.7%	22.9%	97.5%
	根本不信任	158	2.5%	2.5%	100.0%
	总计	6315	99.4%	100.0%	
缺失	0	13	0.2%		
	System	27	0.4%		
	总计	40	0.6%		
总计		6355	100.0%		

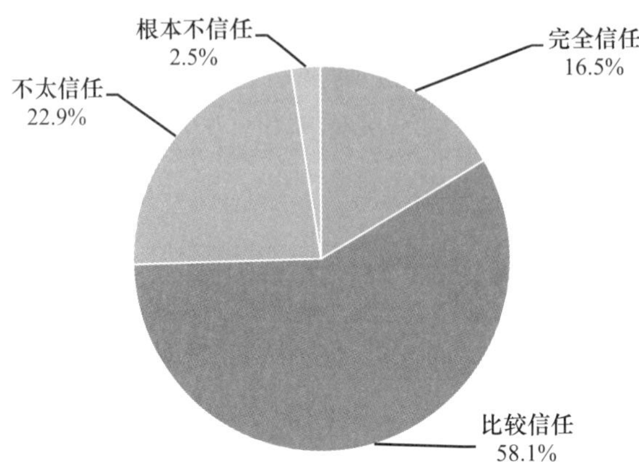

D24f 对教师的信任程度如何

		频数	百分比	有效百分比	累积百分比
有效	完全信任	2030	31.9%	32.1%	32.1%
	比较信任	3532	55.6%	55.8%	87.9%
	不太信任	679	10.7%	10.7%	98.6%
	根本不信任	88	1.4%	1.4%	100.0%
	总计	6329	99.6%	100.0%	
缺失	0	13	0.2%		
	System	13	0.2%		
	总计	26	0.4%		
总计		6355	100.0%		

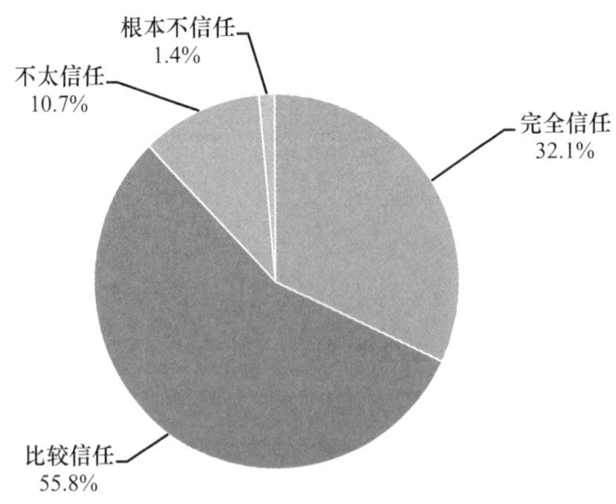

D24g 对警察的信任程度如何

		频数	百分比	有效百分比	累积百分比
有效	完全信任	2496	39.3%	39.4%	39.4%
	比较信任	3187	50.1%	50.3%	89.7%
	不太信任	545	8.6%	8.6%	98.3%
	根本不信任	110	1.7%	1.7%	100.0%
	总计	6338	99.7%	100.0%	
缺失	0	7	0.1%		
	System	10	0.2%		
	总计	17	0.3%		
总计		6355	100.0%		

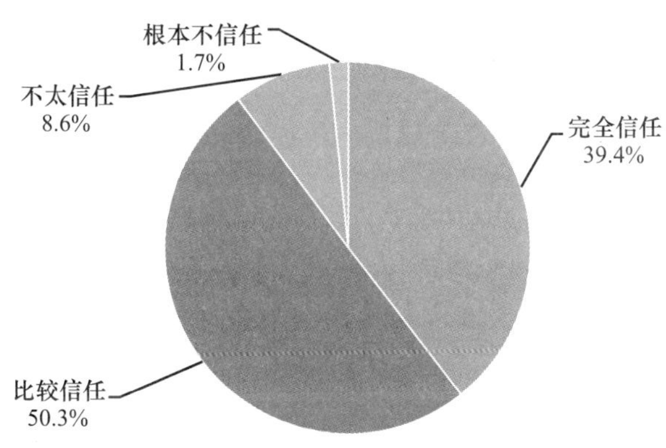

D24h 对医生的信任程度如何

		频数	百分比	有效百分比	累积百分比
有效	完全信任	1739	27.4%	27.5%	27.5%
	比较信任	3423	53.9%	54.1%	81.5%
	不太信任	1024	16.1%	16.2%	97.7%
	根本不信任	146	2.3%	2.3%	100.0%
	总计	6332	99.7%	100.1%	
缺失	0	11	0.2%		
	System	12	0.2%		
	总计	23	0.4%		
总计		6355	100.0%		

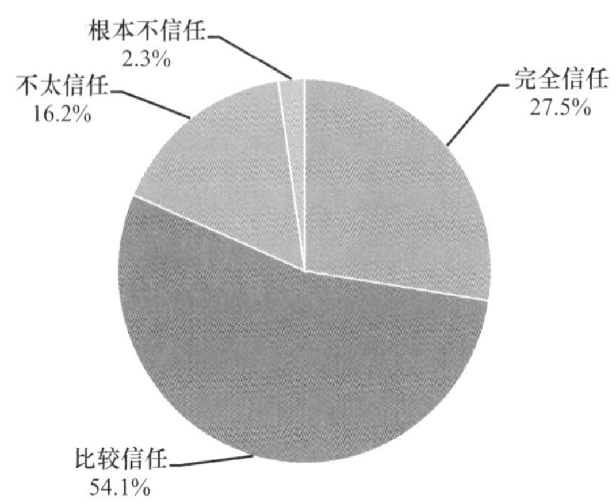

D24i 对法官的信任程度如何

		频数	百分比	有效百分比	累积百分比
有效	完全信任	2081	32. 7%	32. 9%	32. 9%
	比较信任	3286	51. 7%	52. 0%	84. 9%
	不太信任	804	12. 7%	12. 7%	97. 7%
	根本不信任	148	2. 3%	2. 3%	100. 0%
	总计	6319	99. 4%	100. 0%	
缺失	0	22	0. 3%		
	System	14	0. 2%		
	总计	36	0. 6%		
总计		6355	100. 0%		

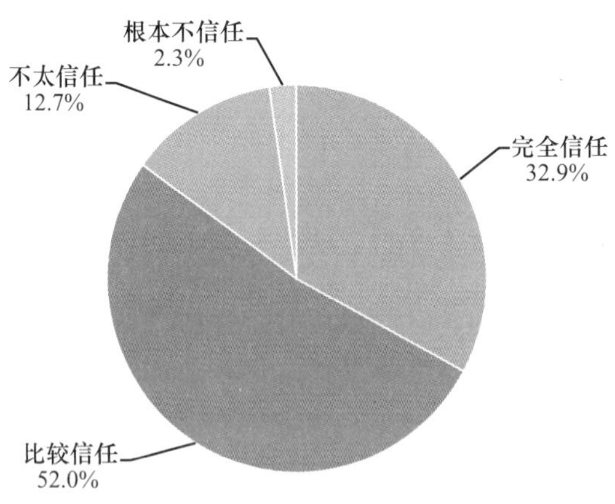

D24j 对陌生人的信任程度如何

		频数	百分比	有效分比	累计百分比
有效	完全信任	125	2.0%	2.0%	2.0%
	比较信任	660	10.4%	10.4%	12.4%
	不太信任	2972	46.8%	46.9%	59.3%
	根本不信任	2581	40.6%	40.7%	100.0%
	Total	6338	99.7%	100.0%	
缺失	0	12	0.2%		
	System	5	0.1%		
	Total	17	0.3%		
总计		6355	100.0%		

对陌生人的信任程度如何

完全信任
2.0%
比较信任
10.4%
根本不信任
40.7%
不太信任
46.9%

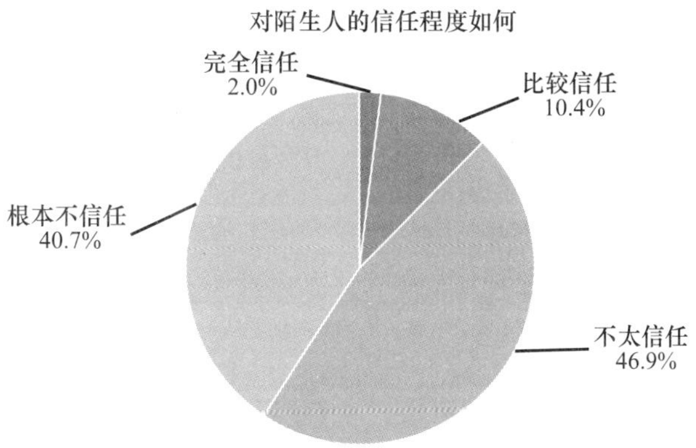

D24k 对外国人的信任程度如何

		频数	百分比	有效百分比	累积百分比
有效	完全信任	133	2.1%	2.1%	2.1%
	比较信任	883	13.9%	14.1%	16.2%
	不人信任	2856	44.9%	45.5%	61.6%
	根本不信任	2410	37.9%	38.4%	100.0%
	总计	6282	98.9%	100.0%	
缺失	0	42	0.7%		
	System	31	0.5%		
	总计	73	1.1%		
总计		6355	100.0%		

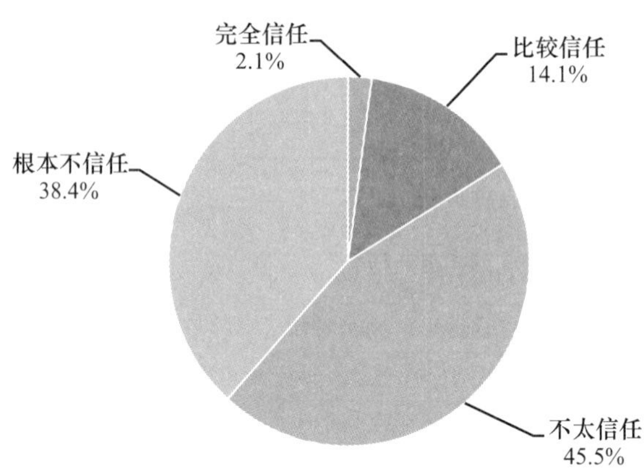

D241 对同事或同学的信任程度如何

		频数	百分比	有效百分比	累积百分比
有效	完全信任	1071	16.9%	17.0%	17.0%
	比较信任	4435	69.8%	70.3%	87.3%
	不太信任	668	10.5%	10.6%	97.9%
	根本不信任	132	2.1%	2.1%	100.0%
	总计	6306	99.2%	100.0%	
缺失	0	36	0.6%		
	System	13	0.2%		
	总计	49	0.8%		
总计		6355	100.0%		

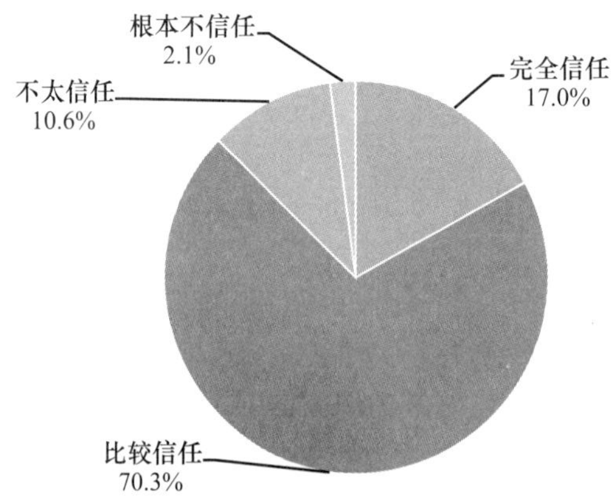

D24m 对本地政府的信任程度如何

		频数	百分比	有效百分比	累积百分比
有效	完全信任	1911	30.1%	30.2%	30.2%
	比较信任	3429	54.0%	54.1%	84.3%
	不太信任	817	12.9%	12.9%	97.2%
	根本不信任	177	2.8%	2.8%	100.0%
	总计	6334	99.7%	100.0%	
缺失	0	14	0.2%		
	System	7	0.1%		
	总计	21	0.3%		
总计		6355	100.0%		

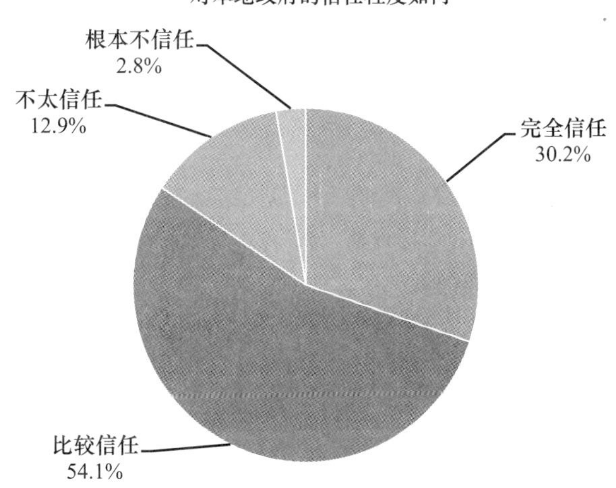

D24n 对中央政府的信任程度如何

		频数	百分比	有效百分比	累积百分比
有效	完全信任	3380	53.2%	53.3%	53.3%
	比较信任	2479	39.0%	39.1%	92.4%
	不太信任	387	6.1%	6.1%	98.5%
	根本不信任	95	1.5%	1.5%	100.0%
	总计	6341	99.8%	100.0%	
缺失	0	8	0.1%		
	System	6	0.1%		
	总计	14	0.2%		
总计		6355	100.0%		

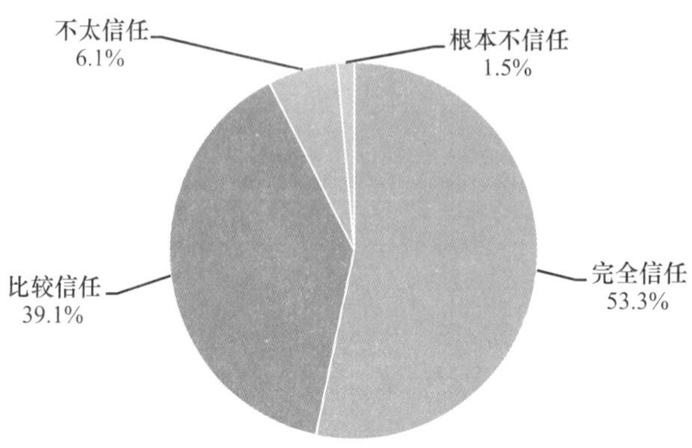

D25 您认为弱势群体产生的最主要原因是

		频数	百分比	有效百分比	累积百分比
有效	制度不合理，社会关怀不够	1675	26.4%	26.5%	26.5%
	收入分配不公	1584	24.9%	25.0%	51.5%
	机会不平等	647	10.2%	10.2%	61.7%
	弱势群体自己不努力	971	15.3%	15.3%	77.1%
	缺乏生存技能	1368	21.5%	21.6%	98.7%
	其他	83	1.3%	1.3%	100.0%
	总计	6328	99.6%	100.0%	
缺失	0	20	0.3%		
	System	7	0.1%		
	总计	27	0.4%		
总计		6355	100.0%		

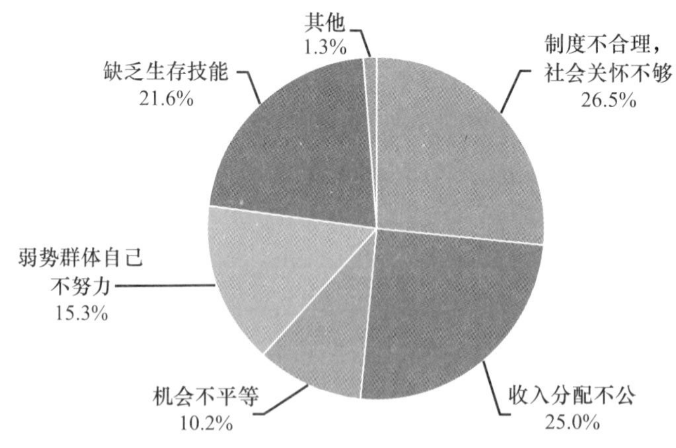

D26 您认为对当前我国伦理关系和道德风尚造成最大负面影响的因素是

		频数	百分比	有效百分比	累积百分比
有效	传统文化的崩坏	1487	23.4%	23.6%	23.6%
	外来文化的冲击	592	9.3%	9.4%	33.0%
	市场经济导致的个人主义	1452	22.8%	23.0%	56.0%
	网络技术的发展	418	6.6%	6.6%	62.7%
	分配不公，两极分化	1185	18.6%	18.8%	81.5%
	以权谋私，官员腐败	1167	18.4%	18.5%	100.0%
	总计	6301	99.2%	100.0%	
缺失	0	30	0.5%		
	System	24	0.4%		
	总计	54	0.8%		
总计		6355	100.0%		

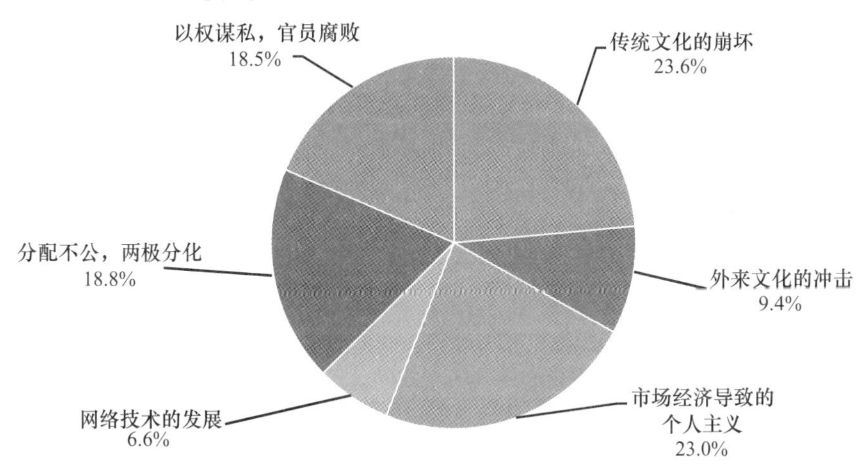

E1 您对于我们正在走的中国特色社会主义道路怎么看

		频数	百分比	有效百分比	累积百分比
有效	充满信心，因为它可以给中国带来繁荣富强	4427	69.7%	69.8%	69.8%
	不太了解，但相信这条路能够让老百姓过上好日子	1425	22.4%	22.5%	92.3%
	表示怀疑，走这条路究竟怎么样，现在还说不清楚	365	5.7%	5.8%	98.1%
	走什么样的路，跟我没关系	123	1.9%	1.9%	100.0%
	总计	6340	99.8%	100.0%	

续表

		频数	百分比	有效百分比	累积百分比
缺失	0	11	0.2%		
	System	4	0.1%		
	总计	15	0.3%		
总计		6355	100.0%		

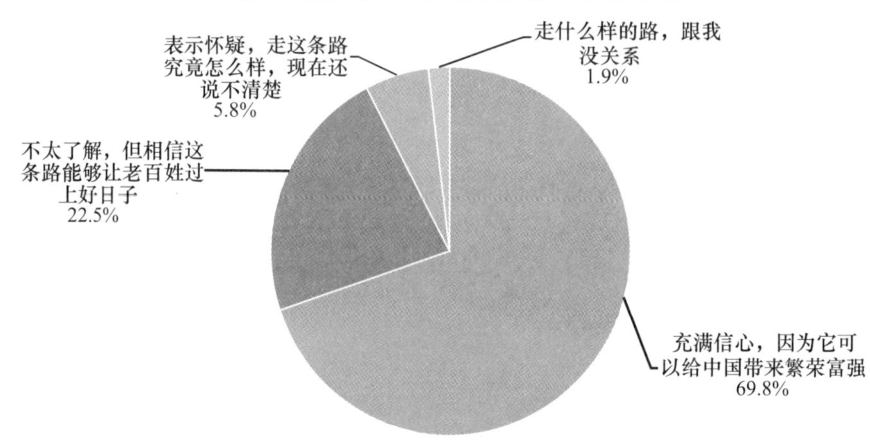

E2 结合自己的情况进行选择

	非常不符合	不太符合	比较符合	非常符合	平均值
A. 我会经常关心比我不幸的人	264	1154	3302	1618	2.99
B. 在做决定前，我会试着从每个人的立场去考虑问题	176	889	3697	1580	3.05
C. 当我看到有人被利用时，我有点想要保护他们	218	1129	3523	1465	2.98
D. 我有时会试图站在他人的角度，以更好地理解他们	169	765	3729	1668	3.09
E. 处在紧张情绪的状况中，我会惊慌害怕	681	1920	2600	1114	2.66
F. 我相信任何问题都有两面性，我会试图从两个方面加以考虑	149	855	3498	1833	3.11
G. 当我对某人很不耐烦或想批评他/她时，我通常会暂时站在他/她的位置上进行考虑	277	1479	3412	1167	2.86
H. 当我在读一个有趣的故事或者看一部电影时，会想象如果这些事情发生在自己身上，我会是怎样的感受	556	1693	2928	1137	2.74
I. 当我看到有人发生意外而急需帮助时，我紧张得几乎精神崩溃	1261	2546	1834	696	2.31

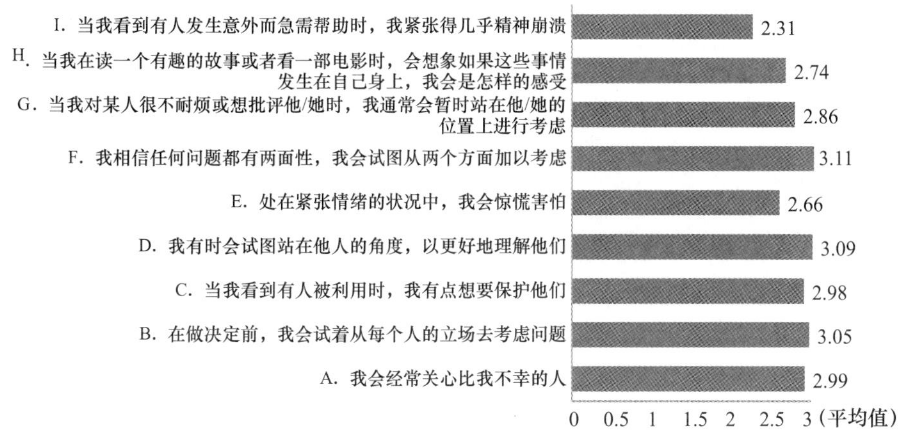

E2a 结合自己的情况进行选择：我会经常关心比我不幸的人

		频数	百分比	有效百分比	累积百分比
有效	完全不符合	264	4.2%	4.2%	4.2%
	不太符合	1154	18.2%	18.2%	22.4%
	比较符合	3302	52.0%	52.1%	74.5%
	完全符合	1618	25.5%	25.5%	100.0%
	总计	6338	99.7%	100.0%	
缺失	0	11	0.2%		
	System	6	0.1%		
	总计	17	0.3%		
总计		6355	100.0%		

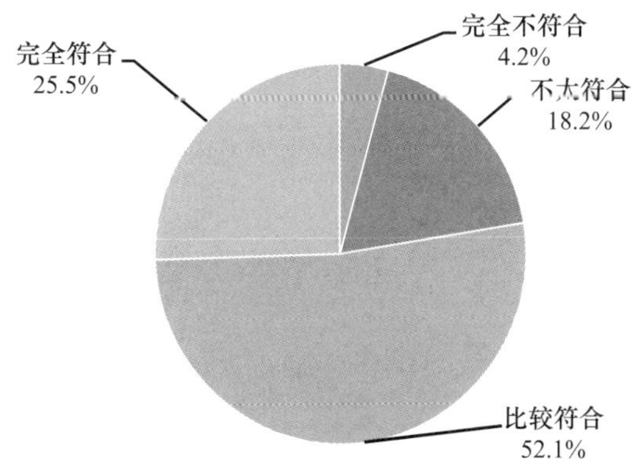

E2b 结合自己的情况进行选择：在做决定前，我会试着从每个人的立场去考虑问题

		频数	百分比	有效百分比	累积百分比
有效	完全不符合	176	2.8%	2.8%	2.8%
	不太符合	889	14.0%	14.0%	16.8%
	比较符合	3697	58.2%	58.3%	75.1%
	完全符合	1580	24.9%	24.9%	100.0%
	总计	6342	99.8%	100.0%	
缺失	0	9	0.1%		
	System	4	0.1%		
	总计	13	0.2%		
总计		6355	100.0%		

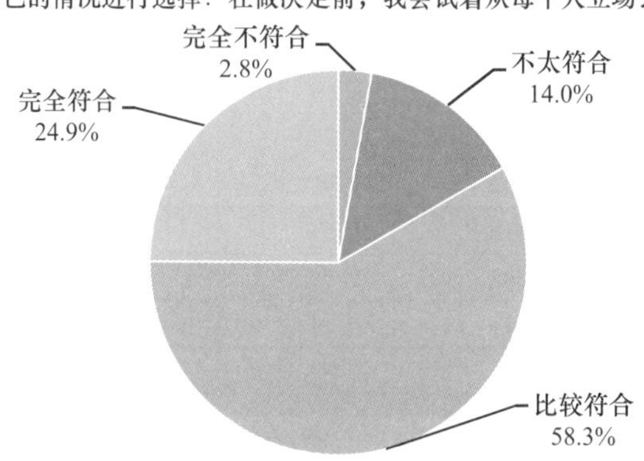

E2c 结合自己的情况进行选择：当我看到有人被利用时，我有点想要保护他们

		频数	百分比	有效百分比	累积百分比
有效	完全不符合	218	3.4%	3.4%	3.4%
	不太符合	1129	17.8%	17.8%	21.3%
	比较符合	3523	55.4%	55.6%	76.9%
	完全符合	1465	23.1%	23.1%	100.0%
	总计	6335	99.7%	100.0%	
缺失	0	12	0.2%		
	System	8	0.1%		
	总计	20	0.3%		
总计		6355	100.0%		

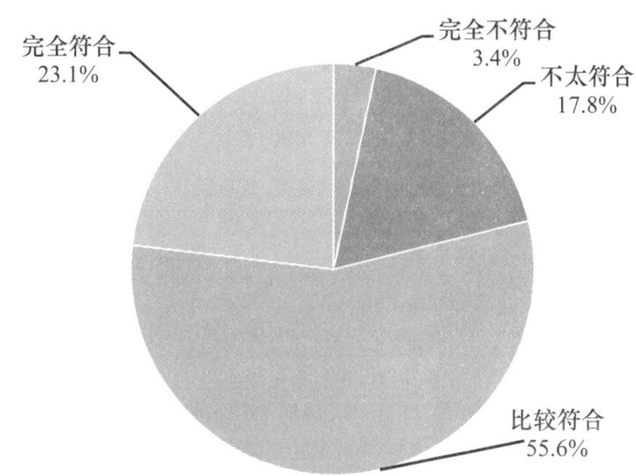

E2d 结合自己的情况进行选择：我有时会试图站在他人的角度，以更好地理解他们

		频数	百分比	有效百分比	累积百分比
有效	完全不符合	169	2.7%	2.7%	2.7%
	不太符合	765	12.0%	12.1%	14.8%
	比较符合	3729	58.7%	58.9%	73.7%
	完全符合	1668	26.2%	26.3%	100.0%
	总计	6331	99.6%	100.0%	
缺失	0	18	0.3%		
	System	6	0.1%		
	总计	24	0.4%		
总计		6355	100.0%		

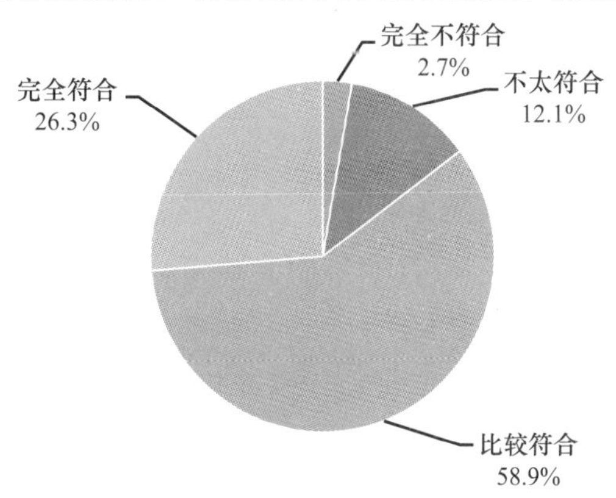

E2e 结合自己的情况进行选择：处在紧张情绪的状况中，我会惊慌害怕

		频数	百分比	有效百分比	累积百分比
有效	完全不符合	681	10.7%	10.8%	10.8%
	不太符合	1920	30.2%	30.4%	41.2%
	比较符合	2600	40.9%	41.2%	82.4%
	完全符合	1114	17.5%	17.6%	100.0%
	总计	6315	99.3%	100.0%	
缺失	0	27	0.4%		
	System	13	0.2%		
	总计	40	0.6%		
总计		6355	100.0%		

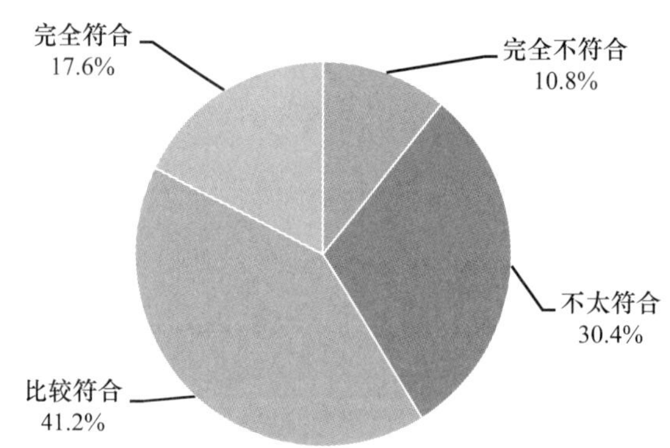

E2f 结合自己的情况进行选择：我相信任何问题都有两面性，我会试图从两个方面加以考虑

		频数	百分比	有效百分比	累积百分比
有效	完全不符合	149	2.3%	2.4%	2.4%
	不太符合	855	13.5%	13.5%	15.8%
	比较符合	3498	55.0%	55.2%	71.1%
	完全符合	1833	28.8%	28.9%	100.0%
	总计	6335	99.7%	100.0%	
缺失	0	14	0.2%		
	System	6	0.1%		
	总计	20	0.3%		
总计		6355	100.0%		

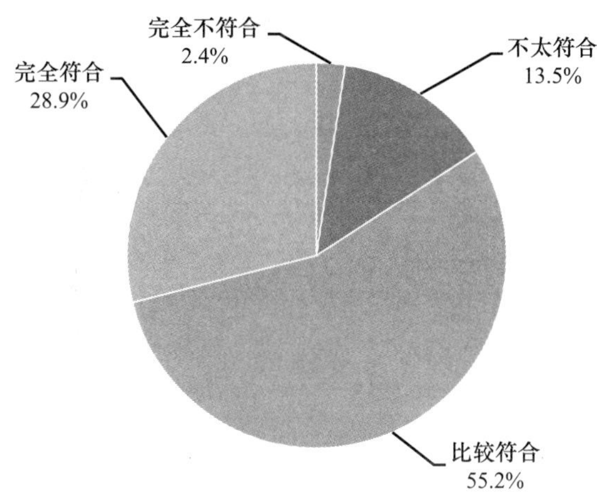

E2g 结合自己的情况进行选择：当我对某人很不耐烦或想批评他/她时，我通常会暂时站在他/她的位置上进行考虑

		频数	百分比	有效百分比	累积百分比
有效	完全不符合	277	4.4%	4.4%	4.4%
	不太符合	1479	23.3%	23.3%	27.7%
	比较符合	3412	53.7%	53.9%	81.6%
	完全符合	1167	18.4%	18.4%	100.0%
	总计	6335	99.8%	100.0%	
缺失	0	14	0.2%		
	System	6	0.1%		
	总计	20	0.3%		
总计		6355	100.0%		

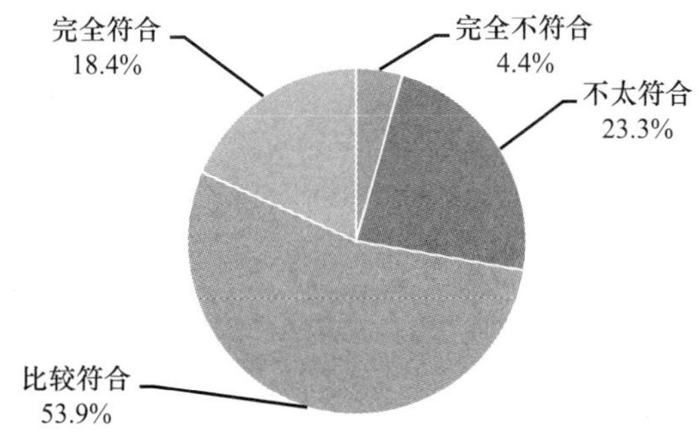

E2h 结合自己的情况进行选择：当我在读一个有趣的故事或者看一部电影时，会想象如果这些事情发生在自己身上，我会是怎样的感受

		频数	百分比	有效百分比	累积百分比
有效	完全不符合	556	8.7%	8.8%	8.8%
	不太符合	1693	26.6%	26.8%	35.6%
	比较符合	2928	46.1%	46.4%	82.0%
	完全符合	1137	17.9%	18.0%	100.0%
	总计	6314	99.4%	100.0%	
缺失	0	26	0.4%		
	System	15	0.2%		
	总计	41	0.6%		
总计		6355	100.0%		

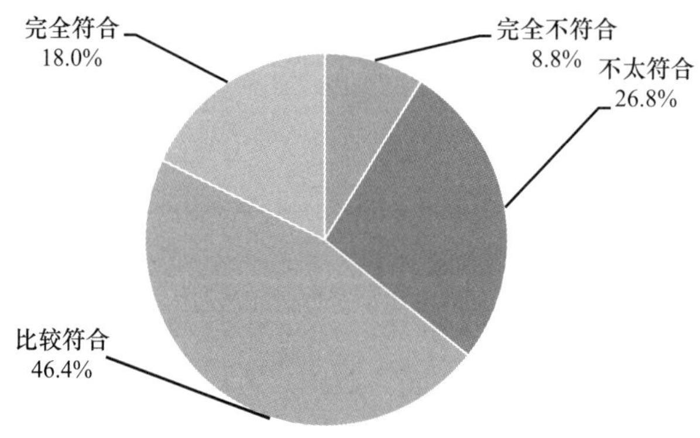

E2i 结合自己的情况进行选择：当我看到有人发生意外而急需帮助时，我紧张得几乎精神崩溃

		频数	百分比	有效百分比	累积百分比
有效	完全不符合	1261	19.8%	19.9%	19.9%
	不太符合	2546	40.1%	40.2%	60.1%
	比较符合	1834	28.9%	28.9%	89.0%
	完全符合	696	11.0%	11.0%	100.0%
	总计	6337	99.7%	100.0%	

续表

		频数	百分比	有效百分比	累积百分比
缺失	0	12	0.2%		
	System	6	0.1%		
	总计	18	0.3%		
总计		6355	100.0%		

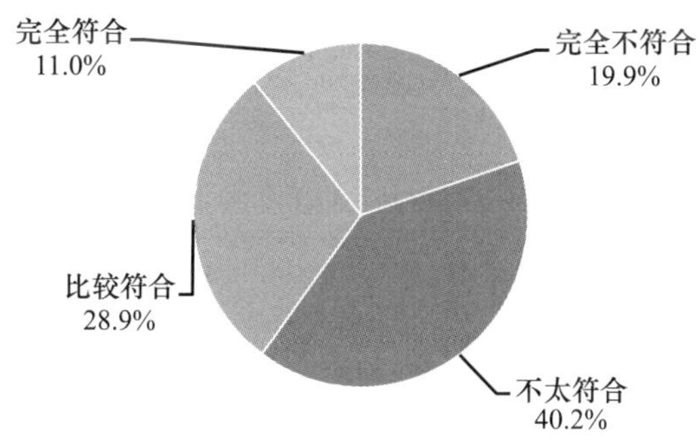

E3 每个人都希望我们的国家越来越好，我们的生活越来越好。党的十八大提出，到 2020 年全面建成小康社会，到本世纪中叶建成社会主义现代化国家。您认为这样的目标能实现吗

		频数	百分比	有效百分比	累积百分比
有效	相信一定能实现	3620	57.0%	57.0%	57.0%
	有困难，但只要努力还是能实现的	2196	34.6%	34.6%	91.6%
	不可能实现	186	2.9%	2.9%	94.5%
	说不清楚，跟我没关系	347	5.5%	5.5%	100.0%
	总计	6349	99.9%	100.0%	
缺失	0	4	0.1%		
	System	2			
	总计	6	0.1%		
总计		6355	100.0%		

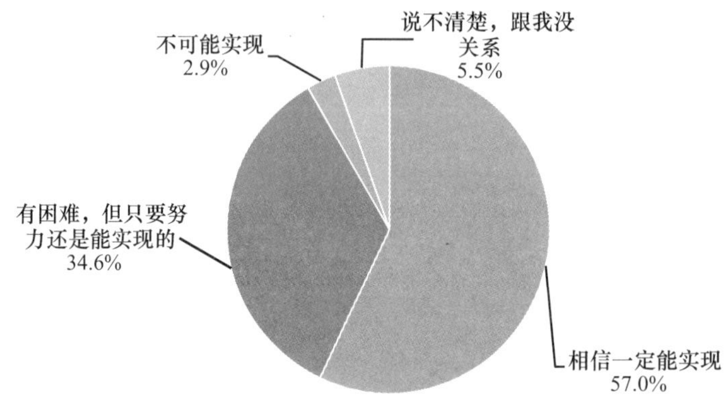

E4 您认为在现代中国社会实际奉行的道德价值是

		频数	百分比	有效百分比	累积百分比
有效	个人主义，人人为自己，上帝为大家	1365	21.5%	21.9%	21.9%
	义利合一，以理导欲	3456	54.4%	55.4%	77.3%
	见利忘义，物欲横流	632	9.9%	10.1%	87.5%
	弱势群体自己不努力存义去利	782	12.3%	12.5%	100.0%
	总计	6235	98.1%	100.0%	
缺失	0	100	1.6%		
	System	20	0.3%		
	总计	120	1.9%		
总计		6355	100.0%		

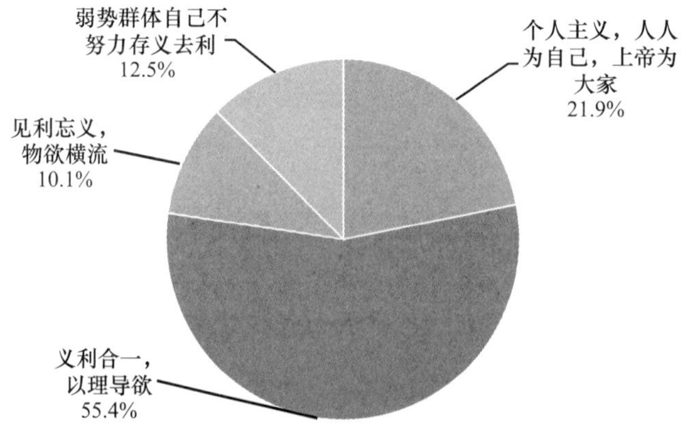

E5 您认为当今中国社会最重要和最需要的德性是

	第一重要		第二重要		第三重要		总分	平均分
	频数	加权频数	频数	加权频数	频数	加权频数		
爱（仁爱、博爱、友爱）	2514	7542	638	1276	480	480	9298	1.47
责任	948	2844	985	1970	684	684	5498	0.87
诚信	559	1677	838	1676	1215	1215	4568	0.72
正义或公正	761	2283	760	1520	593	593	4396	0.69
义（道义、义务）	285	855	1096	2192	358	358	3405	0.54
宽容	251	753	417	834	960	960	2547	0.40
善良	241	723	443	886	507	507	2116	0.33
孝悌	200	600	186	372	218	218	1190	0.19
正直	144	432	202	404	208	208	1044	0.16
教养	97	291	150	300	215	215	806	0.13
理智	59	177	167	334	153	153	664	0.10
谦让	76	228	130	260	119	119	607	0.10
敬业	41	123	89	178	216	216	517	0.08
忠恕	65	195	76	152	63	63	410	0.06
勇敢	27	81	50	100	123	123	304	0.05
恭敬	33	99	46	92	36	36	227	0.04
节制	12	36	23	46	55	55	137	0.02
力行或知行合一	9	27	16	32	70	70	129	0.02
气节	9	27	11	22	39	39	88	0.01
中庸	6	18	7	14	9	9	41	0.01

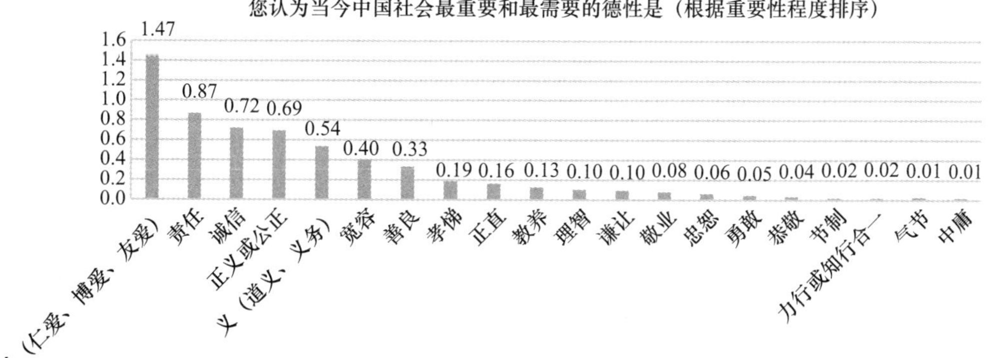

E6a 您在单位有踏实和亲切的感觉吗

		频数	百分比	有效百分比	累积百分比
有效	有	3342	52. 6%	53. 5%	53. 5%
	还可以	2516	39. 6%	40. 3%	93. 8%
	没有	389	6. 1%	6. 2%	100. 0%
	总计	6247	98. 3%	100. 0%	
缺失	0	68	1. 1%		
	System	40	0. 6%		
	总计	108	1. 7%		
总计		6355	100. 0%		

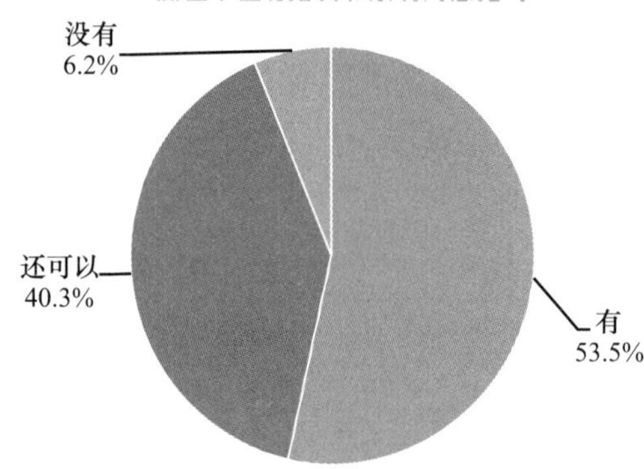

E6b 您在社区/村有踏实和亲切的感觉吗

		频数	百分比	有效百分比	累积百分比
有效	有	3709	58. 4%	58. 5%	58. 5%
	还可以	2387	37. 6%	37. 6%	96. 2%
	没有	244	3. 8%	3. 8%	100. 0%
	总计	6340	99. 8%	99. 9%	
缺失	0	10	0. 2%		
	System	5	0. 1%		
	总计	15	0. 3%		
总计		6355	100. 0%		

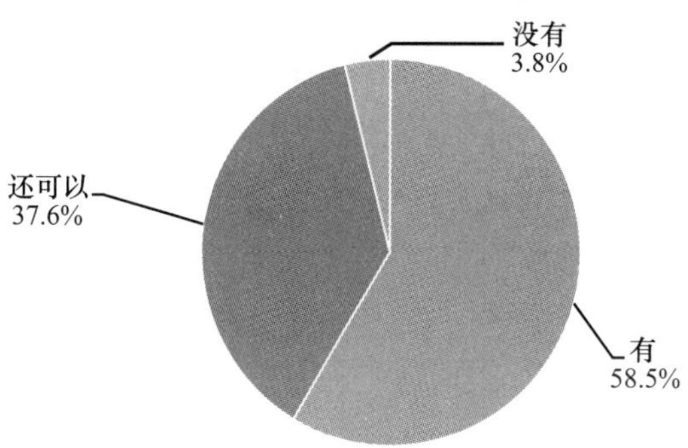

E6c 您在您生活的城市有踏实和亲切的感觉吗

		频数	百分比	有效百分比	累积百分比
有效	有	3262	51.3%	51.5%	51.5%
	还可以	2774	43.7%	43.8%	95.3%
	没有	296	4.7%	4.7%	100.0%
	总计	6332	99.6%	100.0%	
缺失	0	14	0.2%		
	System	9	0.1%		
	总计	23	0.4%		
总计		6355	100.0%		

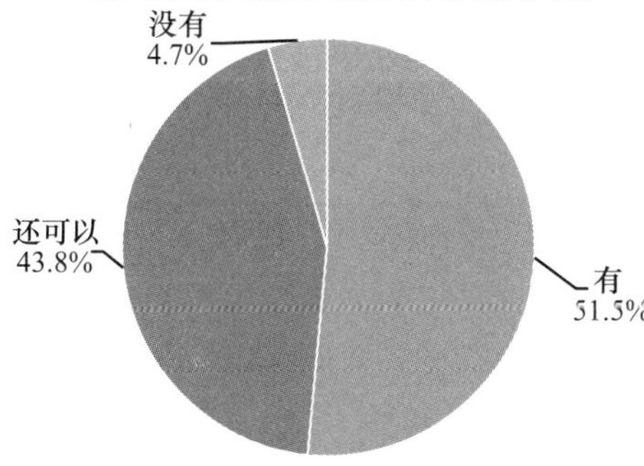

E7 您认为在自己的成长中得到道德训练最重要的场所或机构是

		频数	百分比	有效百分比	累积百分比
有效	家庭	2692	42.4%	42.5%	42.5%
	学校	1505	23.7%	23.8%	66.3%
	社会（包括职业生活）	1647	25.9%	26.0%	92.2%

续表

		频数	百分比	有效百分比	累积百分比
有效	国家或政府	371	5.8%	5.9%	98.1%
	媒体	68	1.1%	1.1%	99.2%
	其他	52	0.8%	0.8%	100.0%
	总计	6335	99.7%	100.0%	
缺失	0	7	0.1%		
	System	13	0.2%		
	总计	20	0.3%		
总计		6355	100.0%		

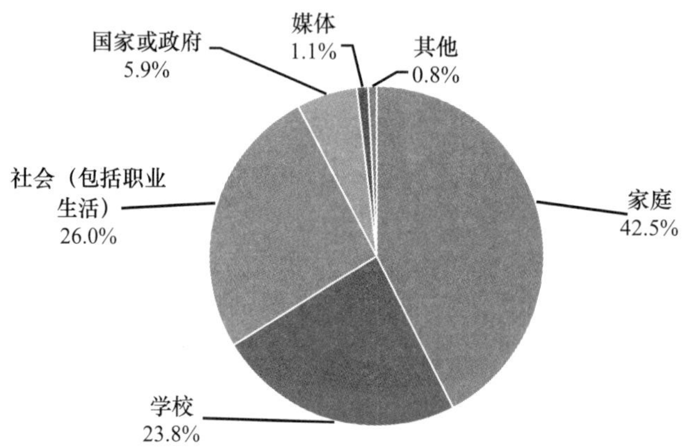

E8 您听说过一些道德模范或身边好人的故事吗？您愿意像他们那样做人做事吗

		频数	百分比	有效百分比	累积百分比
有效	知道一些，他们很了不起，我在努力向他们学习	4355	68.5%	68.7%	68.7%
	知道一些，我很敬佩他们，但自己学不来	1338	21.1%	21.1%	89.8%
	知道一些，我感到他们那样做有点不值得	150	2.4%	2.4%	92.1%
	没听说过谁是道德模范和身边好人	499	7.9%	7.9%	100.0%
	总计	6342	99.8%	100.0%	

续表

		频数	百分比	有效百分比	累积百分比
缺失	0	5	0.1%		
	System	8	0.1%		
	总计	13	0.2%		
总计		6355	100.0%		

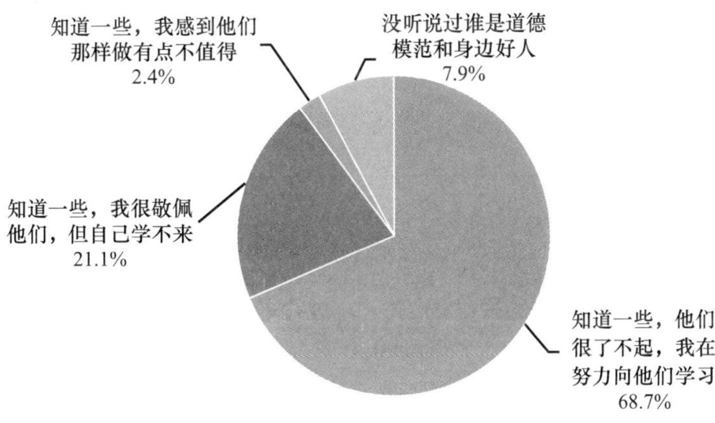

E9 您对自己所生活的地方的下列群体职业道德状况总体评价如何

	非常满意	比较满意	不太满意	不满意	平均值
A. 公务员道德状况（如工作认真负责、依法办事、公正廉洁、讲究效率、文明服务等）	1199	3683	1219	230	2.08
B. 商人道德状况（如不卖假冒伪劣产品、不价格欺诈、不短斤少两、讲诚信服务等）	615	2706	2454	567	2.47
C. 教师道德状况（如爱岗敬业、关爱学生、教书育人、为人师表、不搞有偿家教等）	1801	3523	845	174	1.90
D. 医生道德状况（如爱岗敬业、钻研医术、救死扶伤、尊重病人、不收红包等）	1361	3461	1216	306	2.07

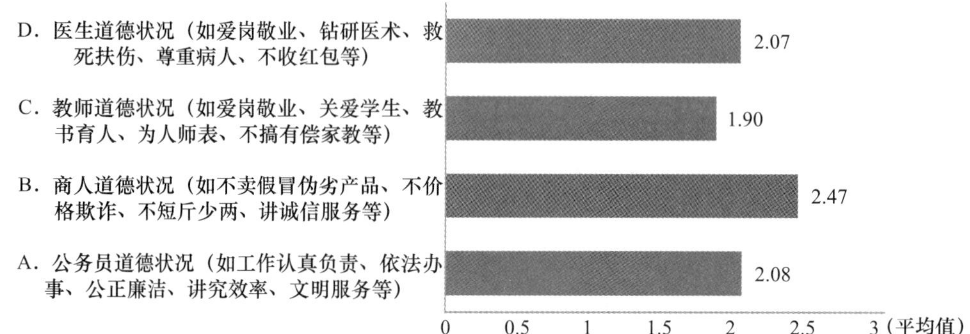

E9a 您对自己所生活的地方的下列群体职业道德状况总体评价如何：公务员道德状况（如工作认真负责、依法办事、公正廉洁、讲究效率、文明服务等）

		频数	百分比	有效百分比	累积百分比
有效	非常满意	1199	18.9%	18.9%	18.9%
	比较满意	3683	58.0%	58.2%	77.1%
	不太满意	1219	19.2%	19.3%	96.4%
	不满意	230	3.6%	3.6%	100.0%
	总计	6331	99.6%	100.0%	
缺失	0	7	0.1%		
	System	17	0.3%		
	总计	24	0.4%		
总计		6355	100.0%		

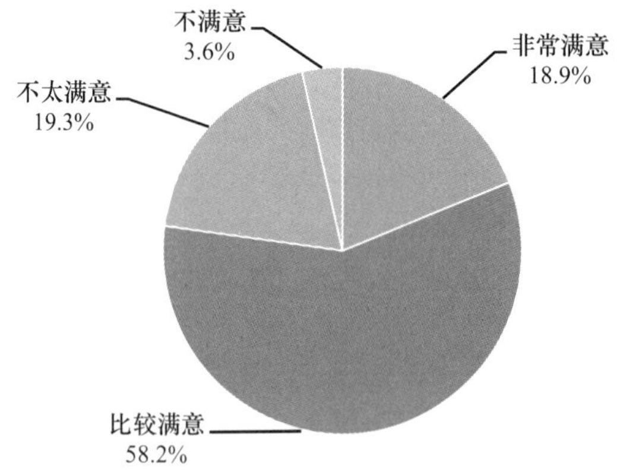

E9b 您对自己所生活的地方的下列群体职业道德状况总体评价如何：商人道德状况（如不卖假冒伪劣产品、不价格欺诈、不短斤少两、讲诚信服务等）

		频数	百分比	有效百分比	累积百分比
有效	非常满意	615	9.7%	9.7%	9.7%
	比较满意	2706	42.6%	42.7%	52.4%
	不太满意	2454	38.6%	38.7%	91.1%
	不满意	567	8.9%	8.9%	100.0%
	总计	6342	99.8%	100.0%	
缺失	0	4	0.1%		
	System	9	0.1%		
	总计	13	0.2%		
总计		6355	100.0%		

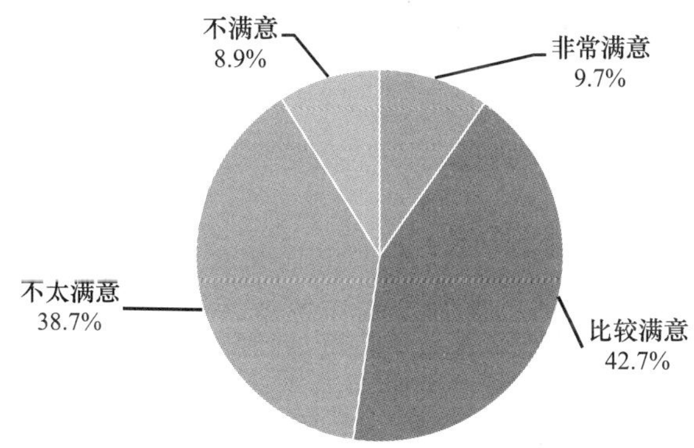

E9c 您对自己所生活的地方的下列群体职业道德状况总体评价如何：教师道德状况（如爱岗敬业、关爱学生、教书育人、为人师表、不搞有偿家教等）

		频数	百分比	有效百分比	累积百分比
有效	非常满意	1801	28.3%	28.4%	28.4%
	比较满意	3523	55.4%	55.5%	83.9%
	不太满意	845	13.3%	13.3%	97.3%
	不满意	174	2.7%	2.7%	100.0%
	总计	6343	99.8%	100.0%	

续表

		频数	百分比	有效百分比	累积百分比
缺失	0	4	0.1%		
	System	8	0.1%		
	总计	12	0.2%		
总计		6355	100.0%		

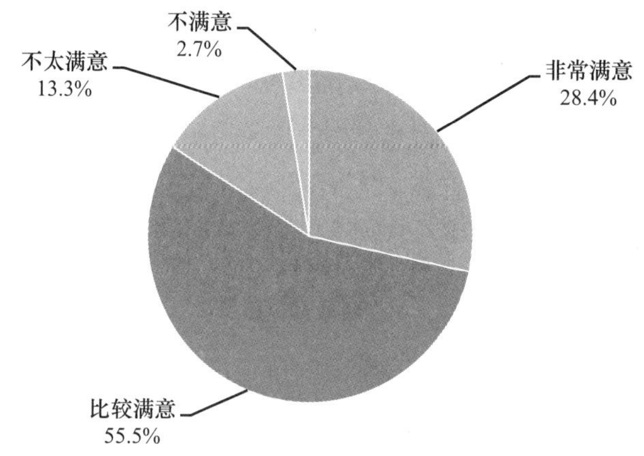

E9d 您对自己所生活的地方的下列群体职业道德状况总体评价如何：医生道德状况（如爱岗敬业、钻研医术、救死扶伤、尊重病人、不收红包等）

		频数	百分比	有效百分比	累积百分比
有效	非常满意	1361	21.4%	21.5%	21.5%
	比较满意	3461	54.5%	54.5%	76.0%
	不太满意	1216	19.1%	19.2%	95.2%
	不满意	306	4.8%	4.8%	100.0%
	总计	6344	99.8%	100.0%	
缺失	0	2	0.0%		
	System	9	0.1%		
	总计	11	0.2%		
总计		6355	100.0%		

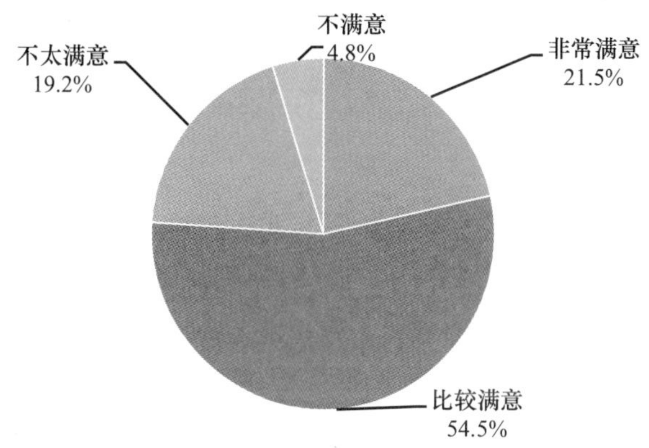

E10 对当今中国社会，您更担忧哪种问题

		频数	百分比	有效百分比	累积百分比
有效	言而无信，不守信用	1531	24.1%	24.3%	24.3%
	坑蒙拐骗，没有诚信	2033	32.0%	32.3%	56.6%
	人与人之间互不信任，社会安全度低	2099	33.0%	33.4%	90.0%
	可信任的人很少，遇到问题难以找到人倾诉和帮助	630	9.9%	10.0%	100.0%
	总计	6293	99.0%	100.0%	
缺失	0	40	0.6%		
	System	22	0.3%		
	总计	62	1.0%		
总计		6355	100.0%		

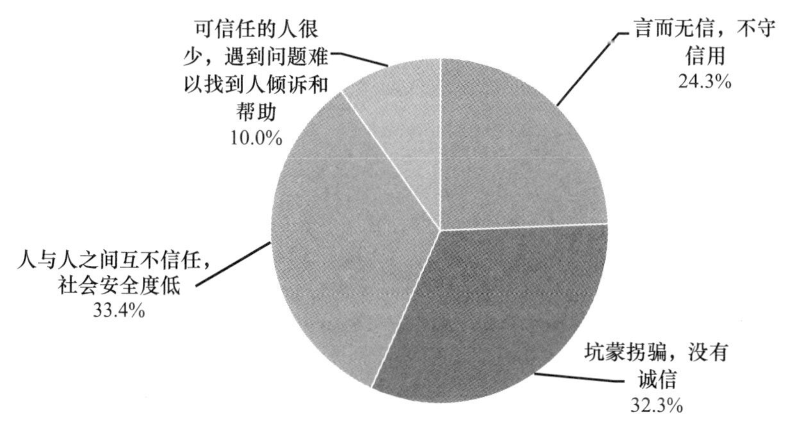

E11 您的思想行为受什么人影响最大

	第一重要		第二重要		第三重要		总分	平均分
	频数	加权得分	频数	加权得分	频数	加权得分		
政府官员	909	2727	715	1430	993	993	5150	0. 82
企业家	106	318	336	672	307	307	1297	0. 21
演艺明星、体育明星	29	87	86	172	225	225	484	0. 08
教师	772	2316	2440	4880	930	930	8126	1. 29
知识精英	149	447	351	702	773	773	1922	0. 30
自由撰稿人	15	45	44	88	140	140	273	0. 04
农民	179	537	544	1088	735	735	2360	0. 37
工人	61	183	261	522	561	561	1266	0. 20
先哲先贤	235	705	504	1008	888	888	2601	0. 41
父母	3860	11580	974	1948	652	652	14180	2. 25

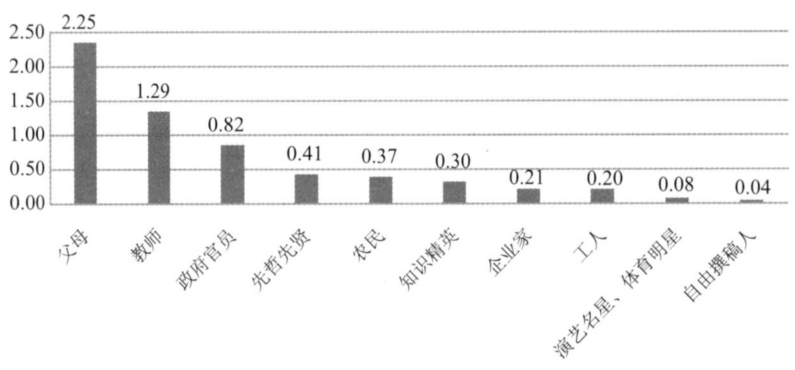

E12 对形成我国当前各种新型伦理关系和道德观念，哪些因素影响最大

	第一重要		第二重要		第三重要		总分	平均分
	频数	加权得分	频数	加权得分	频数	加权得分		
网络和媒体	2407	7221	1113	2226	654	654	10101	1. 62
政府	2192	6576	1843	3686	755	755	11017	1. 77
大学及其文化	374	1122	628	1256	1037	1037	3415	0. 55
市场	493	1479	1047	2094	1184	1184	4757	0. 76
企业	105	315	409	818	434	434	1567	0. 25
社会团体	358	1074	633	1266	1137	1137	3477	0. 56

续表

	第一重要		第二重要		第三重要		总分	平均分
	频数	加权得分	频数	加权得分	频数	加权得分		
知识精英	158	474	295	590	538	538	1602	0.26
国外价值观与生活方式	132	396	217	434	376	376	1206	0.19
其他	21	63	13	26	52	52	141	0.02

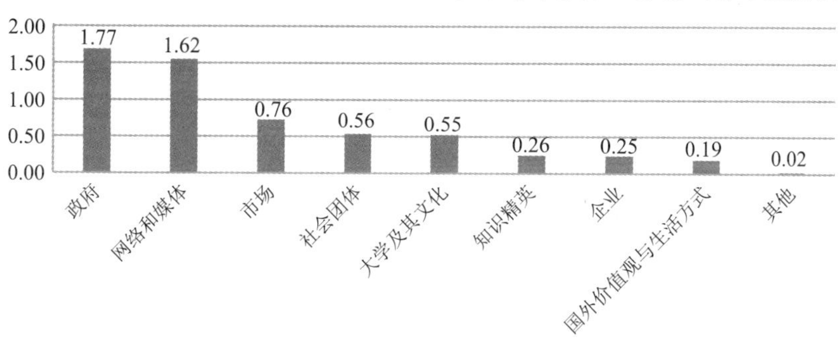

E13 您认为哪种因素应当对当今不良道德风尚负主要责任

		频数	百分比	有效百分比	累积百分比
有效	以权谋私，官员腐败	2832	44.6%	44.8%	44.8%
	企业不讲诚信和损害社会利益	715	11.3%	11.3%	56.1%
	学校道德教育功能弱化	477	7.5%	7.5%	63.7%
	家庭伦理功能弱化	244	3.8%	3.9%	67.6%
	个人缺乏道德自觉	1202	18.9%	19.0%	86.6%
	分配不公，两极分化	848	13.3%	13.4%	100.0%
	总计	6318	99.4%	100.0%	
缺失	0	22	0.3%		
	System	15	0.2%		
	总计	37	0.6%		
总计		6355	100.0%		

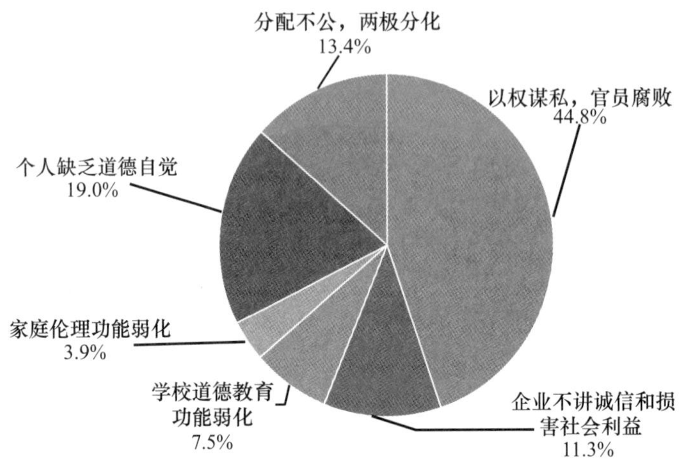

E14 您对下列关于网络的说法是否赞同

	非常不赞同	不太赞同	比较赞同	非常赞同	平均值
A. 网络是个虚拟空间，不受现实生活中的道德规范约束	1846	2184	1488	614	2. 14
B. 人肉搜索侵犯个人隐私，应该杜绝	336	829	2455	2490	3. 16
C. 明知是网络谣言仍转发的，应该受到惩罚	251	460	2162	3269	3. 38

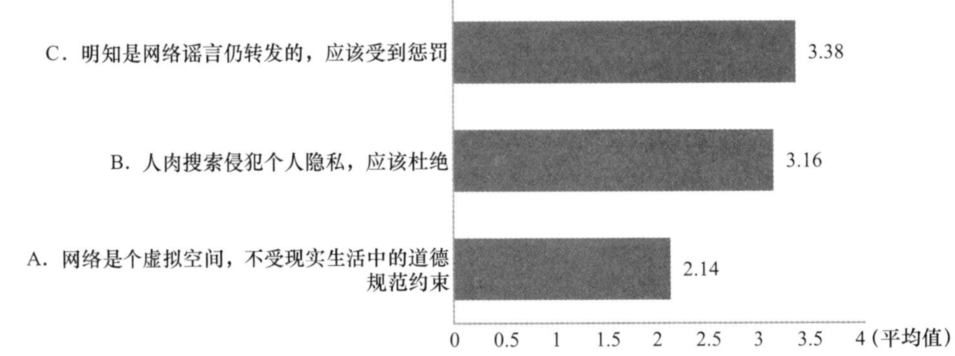

E14a 对下列关于网络的说法是否赞同：网络是个虚拟空间，不受现实生活中的道德规范约束

		频数	百分比	有效百分比	累积百分比
有效	非常不赞同	1846	29.0%	30.1%	30.1%
	不太赞同	2184	34.4%	35.6%	65.7%
	比较赞同	1488	23.4%	24.3%	90.0%
	非常赞同	614	9.7%	10.0%	100.0%
	总计	6132	96.5%	100.0%	
缺失	0	145	2.3%		
	System	78	1.2%		
	总计	223	3.5%		
总计		6355	100.0%		

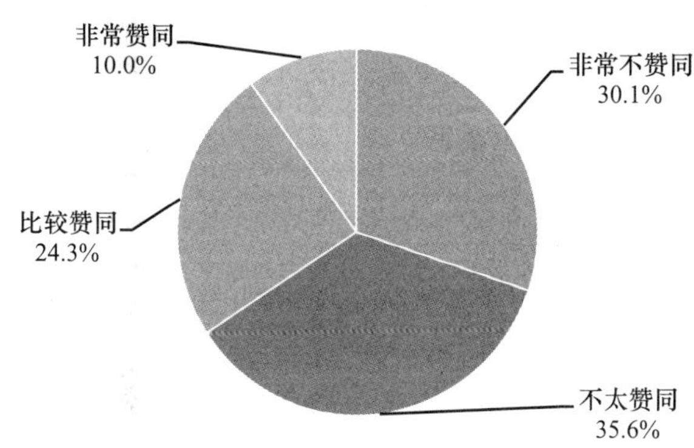

E14b 对下列关于网络的说法是否赞同：人肉搜索侵犯个人隐私，应该杜绝

		频数	百分比	有效百分比	累积百分比
有效	非常不赞同	336	5.3%	5.5%	5.5%
	不太赞同	829	13.0%	13.6%	19.1%
	比较赞同	2455	38.6%	40.2%	59.2%
	非常赞同	2490	39.2%	40.8%	100.0%
	总计	6110	96.1%	100.0%	
缺失	0	164	2.6%		
	System	81	1.3%		
	总计	245	3.9%		
总计		6355	100.0%		

对下列关于网络的说法是否赞同：人肉搜索侵犯个人隐私，应该杜绝

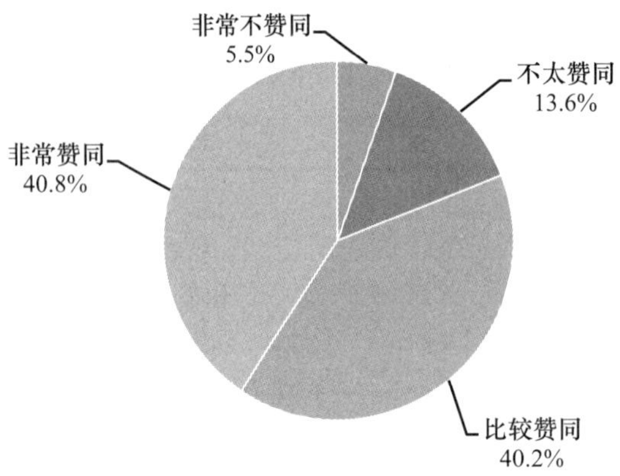

E14c 对下列关于网络的说法是否赞同：明知是网络谣言仍转发的，应该受到惩罚

		频数	百分比	有效百分比	累积百分比
有效	非常不赞同	251	3.9%	4.1%	4.1%
	不太赞同	460	7.2%	7.5%	11.6%
	比较赞同	2162	34.0%	35.2%	46.8%
	非常赞同	3269	51.4%	53.2%	100.0%
	总计	6142	96.6%	100.0%	
缺失	0	141	2.2%		
	System	72	1.1%		
	总计	213	3.4%		
总计		6355	100.0%		

对下列关于网络的说法是否赞同：明知是网络谣言仍转发的，应该受到惩罚

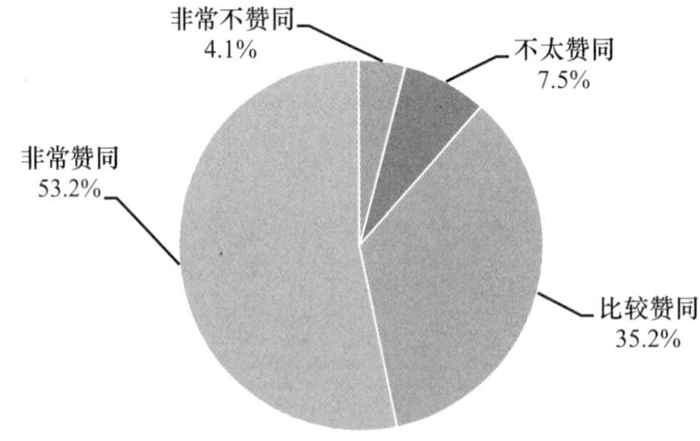

E15 您认为政府在制定政策和决策时充分考虑到伦理道德方面的要求了吗（如社会公平、利益均衡、关怀弱势群体，以及大多数人的利益和感受）

		频数	百分比	有效百分比	累积百分比
有效	有考虑	2411	37.9%	38.1%	38.1%
	有考虑，但不够	3535	55.6%	55.8%	93.9%
	没有考虑	385	6.1%	6.1%	100.0%
	总计	6331	99.6%	100.0%	
缺失	0	10	0.2%		
	System	14	0.2%		
	总计	24	0.4%		
总计		6355	100.0%		

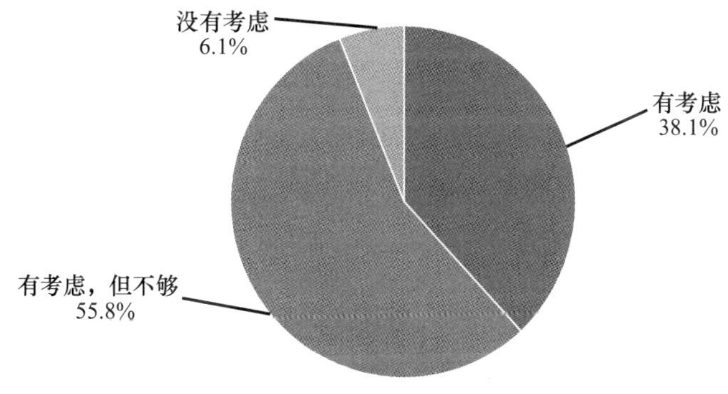

E16 您认为解决当前我国的公民道德和社会风尚问题，最关键的是

		频数	百分比	有效百分比	累积百分比
有效	加强法制	2061	32.4%	32.6%	32.6%
	弘扬优秀道德传统	1405	22.1%	22.2%	54.9%
	建设伦理道德的核心价值	515	8.1%	8.2%	63.0%
	惩治官员腐败	775	12.2%	12.3%	75.3%
	解决分配不公问题	554	8.7%	8.8%	84.0%
	提高个人道德素质	1008	15.9%	16.0%	100.0%
	总计	6318	99.4%	100.0%	
缺失	0	26	0.4%		
	System	11	0.2%		
	总计	37	0.6%		

续表

	频数	百分比	有效百分比	累积百分比
总计	6355	100.0%		

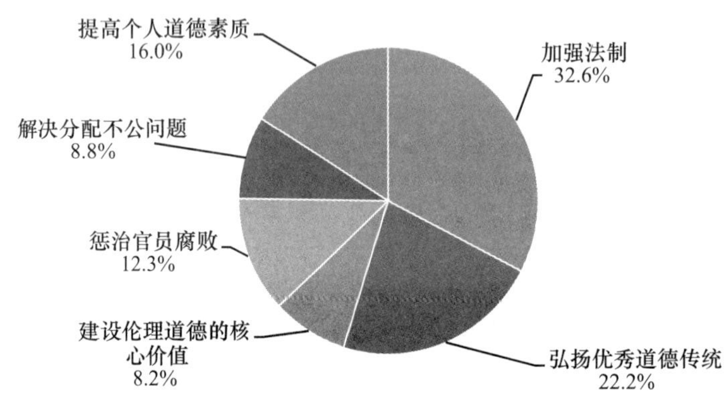

E17 一些政府机关、企事业单位和大中小学，利用权力为本单位的职工子女在入学、招工中提供特殊政策。您认为这种行为道德吗

		频数	百分比	有效百分比	累积百分比
有效	为本单位人员谋福利，符合道德	423	6.7%	6.7%	6.7%
	以权谋私，不道德	3619	56.9%	57.3%	64.0%
	是对社会公众的欺骗，严重不道德	1305	20.5%	20.6%	84.6%
	符合本单位员工利益，但严重侵蚀社会道德	708	11.1%	11.2%	95.8%
	无所谓道德不道德	265	4.2%	4.2%	100.0%
	总计	6320	99.4%	100.0%	
缺失	0	23	0.4%		
	System	12	0.2%		
	总计	35	0.6%		
总计		6355	100.0%		

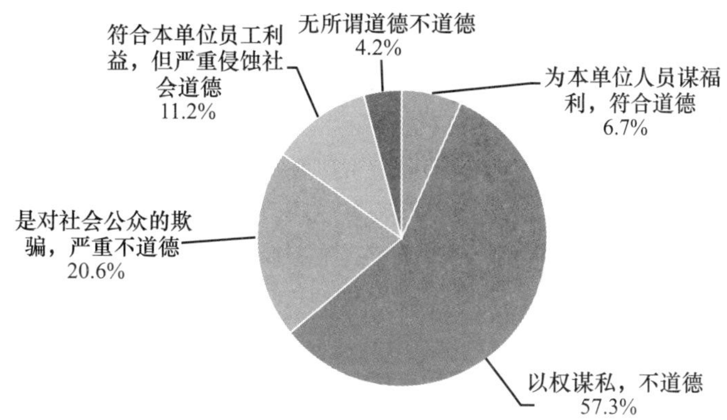

E18 残疾人、留守儿童、孤寡老人等弱势群体需要来自全社会的关爱与帮助，您认为本地区做得怎么样

	很好	比较好	不太好	很差	平均值
A. 社区提供的服务	1998	3468	716	122	1.84
B. 周围人的尊重和关爱	1875	3739	636	52	1.82
C. 社会服务机构提供的专业化服务	1506	3376	1212	183	2.01
D. 政府实施的社会救助	1812	3302	940	216	1.93

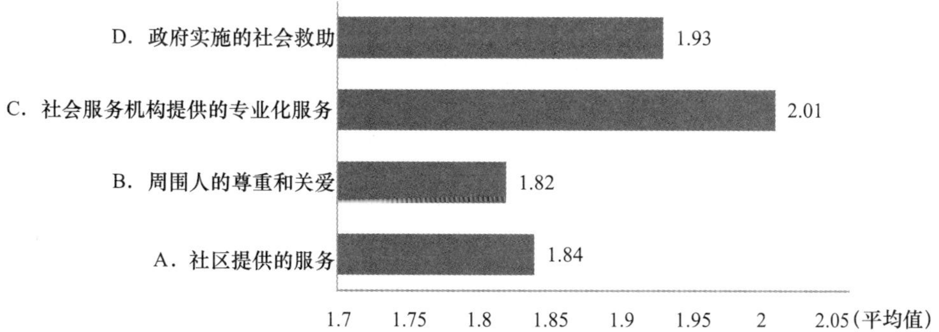

E18a 本地区社区对残疾人、留守儿童、孤寡老人等弱势群体提供的服务怎么样

		频数	百分比	有效百分比	累积百分比
有效	很好	1998	31.4%	31.7%	31.7%
	比较好	3468	54.6%	55.0%	86.7%
	不太好	716	11.3%	11.4%	98.1%
	很差	122	1.9%	1.9%	100.0%
	总计	6304	99.2%	100.0%	
缺失	0	32	0.5%		
	System	19	0.3%		
	总计	51	0.8%		
总计		6355	100.0%		

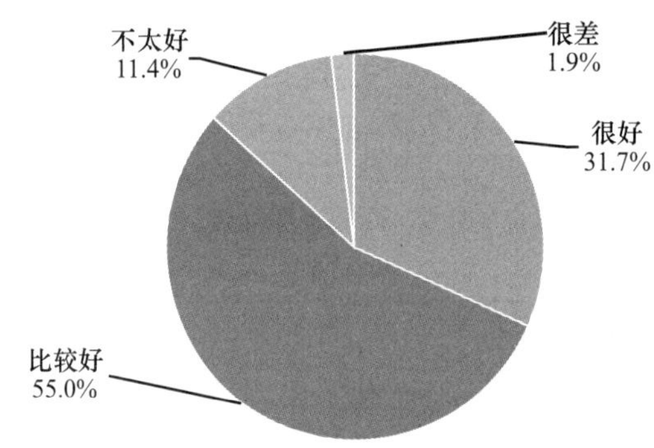

E18b 本地区周围人对残疾人、留守儿童、孤寡老人等弱势群体的尊重和关爱怎么样

		频数	百分比	有效百分比	累积百分比
有效	很好	1875	29.5%	29.8%	29.8%
	比较好	3739	58.8%	59.3%	89.1%
	不太好	636	10.0%	10.1%	99.2%
	很差	52	0.8%	0.8%	100.0%
	总计	6302	99.2%	100.0%	
缺失	0	35	0.6%		
	System	18	0.3%		
	总计	53	0.8%		
总计		6355	100.0%		

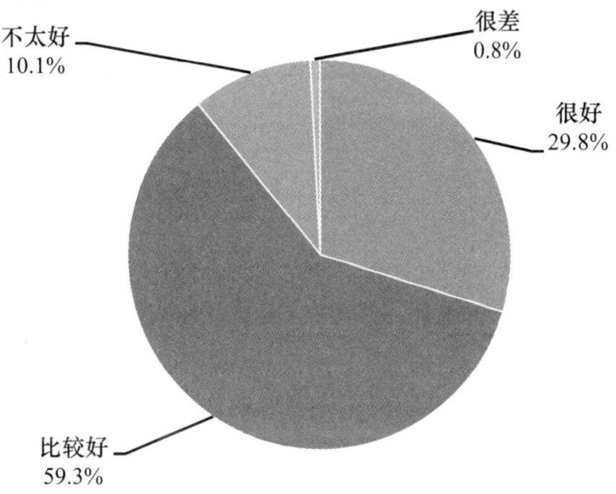

E18c 本地区社会服务机构对残疾人、留守儿童、孤寡老人等弱势群体提供的专业化服务怎么样

		频数	百分比	有效百分比	累积百分比
有效	很好	1506	23.7%	24.0%	24.0%
	比较好	3376	53.1%	53.8%	77.8%
	不太好	1212	19.1%	19.3%	97.1%
	很差	183	2.9%	2.9%	100.0%
	总计	6277	98.8%	100.0%	
缺失	0	52	0.8%		
	System	26	0.4%		
	总计	78	1.2%		
总计		6355	100.0%		

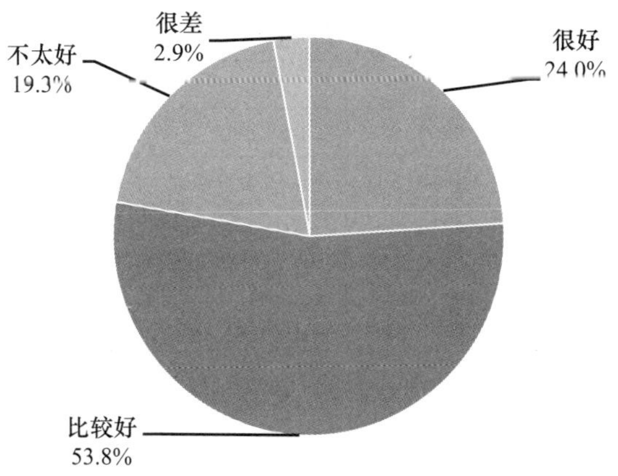

E18d 本地区政府对残疾人、留守儿童、孤寡老人等弱势群体实施的社会救助怎么样

		频数	百分比	有效百分比	累积百分比
有效	很好	1812	28.5%	28.9%	28.9%
	比较好	3302	52.0%	52.7%	81.6%
	不太好	940	14.8%	15.0%	96.6%
	很差	216	3.4%	3.4%	100.0%
	总计	6270	98.7%	100.0%	
缺失	0	66	1.0%		
	System	19	0.3%		
	总计	85	1.3%		
总计		6355	100.0%		

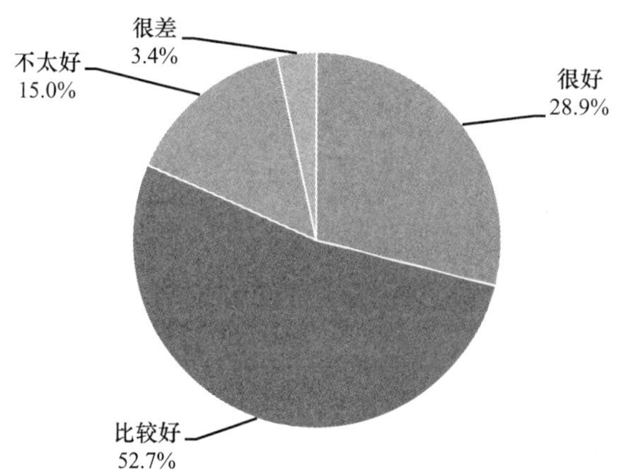

E19a 您认为目前社会公德中最突出的问题是：坑蒙拐骗

		频率	百分比	有效百分比	累积百分比
有效	未选	3809	59.9%	60.0%	60.0%
	已选	2540	40.0%	40.0%	100.0%
	总计	6349	99.9%	100.0%	
缺失	System	6	0.1%		
总计		6355	100.0%		

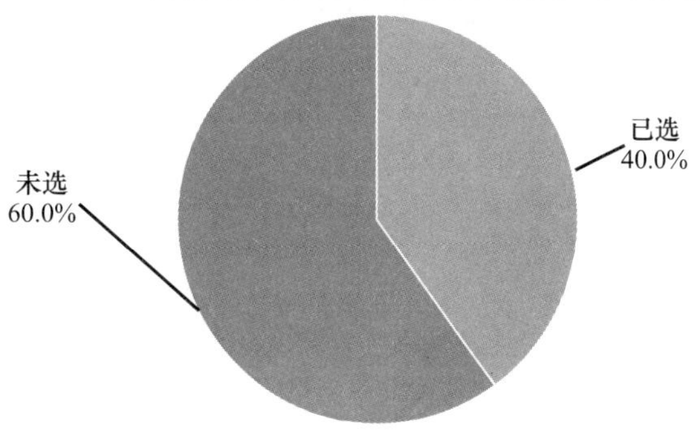

E19b 您认为目前社会公德中最突出的问题是：人际关系冷漠，见危不救

		频率	百分比	有效百分比	累积百分比
有效	未选	4014	63.2%	63.2%	63.2%
	已选	2334	36.7%	36.8%	100.0%
	总计	6348	99.9%	100.0%	
缺失	System	7	0.1%		
总计		6355	100.0%		

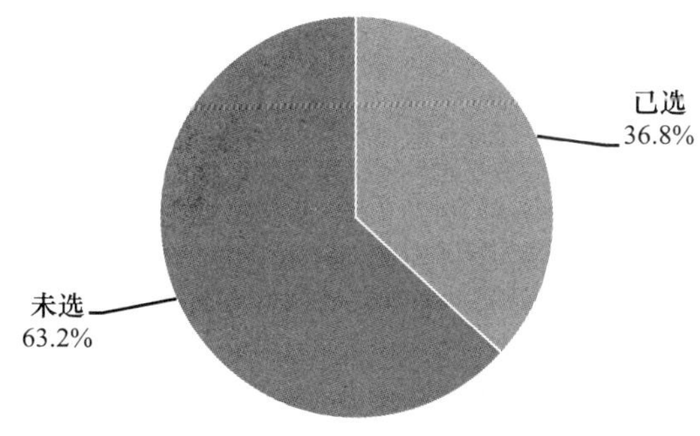

E19c 您认为目前社会公德中最突出的问题是：不守承诺，社会信用度低

		频数	百分比	有效百分比	累积百分比
有效	未选	3929	61.8%	61.9%	61.9%
	已选	2418	38.0%	38.1%	100.0%
	总计	6347	99.9%	100.0%	
缺失	System	8	0.1%		
总计		6355	100.0%		

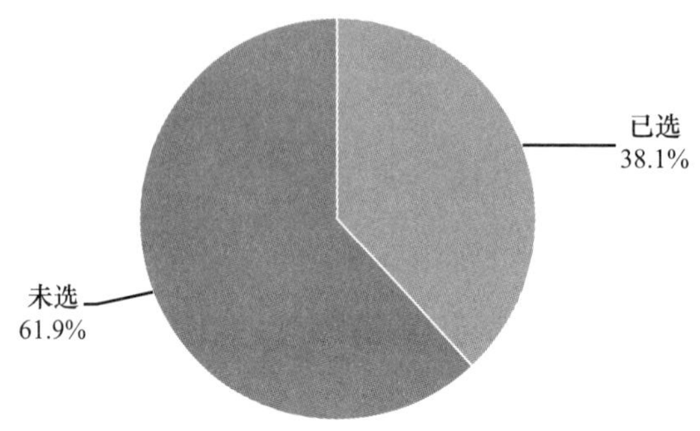

E19d 您认为目前社会公德中最突出的问题是：社会财富分配不公，贫富悬殊

		频数	百分比	有效百分比	累积百分比
有效	未选	4152	65.3%	65.4%	65.4%
	已选	2196	34.6%	34.6%	100.0%
	总计	6348	99.9%	100.0%	
缺失	System	7	0.1%		
总计		6355	100.0%		

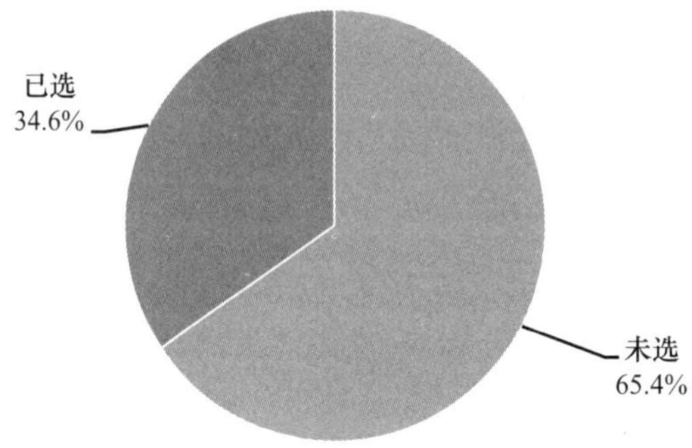

e19e 您认为目前社会公德中最突出的问题是：公共场所缺乏道德

		频数	百分比	有效百分比	累积百分比
有效	未选	4757	74.9%	74.9%	74.9%
	已选	1591	25.0%	25.1%	100.0%
	总计	6348	99.9%	100.0%	
缺失	System	7	0.1%		

续表

		频数	百分比	有效百分比	累积百分比
总计		6355	100.0%		

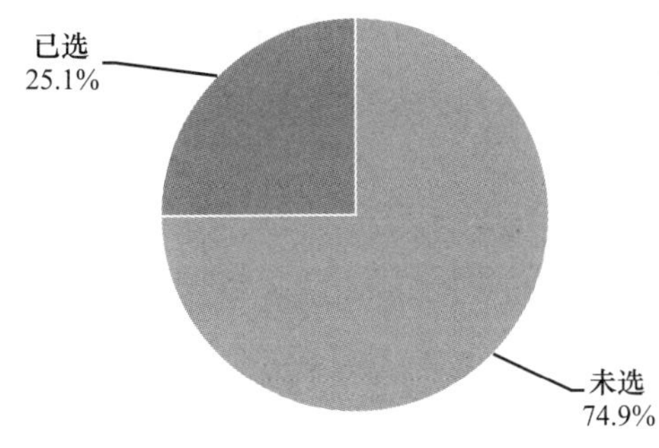

e19f 您认为目前社会公德中最突出的问题是：自私自利，损人利己

		频数	百分比	有效百分比	累积百分比
有效	未选	4489	70.6%	70.7%	70.7%
	已选	1859	29.3%	29.3%	100.0%
	总计	6348	99.9%	100.0%	
缺失	System	7	0.1%		
总计		6355	100.0%		

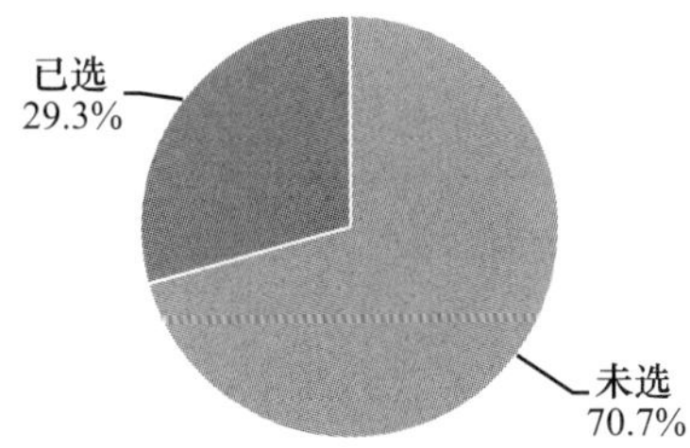

E19g 您认为目前社会公德中最突出的问题是：缺乏爱心

		频数	百分比	有效百分比	累积百分比
有效	未选	4708	74.1%	74.2%	74.2%
	已选	1640	25.8%	25.8%	100.0%
	总计	6348	99.9%	100.0%	

续表

		频数	百分比	有效百分比	累积百分比
缺失	System	7	0.1%		
总计		6355	100.0%		

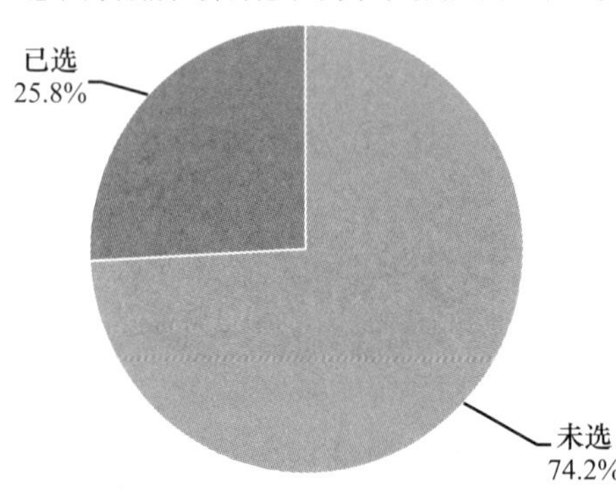

E19h 您认为目前社会公德中最突出的问题是：缺乏公正心和正义感

		频数	百分比	有效百分比	累积百分比
有效	未选	4590	72.2%	72.6%	72.6%
	已选	1735	27.3%	27.4%	100.0%
	总计	6325	99.5%	100.0%	
缺失	System	30	0.5%		
总计		6355	100.0%		

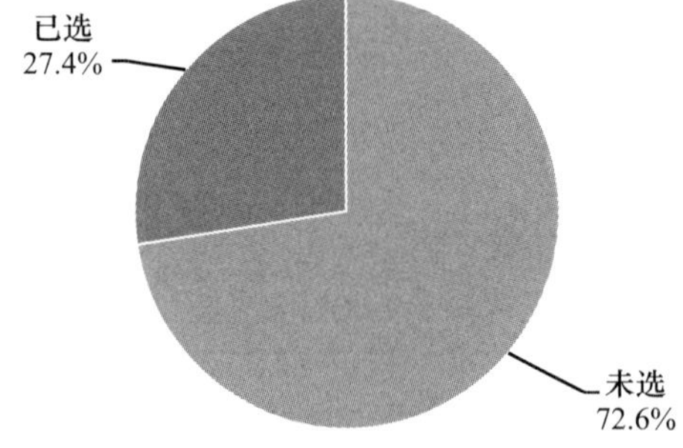

E19i 您认为目前社会公德中最突出的问题是：缺乏羞耻感

		频数	百分比	有效百分比	累积百分比
有效	未选	5674	89.3%	89.7%	89.7%
	已选	651	10.2%	10.3%	100.0%
	总计	6325	99.5%	100.0%	
缺失	System	30	0.5%		
总计		6355	100.0%		

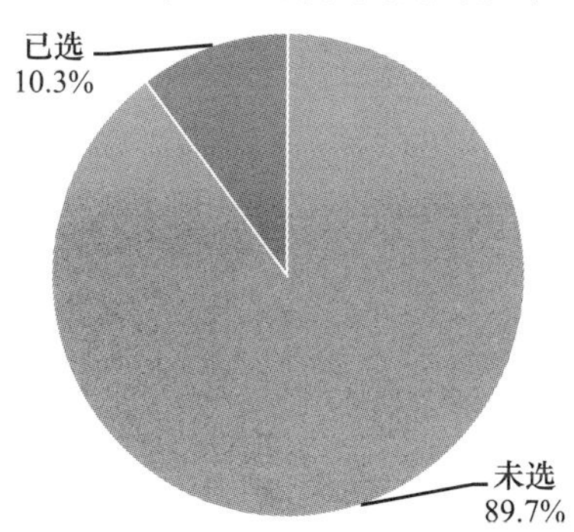

E19j 您认为目前社会公德中最突出的问题是：私欲膨胀，物欲横流

		频数	百分比	有效百分比	累积百分比
有效	未选	5293	83.3%	83.7%	83.7%
	已选	1032	16.2%	16.3%	100.0%
	总计	6325	99.5%	100.0%	
缺失	System	30	0.5%		
总计		6355	100.0%		

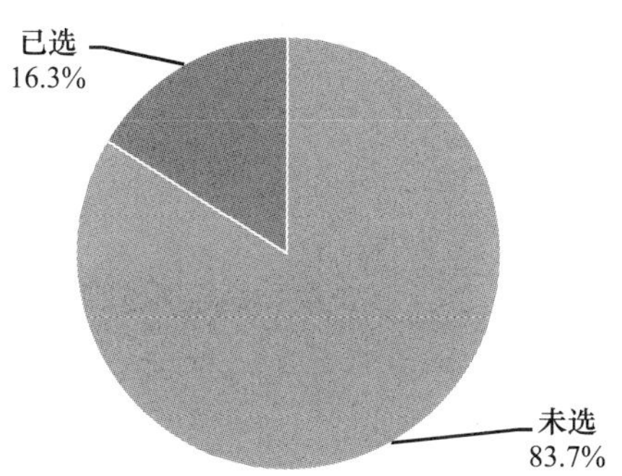

E19k 您认为目前社会公德中最突出的问题是：干部贪污受贿，以权谋利

		频数	百分比	有效百分比	累积百分比
有效	未选	4104	64.6%	64.9%	64.9%
	已选	2221	34.9%	35.1%	100.0%
	总计	6325	99.5%	100.0%	
缺失	System	30	0.5%		
总计		6355	100.0%		

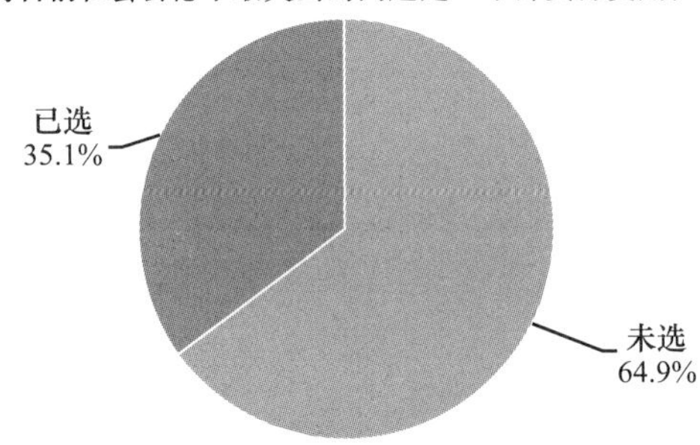

E19l 您认为目前社会公德中最突出的问题是：生活奢侈，铺张浪费

		频数	百分比	有效百分比	累积百分比
有效	未选	5349	84.2%	84.6%	84.6%
	已选	976	15.4%	15.4%	100.0%
	总计	6325	99.6%	100.0%	
缺失	System	30	0.5%		
总计		6355	100.0%		

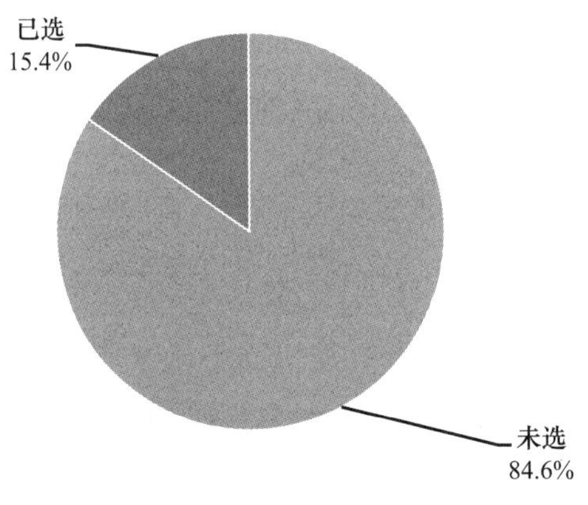

E19m 您认为目前社会公德中最突出的问题是：奉行功利主义，相互算计

		频数	百分比	有效百分比	累积百分比
有效	未选	5696	89.6%	90.1%	90.1%
	已选	629	9.9%	9.9%	100.0%
	总计	6325	99.5%	100.0%	
缺失	System	30	0.5%		
总计		6355	100.0%		

您认为目前社会公德中最突出的问题是：奉行功利主义，相互算计

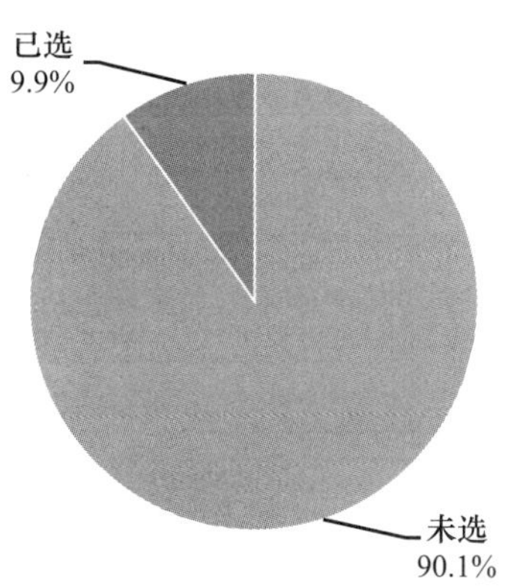

E19n 您认为目前社会公德中最突出的问题是：媒体缺乏社会责任，炒作新闻

		频数	百分比	有效百分比	累积百分比
有效	未选	5464	86.0%	86.4%	86.4%
	已选	861	13.5%	13.6%	100.0%
	总计	6325	99.5%	100.0%	
缺失	System	30	0.5%		
总计		6355	100.0%		

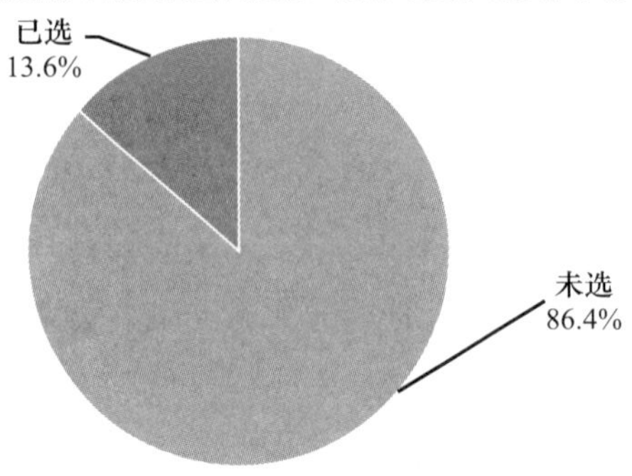

E19o 您认为目前社会公德中最突出的问题是：人与人、人与社会之间缺乏信任，社会安全度低

		频数	百分比	有效百分比	累积百分比
有效	未选	4436	69.8%	70.1%	70.1%
	已选	1888	29.7%	29.9%	100.0%
	总计	6324	99.5%	100.0%	
缺失	System	31	0.5%		
总计		6355	100.0%		

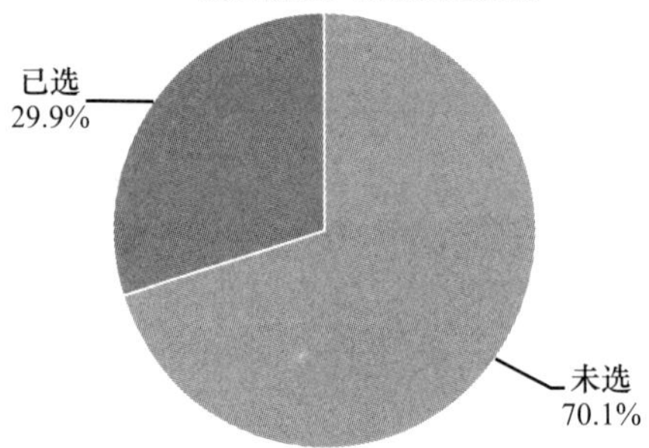

E19p 您认为目前社会公德中最突出的问题是：娱乐界以丑闻、绯闻进行炒作，污染社会风气

		频数	百分比	有效百分比	累积百分比
有效	未选	5697	89.6%	90.1%	90.1%
	已选	629	9.9%	9.9%	100.0%
	总计	6326	99.5%	100.0%	

续表

		频数	百分比	有效百分比	累积百分比
缺失	System	29	0.5%		
总计		6355	100.0%		

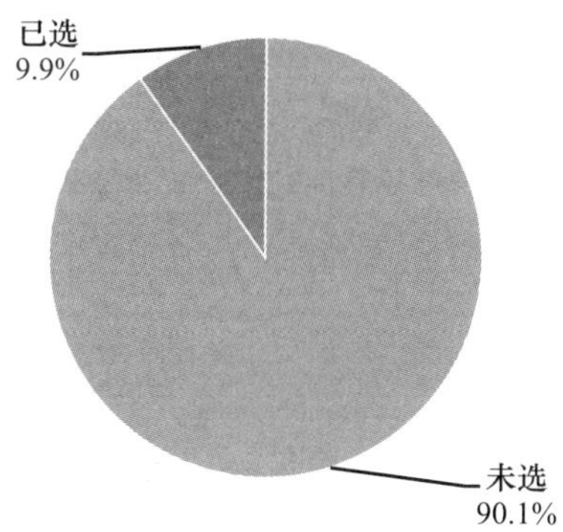

E19q 您认为目前社会公德中最突出的问题是：企业行为损害社会利益，如环境污染，产品质量低劣，以虚假广告误导公众

		频数	百分比	有效百分比	累积百分比
有效	未选	5156	81.1%	81.5%	81.5%
	已选	1169	18.4%	18.5%	100.0%
	总计	6325	99.5%	100.0%	
缺失	System	30	0.5%		
总计		6355	100.0%		

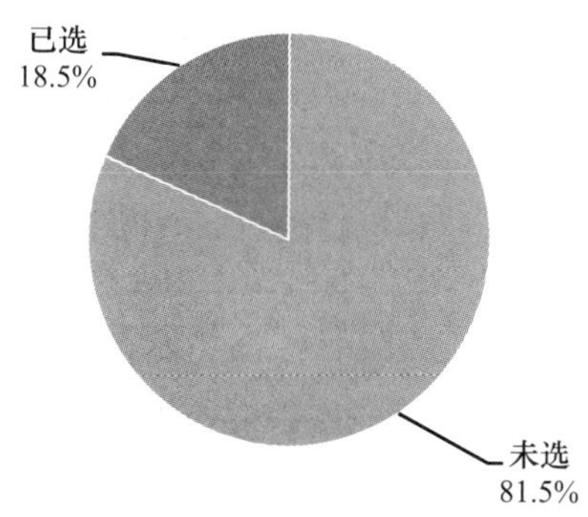

E20 主流媒体的报道和朋友圈或国外媒体的消息不一致时，您会相信哪一个

		频数	百分比	有效百分比	累积百分比
有效	主流媒体	3326	52.3%	52.7%	52.7%
	朋友圈/亲朋圈子	688	10.8%	10.9%	63.7%
	国外报道	93	1.5%	1.5%	65.1%
	都不相信	679	10.7%	10.8%	75.9%
	自己比较判断应该相信哪个	1476	23.2%	23.4%	99.3%
	其他	44	0.7%	0.7%	100.0%
	总计	6306	99.2%	100.0%	
缺失	0	36	0.6%		
	System	13	0.2%		
	总计	49	0.8%		
总计		6355	100.0%		

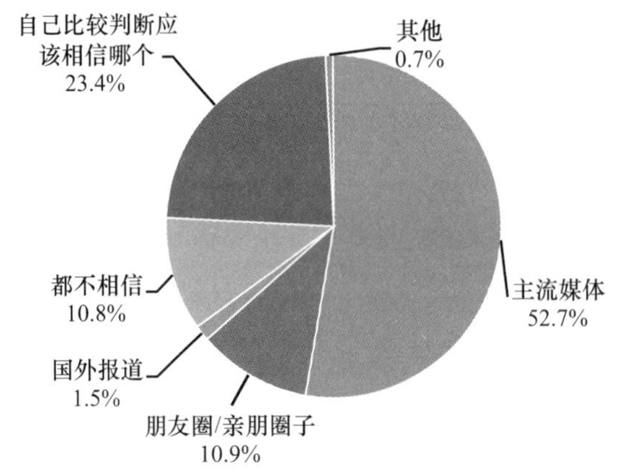

E21 下列哪些因素可能影响人际关系

	频数	百分比
社会资源缺乏，引发恶性竞争	1797	28.3%
过度宣扬竞争意识	909	14.3%
社会财富分配不公，贫富差距过大	2941	46.3%
个人主义盛行	1458	23.0%
缺乏爱心	1876	29.6%
缺乏宽容	1704	26.8%

续表

	频数	百分比
缺乏相互理解和沟通的意识和能力	1570	24.7%
制度安排不公正，机会不平等	1740	27.4%
以权谋私，官员腐败	2425	38.2%
缺乏道德信用	1736	27.5%
人与人、人与社会之间缺乏信任	2329	36.7%
传统伦理瓦解，社会缺乏统一的价值观	775	12.2%
一切诉诸利益或法律，人际关系缺乏伦理调节的机制和能力	443	7.0%

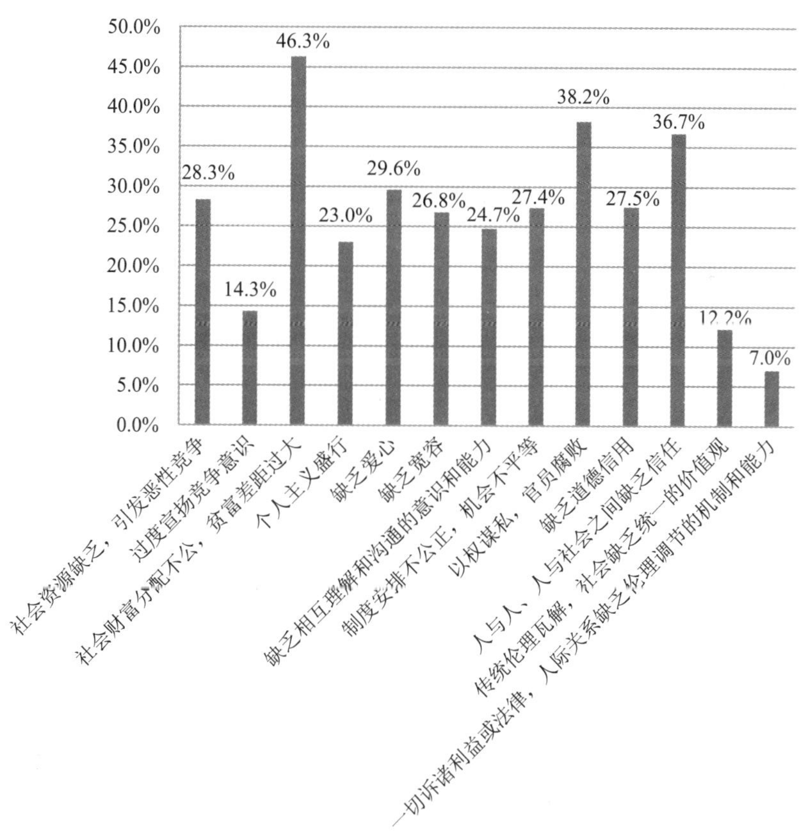

E22 您认为，本地政府在以下方面的政策措施对促进社会公平有效果吗

	普遍受欢迎	效果一般	没有效果	有负面影响	不清楚	平均值
A. 就业政策	2275	2818	457	57	412	2.49
B. 教育政策	2952	2489	319	112	679	2.08
C. 医疗卫生政策	2893	2565	445	138	248	1.93
D. 低保政策	3041	2161	407	178	505	2.20
E. 房地产政策	1154	2107	977	499	1532	3.84
F. 拆迁安置政策	1464	2171	623	461	1549	3.74

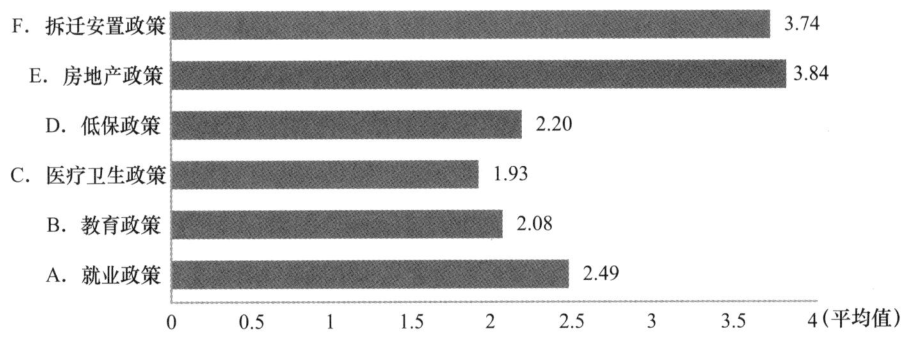

E22a 就业政策对促进社会公平有效果吗

		频数	百分比	有效百分比	累积百分比
有效	普遍受欢迎	2275	35.8%	36.2%	36.2%
	效果一般	2818	44.3%	44.8%	81.0%
	没有效果	457	7.2%	7.3%	88.3%
	有负面影响	57	0.9%	0.9%	89.2%
	不清楚	679	10.7%	10.8%	100.0%
	总计	6286	98.9%	100.0%	
缺失	0	53	0.8%		
	System	16	0.3%		
	总计	69	1.1%		
总计		6355	100.0%		

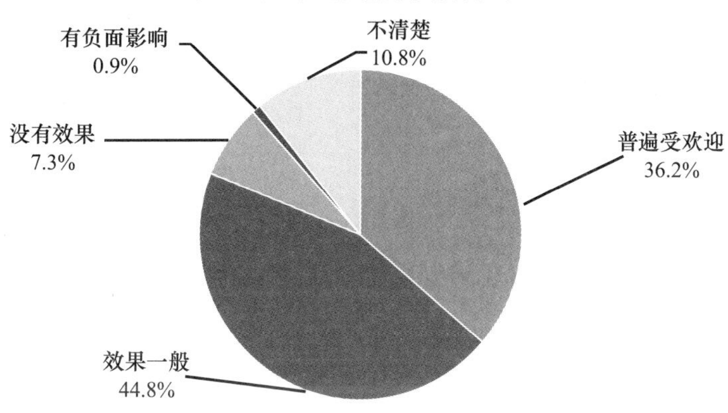

E22b 教育政策对促进社会公平有效果吗

		频数	百分比	有效百分比	累积百分比
有效	普遍受欢迎	2952	46.5%	47.0%	47.0%
	效果一般	2489	39.2%	39.6%	86.6%
	没有效果	319	5.0%	5.1%	91.7%
	有负面影响	112	1.8%	1.8%	93.4%
	不清楚	412	6.5%	6.6%	100.0%
	总计	6284	98.9%	100.0%	
缺失	0	54	0.8%		
	System	17	0.3%		
	总计	71	1.1%		
总计		6355	100.0%		

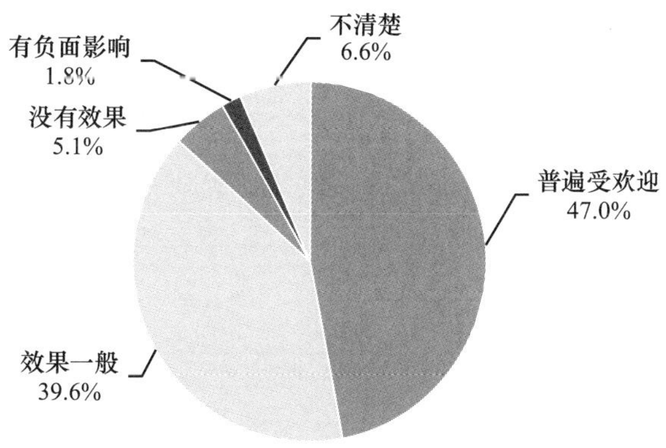

E22c 医疗卫生政策对促进社会公平有效果吗

		频数	百分比	有效百分比	累积百分比
有效	普遍受欢迎	2893	45.5%	46.0%	46.0%
	效果一般	2565	40.4%	40.8%	86.8%
	没有效果	445	7.0%	7.1%	93.9%
	有负面影响	138	2.2%	2.2%	96.1%
	不清楚	248	3.9%	3.9%	100.0%
	总计	6289	99.0%	100.0%	
缺失	0	48	0.8%		
	System	18	0.3%		
	总计	66	1.0%		
总计		6355	100.0%		

医疗卫生政策对促进社会公平有效果吗

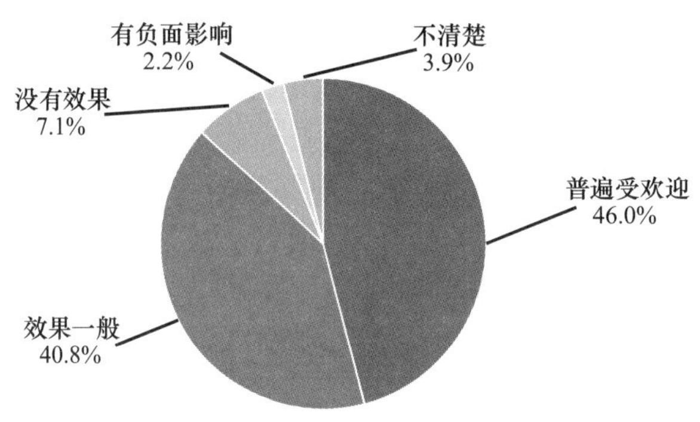

E22d 低保政策对促进社会公平有效果吗

		频数	百分比	有效百分比	累积百分比
有效	普遍受欢迎	3041	47.9%	48.3%	48.3%
	效果一般	2161	34.0%	34.3%	82.7%
	没有效果	407	6.4%	6.5%	89.1%
	有负面影响	178	2.8%	2.8%	92.0%
	不清楚	505	7.9%	8.0%	100.0%
	总计	6292	99.0%	100.0%	

续表

		频数	百分比	有效百分比	累积百分比
缺失	0	45	0.7%		
	6	1			
	System	17	0.3%		
	总计	63	1.0%		
总计		6355	100.0%		

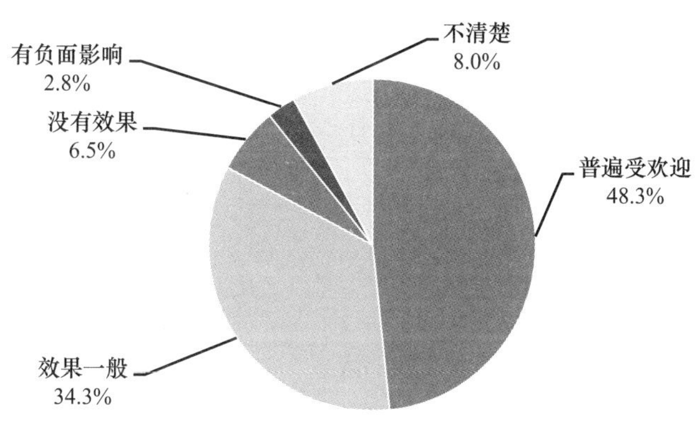

E22e 房地产政策对促进社会公平有效果吗

		频数	百分比	有效百分比	累积百分比
有效	普遍受欢迎	1154	18.2%	18.4%	18.4%
	效果一般	2107	33.2%	33.6%	52.0%
	没有效果	977	15.4%	15.6%	67.6%
	有负面影响	499	7.9%	8.0%	75.6%
	不清楚	1532	24.1%	24.4%	100.0%
	总计	6269	98.6%	100.0%	
缺失	0	58	0.9%		
	System	28	0.4%		
	总计	86	1.4%		
总计		6355	100.0%		

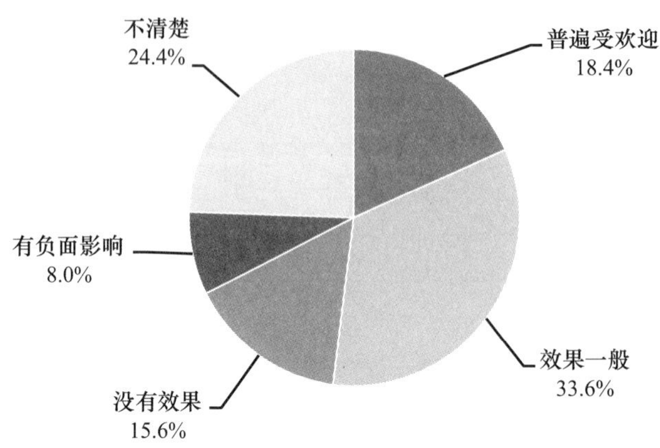

E22f 拆迁安置政策对促进社会公平有效果吗

		频数	百分比	有效百分比	累积百分比
有效	普遍受欢迎	1464	23.0%	23.4%	23.4%
	效果一般	2171	34.2%	34.6%	58.0%
	没有效果	623	9.8%	9.9%	67.9%
	有负面影响	461	7.3%	7.4%	75.3%
	不清楚	1549	24.4%	24.7%	100.0%
	总计	6268	98.6%	100.0%	
缺失	0	59	0.9%		
	System	28	0.4%		
	总计	87	1.4%		
总计		6355	100.0%		

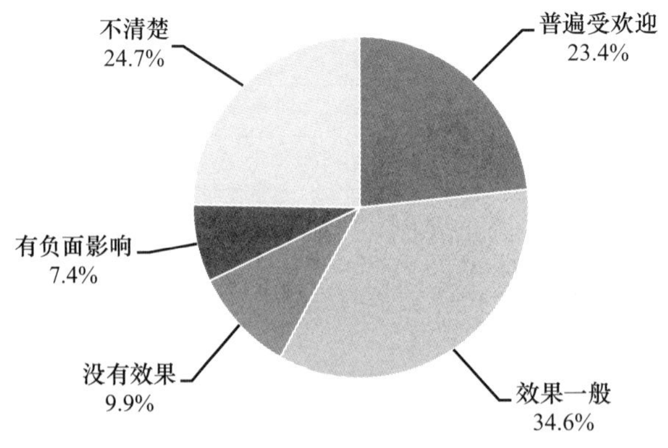

E23 您听说过或参加过道德讲堂活动吗

		频数	百分比	有效百分比	累积百分比
有效	没有听说过	2851	44.9%	45.1%	45.1%
	听说过，但没有参加过	1760	27.7%	27.8%	72.9%
	参加过，觉得很有意义	1446	22.8%	22.9%	95.8%
	参加过，但没留下太多印象	264	4.2%	4.2%	100.0%
	总计	6321	99.5%	100.0%	
缺失	0	26	0.4%		
	System	8	0.1%		
	总计	34	0.5%		
总计		6355	100.0%		

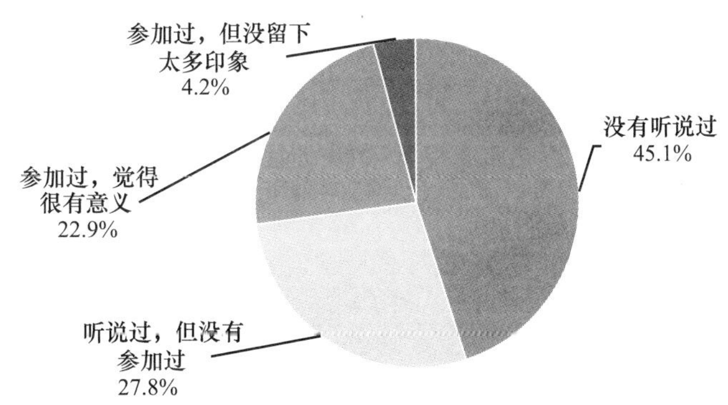

E24 有人说，一条好家规、一个好家风可以影响三代人。现在开展的弘扬好家风、好家训活动，您认为有意义吗

		频数	百分比	有效百分比	累积百分比
有效	没有必要	368	5.8%	5.8%	5.8%
	可有可无	554	8.7%	8.8%	14.6%
	很有意义	5395	84.9%	85.4%	100.0%
	总计	6317	99.4%	100.0%	
缺失	0	30	0.5%		
	System	8	0.1%		
	总计	38	0.6%		
总计		6355	100.0%		

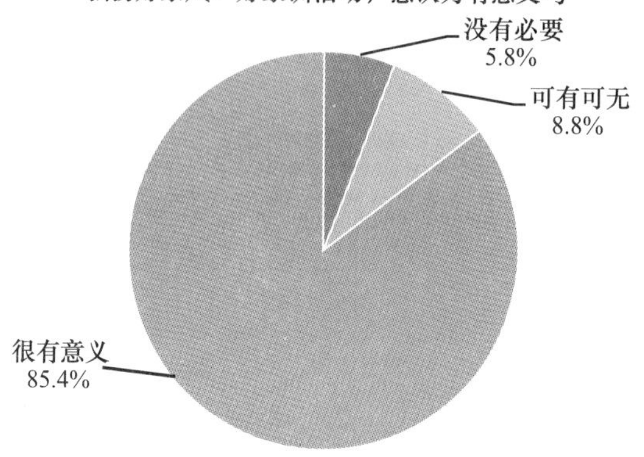

E25 现在有的地方建了“好人馆”“好人广场”“好人公园”，您认为有必要为好人树碑立传吗

		频数	百分比	有效百分比	累积百分比
有效	可有可无	760	12.0%	12.0%	12.0%
	没有必要	801	12.6%	12.7%	24.7%
	很有必要，可以让更多的人知道他们、学习他们	4756	74.8%	75.3%	100.0%
	总计	6317	99.4%	100.0%	
缺失	0	32	0.5%		
	System	6	0.1%		
	总计	38	0.6%		
总计		6355	100.0%		

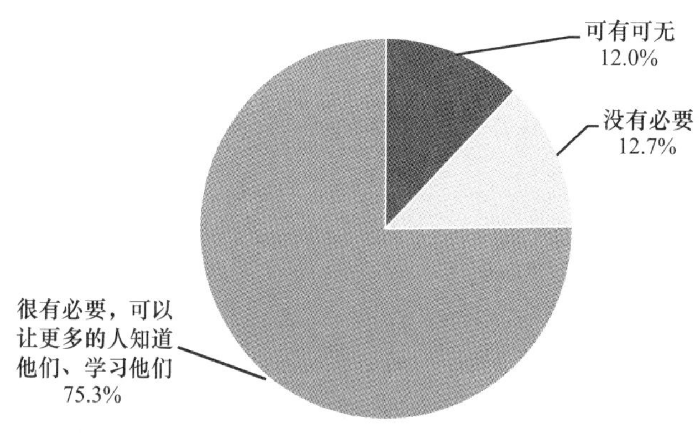

E26 您对所生活地方的道德建设满意吗

		频数	百分比	有效百分比	累积百分比
有效	没有必要	2060	32.4%	32.6%	32.6%
	可有可无	3666	57.7%	58.0%	90.6%
	不满意	376	5.9%	5.9%	96.5%
	说不清楚	220	3.5%	3.5%	100.0%
	总计	6322	99.5%	100.0%	
缺失	0	28	0.4%		
	System	5	0.1%		
	总计	33	0.5%		
总计		6355	100.0%		

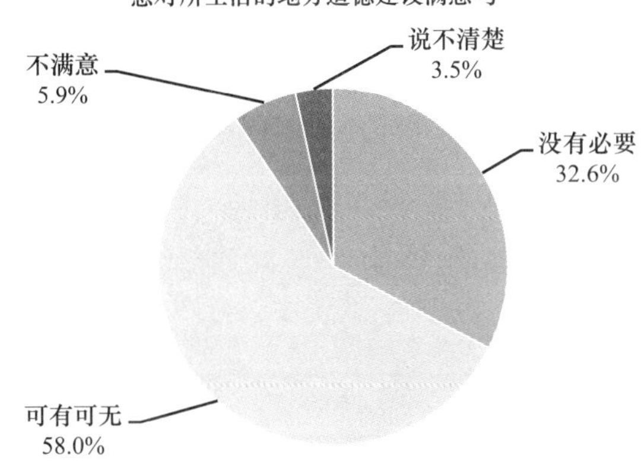

E27 您对生活的地方社会公德状况满意吗

		频数	百分比	有效百分比	累积百分比
有效	非常满意	1381	21.7%	22.2%	22.2%
	比较满意	2852	44.9%	45.9%	68.1%
	基本满意	1586	25.0%	25.5%	93.6%
	不满意	401	6.3%	6.4%	100.0%
	总计	6220	97.9%	100.0%	
缺失	0	85	1.3%		
	System	50	0.8%		
	总计	135	2.1%		
总计		6355	100.0%		

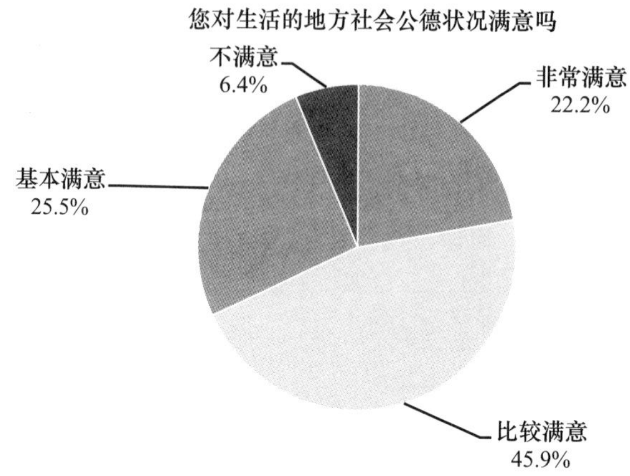
您对生活的地方社会公德状况满意吗
不满意
6.4%
非常满意
22.2%
基本满意
25.5%
比较满意
45.9%

2016 年江苏省伦理道德调研青少年问卷频数

Y1 成人问卷填答者是你的

		频数	百分比	有效百分比	累积百分比
有效	父亲	171	2.7%	24.4%	24.4%
	母亲	246	3.9%	35.1%	59.5%
	爷爷/奶奶	202	3.2%	28.8%	88.3%
	外公/外婆	43	0.7%	6.1%	94.4%
	其他亲戚	15	0.2%	2.1%	96.6%
	其他	24	0.4%	3.4%	100.0%
	总计	701	11.0%	100.0%	
缺失	0	1			
	System	5653	89.0%		
	总计	5654	89.0%		
总计		6355	100.0%		

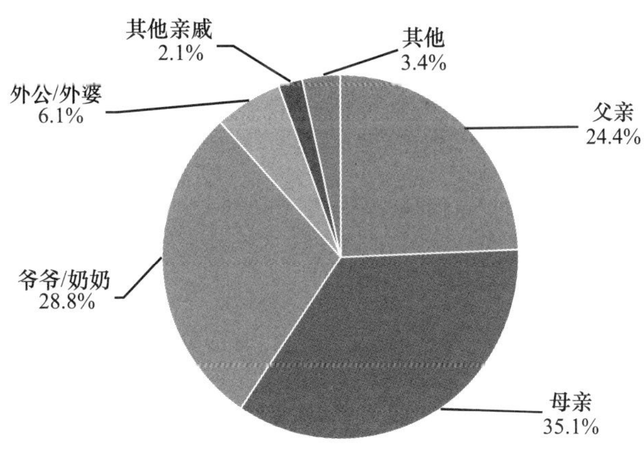

Y2 你的性别是

		频数	百分比	有效百分比	累积百分比
有效	男	331	5.2%	47.4%	47.4%
	女	367	5.8%	52.6%	100.0%
	总计	698	11.0%	100.0%	

续表

		频数	百分比	有效百分比	累积百分比
缺失	0	6	0.1%		
	System	5651	88.9%		
	总计	5657	89.0%		
总计		6355	100.0%		

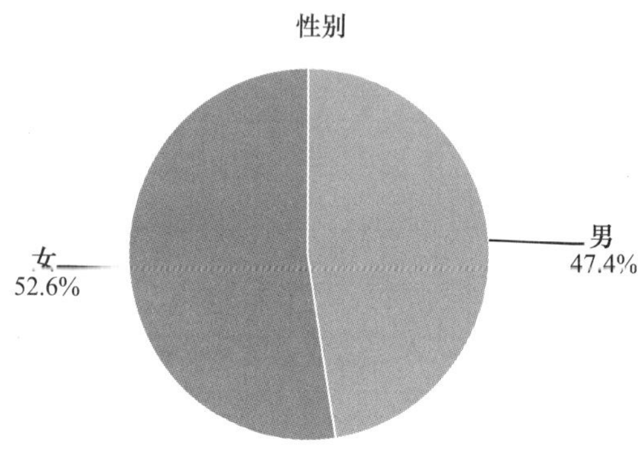

Y3 你的出生年份是

		频数	百分比	有效百分比	累积百分比
有效	1998	1		0.1%	0.1%
	1999	17	0.3%	2.4%	2.6%
	2000	40	0.6%	5.7%	8.3%
	2001	42	0.7%	6.0%	14.4%
	2002	57	0.9%	8.2%	22.6%
	2003	47	0.7%	6.8%	29.3%
	2004	60	0.9%	8.6%	37.9%
	2005	81	1.3%	11.6%	49.6%
	2006	82	1.3%	11.8%	61.4%
	2007	75	1.2%	10.8%	72.1%
	2008	101	1.6%	14.5%	86.6%
	2009	59	0.9%	8.5%	95.1%
	2010	31	0.5%	4.5%	99.6%
	2011	3		0.4%	100.0%
	总计	696	11.0%	100.0%	

续表

		频数	百分比	有效百分比	累积百分比
缺失	0	5	0. 1%		
	System	5654	89. 0%		
	总计	5659	89. 0%		
总计		6355	100. 0%		

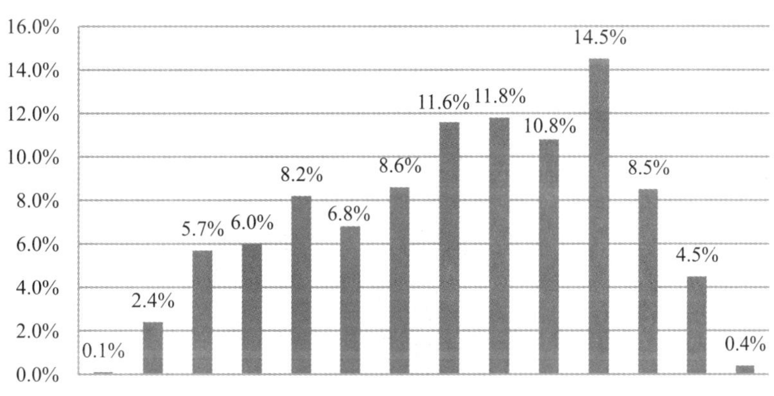

Y4 你目前是几年级

		频数	百分比	有效百分比	累积百分比
有效	小学一年级	108	1. 7%	15. 5%	15. 5%
	小学二年级	78	1. 2%	11. 2%	26. 7%
	小学三年级	84	1. 3%	12. 1%	38. 7%
	小学四年级	78	1. 2%	11. 2%	49. 9%
	小学五年级	65	1. 0%	9. 3%	59. 3%
	小学六年级	49	0. 8%	7. 0%	66. 3%
	初中一年级	70	1. 1%	10. 0%	76. 3%
	初中二年级	49	0. 8%	7. 0%	83. 4%
	初中三年级	41	0. 6%	5. 9%	89. 2%
	高中一年级	40	0. 6%	5. 7%	95. 0%
	高中二年级	21	0. 3%	3. 0%	98. 0%
	高中三年级	14	0. 2%	2. 0%	100. 0%
	总计	697	11. 0%	100. 0%	

续表

		频数	百分比	有效百分比	累积百分比
缺失	0	4	0.1%		
	System	5654	89.0%		
	总计	5658	89.0%		
总计		6355	100.0%		

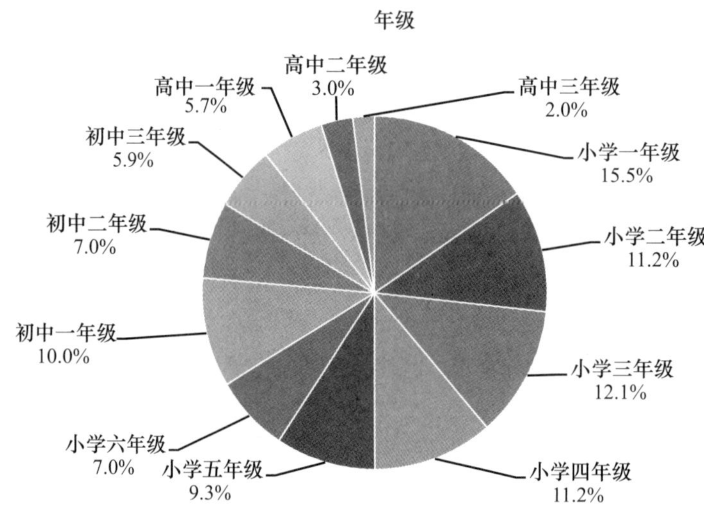

Y5 你就读的学校属于

		频数	百分比	有效百分比	累积百分比
有效	省重点学校	12	0.2%	1.7%	1.7%
	市县重点学校	106	1.7%	15.3%	17.0%
	普通中小学	527	8.3%	75.9%	92.9%
	私立学校	43	0.7%	6.2%	99.1%
	民工子弟学校	6	0.1%	0.9%	100.0%
	总计	694	11.0%	100.0%	
缺失	0	4	0.1%		
	System	5657	89.0%		
	总计	5661	89.1%		
总计		6355	100.0%		

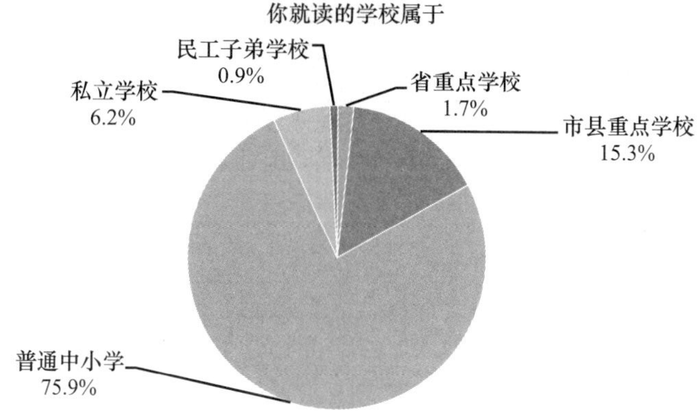

Y6a 如果把你班里所有同学的数学成绩从最差一直排到最好，你会把自己放到哪个位置

		频数	百分比	有效百分比	累积百分比
有效	最差	12	0.2%	1.7%	1.7%
	很差	19	0.3%	2.7%	4.5%
	较差	91	1.4%	13.1%	17.6%
	一般	198	3.1%	28.5%	46.0%
	较好	137	2.2%	19.7%	65.8%
	很好	151	2.4%	21.7%	87.5%
	最好	87	1.4%	12.5%	100.0%
	总计	695	11.0%	99.9%	
缺失	0	6	0.1%		
	System	5654	89.0%		
	总计	5660	89.1%		
总计		6355	100.0%		

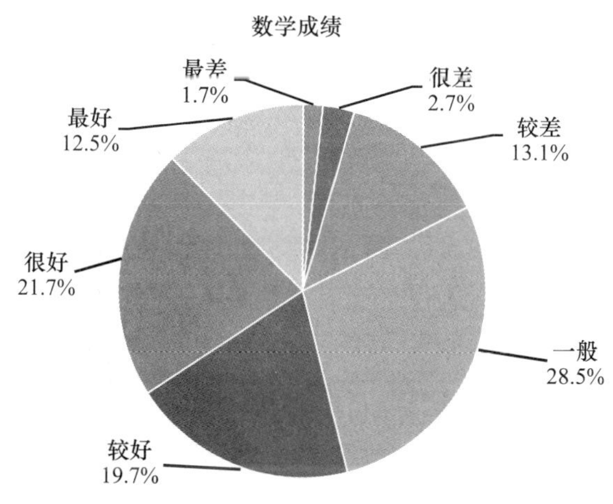

Y6b 如果把你班里所有同学的语文成绩从最差一直排到最好，你会把自己放到哪个位置

		频数	百分比	有效百分比	累积百分比
有效	最差	14	0.2%	2.0%	2.0%
	很差	36	0.6%	5.2%	7.2%
	较差	88	1.4%	12.7%	20.0%
	一般	167	2.6%	24.2%	44.1%
	较好	142	2.2%	20.5%	64.7%
	很好	147	2.3%	21.3%	86.0%
	最好	97	1.5%	14.0%	100.0%
	总计	691	10.9%	100.0%	
缺失	0	9	0.1%		
	System	5655	89.0%		
	总计	5664	89.1%		
总计		6355	100.0%		

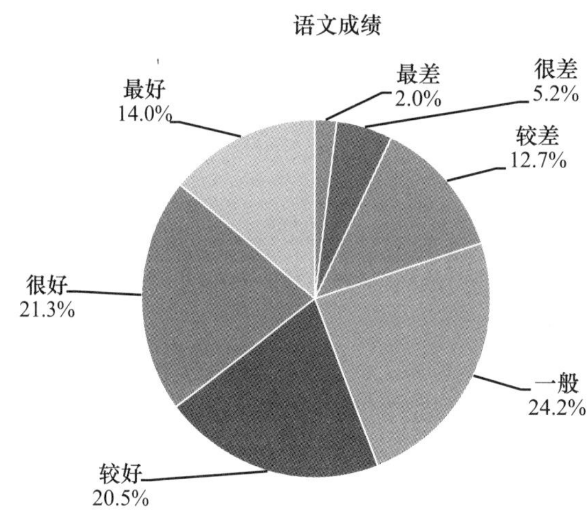

Y7 你有几个兄弟姐妹

		频数	百分比	有效百分比	累积百分比
有效	没有，是独生子女	324	5.1%	46.1%	46.1%
	一个	274	4.3%	39.0%	85.1%
	两个	85	1.3%	12.1%	97.2%
	三个及以上	20	0.3%	2.8%	100.0%
	总计	703	11.1%	100.0%	

续表

		频数	百分比	有效百分比	累积百分比
缺失	0	1			
	System	5651	88.9%		
	总计	5652	88.9%		
总计		6355	100.0%		

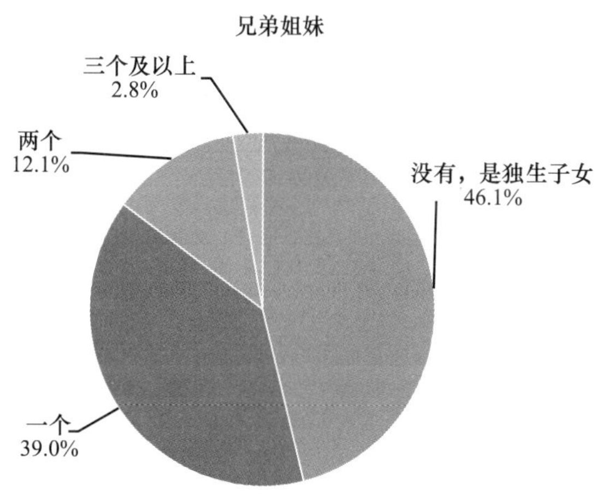

Y8 当你在电视中看到奥运赛场上五星红旗在国歌声中升起，你会有自豪感吗

		频数	百分比	有效百分比	累积百分比
有效	非常自豪	367	5.8%	52.6%	52.6%
	比较自豪	210	3.3%	30.1%	82.7%
	感觉不强烈	56	0.9%	8.0%	90.7%
	没感觉	65	1.0%	9.3%	100.0%
	总计	698	11.0%	100.0%	
缺失	0	4	0.1%		
	System	5653	89.0%		
	总计	5657	89.0%		
总计		6355	100.0%		

当你在电视中看到奥运赛场上五星红旗在国歌声中升起，你会有自豪感吗

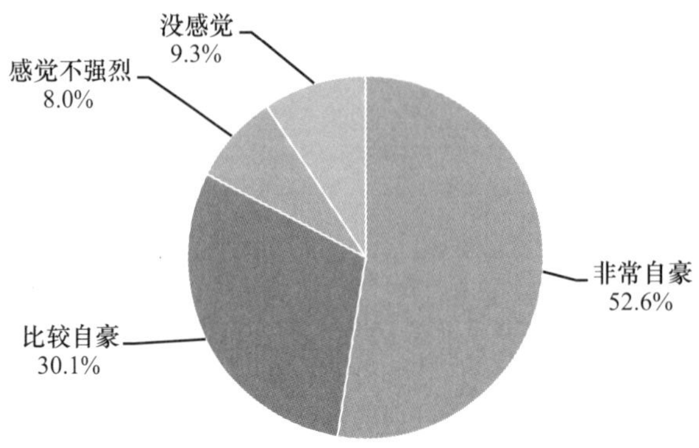

Y9 你知道“八礼四仪”的基本规范吗？在学习生活中是不是那样去做了

		频数	百分比	有效百分比	累积百分比
有效	知道，努力去做	353	5.6%	50.4%	50.4%
	知道，但做得不好	134	2.1%	19.1%	69.5%
	知道，但没去做	28	0.4%	4.0%	73.5%
	不知道	186	2.9%	26.5%	100.0%
	总计	701	11.0%	100.0%	
缺失	0	2			
	System	5652	88.9%		
	总计	5654	89.0%		
总计		6355	100.0%		

你知道“八礼四仪”的基本规范吗？在学习生活中是不是那样去做了

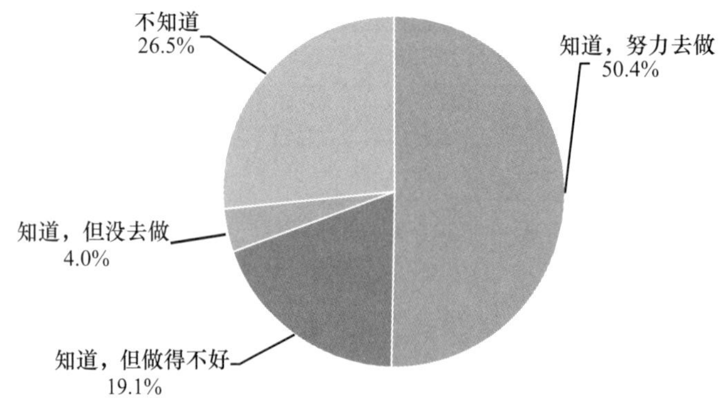

Y10 你是否会为节省时间穿过不允许踩踏的草坪

		频数	百分比	有效百分比	累积百分比
有效	会	68	1. 1%	9. 7%	9. 7%
	如果有人穿过，我也会	41	0. 6%	5. 8%	15. 5%
	如果有急事就穿	103	1. 6%	14. 6%	30. 1%
	一定不会	492	7. 7%	69. 9%	100. 0%
	总计	704	11. 1%	100. 0%	
缺失	System	5651	88. 9%		
总计		6355	100. 0%		

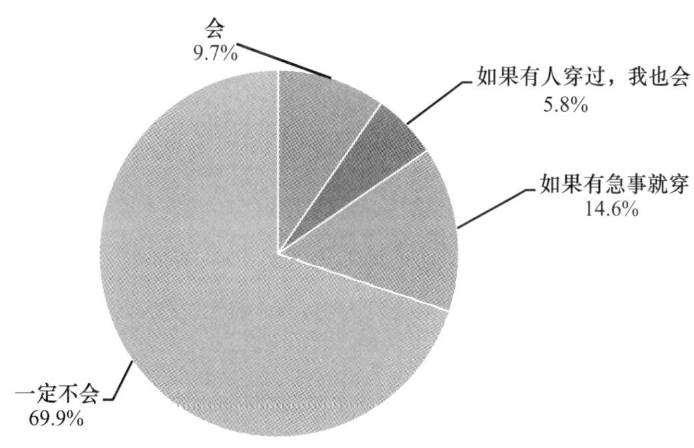

Y11 你是否参加过诸如“文明小义工”“爱心小天使”“红领巾志愿者”等实践活动

		频数	百分比	有效百分比	累积百分比
有效	偶尔参加	215	3. 4%	30. 6%	30. 6%
	经常参加	90	1. 4%	12. 8%	43. 4%
	没参加过	301	4. 7%	42. 8%	86. 2%
	没听说过	97	1. 5%	13. 8%	100. 0%
	总计	703	11. 1%	100. 0%	
缺失	0	1			
	System	5651	88. 9%		
	总计	5652	88. 9%		
总计		6355	100. 0%		

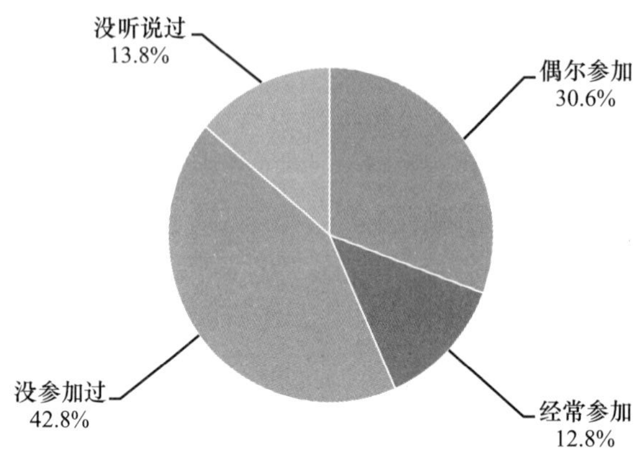

Y12 你对考试作弊怎么看

		频数	百分比	有效百分比	累积百分比
有效	不应该作弊	681	10.7%	96.9%	96.9%
	作弊没什么	10	0.2%	1.4%	98.3%
	别人作弊，我不作弊有点亏	12	0.2%	1.7%	100.0%
	总计	703	11.1%	100.0%	
缺失	0	1			
	System	5651	88.9%		
	总计	5652	88.9%		
总计		6355	100.0%		

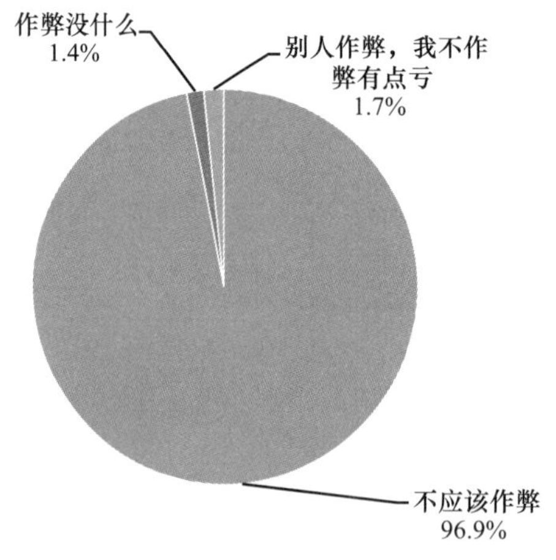

Y13 在公共汽车上刚找到个座位，看到旁边站着老人或孕妇，你会怎么做

		频数	百分比	有效百分比	累积百分比
有效	立即让座	599	9.4%	85.2%	85.2%
	虽不情愿，但还是会让座	69	1.1%	9.8%	95.0%
	有人提示后才让座	25	0.4%	3.6%	98.6%
	不让座	10	0.2%	1.4%	100.0%
	总计	703	11.1%	100.0%	
缺失	0	1			
	System	5651	88.9%		
	总计	5652	88.9%		
总计		6355	100.0%		

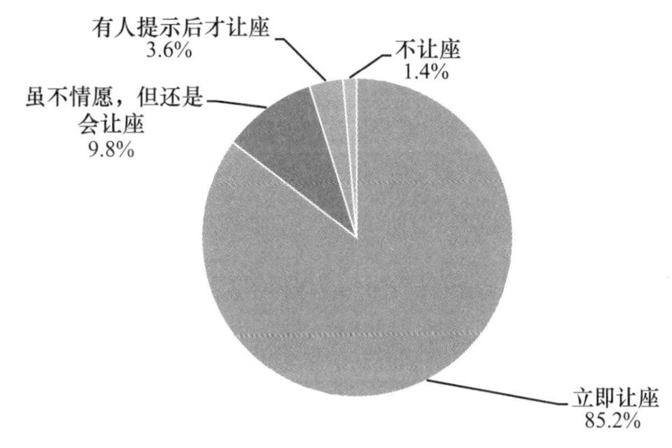

Y14 你知道妈妈的生日吗

		频数	百分比	有效百分比	累积百分比
有效	知道	348	5.5%	49.5%	49.5%
	大概知道	117	1.8%	16.6%	66.1%
	不知道	238	3.7%	33.9%	100.0%
	总计	703	11.1%	100.0%	
缺失	0	1			
	System	5651	88.9%		
	总计	5652	88.9%		
总计		6355	100.0%		

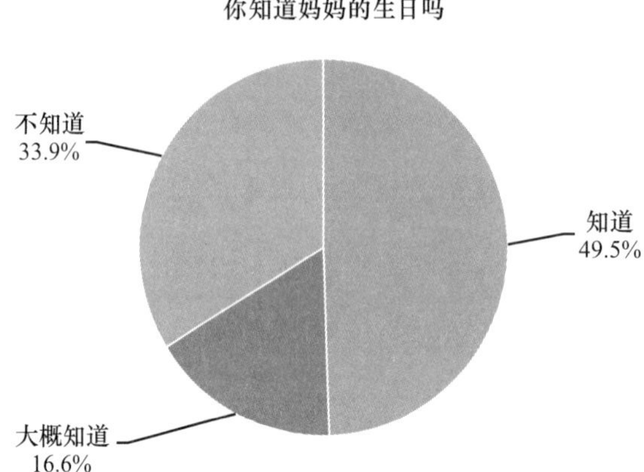

Y15 如果不小心弄坏了别人的东西，又没人看到，你会

		频数	百分比	有效百分比	累积百分比
有效	主动承认是自己干的	617	9.7%	87.8%	87.8%
	有人问起的时候才承认	61	1.0%	8.7%	96.4%
	不会承认，但会受良心责备	17	0.3%	2.4%	98.9%
	不承认	8	0.1%	1.1%	100.0%
	总计	703	11.1%	100.0%	
缺失	0	1			
	System	5651	88.9%		
	总计	5652	88.9%		
总计		6355	100.0%		

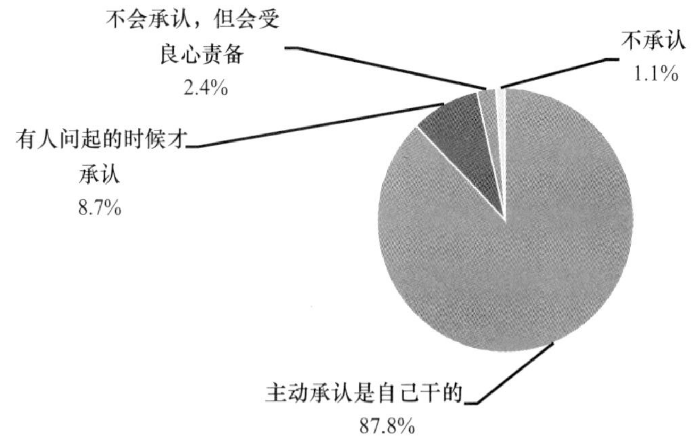

Y16a 你是否同意下列观点：反正家里有钱，浪费点也没什么

		频数	百分比	有效百分比	累积百分比
有效	完全同意	14	0.2%	2.0%	2.0%
	比较同意	17	0.3%	2.4%	4.4%
	不太同意	205	3.2%	29.2%	33.6%
	完全不同意	467	7.3%	66.4%	100.0%
	总计	703	11.1%	100.0%	
缺失	0	1			
	System	5651	88.9%		
	总计	5652	88.9%		
总计		6355	100.0%		

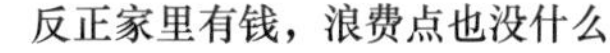

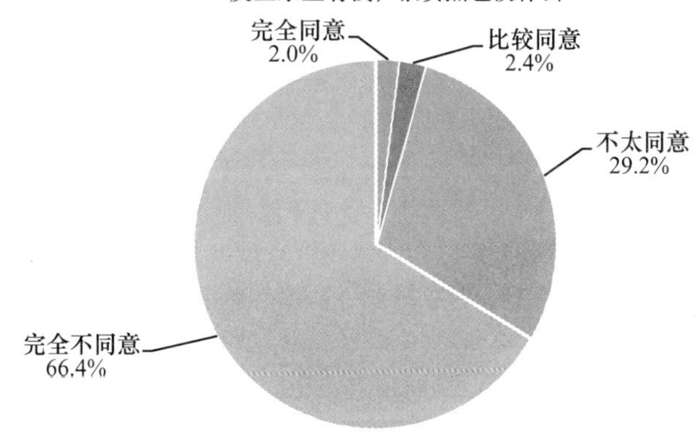

Y16b 你是否同意下列观点：上网时可以想说什么就说什么

		频数	百分比	有效百分比	累积百分比
有效	完全同意	12	0.2%	1.7%	1.7%
	比较同意	41	0.6%	5.9%	7.6%
	不太同意	234	3.7%	33.8%	41.4%
	完全不同意	406	6.4%	58.6%	100.0%
	总计	693	10.9%	100.0%	
缺失	0	10	0.2%		
	System	5652	88.9%		
	总计	5662	89.1%		
总计		6355	100.0%		

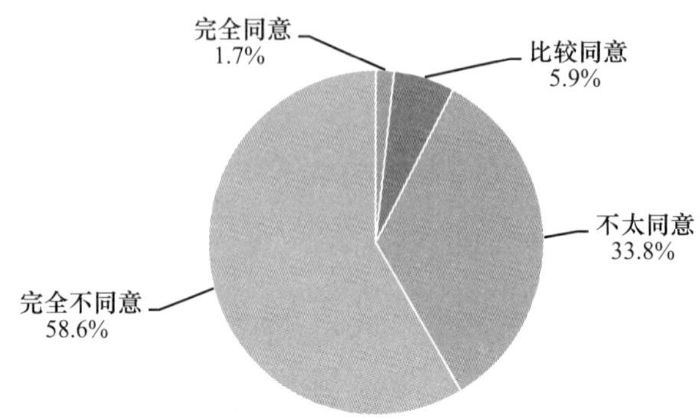

Y16c 你是否同意下列观点：公共场所随手扔点果皮、纸屑没有什么

		频数	百分比	有效百分比	累积百分比
有效	完全同意	8	0.1%	1.1%	1.1%
	比较同意	12	0.2%	1.7%	2.8%
	不太同意	130	2.0%	18.5%	21.4%
	完全不同意	552	8.7%	78.6%	100.0%
	总计	702	11.0%	100.0%	
缺失	0	1			
	System	5652	88.9%		
	总计	5653	89.0%		
总计		6355	100.0%		

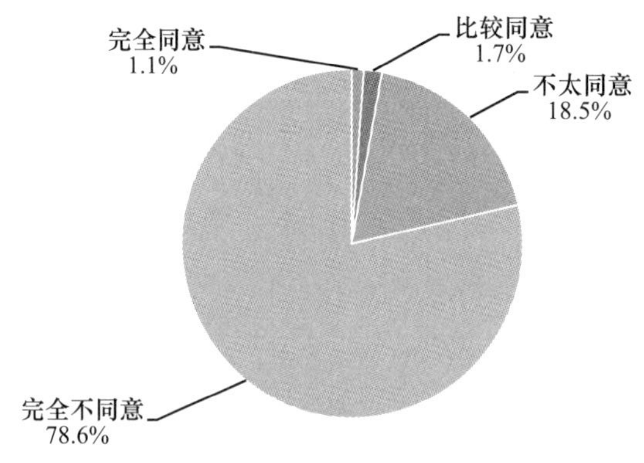

Y16d 你是否同意下列观点：对学生来说，成绩最重要，讲品德是次要的

		频数	百分比	有效百分比	累积百分比
有效	完全同意	53	0.8%	7.5%	7.5%
	比较同意	85	1.3%	12.1%	19.7%
	不太同意	190	3.0%	27.1%	46.7%
	完全不同意	374	5.9%	53.3%	100.0%
	总计	702	11.0%	100.0%	
缺失	0	2			
	System	5651	88.9%		
	总计	5653	89.0%		
总计		6355	100.0%		

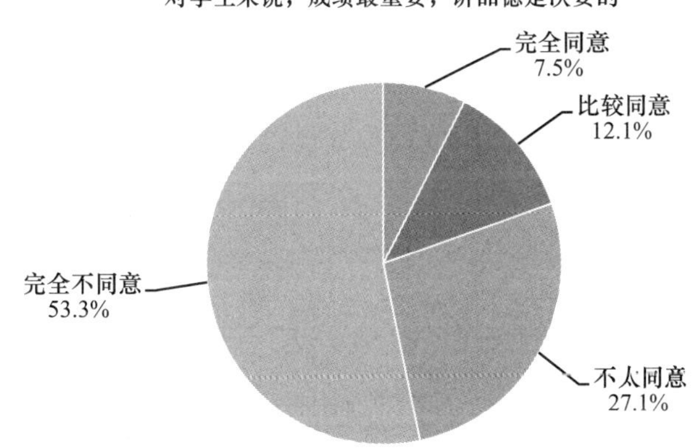

Y16e 你是否同意下列观点：学生以学习为主，做家务是大人的事

		频数	百分比	有效百分比	累积百分比
有效	完全同意	45	0.7%	6.4%	6.4%
	比较同意	73	1.1%	10.5%	16.9%
	不太同意	245	3.9%	35.1%	52.0%
	完全不同意	335	5.3%	48.0%	100.0%
	总计	698	11.0%	100.0%	
缺失	0	3			
	System	5654	89.0%		
	总计	5657	89.0%		
总计		6355	100.0%		

学生以学习为主，做家务是大人的事

完全同意 6.4%
比较同意 10.5%
不太同意 35.1%
完全不同意 48.0%

Y16f 你是否同意下列观点：生活上穿名牌、用名牌，在同学面前才有面子

		频数	百分比	有效百分比	累积百分比
有效	完全同意	20	0.3%	2.8%	2.8%
	比较同意	35	0.6%	5.0%	7.8%
	不太同意	203	3.2%	28.9%	36.8%
	完全不同意	444	7.0%	63.2%	100.0%
	总计	702	11.0%	100.0%	
缺失	0	1			
	System	5652	88.9%		
	总计	5653	89.0%		
总计		6355	100.0%		

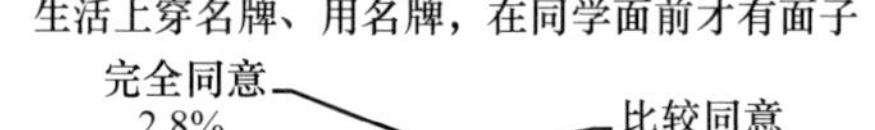

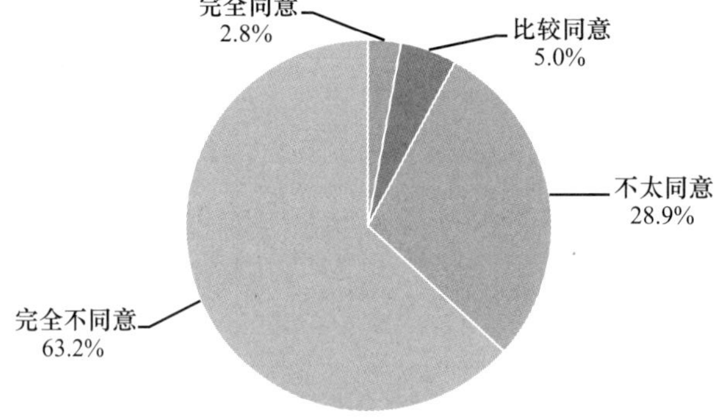

Y17 你对周围同学的品德评价如何

		频数	百分比	有效百分比	累积百分比
有效	非常好	164	2.6%	23.3%	23.3%
	还可以	492	7.7%	70.0%	93.3%
	不怎么样	33	0.5%	4.7%	98.0%
	很不好	14	0.2%	2.0%	100.0%
	总计	703	11.1%	100.0%	
缺失	System	5652	88.9%		
总计		6355	100.0%		

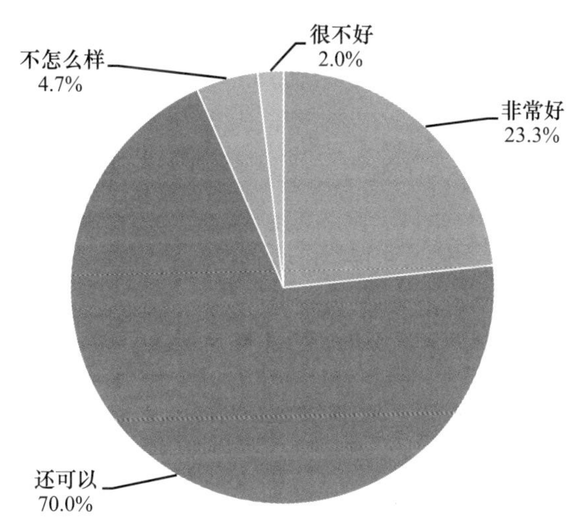

Y18 你觉得生活快乐吗

		频数	百分比	有效百分比	累积百分比
有效	非常不快乐	26	0.4%	3.7%	3.7%
	不太快乐	36	0.6%	5.1%	8.8%
	比较快乐	271	4.3%	38.5%	47.4%
	非常快乐	370	5.8%	52.6%	100.0%
	总计	703	11.1%	100.0%	
缺失	System	5652	88.9%		
总计		6355	100.0%		

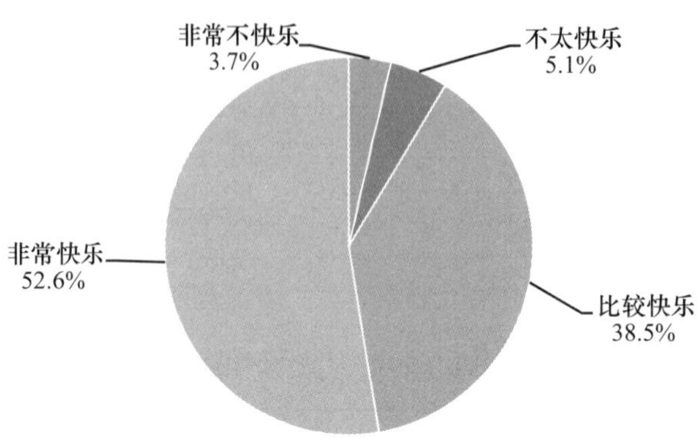

Y19a 你在学校里，看到下列事情或情况的频率：学生打架

		频数	百分比	有效百分比	累积百分比
有效	从来没有	160	2.5%	22.8%	22.8%
	很少	258	4.1%	36.7%	59.5%
	有时	178	2.8%	25.3%	84.8%
	经常	88	1.4%	12.5%	97.3%
	非常频繁	19	0.3%	2.7%	100.0%
	总计	703	11.1%	100.0%	
缺失	0	1			
	System	5651	88.9%		
	总计	5652	88.9%		
总计		6355	100.0%		

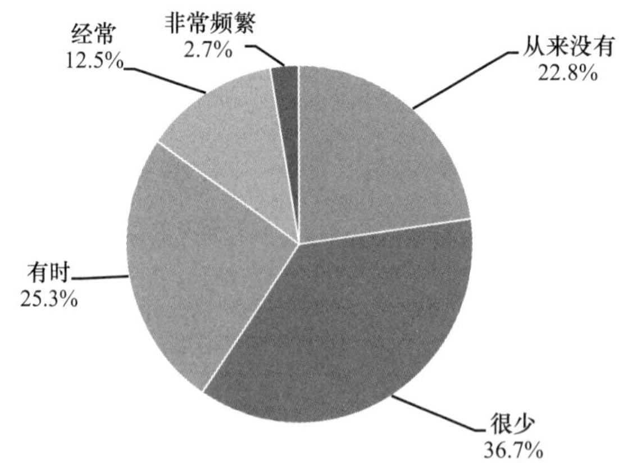

Y19b 你在学校里，看到下列事情或情况的频率：学生考试作弊

		频数	百分比	有效百分比	累积百分比
有效	从来没有	258	4.1%	36.9%	36.9%
	很少	261	4.1%	37.3%	74.1%
	有时	119	1.9%	17.0%	91.1%
	经常	47	0.7%	6.7%	97.9%
	非常频繁	15	0.2%	2.1%	100.0%
	总计	700	11.0%	100.0%	
缺失	0	1			
	System	5654	89.0%		
	总计	5655	89.0%		
总计		6355	100.0%		

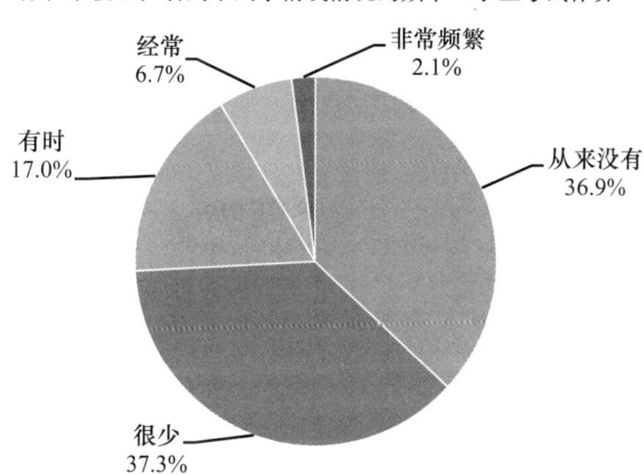

Y19c 你在学校里，看到下列事情或情况的频率：学生上课迟到或逃课

		频数	百分比	有效百分比	累积百分比
有效	从来没有	283	4.5%	40.4%	40.4%
	很少	264	4.2%	37.7%	78.0%
	有时	102	1.6%	14.6%	92.6%
	经常	44	0.7%	6.3%	98.9%
	非常频繁	8	0.1%	1.1%	100.0%
	总计	701	11.0%	100.0%	

续表

		频数	百分比	有效百分比	累积百分比
缺失	0	3			
	System	5651	88.9%		
	总计	5654	89.0%		
总计		6355	100.0%		

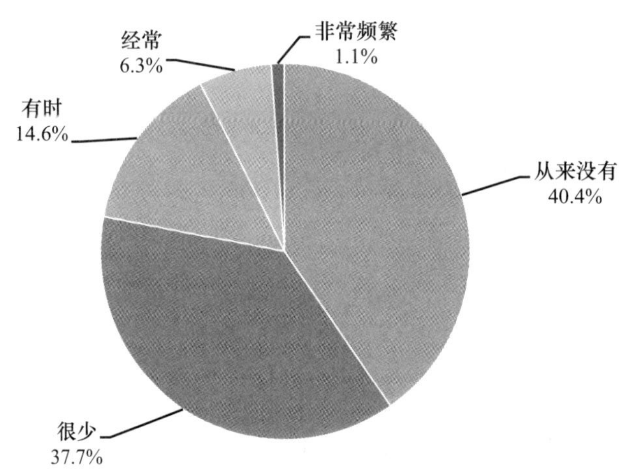

Y19d 你在学校里，看到下列事情或情况的频率：学生抽烟或喝酒

		频数	百分比	有效百分比	累积百分比
有效	从来没有	583	9.2%	82.9%	82.9%
	很少	86	1.4%	12.2%	95.2%
	有时	20	0.3%	2.8%	98.0%
	经常	12	0.2%	1.7%	99.7%
	非常频繁	2		0.3%	100.0%
	总计	703	11.1%	100.0%	

续表

		频数	百分比	有效百分比	累积百分比
缺失	0	1			
	System	5651	88.9%		
	总计	5652	88.9%		
总计		6355	100.0%		

你在学校里，看到下列事情或情况的频率：学生抽烟或喝酒

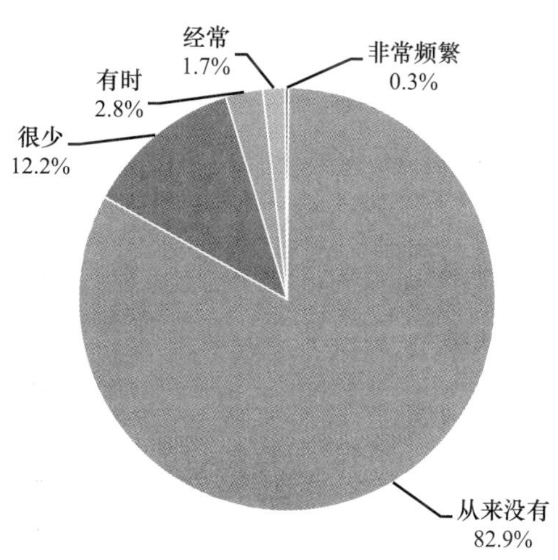

Y19e 你在学校里，看到下列事情或情况的频率：学生被其他学生欺负或欺诈

		频数	百分比	有效百分比	累积百分比
有效	从来没有	402	6.3%	57.3%	57.3%
	很少	166	2.6%	23.7%	81.0%
	有时	87	1.4%	12.4%	93.4%
	经常	35	0.6%	5.0%	98.4%
	非常频繁	11	0.2%	1.6%	100.0%
	总计	701	11.0%	100.0%	
缺失	0	2			
	System	5652	88.9%		
	总计	5654	89.0%		
总计		6355	100.0%		

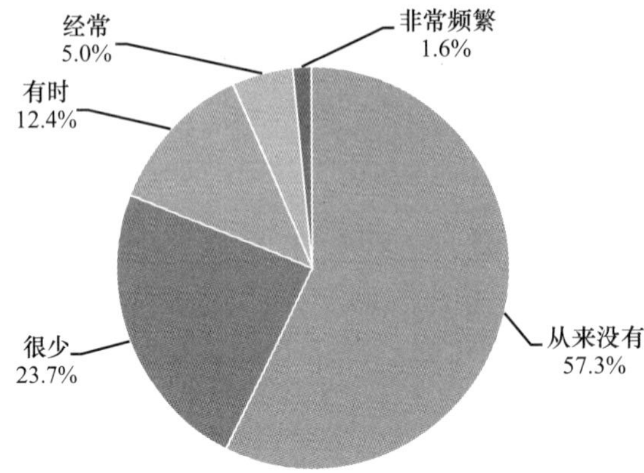

Y20a（时）周一至周五，你晚上通常几时几分睡觉（24 小时制）

		频数	百分比	有效百分比	累积百分比
有效	3	1		0.1%	0.1%
	6	1		0.1%	0.3%
	7	5	0.1%	0.7%	1.0%
	8	23	0.4%	3.3%	4.3%
	9	33	0.5%	4.7%	9.0%
	10	39	0.6%	5.6%	14.6%
	11	11	0.2%	1.6%	16.2%
	12	4	0.1%	0.6%	16.7%
	18	3		0.4%	17.2%
	19	32	0.5%	4.6%	21.7%
	20	187	2.9%	26.8%	48.5%
	21	225	3.5%	32.2%	80.7%
	22	101	1.6%	14.4%	95.1%
	23	32	0.5%	4.6%	99.7%
	24	2		0.3%	100.0%
	总计	699	11.0%	100.0%	
缺失	0	4	0.1%		
	System	5652	88.9%		
	总计	5656	89.0%		
总计		6355	100.0%		

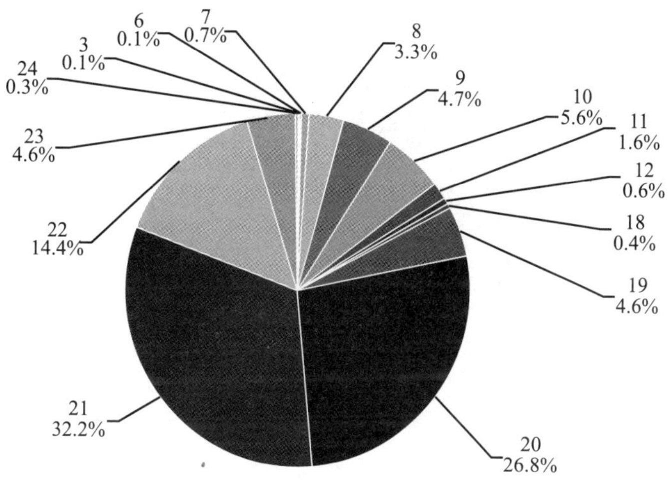

Y20b（分）周一至周五，你晚上通常几时几分睡觉

		频数	百分比	有效百分比	累计百分比
有效	0	382	6.0%	54.5%	54.5%
	1	1		0.1%	54.6%
	2	1		0.1%	54.8%
	5	9	0.1%	1.3%	56.1%
	10	18	0.3%	2.6%	58.6%
	12	1		0.1%	58.8%
	15	10	0.2%	1.4%	60.2%
	20	12	0.2%	1.7%	61.9%
	23	1		0.1%	62.1%
	25	1		0.1%	62.2%
	30	240	3.8%	34.2%	96.4%
	31	1		0.1%	96.6%
	35	3		0.4%	97.0%
	37	1		0.1%	97.1%
	40	10	0.2%	1.4%	98.6%
	45	5	0.1%	0.7%	99.3%
	50	5	0.1%	0.7%	100.0%
	总计	701	11.0%	100.0%	
缺失	System	5654	89.0%		
总计		6355	100.0%		

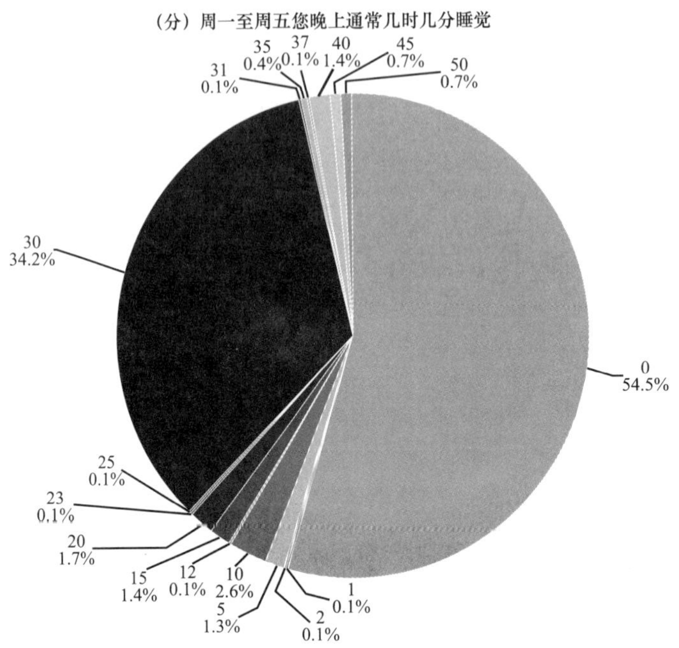

Y21 你通常每晚睡多久（单位：小时）

		频数	百分比	有效百分比	累积百分比
有效	5.0	3	0.0%	0.4%	0.4%
	6.0	23	0.4%	3.3%	3.7%
	6.5	2	0.0%	0.3%	4.0%
	7.0	65	1.0%	9.3%	13.3%
	7.5	2	0.0%	0.3%	13.6%
	8.0	185	2.9%	26.5%	40.2%
	8.5	5	0.1%	0.7%	40.9%
	9.0	202	3.2%	29.0%	69.9%
	9.5	5	0.1%	0.7%	70.6%
	10.0	157	2.5%	22.5%	93.1%
	11.0	30	0.5%	4.3%	97.4%
	12.0	12	0.2%	1.7%	99.1%
	13.0	4	0.1%	0.6%	99.7%
	14.0	2	0.0%	0.3%	100.0%
	总计	697	11.0%	100.0%	
缺失	0	4	0.1%		
	System	5654	89.0%		
	总计	5658	89.0%		
总计		6355	100.0%		

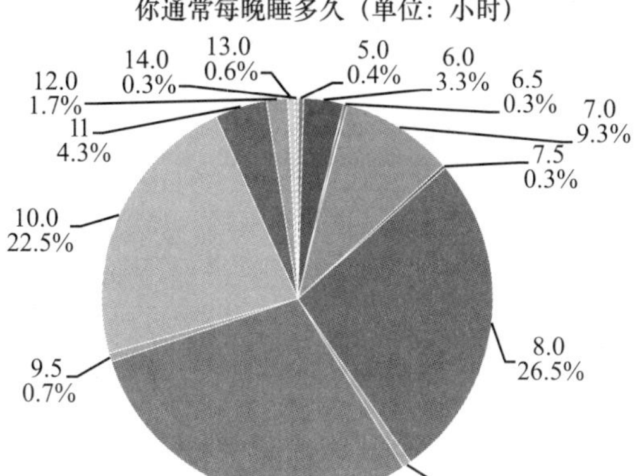

Y22 和同年龄的孩子相比，你觉得你的体力状况怎么样

		频数	百分比	有效百分比	累积百分比
有效	体力非常充沛	185	2.9%	26.6%	26.6%
	体力较为充沛	234	3.7%	33.7%	60.3%
	处于平均水平	229	3.6%	32.9%	93.2%
	体力较为虚弱	42	0.7%	6.0%	99.3%
	体力非常虚弱	5	0.1%	0.7%	100.0%
	总计	695	10.9%	100.0%	
缺失	0	7	0.1%		
	System	5653	89.0%		
	总计	5660	89.1%		
总计		6355	100.0%		

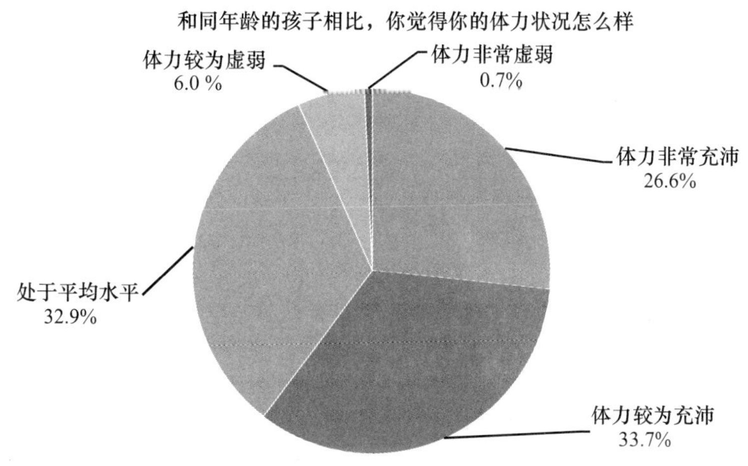

Y23a 最近半年，家长与你一起做下列事情的频率：讨论与学校或学习相关的事情

		频数	百分比	有效百分比	累积百分比
有效	从来没有	36	0.6%	5.1%	5.1%
	很少	131	2.1%	18.7%	23.9%
	有时	238	3.7%	34.0%	57.9%
	经常	295	4.6%	42.1%	100.0%
	总计	700	11.0%	100.0%	
缺失	0	1	0.0%		
	7	1	0.0%		
	System	5653	89.0%		
	总计	5655	89.0%		
总计		6355	100.0%		

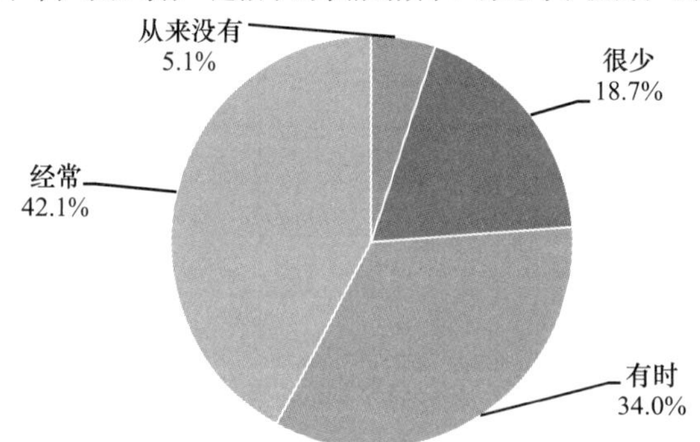

Y23b 最近半年，家长与你一起做下列事情的频率：聊天时，谈学习以外的事情

		频数	百分比	有效百分比	累积百分比
有效	从来没有	39	0.6%	5.6%	5.6%
	很少	126	2.0%	18.0%	23.6%
	有时	252	4.0%	36.0%	59.6%
	经常	283	4.5%	40.4%	100.0%
	总计	700	11.0%	100.0%	
缺失	0	1			
	System	5654	89.0%		
	总计	5655	89.0%		
总计		6355	100.0%		

最近半年，家长与你一起做下列事情的频率：聊天时，谈学习以外的事情

从来没有 5.6%
很少 18.0%
经常 40.4%
有时 36.0%

Y23c 最近半年，家长与你一起做下列事情的频率：跟我一起读书

		频数	百分比	有效百分比	累积百分比
有效	从来没有	155	2.4%	22.2%	22.2%
	很少	202	3.2%	28.9%	51.1%
	有时	186	2.9%	26.6%	77.7%
	经常	156	2.5%	22.3%	100.0%
	总计	699	11.0%	100.0%	
缺失	0	2			
	System	5654	89.0%		
	总计	5656	89.0%		
总计		6355	100.0%		

最近半年，家长与你一起做下列事情的频率：跟我一起读书

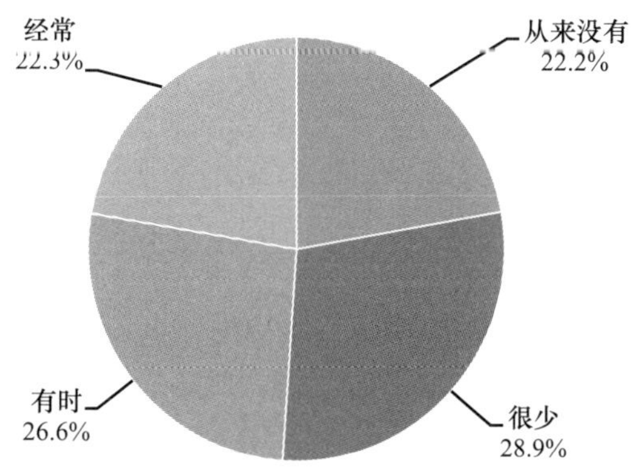

Y23d 最近半年，家长与你一起做下列事情的频率：带我去博物馆、植物园、动物园

		频数	百分比	有效百分比	累积百分比
有效	从来没有	170	2.7%	24.4%	24.4%
	很少	206	3.2%	29.5%	53.9%
	有时	205	3.2%	29.4%	83.2%
	经常	117	1.8%	16.8%	100.0%
	总计	698	11.0%	100.0%	
缺失	0	3			
	System	5654	89.0%		
	总计	5657	89.0%		
总计		6355	100.0%		

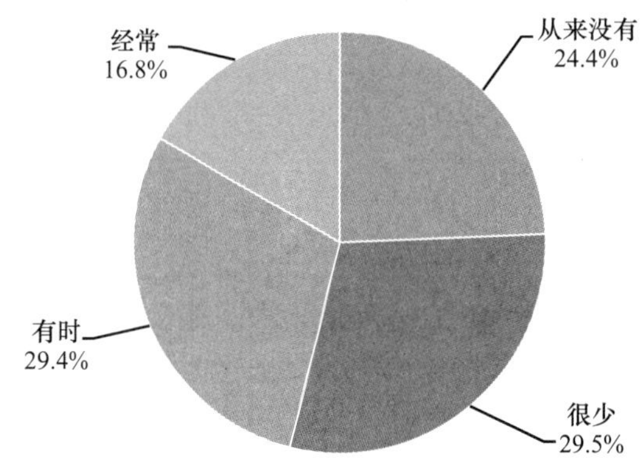

Y23e 最近半年，家长与你一起做下列事情的频率：带我去图书馆、美术馆

		频数	百分比	有效百分比	累积百分比
有效	从来没有	250	3.9%	35.8%	35.8%
	很少	191	3.0%	27.3%	63.1%
	有时	148	2.3%	21.2%	84.3%
	经常	110	1.7%	15.7%	100.0%
	总计	699	11.0%	100.0%	
缺失	0	2			
	System	5654	89.0%		
	总计	5656	89.0%		
总计		6355	100.0%		

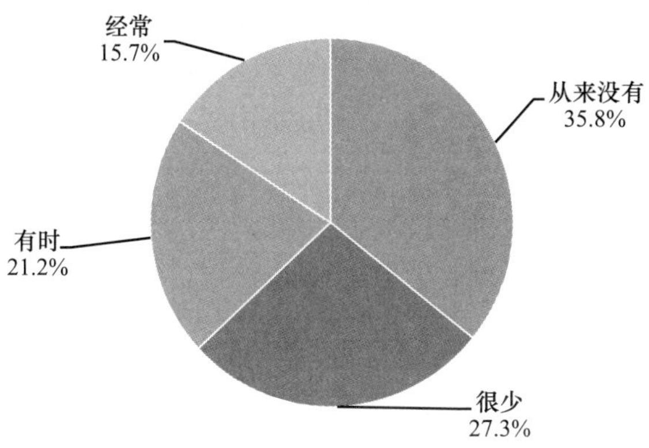

Y23f 最近半年，家长与你一起做下列事情的频率：带我去音乐会、剧院

		频数	百分比	有效百分比	累积百分比
有效	从来没有	373	5.9%	53.3%	53.3%
	很少	191	3.0%	27.3%	80.6%
	有时	92	1.4%	13.1%	93.7%
	经常	44	0.7%	6.3%	100.0%
	总计	700	11.0%	100.0%	
缺失	0	2			
	System	5653	89.0%		
	总计	5655	89.0%		
总计		6355	100.0%		

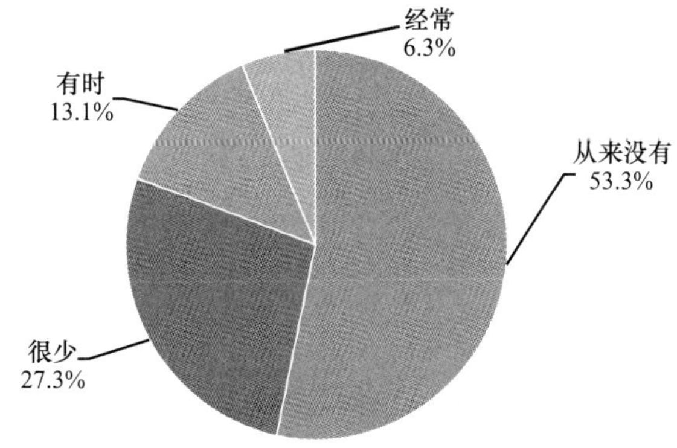

Y24 你是否经常被同学轻视或欺负，如果是，大概多久会遇到一次

		频数	百分比	有效百分比	累积百分比
有效	从来没有	482	7.6%	69.6%	69.6%
	次数很少	166	2.6%	24.0%	93.5%
	几个月一次	10	0.2%	1.4%	94.9%
	一个月最少一次	12	0.2%	1.7%	96.7%
	一个星期一次	9	0.1%	1.3%	98.0%
	一个星期超过一次	14	0.2%	2.0%	100.0%
	总计	693	10.9%	100.0%	
缺失	0	9	0.1%		
	System	5653	89.0%		
	总计	5662	89.1%		
总计		6355	100.0%		

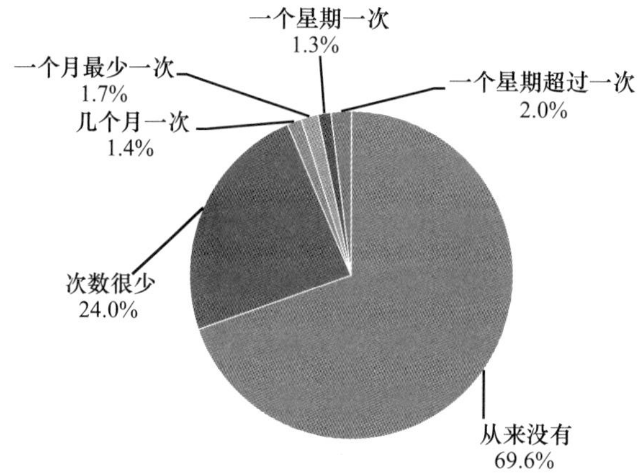

Y25a 对你影响最大的人是：父亲

		频数	百分比	有效百分比	累积百分比
有效	未选	510	8.0%	72.9%	72.9%
	已选	190	3.0%	27.1%	100.0%
	总计	700	11.0%	100.0%	
缺失	System	5655	89.0%		
总计		6355	100.0%		

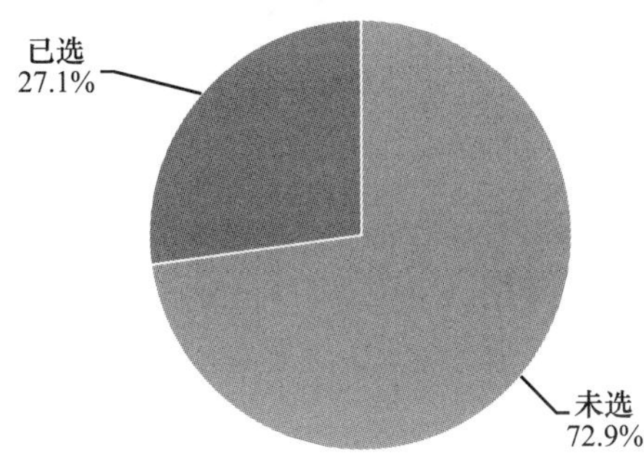

Y25b 对你影响最大的人是：母亲

		频数	百分比	有效百分比	累积百分比
有效	未选	493	7.8%	70.4%	70.4%
	已选	207	3.3%	29.6%	100.0%
	总计	700	11.0%	100.0%	
缺失	System	5655	89.0%		
总计		6355	100.0%		

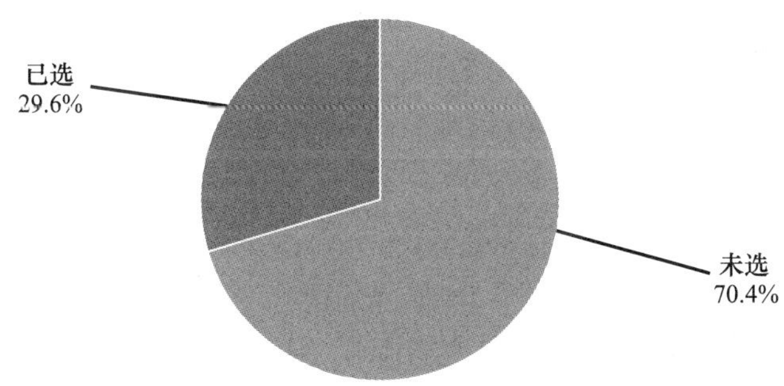

Y25c 对你影响最大的人是：其他长辈

		频数	百分比	有效百分比	累积百分比
有效	未选	655	10.3%	93.6%	93.6%
	已选	45	0.7%	6.4%	100.0%
	总计	700	11.0%	100.0%	
缺失	System	5655	89.0%		
总计		6355	100.0%		

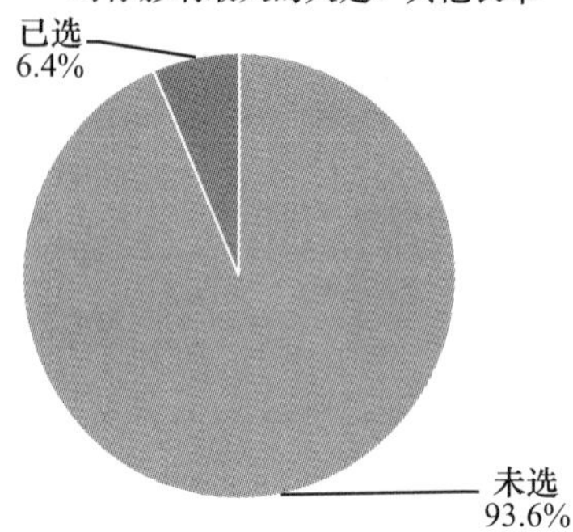

Y25d 对你影响最大的人是：老师

		频数	百分比	有效百分比	累积百分比
有效	未选	584	9.2%	83.4%	83.4%
	已选	116	1.8%	16.6%	100.0%
	总计	700	11.0%	100.0%	
缺失	System	5655	89.0%		
总计		6355	100.0%		

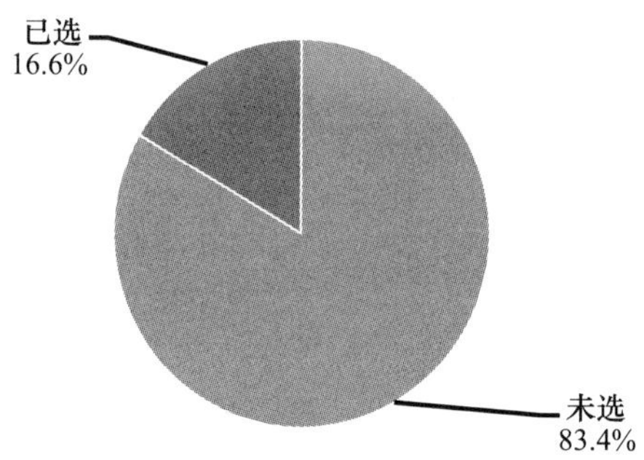

Y25e 对你影响最大的人是：娱乐明星

		频数	百分比	有效百分比	累积百分比
有效	未选	636	10.0%	90.9%	90.9%
	已选	64	1.0%	9.1%	100.0%
	总计	700	11.0%	100.0%	
缺失	System	5655	89.0%		
总计		6355	100.0%		

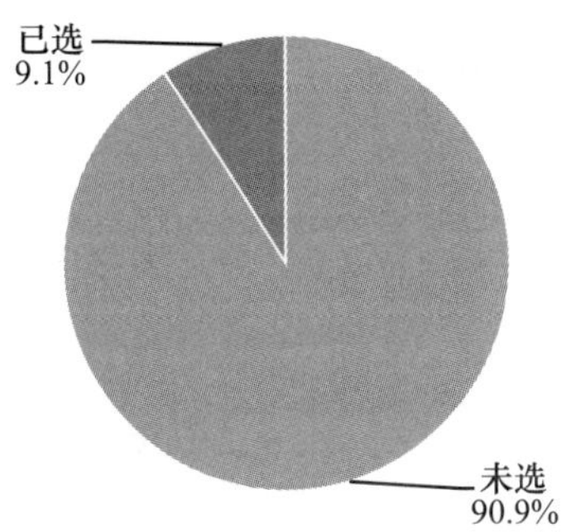

Y25f 对你影响最大的人是：毛泽东、周恩来等老一辈革命家

		频数	百分比	有效百分比	累积百分比
有效	未选	559	8.8%	79.9%	79.9%
	已选	141	2.2%	20.1%	100.0%
	总计	700	11.0%	100.0%	
缺失	System	5655	89.0%		
总计		6355	100.0%		

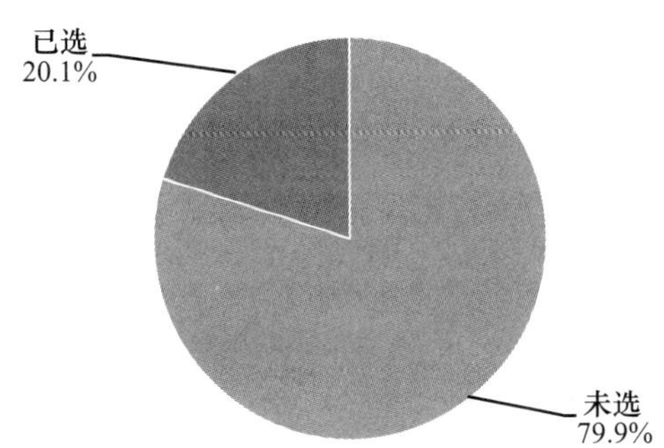

Y25g 对你影响最大的人是：英雄人物

		频数	百分比	有效百分比	累积百分比
有效	未选	567	8.9%	81.0%	81.0%
	已选	133	2.1%	19.0%	100.0%
	总计	700	11.0%	100.0%	
缺失	System	5655	89.0%		
总计		6355	100.0%		

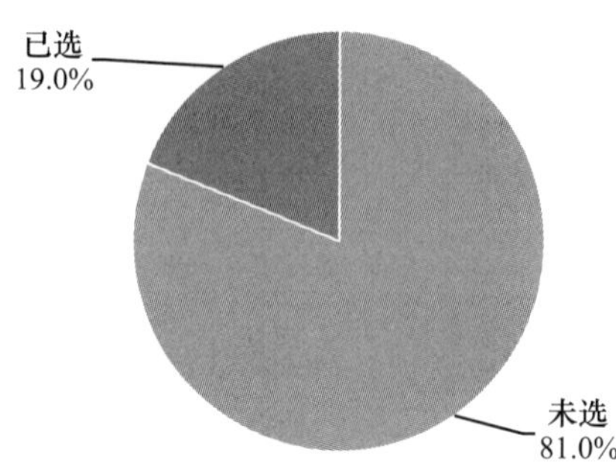

Y25h 对你影响最大的人是：体育明星

		频数	百分比	有效百分比	累积百分比
有效	未选	649	10.2%	92.7%	92.7%
	已选	51	0.8%	7.3%	100.0%
	总计	700	11.0%	100.0%	
缺失	System	5655	89.0%		
总计		6355	100.0%		

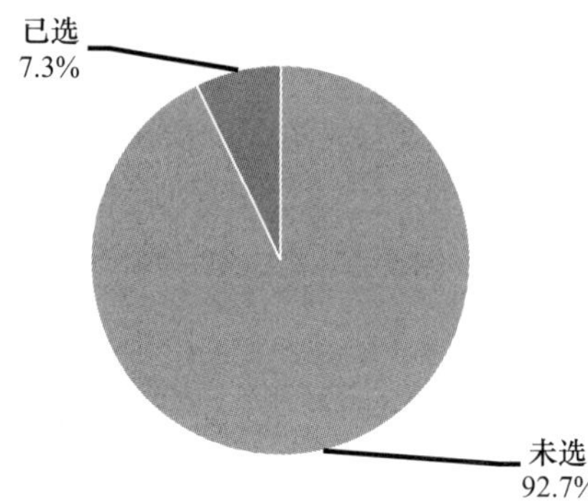

Y25i 对你影响最大的人是：科学家

		频数	百分比	有效百分比	累积百分比
有效	未选	603	9.5%	86.1%	86.1%
	已选	97	1.5%	13.9%	100.0%
	总计	700	11.0%	100.0%	
缺失	System	5655	89.0%		
总计		6355	100.0%		

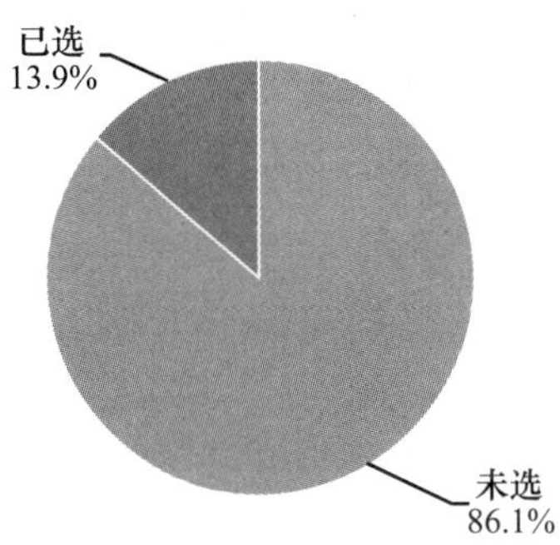

Y25j 对你影响最大的人是：其他人物

		频数	百分比	有效百分比	累积百分比
有效	未选	637	10.0%	91.0%	91.0%
	已选	63	1.0%	9.0%	100.0%
	总计	700	11.0%	100.0%	
缺失	System	5655	89.0%		
总计		6355	100.0%		

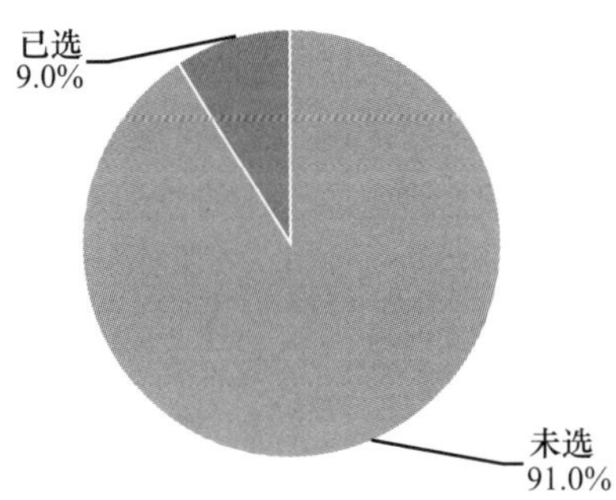

Y26a 上学期的最后一个月，你对下列情况的体会：觉得自己是学校的一分子

		频数	百分比	有效百分比	累积百分比
有效	从不	27	0.4%	3.9%	3.9%
	很少	70	1.1%	10.0%	13.9%
	有时	205	3.2%	29.4%	43.3%
	每天	396	6.2%	56.7%	100.0%
	总计	698	11.0%	100.0%	

续表

		频数	百分比	有效百分比	累积百分比
缺失	0	2			
	System	5655	89.0%		
	总计	5657	89.0%		
总计		6355	100.0%		

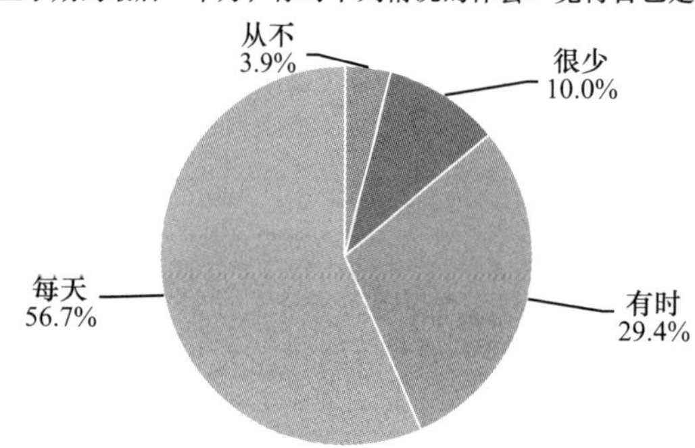

Y26b 上学期的最后一个月，你对下列情况的体会：觉得自己和学校的人关系密切

		频数	百分比	有效百分比	累积百分比
有效	从不	19	0.3%	2.7%	2.7%
	很少	94	1.5%	13.4%	16.1%
	有时	221	3.5%	31.5%	47.6%
	每天	367	5.8%	52.4%	100.0%
	总计	701	11.0%	100.0%	
缺失	System	5654	89.0%		
总计		6355	100.0%		

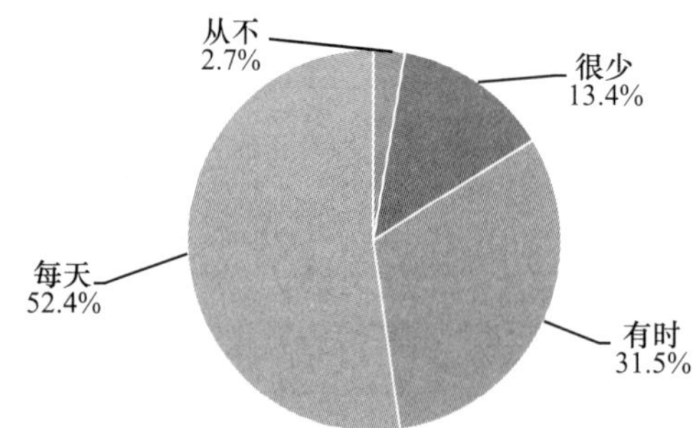

Y26c 上学期的最后一个月，你对下列情况的体会：在你的学校读书是件开心的事情

		频数	百分比	有效百分比	累积百分比
有效	从不	21	0.3%	3.0%	3.0%
	很少	54	0.8%	7.7%	10.7%
	有时	202	3.2%	28.8%	39.5%
	每天	424	6.7%	60.5%	100.0%
	总计	701	11.0%	100.0%	
缺失	System	5654	89.0%		
总计		6355	100.0%		

上学期的最后一个月，你对下列情况的体会：在你的学校读书是件开心的事情

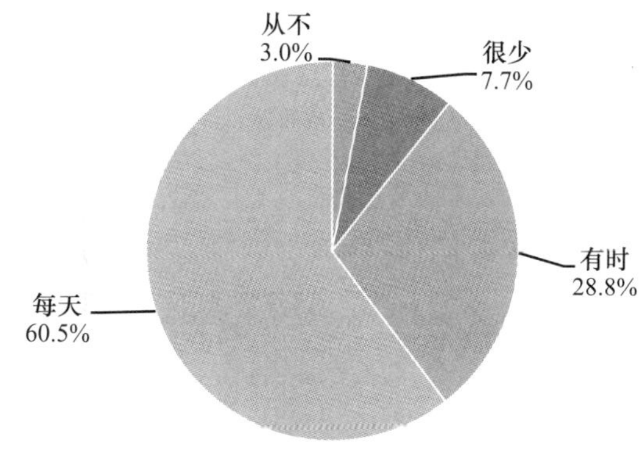

Y26d 上学期的最后一个月，你对下列情况的体会：觉得在你的学校里是安全的

		频数	百分比	有效百分比	累积百分比
有效	从不	17	0.3%	2.4%	2.4%
	很少	50	0.8%	7.2%	9.6%
	有时	137	2.2%	19.6%	29.2%
	每天	495	7.8%	70.8%	100.0%
	总计	699	11.0%	100.0%	
缺失	0	1			
	System	5655	89.0%		
	总计	5656	89.0%		
总计		6355	100.0%		

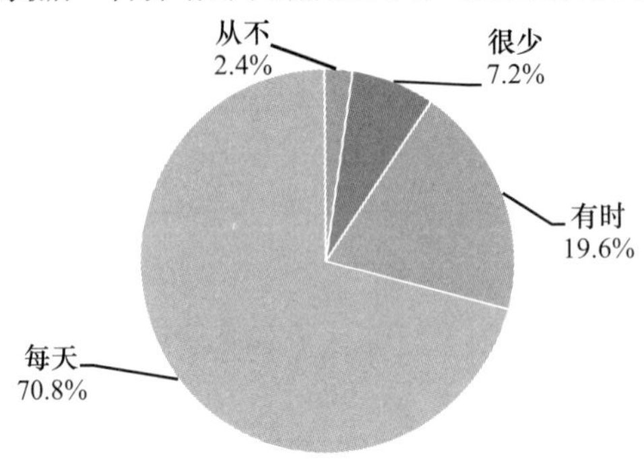

Y27 上学期的最后一个月，你对下列情况的体会：你觉得大多数人都是可以相信的吗

		频数	百分比	有效百分比	累积百分比
有效	1 分	177	2.8%	25.3%	25.3%
	2 分	131	2.1%	18.7%	44.1%
	3 分	216	3.4%	30.9%	75.0%
	4 分	75	1.2%	10.7%	85.7%
	5 分	100	1.6%	14.3%	100.0%
	总计	699	11.0%	100.0%	
缺失	0	1			
	System	5655	89.0%		
	总计	5656	89.0%		
总计		6355	100.0%		

注：1 分代表“大多数人都可以相信”，5 分代表“对其他人都应该小心防备”，依次信任度递减。

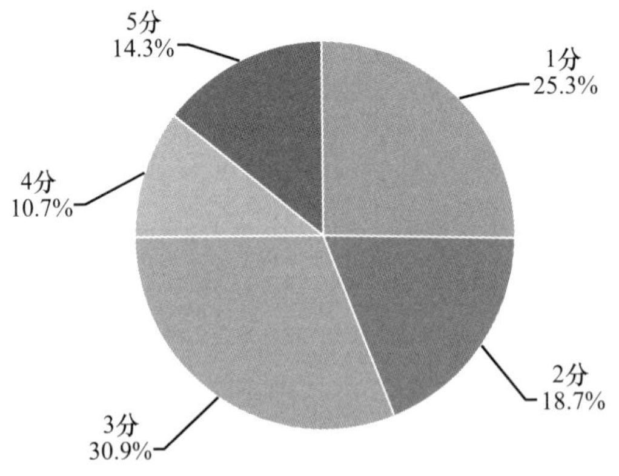

第二章 2016年江苏省伦理道德发展数据库交互分析表

江苏省伦理道德评价的宗教信仰差异

B1a by A5

您对当前我国社会的道德状况的满意程度 * 宗教信仰 Crosstabulation

	没有宗教信仰	信仰宗教	总计
非常满意	28.0%	28.2%	28.0%
比较满意	59.5%	56.3%	59.2%
比较不满意	10.0%	13.4%	10.3%
非常不满意	2.5%	2.1%	2.5%
总计	100.0%	100.0%	100.0%
列总计	5635	568	6203

Chi-square tests：df = 3，卡方值为 7.075，sig = 0.070 > 0.050，所以不同宗教信仰的居民在“对当前我国社会的道德状况的满意程度”的评价上没有显著差异。

B1b by A5

您对当前我国社会人与人之间关系的满意程度 * 宗教信仰 Crosstabulation

	没有宗教信仰	信仰宗教	总计
非常满意	25.1%	24.7%	25.1%
比较满意	62.3%	60.7%	62.1%
比较不满意	11.0%	12.7%	11.2%
非常不满意	1.6%	1.9%	1.6%
总计	100.0%	100.0%	100.0%
列总计	5632	567	6199

Chi-square tests：df = 3，卡方值为 1.906，sig = 0.592 > 0.050，所以不同宗教信仰的居民在“对当前我国社会人与人之间关系的满意程度”的评价上没有显著差异。

B1c by A5

对您自己的道德状况的满意程度 * 宗教信仰 Crosstabulation

	没有宗教信仰	信仰宗教	总计
非常满意	47.1%	46.2%	47.0%
比较满意	50.5%	50.8%	50.5%
比较不满意	2.0%	2.5%	2.0%
非常不满意	0.4%	0.5%	0.4%
总计	100.0%	100.0%	100.0%
列总计	5625	567	6192

Chi-square tests：df = 3，卡方值为 0.915，sig = 0.822 >0.050，所以不同宗教信仰的居民在“对您自己的道德状况的满意程度”的评价上没有显著差异。

B2 by A5

目前我国社会中道德和幸福的现实关系 * 宗教信仰 Crosstabulation

	没有宗教信仰	信仰宗教	总计
总体上道德和幸福能够一致，能惩恶扬善	78.2%	79.4%	78.3%
有道德、讲伦理的人大多吃亏，不守道德的人更能讨便宜	15.0%	14.7%	14.9%
道德和幸福没有关系，能挣钱、有发展无论怎样行动都行	6.8%	5.9%	6.7%
总计	100.0%	100.0%	100.0%
列总计	5544	558	6102

Chi-square tests：df = 2，卡方值为 0.731，sig = 0.694 >0.050，所以不同宗教信仰的居民在对“目前我国社会中道德和幸福的现实关系”的评价上没有显著差异。

B3a by A5

您认为您目前的状况是：生活水平提高了，但幸福感和快乐感降低了 * 宗教信仰 Crosstabulation

	没有宗教信仰	信仰宗教	总计
未选	86.0%	87.6%	86.2%
已选	14.0%	12.4%	13.8%
总计	100.0%	100.0%	100.0%
列总计	5661	573	6234

Chi-square tests：df = 1，卡方值为 1.070，sig = 0.301 >0.050，所以不同宗教信仰的居民在对“生活水平提高了，但幸福感和快乐感降低了”的评价上没有显著差异。

B3b by A5

您认为您目前的状况是：生活既不富裕也不小康，但幸福并快乐着 ＊ 宗教信仰 Crosstabulation

	没有宗教信仰	信仰宗教	总计
未选	69.8%	70.3%	69.9%
已选	30.2%	29.7%	30.1%
总计	100.0%	100.0%	100.0%
列总计	5659	573	6232

Chi-square tests：df = 1，卡方值为 0.065，sig = 0.798 > 0.050，所以不同宗教信仰的居民在对“生活既不富裕也不小康，但幸福并快乐着”的评价上没有显著差异。

B3c by A5

您认为您目前的状况是：生活富裕，但不感到幸福和快乐 ＊ 宗教信仰 Crosstabulation

	没有宗教信仰	信仰宗教	总计
未选	96.7%	98.3%	96.8%
已选	3.3%	1.7%	3.2%
总计	100.0%	100.0%	100.0%
列总计	5658	573	6231

Chi-square tests：df = 1，卡方值为 4.135，sig = 0.042 < 0.050，所以不同宗教信仰的居民在对“生活富裕，但不感到幸福和快乐”的评价上有显著差异。

B3d by A5

您认为您目前的状况是：生活小康，幸福且快乐 ＊ 宗教信仰 Crosstabulation

	没有宗教信仰	信仰宗教	总计
未选	59.9%	56.2%	59.5%
已选	40.1%	43.8%	40.5%
总计	100.0%	100.0%	100.0%
列总计	5659	573	6232

Chi-square tests：df = 1，卡方值为 2.915，sig = 0.088 > 0.050，所以不同宗教信仰的居民在对“生活小康，幸福且快乐”的评价上没有显著差异。

B3e by A5

您认为您目前的状况是：生活贫困，既不幸福也不快乐 ＊ 宗教信仰 Crosstabulation

	没有宗教信仰	信仰宗教	总计
未选	94.6%	95.3%	94.7%

续表

	没有宗教信仰	信仰宗教	总计
已选	5.4%	4.7%	5.3%
总计	100.0%	100.0%	100.0%
列总计	5658	573	6231

Chi-square tests：df = 1，卡方值为0.429，sig = 0.512 > 0.050，所以不同宗教信仰的居民在对“生活贫困，既不幸福也不快乐”的评价上没有显著差异。

B3f by A5

您认为您目前的状况是：生活富裕，幸福且快乐 ＊ 宗教信仰 Crosstabulation

	没有宗教信仰	信仰宗教	总计
未选	90.3%	90.4%	90.3%
已选	9.7%	9.6%	9.7%
总计	100.0%	100.0%	100.0%
列总计	5659	573	6232

Chi-square tests：df = 1，卡方值为0.006，sig = 0.937 > 0.050，所以不同宗教信仰的居民在对“生活富裕，幸福且快乐”的评价上没有显著差异。

B3g by A5

您认为您目前的状况是：幸福感和快乐感提高了 ＊ 宗教信仰 Crosstabulation

	没有宗教信仰	信仰宗教	总计
未选	72.9%	74.0%	73.0%
已选	27.1%	26.0%	27.0%
总计	100.0%	100.0%	100.0%
列总计	5658	573	6231

Chi-square tests：df = 1，卡方值为0.294，sig = 0.587 > 0.050，所以不同宗教信仰的居民在对“幸福感和快乐感提高了”的评价上没有显著差异。

B5 by A5

您认为中国梦和您个人、家庭追求美好生活有无关系 ＊ 宗教信仰 Crosstabulation

	没有宗教信仰	信仰宗教	总计
关系很大	66.0%	67.4%	66.1%
关系不大	19.4%	18.4%	19.3%
根本没有关系	3.2%	2.5%	3.1%
不清楚什么是中国梦	11.4%	11.7%	11.4%
总计	100.0%	100.0%	100.0%

续表

	没有宗教信仰	信仰宗教	总计
列总计	5652	571	6223

Chi-square tests：df = 3，卡方值为 1. 470，sig = 0. 689 > 0. 050，所以不同宗教信仰的居民在对“您认为中国梦与您个人、家庭追求美好生活有无关系”的评价上没有显著差异。

B6 by A5

现在我们省正按照习近平总书记的要求，努力建设经济强、百姓富、环境美、社会文明程度高的新江苏。您对实现“新江苏”这样的目标是否有信心 * 宗教信仰 Crosstabulation

	没有宗教信仰	信仰宗教	总计
很有信心	82. 5%	80. 4%	82. 3%
没有信心	4. 3%	5. 6%	4. 4%
说不清楚	13. 1%	14. 0%	13. 2%
总计	100. 0%	100. 0%	100. 0%
列总计	5639	572	6211

Chi-square tests：df = 2，卡方值为 2. 440，sig = 0. 295 > 0. 050，所以不同宗教信仰的居民在对“您认为我省目前对实现‘经济强、百姓富、环境美、社会文明程度高’的目标”的信心度上没有显著差异。

B7 by A5

您认为我国目前人与人之间的关系主要受什么影响 * 宗教信仰 Crosstabulation

	没有宗教信仰	信仰宗教	总计
完全受利益影响	10. 4%	11. 7%	10. 5%
主要受利益影响	38. 5%	36. 0%	38. 3%
主要受情感影响	22. 6%	22. 4%	22. 6%
完全受情感影响	3. 2%	2. 5%	3. 2%
受个人价值观影响	12. 4%	14. 1%	12. 6%
受共同价值观影响	12. 8%	13. 3%	12. 9%
总计	100. 0%	100. 0%	100. 0%
列总计	5622	566	6188

Chi-square tests：df = 5，卡方值为 3. 872，sig = 0. 568 > 0. 050，所以不同宗教信仰的居民在对“您认为我国目前人与人之间关系影响因素”的认知上没有显著差异。

B8a by A5

请问您是否同意以下说法：当前大多数人奉行的是“个人至上” * 宗教信仰 Crosstabulation

	没有宗教信仰	信仰宗教	总计
完全同意	15.9%	16.1%	16.0%
比较同意	39.2%	38.0%	39.1%
不太同意	34.0%	35.0%	34.1%
完全不同意	10.9%	10.9%	10.9%
总计	100.0%	100.0%	100.0%
列总计	5649	571	6220

Chi-square tests：df = 3 ，卡方值为 0.366，sig = 0.947 > 0.050，所以不同宗教信仰的居民在对“当前大多数人奉行的是‘个人至上’”这一说法的认知上没有显著差异。

B8b by A5

请问您是否同意以下说法：现在我国大多数人是见利忘义的 * 宗教信仰 Crosstabulation

	没有宗教信仰	信仰宗教	总计
完全同意	9.2%	12.1%	9.5%
比较同意	26.9%	24.7%	26.7%
不太同意	47.4%	48.7%	47.5%
完全不同意	16.5%	14.5%	16.3%
总计	100.0%	100.0%	100.0%
列总计	5632	571	6203

Chi-square tests：df = 3 ，卡方值为 6.838，sig = 0.077 > 0.050，所以不同宗教信仰的居民在对“现在我国大多数人是见利忘义的”这一说法的认知上没有显著差异。

B8c by A5

请问您是否同意以下说法：当前大多数人是以集体利益为重 * 宗教信仰 Crosstabulation

	没有宗教信仰	信仰宗教	总计
完全同意	16.9%	16.6%	16.9%
比较同意	44.7%	45.1%	44.7%
不太同意	32.1%	30.2%	31.9%
完全不同意	6.3%	8.1%	6.4%

续表

	没有宗教信仰	信仰宗教	总计
总计	100.0%	100.0%	100.0%
列总计	5626	566	6192

Chi-square tests：df = 3，卡方值为 3.429，sig = 0.330 > 0.050，所以不同宗教信仰的居民在对“当前大多数人是以集体利益为重”这一说法的认知上没有显著差异。

B8d by A5

请问您是否同意以下说法：当前大多数人是以家庭利益至上 * 宗教信仰 Crosstabulation

	没有宗教信仰	信仰宗教	总计
完全同意	31.7%	34.0%	31.9%
比较同意	49.4%	47.5%	49.2%
不太同意	15.8%	16.0%	15.8%
完全不同意	3.1%	2.5%	3.1%
总计	100.0%	100.0%	100.0%
列总计	5613	570	6183

Chi-square tests：df = 3，卡方值为 2.037，sig = 0.565 > 0.050，所以不同宗教信仰的居民在对“当前大多数人是以家庭利益至上”这一说法的认知上没有显著差异。

B8e by A5

请问您是否同意以下说法：当前的社会是个金钱至上的社会 * 宗教信仰 Crosstabulation

	没有宗教信仰	信仰宗教	总计
完全同意	24.3%	26.5%	24.5%
比较同意	36.6%	36.5%	36.6%
不太同意	30.6%	30.5%	30.6%
完全不同意	8.5%	6.5%	8.3%
总计	100.0%	100.0%	100.0%
列总计	5619	570	6189

Chi-square tests：df = 3，卡方值为 3.608，sig = 0.307 > 0.050，所以不同宗教信仰的居民在对“当前的社会是个金钱至上的社会”这一说法的认知上没有显著差异。

B8f by A5

请问您是否同意以下说法：好人有好报，恶人终归会受到惩罚 ＊ 宗教信仰 Crosstabulation

	没有宗教信仰	信仰宗教	总计
完全同意	54.5%	57.5%	54.8%
比较同意	32.3%	31.6%	32.2%
不太同意	10.2%	8.4%	10.0%
完全不同意	3.0%	2.5%	3.0%
总计	100.0%	100.0%	100.0%
列总计	5621	570	6191

Chi-square tests：df = 3，卡方值为 3.079，sig = 0.380 > 0.050，所以不同宗教信仰的居民在对“好人有好报，恶人终归会受到惩罚”这一说法的认知上没有显著差异。

B8g by A5

请问您是否同意以下说法：我们的社会中道德能够很好地约束人们行为 ＊ 宗教信仰 Crosstabulation

	没有宗教信仰	信仰宗教	总计
完全同意	28.0%	29.6%	28.2%
比较同意	50.5%	51.7%	50.6%
不太同意	18.3%	16.5%	18.1%
完全不同意	3.1%	2.3%	3.0%
总计	100.0%	100.0%	100.0%
列总计	5623	571	6194

Chi-square tests：df = 3，卡方值为 2.757，sig = 0.431 > 0.050，所以不同宗教信仰的居民在对“我们的社会中道德能够很好地约束人们行为”这一说法的认知上没有显著差异。

B8h by A5

请问您是否同意以下说法：现有的规范和习俗能够很好地调节人与人的关系 ＊ 宗教信仰 Crosstabulation

	没有宗教信仰	信仰宗教	总计
完全同意	25.6%	24.6%	25.5%
比较同意	53.7%	57.6%	54.1%
不太同意	17.7%	15.5%	17.5%
完全不同意	2.9%	2.3%	2.9%

续表

	没有宗教信仰	信仰宗教	总计
总计	100.0%	100.0%	100.0%
列总计	5605	569	6174

Chi-square tests：df = 3，卡方值为 3.959 ，sig = 0.266 > 0.050，所以不同宗教信仰的居民在对“现有的规范和习俗能够很好地调节人与人的关系”这一说法的认知上没有显著差异。

B8i by A5

请问您是否同意以下说法：为了经济利益可以少许破坏生态环境 ＊ 宗教信仰 Crosstabulation

	没有宗教信仰	信仰宗教	总计
完全同意	8.3%	12.1%	8.6%
比较同意	17.5%	15.6%	17.3%
不太同意	30.0%	33.8%	30.3%
完全不同意	44.2%	38.5%	43.7%
总计	100.0%	100.0%	100.0%
列总计	5615	571	6186

Chi-square tests：df = 3，卡方值为 16.150 ，sig = 0.001 < 0.050，所以不同宗教信仰的居民在对“为了经济利益可以少许破坏生态环境”这一说法的认知上有显著差异。

B8j by A5

请问您是否同意以下说法：在社会生活中首要的是个人幸福，然后才可以去顾及他人 ＊ 宗教信仰 Crosstabulation

	没有宗教信仰	信仰宗教	总计
完全同意	17.4%	20.8%	17.7%
比较同意	38.8%	35.6%	38.5%
不太同意	32.0%	32.4%	32.1%
完全不同意	11.7%	11.2%	11.7%
总计	100.0%	100.0%	100.0%
列总计	5636	571	6207

Chi-square tests：df = 3，卡方值为 5.085 ，sig = 0.166 > 0.050，所以不同宗教信仰的居民在对“在社会生活中首要的是个人幸福，然后才可以去顾及他人”这一说法的认知上没有显著差异。

B8k by A5

请问您是否同意以下说法：一个人的时候可以做一些诸如随地丢垃圾、随地吐痰等的小事，反正也没有别人知道 ＊ 宗教信仰 Crosstabulation

	没有宗教信仰	信仰宗教	总计
完全同意	3.9%	4.6%	4.0%
比较同意	9.4%	7.0%	9.2%
不太同意	25.4%	25.3%	25.4%
完全不同意	61.3%	63.2%	61.4%
总计	100.0%	100.0%	100.0%
列总计	5637	570	6207

Chi-square tests：df = 3，卡方值为 3.929，sig = 0.269 > 0.050，所以不同宗教信仰的居民在对“一个人的时候可以做一些诸如随地丢垃圾、随地吐痰等的小事，反正也没有别人知道”这一说法的认知上没有显著差异。

B9 by A5

对中国社会，您最担忧的问题是 ＊ 宗教信仰 Crosstabulation

	没有宗教信仰	信仰宗教	总计
腐败不能根治	29.1%	31.9%	29.4%
生态环境恶化	21.9%	19.5%	21.7%
贫富不均，两极分化	20.1%	18.1%	19.9%
老无所养，未来没有把握	11.4%	10.4%	11.3%
生活水平下降	4.8%	5.6%	4.9%
道德滑坡，社会风气恶化	8.1%	8.9%	8.2%
人际关系紧张	1.7%	2.5%	1.7%
其他	2.8%	3.2%	2.9%
总计	100.0%	100.0%	100.0%
列总计	5633	570	6203

Chi-square tests：df = 7，卡方值为 7.559，sig = 0.373 > 0.050，所以不同宗教信仰的居民在对“对中国社会，您最担忧的问题”的选择上没有显著差异。

B10 by A5

和前几年相比，您认为目前我国官员腐败现象 ＊ 宗教信仰 Crosstabulation

	没有宗教信仰	信仰宗教	总计
有较大改善	73.7%	73.4%	73.7%
没什么变化	22.7%	23.8%	22.8%

续表

	没有宗教信仰	信仰宗教	总计
更加恶化	3. 6%	2. 8%	3. 5%
总计	100. 0%	100. 0%	100. 0%
列总计	5640	572	6212

Chi-square tests：df = 2，卡方值为 1. 173 ，sig = 0. 556 > 0. 050，认为不同宗教信仰的居民在对“和前几年相比，您认为目前我国官员腐败现象”的看法上没有显著差异。

B11a by A5

当前我国社会道德生活中最重要的元素 ＊ 宗教信仰 Crosstabulation

	没有宗教信仰	信仰宗教	总计
意识形态中所提倡的社会主义道德	26. 3%	28. 8%	26. 5%
中国传统道德	58. 7%	58. 8%	58. 7%
受西方文化影响而形成的道德	3. 8%	2. 8%	3. 7%
市场经济中形成的道德	11. 1%	9. 0%	10. 9%
其他	0. 1%	0. 5%	0. 2%
总计	100. 0%	100. 0%	100. 0%
列总计	5562	565	6127

Chi-square tests：df = 4 ，卡方值为 8. 760 ，sig = 0. 067 > 0. 050，所以不同宗教信仰的居民在对“当前我国社会道德生活中最重要的元素”的选择上没有显著差异。

B11b by A5

当前我国社会道德生活中第二重要的元素 ＊ 宗教信仰 Crosstabulation

	没有宗教信仰	信仰宗教	总计
意识形态中所提倡的社会主义道德	44. 8%	40. 9%	44. 5%
中国传统道德	28. 2%	29. 3%	28. 3%
受西方文化影响而形成的道德	7. 3%	8. 4%	7. 4%
市场经济中形成的道德	19. 5%	20. 9%	19. 7%
其他	0. 2%	0. 5%	0. 2%
总计	100. 0%	100. 0%	100. 0%
列总计	5473	550	6023

Chi-square tests：df = 4，卡方值为 6. 263 ，sig = 0. 180 > 0. 050，所以不同宗教信仰的居民在对“当前我国社会道德生活中第二重要的元素”的选择上没有显著差异。

B11c by A5

当前我国社会道德生活中第三重要的元素 ＊ 宗教信仰 Crosstabulation

	没有宗教信仰	信仰宗教	总计
意识形态中所提倡的社会主义道德	21.6%	21.6%	21.6%
中国传统道德	9.6%	8.9%	9.5%
受西方文化影响而形成的道德	19.9%	21.4%	20.0%
市场经济中形成的道德	48.2%	47.5%	48.1%
其他	0.7%	0.6%	0.7%
总计	100.0%	100.0%	100.0%
列总计	5441	541	5982

Chi-square tests：df = 4，卡方值为 1.112 ，sig = 0.892 > 0.050，所以不同宗教信仰的居民在对“当前我国社会道德生活中第三重要的元素”的选择上没有显著差异。

B12 by A5

对伦理关系和道德生活，您最向往或怀念的是 ＊ 宗教信仰 Crosstabulation

	没有宗教信仰	信仰宗教	总计
传统社会的伦理和道德（如仁、义、礼、智、信）	45.3%	46.1%	45.4%
战争年代为理想而献身的革命精神（如革命烈士的无私献身精神）	18.2%	16.8%	18.1%
新中国成立后到“文化大革命”前的大公无私的集体主义精神	12.5%	9.3%	12.2%
追求个人利益的市场经济下的道德	5.6%	7.5%	5.8%
自由、平等、博爱的西方道德	18.4%	20.2%	18.6%
总计	100.0%	100.0%	100.0%
列总计	5640	570	6210

Chi-square tests：df = 4 ，卡方值为 9.063 ，sig = 0.060 > 0.050，所以不同宗教信仰的居民在对“对伦理关系和道德生活，您最向往或怀念的是”这一问题的看法上没有显著差异。

B13a by A11

目前职业道德中最突出的问题是：将职业当作谋生的手段，缺乏责任感和奉献精神 ＊ 宗教信仰 Crosstabulation

	没有宗教信仰	信仰宗教	总计
未选	49.8%	51.4%	50.0%
已选	50.2%	48.6%	50.0%
总计	100.0%	100.0%	100.0%

续表

	没有宗教信仰	信仰宗教	总计
列总计	5613	564	6177

Chi-square tests：df = 1，卡方值为 0.505 ，sig = 0.477 > 0.050，所以不同宗教信仰的居民在对“将职业当作谋生的手段，缺乏责任感和奉献精神是目前职业道德中最突出的问题”这一说法的看法上没有显著差异。

B13b by A11

目前职业道德中最突出的问题是：企业老板剥削员工，利益关系不公正 * 宗教信仰 Crosstabulation

	没有宗教信仰	信仰宗教	总计
未选	62.8%	65.5%	63.1%
已选	37.2%	34.5%	36.9%
总计	100.0%	100.0%	100.0%
列总计	5616	563	6179

Chi-square tests：df = 1，卡方值为 1.648 ，sig = 0.199 > 0.050，所以不同宗教信仰的居民在对“企业老板剥削员工，利益关系不公正是目前职业道德中最突出的问题”这一说法的认知上没有显著差异。

B13c by A11

目前职业道德中最突出的问题是：老板和员工、上级和下级相互勾结，共同对社会不负责任 * 宗教信仰 Crosstabulation

	没有宗教信仰	信仰宗教	总计
未选	78.8%	78.2%	78.8%
已选	21.2%	21.8%	21.2%
总计	100.0%	100.0%	100.0%
列总计	5617	563	6180

Chi-square tests：df = 1，卡方值为 0.141 ，sig = 0.707 > 0.050，所以不同宗教信仰的居民在对“老板和员工、上级和下级相互勾结，共同对社会不负责任是目前职业道德中最突出的问题”这一说法的认知上没有显著差异。

B13d by A11

目前职业道德中最突出的问题是：领导和业主道德素质差 * 宗教信仰 Crosstabulation

	没有宗教信仰	信仰宗教	总计
未选	81.8%	83.7%	81.9%

续表

	没有宗教信仰	信仰宗教	总计
已选	18.2%	16.3%	18.1%
总计	100.0%	100.0%	100.0%
列总计	5617	563	6180

Chi-square tests：df = 1，卡方值为 1.257 ，sig = 0.262 > 0.050，所以不同宗教信仰的居民在对“领导和业主道德素质差是目前职业道德中最突出的问题”这一说法的认知上没有显著差异。

B13e by A11

目前职业道德中最突出的问题是：组织只是利益的博弈场所，缺乏伦理性与道德性 * 宗教信仰 Crosstabulation

	没有宗教信仰	信仰宗教	总计
未选	82.4%	76.9%	81.9%
已选	17.6%	23.1%	18.1%
总计	100.0%	100.0%	100.0%
列总计	5618	563	6181

Chi-square tests：df = 1，卡方值为 10.464 ，sig = 0.001 < 0.050，所以不同宗教信仰的居民在对“组织只是利益的博弈场所，缺乏伦理性与道德性是目前职业道德中最突出的问题”这一说法的认知上有显著差异。

B14 by A5

您认为目前我国社会成员之间的收入差距 * 宗教信仰 Crosstabulation

	没有宗教信仰	信仰宗教	总计
合理，可以接受	20.7%	18.9%	20.5%
不合理，但可以接受	39.3%	43.7%	39.7%
不合理，不能接受	27.8%	22.9%	27.4%
说不清	12.2%	14.5%	12.4%
总计	100.0%	100.0%	100.0%
列总计	5616	572	6188

Chi-square tests：df = 3，卡方值为 10.231 ，sig = 0.017 < 0.050，所以不同宗教信仰的居民在对“您认为目前我国社会成员之间的收入差距”的认知上有显著差异。

B15 by A5

和前几年相比，您认为目前我国社会的分配不公、两极分化现象 ＊ 宗教信仰 Crosstabulation

	没有宗教信仰	信仰宗教	总计
有较大改善	45.7%	48.4%	46.0%
没什么变化	40.3%	38.0%	40.1%
更加恶化	13.9%	13.6%	13.9%
总计	100.0%	100.0%	100.0%
列总计	5614	566	6180

Chi-square tests：df = 2，卡方值为 1.559，sig = 0.459 > 0.050，所以不同宗教信仰的居民在对“目前我国社会的分配不公、两极分化现象”的认知上没有显著差异。

B16 by A5

跟三年前相比，您觉得自己的社会经济地位 ＊ 宗教信仰 Crosstabulation

	没有宗教信仰	信仰宗教	总计
上升了	37.5%	43.5%	38.0%
差不多	45.3%	41.3%	45.0%
下降了	10.0%	8.4%	9.9%
不好说/说不清	7.2%	6.8%	7.1%
总计	100.0%	100.0%	100.0%
列总计	5639	572	6211

Chi-square tests：df = 3，卡方值为 8.438 ，sig = 0.038 < 0.050，所以不同宗教信仰的居民在对“跟三年前相比，您觉得自己的社会经济地位”的评价上有显著差异。

B17 by A5

跟同龄人相比，您觉得自己的社会经济地位 ＊ 宗教信仰 Crosstabulation

	没有宗教信仰	信仰宗教	总计
较高	9.4%	6.9%	9.2%
差不多	61.4%	60.8%	61.3%
较低	19.8%	20.6%	19.9%
不好说/说不清	9.4%	11.8%	9.6%
总计	100.0%	100.0%	100.0%
列总计	5599	569	6168

Chi-square tests：df = 3，卡方值为 6.896 ，sig = 0.075 > 0.050，所以不同宗教信仰的居民在对“跟同龄人相比，自己的社会经济地位”的评价上没有显著差异。

B18a by A5

您对现代家庭伦理中最忧虑的问题是：婚姻意味着责任，不能轻率地选择离婚 * 宗教信仰 Crosstabulation

	没有宗教信仰	信仰宗教	总计
未选	79.2%	77.8%	79.1%
已选	20.8%	22.2%	20.9%
总计	100.0%	100.0%	100.0%
列总计	5575	555	6130

Chi-square tests：df = 1，卡方值为 0.560 ，sig = 0.454 > 0.050，所以不同宗教信仰的居民在对“婚姻意味着责任，不能轻率地选择离婚”这一问题的看法上没有显著差异。

B18b by A5

您对现代家庭伦理中最忧虑的问题是：子女，尤其是独生子女缺乏责任感 * 宗教信仰 Crosstabulation

	没有宗教信仰	信仰宗教	总计
未选	59.4%	61.3%	59.5%
已选	40.6%	38.7%	40.5%
总计	100.0%	100.0%	100.0%
列总计	5572	555	6127

Chi-square tests：df = 1，卡方值为 0.751 ，sig = 0.386 > 0.050，所以不同宗教信仰的居民在对“子女，尤其是独生子女缺乏责任感”这一问题的看法上没有显著差异。

B18c by A5

您对现代家庭伦理中最忧虑的问题是：子女不孝敬父母 * 宗教信仰 Crosstabulation

	没有宗教信仰	信仰宗教	总计
未选	74.2%	75.3%	74.3%
已选	25.8%	24.7%	25.7%
总计	100.0%	100.0%	100.0%
列总计	5571	555	6126

Chi-square tests：df = 1，卡方值为 0.336 ，sig = 0.562 > 0.050，所以不同宗教信仰的居民在对“子女不孝敬父母”这一问题的看法上没有显著差异。

B18d by A5

您对现代家庭伦理中最忧虑的问题是：代沟严重，价值观念对立 ＊ 宗教信仰 Crosstabulation

	没有宗教信仰	信仰宗教	总计
未选	63.7%	60.9%	63.5%
已选	36.3%	39.1%	36.5%
总计	100.0%	100.0%	100.0%
列总计	5571	555	6126

Chi-square tests：df = 1，卡方值为 1.733，sig = 0.188 > 0.050，所以不同宗教信仰的居民在对“代沟严重，价值观念对立”这一问题的看法上没有显著差异。

B18e by A5

您对现代家庭伦理中最忧虑的问题是：婆媳关系紧张 ＊ 宗教信仰 Crosstabulation

	没有宗教信仰	信仰宗教	总计
未选	86.5%	87.9%	86.6%
已选	13.5%	12.1%	13.4%
总计	100.0%	100.0%	100.0%
列总计	5572	555	6127

Chi-square tests：df = 1，卡方值为 0.927，sig = 0.336 > 0.050，所以不同宗教信仰的居民在对“婆媳关系紧张”这一问题的看法上没有显著差异。

B18f by A5

您对现代家庭伦理中最忧虑的问题是：父母不民主，不能容忍差异 ＊ 宗教信仰 Crosstabulation

	没有宗教信仰	信仰宗教	总计
未选	94.7%	96.0%	94.8%
已选	5.3%	4.0%	5.2%
总计	100.0%	100.0%	100.0%
列总计	5571	555	6126

Chi-square tests：df = 1，卡方值为 1.867，sig = 0.172 > 0.050，所以不同宗教信仰的居民在对“父母不民主，不能容忍差异”这一问题的看法上没有显著差异。

B19a by A5

您是否同意以下关于家庭和婚姻的说法：是否离婚主要考虑自己的感受和利益 * 宗教信仰 Crosstabulation

	没有宗教信仰	信仰宗教	总计
完全同意	10.0%	10.2%	10.0%
比较同意	24.4%	21.0%	24.0%
比较不同意	40.9%	40.4%	40.8%
完全不同意	24.8%	28.4%	25.1%
总计	100.0%	100.0%	100.0%
列总计	5604	567	6171

Chi-square tests：df = 3，卡方值为 5.190，sig = 0.158 > 0.050，所以不同宗教信仰的居民在对“是否离婚主要考虑自己的感受和利益”的看法上没有显著差异。

B19b by A5

您是否同意以下关于家庭和婚姻的说法：是否离婚应该从家庭整体（包括子女）考虑 * 宗教信仰 Crosstabulation

	没有宗教信仰	信仰宗教	总计
完全同意	44.9%	45.9%	45.0%
比较同意	43.9%	43.1%	43.8%
比较不同意	8.8%	8.3%	8.8%
完全不同意	2.5%	2.8%	2.5%
总计	100.0%	100.0%	100.0%
列总计	5613	569	6182

Chi-square tests：df = 3，卡方值为 0.636，sig = 0.888 > 0.050，所以不同宗教信仰的居民在对“是否离婚应该从家庭整体（包括子女）考虑”的看法上没有显著差异。

B19c by A5

您是否同意以下关于家庭和婚姻的说法：婚姻是社会的事，应当兼顾社会评价和后果 * 宗教信仰 Crosstabulation

	没有宗教信仰	信仰宗教	总计
完全同意	25.4%	24.8%	25.3%
比较同意	43.5%	46.1%	43.7%
比较不同意	23.5%	22.7%	23.4%
完全不同意	7.7%	6.3%	7.6%

续表

	没有宗教信仰	信仰宗教	总计
总计	100. 0%	100. 0%	100. 0%
列总计	5608	568	6176

Chi-square tests：df =3，卡方值为2. 283，sig =0. 516 >0. 050，所以不同宗教信仰的居民在对“婚姻是社会的事，应当兼顾社会评价和后果”的看法上没有显著差异。

B19d by A5

您是否同意以下关于家庭和婚姻的说法：婚姻意味着责任，不能轻易选择离婚 ＊ 宗教信仰 Crosstabulation

	没有宗教信仰	信仰宗教	总计
完全同意	60. 8%	62. 3%	60. 9%
比较同意	32. 0%	31. 2%	31. 9%
比较不同意	5. 2%	4. 7%	5. 1%
完全不同意	2. 0%	1. 8%	2. 0%
总计	100. 0%	100. 0%	100. 0%
列总计	5616	571	6187

Chi-square tests：df =3，卡方值为0. 734，sig =0. 865 >0. 050，所以不同宗教信仰的居民在对“婚姻意味着责任，不能轻易选择离婚”的看法上没有显著差异。

B19e by A5

您是否同意以下关于家庭和婚姻的说法：遇到困难需要别人帮助时，朋友比兄弟姐妹更可靠 ＊ 宗教信仰 Crosstabulation

	没有宗教信仰	信仰宗教	总计
完全同意	16. 2%	19. 0%	16. 4%
比较同意	29. 1%	25. 8%	28. 8%
比较不同意	42. 7%	43. 1%	42. 7%
完全不同意	12. 0%	12. 1%	12. 0%
总计	100. 0%	100. 0%	100. 0%
列总计	5618	569	6187

Chi-square tests：df =3，卡方值为4. 380，sig =0. 223 >0. 050，所以不同宗教信仰的居民在对“遇到困难需要别人帮助时，朋友比兄弟姐妹更可靠”的看法上没有显著差异。

B19f by A5

您是否同意以下关于家庭和婚姻的说法：无论父母对自己如何，都应尽赡养义务 ＊ 宗教信仰 Crosstabulation

	没有宗教信仰	信仰宗教	总计
完全同意	73.9%	75.8%	74.1%
比较同意	20.9%	20.1%	20.8%
比较不同意	3.7%	2.8%	3.6%
完全不同意	1.5%	1.2%	1.5%
总计	100.0%	100.0%	100.0%
列总计	5627	571	6198

Chi-square tests：df = 3，卡方值为 1.846，sig = 0.605 > 0.050，所以不同宗教信仰的居民在对“无论父母对自己如何，都应尽赡养义务”的认知上没有显著差异。

B19g by A5

您是否同意以下关于家庭和婚姻的说法：为了家庭利益可以一定程度上损害国家利益 ＊ 宗教信仰 Crosstabulation

	没有宗教信仰	信仰宗教	总计
完全同意	3.9%	3.2%	3.8%
比较同意	8.4%	7.9%	8.4%
比较不同意	27.1%	25.6%	26.9%
完全不同意	60.7%	63.4%	60.9%
总计	100.0%	100.0%	100.0%
列总计	5627	571	6198

Chi-square tests：df = 3，卡方值为 1.931，sig = 0.587 > 0.050，所以不同宗教信仰的居民在对“为了家庭利益可以一定程度上损害国家利益”的认知上没有显著差异。

B20 by A5

您所在的地方发生过虐童事件吗 ＊ 宗教信仰 Crosstabulation

	没有宗教信仰	信仰宗教	总计
经常会发生	0.9%	0.2%	0.9%
偶尔发生	11.8%	12.4%	11.8%
没听说过	87.3%	87.4%	87.3%
总计	100.0%	100.0%	100.0%
列总计	5609	571	6180

Chi-square tests：df = 2，卡方值为 3.700，sig = 0.157 > 0.050，所以不同宗教信仰的居民在对“您所在的地方发生过虐童事件吗”的回答上没有显著差异。

B21a by A5

您是否听说过或见过祠堂 ＊ 宗教信仰 Crosstabulation

	没有宗教信仰	信仰宗教	总计
未选	68.3%	69.6%	68.4%
已选	31.7%	30.4%	31.6%
总计	100.0%	100.0%	100.0%
列总计	5655	573	6228

Chi-square tests：df = 1，卡方值为 0.444，sig = 0.505 > 0.050，所以不同宗教信仰的居民在对“祠堂”的了解程度上没有显著差异。

B21b by A5

您是否听说过或见过族谱 ＊ 宗教信仰 Crosstabulation

	没有宗教信仰	信仰宗教	总计
未选	64.6%	63.7%	64.5%
已选	35.4%	36.3%	35.5%
总计	100.0%	100.0%	100.0%
列总计	5657	573	6230

Chi-square tests：df = 1，卡方值为 0.188，sig = 0.664 > 0.050，所以不同宗教信仰的居民在对“族谱”的了解程度上没有显著差异。

B21c by A5

您是否听说过或见过祖先牌位 ＊ 宗教信仰 Crosstabulation

	没有宗教信仰	信仰宗教	总计
未选	72.0%	73.5%	72.1%
已选	28.0%	26.5%	27.9%
总计	100.0%	100.0%	100.0%
列总计	5657	573	6230

Chi-square tests：df = 1，卡方值为 0.575，sig = 0.448 > 0.050，所以不同宗教信仰的居民在对“祖先牌位”的了解程度上没有显著差异。

B21d by A5

您是否听说过或见过姓氏辈分（×姓×字，或第×代）＊ 宗教信仰 Crosstabulation

	没有宗教信仰	信仰宗教	总计
未选	58.5%	60.0%	58.7%
已选	41.5%	40.0%	41.3%

续表

	没有宗教信仰	信仰宗教	总计
总计	100.0%	100.0%	100.0%
列总计	5657	573	6230

Chi-square tests：df=1，卡方值为0.498，sig=0.480>0.050，所以不同宗教信仰的居民在对“姓氏辈分（×姓×字，或第×代）”的了解程度上没有显著差异。

B21e by A5

您是否听说过或见过姓氏族支（×姓××堂）＊宗教信仰 Crosstabulation

	没有宗教信仰	信仰宗教	总计
未选	88.8%	89.7%	88.9%
已选	11.2%	10.3%	11.1%
总计	100.0%	100.0%	100.0%
列总计	5657	573	6230

Chi-square tests：df=1，卡方值为0.389，sig=0.533>0.050，所以不同宗教信仰的居民在对“姓氏族支（×姓××堂）”的了解程度上没有显著差异。

B21f by A5

您是否听说过或见过到祖坟上磕头、烧纸、供菜或燃放鞭炮＊宗教信仰 Crosstabulation

	没有宗教信仰	信仰宗教	总计
未选	18.8%	23.6%	19.2%
已选	81.2%	76.4%	80.8%
总计	100.0%	100.0%	100.0%
列总计	5658	573	6231

Chi-square tests：df=1，卡方值为7.570，sig=0.006<0.050，所以不同宗教信仰的居民在对“到祖坟上磕头、烧纸、供菜或燃放鞭炮”的了解程度上有显著差异。

B21g by A5

您是否听说过或见过到祖坟上鞠躬、献鲜花或供奉水果＊宗教信仰 Crosstabulation

	没有宗教信仰	信仰宗教	总计
未选	33.2%	35.1%	33.4%
已选	66.8%	64.9%	66.6%
总计	100.0%	100.0%	100.0%
列总计	5658	573	6231

Chi-square tests：df=1，卡方值为0.786，sig=0.375>0.050，所以不同宗教信仰的居民在对“到祖坟上鞠躬、献鲜花或供奉水果”的了解程度上没有显著差异。

B21h by A5

您是否听说过或见过宗族大事记或家族活动记录 ＊ 宗教信仰 Crosstabulation

	没有宗教信仰	信仰宗教	总计
未选	92.0%	91.6%	91.9%
已选	8.0%	8.4%	8.1%
总计	100.0%	100.0%	100.0%
列总计	5658	573	6231

Chi-square tests：df = 1，卡方值为 0.079，sig = 0.779 > 0.050，所以不同宗教信仰的居民在对“宗族大事记或家族活动记录”的了解程度上没有显著差异。

B21i by A5

您是否听说过或见过古牌坊、古牌匾、人物纪念石碑等古迹古物 ＊ 宗教信仰 Crosstabulation

	没有宗教信仰	信仰宗教	总计
未选	77.6%	78.0%	77.6%
已选	22.4%	22.0%	22.4%
总计	100.0%	100.0%	100.0%
列总计	5658	573	6231

Chi-square tests：df = 1，卡方值为 0.058，sig = 0.810 > 0.050，所以不同宗教信仰的居民在对“古牌坊、古牌匾、人物纪念石碑等古迹古物”的了解程度上没有显著差异。

B22a by A5

您是否见过或参与过土地庙的活动 ＊ 宗教信仰 Crosstabulation

	没有宗教信仰	信仰宗教	总计
未选	62.5%	64.3%	62.7%
已选	37.5%	35.7%	37.3%
总计	100.0%	100.0%	100.0%
列总计	5650	572	6222

Chi-square tests：df = 1，卡方值为 0.723，sig = 0.395 > 0.050，所以不同宗教信仰的居民在对“土地庙”的了解程度上没有显著差异。

B22b by A5

您是否见过或参与过关帝庙、娘娘庙或其他神庙的活动 ＊ 宗教信仰 Crosstabulation

	没有宗教信仰	信仰宗教	总计
未选	79.6%	72.2%	78.9%
已选	20.4%	27.8%	21.1%
总计	100.0%	100.0%	100.0%
列总计	5650	572	6222

Chi-square tests：df = 1，卡方值为 17.231，sig = 0.000 < 0.050，所以不同宗教信仰的居民在对“关帝庙、娘娘庙或其他神庙”的了解程度上有显著差异。

B22c by A5

是否见过或参与过任何形式的民间信仰：没见过 ＊ 宗教信仰 Crosstabulation

	没有宗教信仰	信仰宗教	总计
未选	47.7%	52.8%	48.2%
已选	52.3%	47.2%	51.8%
总计	100.0%	100.0%	100.0%
列总计	5649	572	6221

Chi-square tests：df = 1，卡方值为 5.352，sig = 0.021 < 0.050，所以不同宗教信仰的居民在对“没见过任何形式的民间信仰”的判断上有显著差异。

B23a by A5

您是否参加过或见过个人敬供（烧香叩拜等）＊ 宗教信仰 Crosstabulation

	没有宗教信仰	信仰宗教	总计
未选	53.8%	48.2%	53.2%
已选	46.2%	51.8%	46.8%
总计	100.0%	100.0%	100.0%
列总计	5649	573	6222

Chi-square tests：df = 1，卡方值为 6.540，sig = 0.011 < 0.050，所以不同宗教信仰的居民在对“个人敬供（烧香叩拜等）”的了解程度上有显著差异。

B23b by A5

您是否参加过或见过：节日集体敬供（聚餐等）＊宗教信仰 Crosstabulation

	没有宗教信仰	信仰宗教	总计
未选	79.7%	82.2%	79.9%
已选	20.3%	17.8%	20.1%
总计	100.0%	100.0%	100.0%
列总计	5648	573	6221

Chi-square tests：df = 1，卡方值为 2.065，sig = 0.151 > 0.050，所以不同宗教信仰的居民在对“节日集体敬供（聚餐等）”的了解程度上没有显著差异。

B23c by A5

您是否参加过或见过其他活动（建庙委员会、教育、助贫、敬老、龙舟等）＊宗教信仰 Crosstabulation

	没有宗教信仰	信仰宗教	总计
未选	81.1%	79.1%	80.9%
已选	18.9%	20.9%	19.1%
总计	100.0%	100.0%	100.0%
列总计	5643	573	6216

Chi-square tests：df = 1，卡方值为 1.368，sig = 0.242 > 0.050，所以不同宗教信仰的居民在对“其他民间活动（建庙委员会、教育、助贫、敬老、龙舟等）”的了解程度上没有显著差异。

B23d by A5

没参加过任何形式的民间活动 ＊ 宗教信仰 Crosstabulation

	没有宗教信仰	信仰宗教	总计
未选	63.1%	66.5%	63.4%
已选	36.9%	33.5%	36.6%
总计	100.0%	100.0%	100.0%
列总计	5645	573	6218

Chi-square tests：df = 1，卡方值为 2.633，sig = 0.105 > 0.050，所以不同宗教信仰的居民在对“没参加过任何形式的民间活动”的判断上没有显著差异。

B24 by A5

您觉得您目前的身体健康状况是 * 宗教信仰 Crosstabulation

	没有宗教信仰	信仰宗教	总计
很健康	28.3%	30.6%	28.5%
比较健康	56.7%	53.5%	56.4%
不太健康	13.3%	14.7%	13.4%
很不健康	1.6%	1.2%	1.6%
总计	100.0%	100.0%	100.0%
列总计	5627	572	6199

Chi-square tests：df = 3，卡方值为 3.174 ，sig = 0.365 > 0.050，所以不同宗教信仰的居民在对“目前的身体健康状况”的评价上没有显著差异。

B25 by A5

您觉得您的健康状况和一年前比较起来如何 * 宗教信仰 Crosstabulation

	没有宗教信仰	信仰宗教	总计
更好	15.4%	18.0%	15.6%
没有变化	66.4%	64.3%	66.2%
更差	18.2%	17.7%	18.1%
总计	100.0%	100.0%	100.0%
列总计	5643	571	6214

Chi-square tests：df = 2，卡方值为 2.739，sig = 0.254 > 0.050，所以不同宗教信仰的居民在对“和一年前比较，对自己的健康状况变化”的评价上没有显著差异。

B26 by A5

您的就医习惯是 * 宗教信仰 Crosstabulation

	没有宗教信仰	信仰宗教	总计
出现不适就去看病	54.8%	55.4%	54.8%
症状加重时去看病	20.1%	19.6%	20.1%
能不看病就不看	21.6%	20.5%	21.5%
从不看病	2.5%	3.3%	2.6%
其他	1.0%	1.1%	1.0%
总计	100.0%	100.0%	100.0%
列总计	5635	570	6205

Chi-square tests：df = 4，卡方值为 1.710，sig = 0.789 > 0.050，所以不同宗教信仰的居民在对“就医习惯”的选择上没有显著差异。

B27 by A5

总的来说，您觉得目前的生活幸福吗 ＊ 宗教信仰 Crosstabulation

	没有宗教信仰	信仰宗教	总计
非常幸福	27.2%	31.2%	27.6%
比较幸福	66.8%	62.0%	66.4%
不太幸福	5.5%	6.1%	5.6%
非常不幸福	0.5%	0.7%	0.5%
总计	100.0%	100.0%	100.0%
列总计	5643	571	6214

Chi-square tests：df = 3，卡方值为 5.736，sig = 0.125 > 0.050，所以不同宗教信仰的居民在对“自己目前的生活幸福状况”的评价上没有显著差异。

B28 by A5

您觉得对于老年人来说最理想的，或者说，您未来最希望的养老方式是哪种 ＊ 宗教信仰 Crosstabulation

	没有宗教信仰	信仰宗教	总计
敬老院、养老院、护理院等专业养老机构	12.9%	12.2%	12.9%
与子女一起，住在家里养老	56.4%	60.1%	56.7%
与子女分开，住在家里养老	19.7%	17.3%	19.5%
搬到其他地方独居养老	1.2%	1.4%	1.2%
回到老家养老	5.2%	5.6%	5.3%
旅游养老	3.3%	2.6%	3.2%
其他	1.3%	0.7%	1.3%
总计	100.0%	100.0%	100.0%
列总计	5623	572	6195

Chi-square tests：df = 6，卡方值为 5.676，sig = 0.460 > 0.050，所以不同宗教信仰的居民在对“未来最希望的养老方式”的选择上没有显著差异。

B29a by A5

过去的一周里，您为父母做过以下哪些事情：看望 ＊ 宗教信仰 Crosstabulation

	没有宗教信仰	信仰宗教	总计
未选	57.8%	63.0%	58.3%
已选	42.2%	37.0%	41.7%

续表

	没有宗教信仰	信仰宗教	总计
总计	100.0%	100.0%	100.0%
列总计	5658	573	6231

Chi-square tests：df = 1，卡方值为 5.725，sig = 0.017 < 0.050，所以不同宗教信仰的居民在对“过去一周，是否看望过父母”的行为上有显著差异。

B29b by A5

过去的一周里，您为父母做过以下哪些事情：打电话 ＊ 宗教信仰 Crosstabulation

	没有宗教信仰	信仰宗教	总计
未选	57.7%	63.5%	58.2%
已选	42.3%	36.5%	41.8%
总计	100.0%	100.0%	100.0%
列总计	5659	573	6232

Chi-square tests：df = 1，卡方值为 7.313，sig = 0.007 < 0.050，所以不同宗教信仰的居民在对“过去一周，是否给父母打过电话”的行为上有显著差异。

B29c by A5

过去的一周里，您为父母做过以下哪些事情：买东西 ＊ 宗教信仰 Crosstabulation

	没有宗教信仰	信仰宗教	总计
未选	57.7%	62.1%	58.1%
已选	42.3%	37.9%	41.9%
总计	100.0%	100.0%	100.0%
列总计	5659	573	6232

Chi-square tests：df = 1，卡方值为 4.234，sig = 0.040 < 0.050，所以不同宗教信仰的居民在对“过去一周，是否给父母买过东西”的行为上有显著差异。

B29d by A5

过去的一周里，您为父母做过以下哪些事情：陪看病 ＊ 宗教信仰 Crosstabulation

	没有宗教信仰	信仰宗教	总计
未选	77.7%	79.6%	77.9%
已选	22.3%	20.4%	22.1%
总计	100.0%	100.0%	100.0%
列总计	5658	573	6231

Chi-square tests：df = 1，卡方值为 1.016，sig = 0.314 > 0.050，所以不同宗教信仰的居民在对“过去一周，是否陪父母看过病”的行为上没有显著差异。

B29e by A5

过去的一周里，您为父母做过以下哪些事情：护理 ＊ 宗教信仰 Crosstabulation

	没有宗教信仰	信仰宗教	总计
未选	85.2%	88.3%	85.5%
已选	14.8%	11.7%	14.5%
总计	100.0%	100.0%	100.0%
列总计	5658	573	6231

Chi-square tests：df = 1，卡方值为 4.117，sig = 0.042 < 0.050，所以不同宗教信仰的居民在对“过去一周，是否给父母做过护理”的行为上有显著差异。

B29f by A5

过去的一周里，您为父母做过以下哪些事情：做家务 ＊ 宗教信仰 Crosstabulation

	没有宗教信仰	信仰宗教	总计
未选	62.3%	66.8%	62.7%
已选	37.7%	33.2%	37.3%
总计	100.0%	100.0%	100.0%
列总计	5658	573	6231

Chi-square tests：df = 1，卡方值为 4.587，sig = 0.032 < 0.050，所以不同宗教信仰的居民在对“过去一周，是否给父母做过家务”的行为上有显著差异。

B29g by A5

过去的一周里，您为父母做过以下哪些事情：谈心聊天 ＊ 宗教信仰 Crosstabulation

	没有宗教信仰	信仰宗教	总计
未选	59.9%	63.0%	60.2%
已选	40.1%	37.0%	39.8%
总计	100.0%	100.0%	100.0%
列总计	5658	573	6231

Chi-square tests：df = 1，卡方值为 2.140，sig = 0.144 > 0.050，所以不同宗教信仰的居民在对“过去一周，是否与父母谈过心、聊过天”的行为上没有显著差异。

B29h by A5

过去的一周里，您为父母做过以下哪些事情：给钱 * 宗教信仰 Crosstabulation

	没有宗教信仰	信仰宗教	总计
未选	80.2%	82.9%	80.4%
已选	19.8%	17.1%	19.6%
总计	100.0%	100.0%	100.0%
列总计	5659	573	6232

Chi-square tests：df = 1 ，卡方值为 2.422，sig = 0.120 > 0.050，所以不同宗教信仰的居民在对“过去一周，是否给过父母钱”的行为上没有显著差异。

B29i by A5

过去的一周里，您为父母做过以下哪些事情：外出旅游 * 宗教信仰 Crosstabulation

	没有宗教信仰	信仰宗教	总计
未选	93.4%	92.3%	93.3%
已选	6.6%	7.7%	6.7%
总计	100.0%	100.0%	100.0%
列总计	5658	573	6231

Chi-square tests：df = 1，卡方值为 0.916，sig = 0.338 > 0.050，所以不同宗教信仰的居民在对“过去一周，是否和父母外出旅游过”的行为上没有显著差异。

B29j by A5

过去的一周里，您为父母做过以下哪些事情：无 * 宗教信仰 Crosstabulation

	没有宗教信仰	信仰宗教	总计
未选	98.2%	96.9%	98.1%
已选	1.8%	3.1%	1.9%
总计	100.0%	100.0%	100.0%
列总计	5659	573	6232

Chi-square tests：df = 1，卡方值为 5.112，sig = 0.024 < 0.050，所以不同宗教信仰的居民在对“过去一周，没有为父母做过事情”的选择上有显著差异。

B30a by A5

总体来说，您对自己生活的以下方面是否满意：身心健康状况 * 宗教信仰 Crosstabulation

	没有宗教信仰	信仰宗教	总计
非常不满意	4.7%	4.5%	4.6%
不太满意	13.0%	14.8%	13.1%
比较满意	57.0%	56.4%	57.0%
非常满意	25.3%	24.3%	25.2%
总计	100.0%	100.0%	100.0%
列总计	5643	573	6216

Chi-square tests：df = 3，卡方值为 1.665，sig = 0.645 > 0.050，所以不同宗教信仰的居民在对“自己的身心健康状况”的满意度上没有显著差异。

B30b by A5

总体来说，您对自己生活的以下方面是否满意：整体收入水平 * 宗教信仰 Crosstabulation

	没有宗教信仰	信仰宗教	总计
非常不满意	5.3%	5.6%	5.4%
不太满意	28.0%	25.1%	27.7%
比较满意	55.4%	58.6%	55.7%
非常满意	11.2%	10.6%	11.2%
总计	100.0%	100.0%	100.0%
列总计	5649	573	6222

Chi-square tests：df = 3，卡方值为 2.742，sig = 0.433 > 0.050，所以不同宗教信仰的居民在对“自己的整体收入水平”的满意度上没有显著差异。

B30c by A5

总体来说，您对自己生活的以下方面是否满意：家庭成员关系 * 宗教信仰 Crosstabulation

	没有宗教信仰	信仰宗教	总计
非常不满意	3.4%	3.7%	3.4%
不太满意	4.2%	4.4%	4.2%
比较满意	51.7%	50.6%	51.6%
非常满意	40.7%	41.4%	40.8%

续表

	没有宗教信仰	信仰宗教	总计
总计	100.0%	100.0%	100.0%
列总计	5642	573	6215

Chi-square tests：df = 3，卡方值为0.363，sig = 0.948 >0.050，所以不同宗教信仰的居民在对“自己的家庭成员关系”的满意度上没有显著差异。

B30d by A5

总体来说，您对自己生活的以下方面是否满意：社会保障水平 * 宗教信仰 Crosstabulation

	没有宗教信仰	信仰宗教	总计
非常不满意	5.4%	6.1%	5.4%
不太满意	18.7%	19.6%	18.8%
比较满意	59.0%	56.7%	58.8%
非常满意	16.9%	17.5%	17.0%
总计	100.0%	100.0%	100.0%
列总计	5643	570	6213

Chi-square tests：df = 3，卡方值为1.417，sig = 0.701 >0.050，所以不同宗教信仰的居民在对“自己的社会保障水平”的满意度上没有显著差异。

C1a by A5

当今中国社会最基本的伦理冲突中第一重要的是 * 宗教信仰 Crosstabulation

	没有宗教信仰	信仰宗教	总计
人与人之间的冲突	42.3%	48.9%	42.9%
个人与社会的冲突	15.7%	11.4%	15.3%
人与自然的冲突	23.6%	24.1%	23.6%
人自我内在的冲突	8.8%	7.4%	8.7%
个人与政府的冲突	9.2%	7.8%	9.1%
其他	0.3%	0.4%	0.3%
总计	100.0%	100.0%	100.0%
列总计	5501	552	6053

Chi-square tests：df = 5，卡方值为13.416，sig = 0.020 <0.050，所以不同宗教信仰的居民在对“当今中国社会中第一重要的基本伦理冲突”的选择上有显著差异。

C1b by A5

您认为当今中国社会最基本的伦理冲突中第二重要的是 * 宗教信仰 Crosstabulation

	没有宗教信仰	信仰宗教	总计
人与人之间的冲突	24.7%	23.2%	24.6%
个人与社会的冲突	28.7%	28.7%	28.7%
人与自然的冲突	16.8%	11.9%	16.4%
人自我内在的冲突	18.6%	23.0%	19.0%
个人与政府的冲突	11.1%	13.1%	11.3%
其他	0.1%	0.2%	0.1%
总计	100.0%	100.0%	100.0%
列总计	5423	544	5967

Chi-square tests：df = 5，卡方值为 14.611，sig = 0.012 < 0.050，所以不同宗教信仰的居民在对“当今中国社会中第二重要的基本伦理冲突”的选择上有显著差异。

C1c by A5

当今中国社会最基本的伦理冲突中第三重要的是 * 宗教信仰 Crosstabulation

	没有宗教信仰	信仰宗教	总计
人与人之间的冲突	18.5%	14.4%	18.1%
个人与社会的冲突	24.4%	29.9%	24.9%
人与自然的冲突	20.9%	21.8%	21.0%
人自我内在的冲突	19.5%	16.6%	19.2%
个人与政府的冲突	15.8%	16.6%	15.8%
其他	0.9%	0.6%	0.9%
总计	100.0%	100.0%	100.0%
列总计	5395	541	5936

Chi-square tests：df = 5，卡方值为 13.809，sig = 0.017 < 0.050，所以不同宗教信仰的居民在对“当今中国社会中第三重要的基本伦理冲突”的选择上有显著差异。

C2 by A5

您认为造成环境污染的最主要原因是 * 宗教信仰 Crosstabulation

	没有宗教信仰	信仰宗教	总计
企业唯利是图	33.9%	34.7%	34.0%
政府缺乏生态意识，政策失当	25.4%	20.2%	24.9%
当代人自私自利，不顾未来和子孙利益	16.8%	20.4%	17.1%

续表

	没有宗教信仰	信仰宗教	总计
个人缺乏环保意识	23.9%	24.6%	23.9%
总计	100.0%	100.0%	100.0%
列总计	5600	568	6168

Chi-square tests：df = 3，卡方值为9.676，sig = 0.022 < 0.050，所以不同宗教信仰的居民在对“造成环境污染的最主要原因”的选择上有显著差异。

C3a by A5

您是否同意以下说法：能够插队买到票，是一个人灵活的表现 * 宗教信仰 Crosstabulation

	没有宗教信仰	信仰宗教	总计
完全同意	2.7%	3.5%	2.7%
比较同意	7.3%	6.5%	7.3%
比较不同意	34.6%	35.6%	34.7%
完全不同意	55.4%	54.5%	55.3%
总计	100.0%	100.0%	100.0%
列总计	5644	571	6215

Chi-square tests：df = 3，卡方值为2.101，sig = 0.055 > 0.050，所以不同宗教信仰的居民在对“能够插队买到票，是一个人灵活的表现”这一说法的认同度上没有显著差异。

C3b by A5

您是否同意以下说法：如果有可能，谁都会逃税 * 宗教信仰 Crosstabulation

	没有宗教信仰	信仰宗教	总计
完全同意	4.8%	4.2%	4.7%
比较同意	14.0%	14.4%	14.1%
比较不同意	35.1%	40.7%	35.6%
完全不同意	46.1%	40.7%	45.6%
总计	100.0%	100.0%	100.0%
列总计	5631	568	6199

Chi-square tests：df = 3，卡方值为8.190，sig = 0.042 < 0.050，所以不同宗教信仰的居民在对“如果有可能，谁都会逃税”这一说法的认同度上有显著差异。

C3c by A5

您是否同意以下说法：合同都只是形式，只要有关系，什么都好商量 ＊ 宗教信仰 Crosstabulation

	没有宗教信仰	信仰宗教	总计
完全同意	6. 2%	7. 6%	6. 3%
比较同意	19. 0%	17. 8%	18. 9%
比较不同意	40. 1%	43. 1%	40. 4%
完全不同意	34. 7%	31. 5%	34. 4%
总计	100. 0%	100. 0%	100. 0%
列总计	5632	568	6200

Chi-square tests：df = 3，卡方值为 4. 690，sig = 0. 196 > 0. 050，所以不同宗教信仰的居民在对“合同都只是形式，只要有关系，什么都好商量”这一说法的认同度上没有显著差异。

C3d by A5

您是否同意以下说法：要想打赢官司，找关系比找律师更有价值 ＊ 宗教信仰 Crosstabulation

	没有宗教信仰	信仰宗教	总计
完全同意	8. 0%	10. 2%	8. 2%
比较同意	22. 9%	21. 8%	22. 8%
比较不同意	39. 3%	40. 4%	39. 4%
完全不同意	29. 8%	27. 6%	29. 6%
总计	100. 0%	100. 0%	100. 0%
列总计	5622	569	6191

Chi-square tests：df = 3，卡方值为 4. 232，sig = 0. 237 > 0. 050，所以不同宗教信仰的居民在对“要想打赢官司，找关系比找律师更有价值”这一说法的认同度上没有显著差异。

C3e by A5

您是否同意以下说法：“三个土老乡，顶得上一个公章” ＊ 宗教信仰 Crosstabulation

	没有宗教信仰	信仰宗教	总计
完全同意	5. 9%	6. 2%	5. 9%
比较同意	21. 8%	21. 4%	21. 8%
比较不同意	39. 9%	39. 6%	39. 9%
完全不同意	32. 4%	32. 9%	32. 4%
总计	100. 0%	100. 0%	100. 0%

续表

	没有宗教信仰	信仰宗教	总计
列总计	5615	566	6181

Chi-square tests：df = 3，卡方值为0.172，sig = 0.982 > 0.050，所以不同宗教信仰的居民在对“三个土老乡，顶得上一个公章”这一说法的认同度上没有显著差异。

C3f by A5

您是否同意以下说法：法院是一个替老百姓讲理的地方 * 宗教信仰 Crosstabulation

	没有宗教信仰	信仰宗教	总计
完全同意	35.9%	37.0%	36.0%
比较同意	40.7%	39.6%	40.6%
比较不同意	17.7%	16.6%	17.6%
完全不同意	5.7%	6.7%	5.8%
总计	100.0%	100.0%	100.0%
列总计	5615	565	6180

Chi-square tests：df = 3，卡方值为1.540，sig = 0.673 > 0.050，所以不同宗教信仰的居民在对“法院是一个替老百姓讲理的地方”这一说法的认同度上没有显著差异。

C3g by A5

您是否同意以下说法：在这个社会，要想不吃亏，就一定要懂得利用潜规则 * 宗教信仰 Crosstabulation

	没有宗教信仰	信仰宗教	总计
完全同意	9.8%	11.8%	9.9%
比较同意	29.7%	28.8%	29.6%
比较不同意	39.1%	40.1%	39.2%
完全不同意	21.5%	19.3%	21.3%
总计	100.0%	100.0%	100.0%
列总计	5616	569	6185

Chi-square tests：df = 3，卡方值为3.496，sig = 0.321 > 0.050，所以不同宗教信仰的居民在对“在这个社会，要想不吃亏，就一定要懂得利用潜规则”这一说法的认同度上没有显著差异。

C3h by A5

您是否同意以下说法：要远离那些不守规则的人，因为当他因不守规则出事的时候，可能会连累到你 ＊ 宗教信仰 Crosstabulation

	没有宗教信仰	信仰宗教	总计
完全同意	28.9%	30.7%	29.1%
比较同意	40.2%	40.4%	40.2%
比较不同意	23.2%	21.4%	23.0%
完全不同意	7.6%	7.5%	7.6%
总计	100.0%	100.0%	100.0%
列总计	5634	570	6204

Chi-square tests：df = 3，卡方值为 1.288，sig = 0.732 > 0.050，所以不同宗教信仰的居民在对“要远离那些不守规则的人，因为当他因不守规则出事的时候，可能会连累到你”这一说法的认同度上没有显著差异。

C3i by A5

您是否同意以下说法：在这个处处讲背景的年代，规则是对普通老百姓最好的保护 ＊ 宗教信仰 Crosstabulation

	没有宗教信仰	信仰宗教	总计
完全同意	35.7%	41.7%	36.3%
比较同意	42.5%	39.7%	42.3%
比较不同意	16.1%	13.9%	15.9%
完全不同意	5.7%	4.7%	5.6%
总计	100.0%	100.0%	100.0%
列总计	5642	569	6211

Chi-square tests：df = 3，卡方值为 8.240，sig = 0.041 < 0.050，所以不同宗教信仰的居民在对“在这个处处讲背景的年代，规则是对普通老百姓最好的保护”这一说法的认同度上有显著差异。

C4 by A5

哪一种关系对社会秩序最具有根本性意义 ＊ 宗教信仰 Crosstabulation

	没有宗教信仰	信仰宗教	总计
家庭伦理或血缘关系	40.1%	40.2%	40.1%
个人与社会的关系	28.2%	29.0%	28.2%
职业伦理关系	2.7%	2.3%	2.7%
个人与国家民族的关系	22.7%	20.3%	22.5%
人与自然的关系	3.2%	4.6%	3.4%

续表

	没有宗教信仰	信仰宗教	总计
个人与他自身的关系	3.1%	3.6%	3.1%
总计	100.0%	100.0%	100.0%
列总计	5566	562	6128

Chi-square tests：df=5，卡方值为5.049，sig=0.410>0.050，所以不同宗教信仰的居民在对“哪一种关系对社会秩序最具有根本性意义”这一说法的认同度上没有显著差异。

C5a by A5

对于个人而言，您认为家庭、社会和国家三者哪个是第一重要的 * 宗教信仰 Crosstabulation

	没有宗教信仰	信仰宗教	总计
国家	64.8%	68.0%	65.1%
社会	3.3%	2.8%	3.3%
家庭	31.9%	29.2%	31.6%
总计	100.0%	100.0%	100.0%
列总计	5643	571	6214

Chi-square tests：df=2，卡方值为2.376，sig=0.305>0.050，所以不同宗教信仰的居民在对“您认为家庭、社会和国家三者哪个是第一重要的”的选择上没有显著差异。

C5b by A5

对于个人而言，您认为家庭、社会和国家三者哪个是第二重要的 * 宗教信仰 Crosstabulation

	没有宗教信仰	信仰宗教	总计
国家	21.4%	19.4%	21.2%
社会	53.3%	57.8%	53.7%
家庭	25.4%	22.8%	25.1%
总计	100.0%	100.0%	100.0%
列总计	5618	567	6185

Chi-square tests：df=2，卡方值为4.340，sig=0.114>0.050，所以不同宗教信仰的居民在对“您认为家庭、社会和国家三者哪个是第二重要的”的选择上没有显著差异。

C5c by A5

对于个人而言，您认为家庭、社会和国家三者哪个是第三重要的 ＊ 宗教信仰 Crosstabulation

	没有宗教信仰	信仰宗教	总计
国家	13.5%	11.7%	13.3%
社会	43.7%	39.5%	43.3%
家庭	42.8%	48.8%	43.4%
总计	100.0%	100.0%	100.0%
列总计	5576	564	6140

Chi-square tests：df = 2，卡方值为 7.378，sig = 0.025 < 0.050，所以不同宗教信仰的居民在对“您认为家庭、社会和国家三者哪个是第三重要的”的选择上有显著差异。

C6a by A5

下列关系，您认为最重要的是 ＊ 宗教信仰 Crosstabulation

	没有宗教信仰	信仰宗教	总计
父母与子女	62.8%	61.7%	62.7%
夫妇	17.8%	19.8%	18.0%
兄弟姐妹	0.7%	0.7%	0.7%
同事或同学	0.7%	0.7%	0.7%
上级或下级	0.4%		0.4%
师生	0.2%	0.2%	0.2%
人与自然的关系	0.9%	0.7%	0.8%
个人与社会的关系	1.5%	2.1%	1.5%
个人与国家的关系	12.6%	11.9%	12.6%
个人与工作单位的关系	0.8%	0.9%	0.8%
通过网络建立的关系			
朋友	0.2%	0.2%	0.2%
个人与自身的关系（身心和谐）	1.4%	1.2%	1.4%
总计	100.0%	100.0%	100.0%
列总计	5641	572	6213

Chi-square tests：df = 11，卡方值为 5.505，sig = 0.904 > 0.050，所以不同宗教信仰的居民在对“最重要的关系”的选择上没有显著差异。

C6b by A5

下列关系，您认为第二重要的是＊ 宗教信仰 Crosstabulation

	没有宗教信仰	信仰宗教	总计
父母与子女	23.7%	24.9%	23.8%
夫妇	51.1%	47.9%	50.8%
兄弟姐妹	8.5%	9.6%	8.6%
同事或同学	1.2%	1.1%	1.2%
上级或下级	1.3%	0.7%	1.3%
师生	0.4%	0.2%	0.4%
人与自然的关系	1.3%	1.1%	1.2%
个人与社会的关系	6.4%	6.0%	6.4%
个人与国家的关系	3.5%	4.7%	3.6%
个人与工作单位的关系	1.1%	0.7%	1.0%
通过网络建立的关系	0.1%		0.1%
朋友	0.8%	1.9%	0.9%
个人与自身的关系（身心和谐）	0.7%	1.2%	0.7%
总计	100.0%	100.0%	100.0%
列总计	5632	570	6202

Chi-square tests：df = 12，卡方值为16.608，sig = 0.165 > 0.050，所以不同宗教信仰的居民在对“第二重要的关系”的选择上没有显著差异。

C6c by A5

下列关系，您认为第三重要的是＊ 宗教信仰 Crosstabulation

	没有宗教信仰	信仰宗教	总计
父母与子女	6.1%	6.7%	6.2%
夫妇	11.3%	12.9%	11.4%
兄弟姐妹	56.0%	56.5%	56.1%
同事或同学	4.0%	4.1%	4.0%
上级或下级	2.1%	1.4%	2.0%
师生	1.1%	0.5%	1.1%
人与自然的关系	2.3%	2.3%	2.3%
个人与社会的关系	4.5%	4.9%	4.5%
个人与国家的关系	5.2%	4.9%	5.2%
个人与工作单位的关系	1.9%	1.6%	1.9%

续表

	没有宗教信仰	信仰宗教	总计
通过网络建立的关系	0.1%	0.2%	0.1%
朋友	3.8%	2.5%	3.7%
个人与自身的关系（身心和谐）	1.5%	1.4%	1.5%
总计	100.0%	100.0%	100.0%
列总计	5617	566	6183

Chi-square tests：df = 12，卡方值为 7.691，sig = 0.809 > 0.050，所以不同宗教信仰的居民在对“第三重要的关系”的选择上没有显著差异。

C6d by A5

下列关系，您认为第四重要的是 * 宗教信仰 Crosstabulation

	没有宗教信仰	信仰宗教	总计
父母与子女	3.6%	4.1%	3.6%
夫妇	4.4%	5.5%	4.5%
兄弟姐妹	9.6%	9.0%	9.5%
同事或同学	19.2%	17.4%	19.0%
上级或下级	5.8%	6.2%	5.8%
师生	4.1%	2.5%	4.0%
人与自然的关系	4.2%	4.4%	4.2%
个人与社会的关系	9.8%	11.3%	9.9%
个人与国家的关系	11.1%	10.8%	11.1%
个人与工作单位的关系	5.2%	6.7%	5.3%
通过网络建立的关系	0.3%		0.3%
朋友	20.1%	19.0%	20.0%
个人与自身的关系（身心和谐）	2.6%	3.0%	2.6%
总计	100.0%	100.0%	100.0%
列总计	5583	564	6147

Chi-square tests：df = 12，卡方值为 12.367，sig = 0.417 > 0.050，所以不同宗教信仰的居民在对“第四重要的关系”的选择上没有显著差异。

C6e by A5

下列关系，您认为第五重要的是 * 宗教信仰 Crosstabulation

	没有宗教信仰	信仰宗教	总计
父母与子女	1.4%	0.5%	1.3%
夫妇	3.2%	3.6%	3.2%
兄弟姐妹	5.5%	6.5%	5.6%
同事或同学	12.8%	11.5%	12.7%

续表

	没有宗教信仰	信仰宗教	总计
上级或下级	8.2%	8.1%	8.2%
师生	4.0%	3.9%	4.0%
人与自然的关系	5.7%	7.0%	5.8%
个人与社会的关系	15.6%	12.5%	15.3%
个人与国家的关系	12.5%	14.2%	12.6%
个人与工作单位的关系	5.4%	7.3%	5.6%
通过网络建立的关系	0.6%	0.5%	0.6%
朋友	18.2%	17.4%	18.1%
个人与自身的关系（身心和谐）	7.0%	7.0%	7.0%
总计	100.0%	100.0%	100.0%
列总计	5567	558	6125

Chi-square tests：df = 12，卡方值为 14.055，sig = 0.297 > 0.050，所以不同宗教信仰的居民在对“第五重要的关系”的选择上没有显著差异。

C7a by A5

您对自己所在企业（或所熟悉的本地企业）履行劳动安全保障责任的满意情况 ＊ 宗教信仰 Crosstabulation

	没有宗教信仰	信仰宗教	总计
非常不满意	5.4%	6.0%	5.4%
不太满意	17.9%	18.5%	18.0%
比较满意	60.3%	57.4%	60.0%
非常满意	16.4%	18.1%	16.6%
总计	100.0%	100.0%	100.0%
列总计	5381	530	5911

Chi-square tests：df = 3，卡方值为 1.972，sig = 0.578 > 0.050，所以不同宗教信仰的居民在对“自己所在企业（或所熟悉的本地企业）履行劳动安全保障责任”的满意度上没有显著差异。

C7b by A5

您对自己所在企业（或所熟悉的本地企业）履行薪酬正常发放责任的满意情况 ＊ 宗教信仰 Crosstabulation

	没有宗教信仰	信仰宗教	总计
非常不满意	4.1%	3.4%	4.0%

续表

	没有宗教信仰	信仰宗教	总计
不太满意	12.7%	15.0%	13.0%
比较满意	59.8%	59.9%	59.8%
非常满意	23.3%	21.7%	23.2%
总计	100.0%	100.0%	100.0%
列总计	5365	526	5891

Chi-square tests：df = 3，卡方值为 3.011，sig = 0.390 > 0.050，所以不同宗教信仰的居民在对“自己所在企业（或所熟悉的本地企业）履行薪酬正常发放责任”的满意度上没有显著差异。

C7c by A5

您对自己所在企业（或所熟悉的本地企业）履行职工文化生活责任的满意情况 * 宗教信仰 Crosstabulation

	没有宗教信仰	信仰宗教	总计
非常不满意	5.7%	5.9%	5.7%
不太满意	28.6%	27.9%	28.5%
比较满意	52.7%	55.8%	53.0%
非常满意	13.0%	10.3%	12.8%
总计	100.0%	100.0%	100.0%
列总计	5352	523	5875

Chi-square tests：df = 3，卡方值为 3.731，sig = 0.292 > 0.050，所以不同宗教信仰的居民在对“自己所在企业（或所熟悉的本地企业）履行职工文化生活责任”的满意度上没有显著差异。

C7d by A5

您对自己所在企业（或所熟悉的本地企业）履行诚实守法经营责任的满意情况 * 宗教信仰 Crosstabulation

	没有宗教信仰	信仰宗教	总计
非常不满意	3.6%	3.0%	3.6%
不太满意	15.4%	15.4%	15.4%
比较满意	60.5%	65.6%	61.0%
非常满意	20.4%	16.0%	20.0%
总计	100.0%	100.0%	100.0%
列总计	5361	526	5887

Chi-square tests：df = 3，卡方值为 7.191，sig = 0.066 > 0.050，所以不同宗教信仰的居民在对“自己所在企业（或所熟悉的本地企业）履行诚实守法经营责任”的满意度上没有显著差异。

C7e by A5

您对自己所在企业（或所熟悉的本地企业）履行环境保护责任的满意情况 * 宗教信仰 Crosstabulation

	没有宗教信仰	信仰宗教	总计
非常不满意	6.2%	8.4%	6.4%
不太满意	24.4%	24.9%	24.5%
比较满意	53.3%	54.0%	53.3%
非常满意	16.1%	12.7%	15.8%
总计	100.0%	100.0%	100.0%
列总计	5370	526	5896

Chi-square tests：df=3，卡方值为6.941，sig=0.074>0.050，所以不同宗教信仰的居民在对“自己所在企业（或所熟悉的本地企业）履行环境保护责任”的满意度上没有显著差异。

C7f by A5

您对自己所在企业（或所熟悉的本地企业）履行慈善公益事业责任的满意情况 * 宗教信仰 Crosstabulation

	没有宗教信仰	信仰宗教	总计
非常不满意	6.5%	5.7%	6.4%
不太满意	26.8%	26.8%	26.8%
比较满意	52.1%	54.2%	52.3%
非常满意	14.6%	13.2%	14.4%
总计	100.0%	100.0%	100.0%
列总计	5328	522	5850

Chi-square tests：df=3，卡方值为1.381，sig=0.710>0.050，所以不同宗教信仰的居民在对“自己所在企业（或所熟悉的本地企业）履行公益事业责任”的满意度上没有显著差异。

C8a by A5

您身边“占卜算命”现象常见吗 * 宗教信仰 Crosstabulation

	没有宗教信仰	信仰宗教	总计
经常见到	18.0%	18.7%	18.0%
偶尔见到	46.8%	47.5%	46.9%
没见过	35.2%	33.9%	35.1%
总计	100.0%	100.0%	100.0%
列总计	5641	573	6214

Chi-square tests：df=2，卡方值为0.458，sig=0.795>0.050，所以不同宗教信仰的居民在对“您觉得您身边‘占卜算命’现象常见吗”这一问题的回答上没有显著差异。

C8b by A5

您身边“操办喜事比富斗阔”的现象常见吗 ＊ 宗教信仰 Crosstabulation

	没有宗教信仰	信仰宗教	总计
经常见到	17.7%	18.9%	17.8%
偶尔见到	41.7%	44.0%	41.9%
没见过	40.6%	37.0%	40.3%
总计	100.0%	100.0%	100.0%
列总计	5636	570	6206

Chi-square tests：df = 2，卡方值为 2.853，sig = 0.240 > 0.050，所以不同宗教信仰的居民在对“您身边‘操办喜事比富斗阔’的现象常见吗”这一问题的回答上没有显著差异。

C8c by A5

您身边“在父母生前不尽孝，却对父母的丧事大操大办”的现象常见吗 ＊ 宗教信仰 Crosstabulation

	没有宗教信仰	信仰宗教	总计
经常见到	14.2%	15.6%	14.3%
偶尔见到	40.4%	41.6%	40.5%
没见过	45.4%	42.8%	45.2%
总计	100.0%	100.0%	100.0%
列总计	5637	570	6207

Chi-square tests：df = 2，卡方值为 1.721，sig = 0.423 > 0.050，所以不同宗教信仰的居民在对“您身边‘在父母生前不尽孝，却对父母的丧事大操大办’的现象常见吗”这一问题的回答上没有显著差异。

C8d by A5

您身边“赌博或变相赌博”的现象常见吗 ＊ 宗教信仰 Crosstabulation

	没有宗教信仰	信仰宗教	总计
经常见到	21.0%	23.5%	21.2%
偶尔见到	38.4%	40.0%	38.5%
没见过	40.6%	36.5%	40.2%
总计	100.0%	100.0%	100.0%
列总计	5643	570	6213

Chi-square tests：df = 2，卡方值为 4.061，sig = 0.131 > 0.050，所以不同宗教信仰的居民在对“您身边‘赌博或变相赌博’的现象常见吗”这一问题的回答上没有显著差异。

C8e by A5

您身边封建迷信活动的现象常见吗 * 宗教信仰 Crosstabulation

	没有宗教信仰	信仰宗教	总计
经常见到	10.1%	13.5%	10.4%
偶尔见到	34.6%	39.9%	35.1%
没见过	55.3%	46.7%	54.5%
总计	100.0%	100.0%	100.0%
列总计	5640	572	6212

Chi-square tests：df = 2，卡方值为 16.902，sig = 0.000 < 0.050，所以不同宗教信仰的居民在对“您身边封建迷信活动的现象常见吗”这一问题的回答上有显著差异。

C8f by A5

您身边的非法宗教活动现象常见吗 * 宗教信仰 Crosstabulation

	没有宗教信仰	信仰宗教	总计
经常见到	2.6%	3.3%	2.7%
偶尔见到	11.9%	15.9%	12.3%
没见过	85.5%	80.7%	85.0%
总计	100.0%	100.0%	100.0%
列总计	5639	571	6210

Chi-square tests：df = 2，卡方值为 9.212，sig = 0.010 < 0.050，所以不同宗教信仰的居民在对“您身边的非法宗教活动现象常见吗”这一问题的回答上有显著差异。

C9 by A5

您在生活中经常买到假冒伪劣商品吗 * 宗教信仰 Crosstabulation

	没有宗教信仰	信仰宗教	总计
经常	10.1%	12.4%	10.3%
偶尔	58.8%	59.0%	58.8%
没有	27.1%	24.1%	26.8%
不清楚	4.1%	4.5%	4.1%
总计	100.0%	100.0%	100.0%
列总计	5658	573	6231

Chi-square tests：df = 3，卡方值为 4.785，sig = 0.188 > 0.050，所以不同宗教信仰的居民在对“您在生活中经常买到假冒伪劣商品吗”这一问题的回答上没有显著差异。

C10 by A5

您在购物、就医、理财等方面经常遇到虚假广告吗 ＊ 宗教信仰 Crosstabulation

	没有宗教信仰	信仰宗教	总计
经常	24.9%	23.8%	24.8%
偶尔	49.9%	50.9%	50.0%
没有	19.8%	18.7%	19.7%
不清楚	5.5%	6.6%	5.6%
总计	100.0%	100.0%	100.0%
列总计	5653	572	6225

Chi-square tests：df = 3，卡方值为 1.923，sig = 0.589 > 0.050，所以不同宗教信仰的居民在对“您在购物、就医、理财等方面经常遇到虚假广告吗”这一问题的回答上没有显著差异。

C11 by A5

您生活的社区（或村）是否有社区公约、村规民约 ＊ 宗教信仰 Crosstabulation

	没有宗教信仰	信仰宗教	总计
经常	64.8%	60.1%	64.4%
偶尔	13.2%	14.2%	13.3%
没有	21.8%	25.7%	22.2%
不清楚	0.1%		
总计	100.0%	100.0%	100.0%
列总计	5657	572	6229

Chi-square tests：df = 4，卡方值为 6.214，sig = 0.184 > 0.050，所以不同宗教信仰的居民在对“生活的社区（或村）是否有社区公约、村规民约”这一情况的了解程度上没有显著差异。

C12a by A5

您周围的人在日常生活中遵守步行、骑车不闯红灯的规则吗 ＊ 宗教信仰 Crosstabulation

	没有宗教信仰	信仰宗教	总计
不遵守	9.7%	9.3%	9.6%
基本遵守	57.1%	58.5%	57.2%
自觉遵守	33.3%	32.2%	33.2%
总计	100.0%	100.0%	100.0%
列总计	5636	571	6207

Chi-square tests：df = 2，卡方值为 0.437，sig = 0.804 > 0.050，所以不同宗教信仰的居民在对“您周围的人在日常生活中是否遵守步行、骑车不闯红灯的规则”的评价上没有显著差异。

C12b by A5

您周围的人在日常生活中遵守乘车、购物自觉排队的规则吗 ＊ 宗教信仰 Crosstabulation

	没有宗教信仰	信仰宗教	总计
不遵守	5.1%	4.7%	5.1%
基本遵守	53.9%	56.3%	54.1%
自觉遵守	40.9%	38.9%	40.8%
总计	100.0%	100.0%	100.0%
列总计	5634	570	6204

Chi-square tests：df = 2，卡方值为 1.212，sig = 0.545 > 0.050，所以不同宗教信仰的居民在对“您周围的人在日常生活中是否遵守乘车、购物自觉排队的规则”的评价上没有显著差异。

C12c by A5

您周围的人在日常生活中遵守文明游览的规则吗 ＊ 宗教信仰 Crosstabulation

	没有宗教信仰	信仰宗教	总计
不遵守	4.6%	4.4%	4.6%
基本遵守	57.8%	59.7%	58.0%
自觉遵守	37.6%	35.9%	37.4%
总计	100.0%	100.0%	100.0%
列总计	5608	566	6174

Chi-square tests：df = 2，卡方值为 0.768，sig = 0.681 > 0.050，所以不同宗教信仰的居民在对“您周围的人在日常生活中是否遵守文明游览的规则”的评价上没有显著差异。

C12d by A5

您周围的人在日常生活中遵守社会公约、村规民约吗 ＊ 宗教信仰 Crosstabulation

	没有宗教信仰	信仰宗教	总计
不遵守	4.8%	4.8%	4.8%
基本遵守	53.6%	55.1%	53.8%
自觉遵守	41.6%	40.1%	41.5%
总计	100.0%	100.0%	100.0%
列总计	5541	546	6087

Chi-square tests：df = 2，卡方值为 0.477，sig = 0.788 > 0.050，所以不同宗教信仰的居民在对“您周围的人在日常生活中是否遵守社会公约、村规民约”的评价上没有显著差异。

D1a by A5

判断下列词语是否属于社会主义核心价值观：文明 ＊ 宗教信仰 Crosstabulation

	没有宗教信仰	信仰宗教	总计
未选	15.4%	13.7%	15.2%
已选	84.6%	86.3%	84.8%
总计	100.0%	100.0%	100.0%
列总计	5615	571	6186

Chi-square tests：df = 1，卡方值为 1.221，sig = 0.269 > 0.050，所以不同宗教信仰的居民在对“‘文明’是否属于社会主义核心价值观的内容”的认知上没有显著差异。

D1b by A5

判断下列词语是否属于社会主义核心价值观：诚信 ＊ 宗教信仰 Crosstabulation

	没有宗教信仰	信仰宗教	总计
未选	12.5%	13.0%	12.6%
已选	87.5%	87.0%	87.4%
总计	100.0%	100.0%	100.0%
列总计	5616	571	6187

Chi-square tests：df = 1，卡方值为 0.092，sig = 0.761 > 0.050，所以不同宗教信仰的居民在对“‘诚信’是否属于社会主义核心价值观的内容”的认知上没有显著差异。

D1c by A5

判断下列词语是否属于社会主义核心价值观：勇敢 ＊ 宗教信仰 Crosstabulation

	没有宗教信仰	信仰宗教	总计
未选	80.3%	77.8%	80.1%
已选	19.7%	22.2%	19.9%
总计	100.0%	100.0%	100.0%
列总计	5616	571	6187

Chi-square tests：df = 1，卡方值为 2.078，sig = 0.149 > 0.050，所以不同宗教信仰的居民在对“‘勇敢’是否属于社会主义核心价值观的内容”的认知上没有显著差异。

D1d by A5

判断下列词语是否属于社会主义核心价值观：爱国 ＊ 宗教信仰 Crosstabulation

	没有宗教信仰	信仰宗教	总计
未选	15.6%	16.1%	15.6%

续表

	没有宗教信仰	信仰宗教	总计
已选	84.4%	83.9%	84.4%
总计	100.0%	100.0%	100.0%
列总计	5615	571	6186

Chi-square tests：df = 1，卡方值为 0.103，sig = 0.749 > 0.050，所以不同宗教信仰的居民在对“‘爱国’是属于是社会主义核心价值观的内容”的认知上没有显著差异。

D1e by A5

判断下列词语是否属于社会主义核心价值观：创新 ＊ 宗教信仰 Crosstabulation

	没有宗教信仰	信仰宗教	总计
未选	70.7%	75.3%	71.1%
已选	29.3%	24.7%	28.9%
总计	100.0%	100.0%	100.0%
列总计	5616	571	6187

Chi-square tests：df = 1，卡方值为 5.376，sig = 0.020 < 0.050，所以不同宗教信仰的居民在对“‘创新’是否属于社会主义核心价值观的内容”的认知上有显著差异。

D1f by A5

判断下列词语是否属于社会主义核心价值观：友善 ＊ 宗教信仰 Crosstabulation

	没有宗教信仰	信仰宗教	总计
未选	46.8%	44.0%	46.5%
已选	53.2%	56.0%	53.5%
总计	100.0%	100.0%	100.0%
列总计	5615	571	6186

Chi-square tests：df = 1，卡方值为 1.645，sig = 0.200 > 0.050，所以不同宗教信仰的居民在对“‘友善’是否属于社会主义核心价值观的内容”的认知上没有显著差异。

D1g by A5

判断下列词语是否属于社会主义核心价值观：勤劳 ＊ 宗教信仰 Crosstabulation

	没有宗教信仰	信仰宗教	总计
未选	71.9%	71.8%	71.9%
已选	28.1%	28.2%	28.1%
总计	100.0%	100.0%	100.0%

续表

	没有宗教信仰	信仰宗教	总计
列总计	5615	571	6186

Chi-square tests：df = 1，卡方值为 0.001，sig = 0.970 > 0.050，所以不同宗教信仰的居民在对“‘勤劳’是否属于社会主义核心价值观的内容”的认知上没有显著差异。

D2 by A5

您认为社会主义核心价值观和您的工作、生活有关系吗 * 宗教信仰 Crosstabulation

	没有宗教信仰	信仰宗教	总计
对改变社会风气有好处，每个人都应该这样做人、做事	76.2%	76.2%	76.2%
与个人工作、生活没关系	7.0%	5.8%	6.9%
说不清	16.8%	18.0%	16.9%
总计	100.0%	100.0%	100.0%
列总计	5629	567	6196

Chi-square tests：df = 2，卡方值为 1.525，sig = 0.467 > 0.050，所以不同宗教信仰的居民在对“您认为社会主义核心价值观和您的工作、生活有关系吗”这一问题的回答上没有显著差异。

D3 by A5

中华民族历来有孝敬、礼让、仁爱、节俭的传统，您认为现在还需要这些吗 * 宗教信仰 Crosstabulation

	没有宗教信仰	信仰宗教	总计
这些传统什么时候都不能丢	95.7%	95.5%	95.7%
可有可无	2.7%	3.5%	2.8%
已经过时，没必要讲这些	1.6%	1.0%	1.5%
总计	100.0%	100.0%	100.0%
列总计	5656	572	6228

Chi-square tests：df = 2，卡方值为 2.112，sig = 0.348 > 0.050，所以不同宗教信仰的居民在对“中华民族历来有孝敬、礼让、仁爱、节俭的传统，您认为现在还需要这些吗”的判断上没有显著差异。

D4 by A5

您认为在青少年中开展革命传统教育是否有现实意义 * 宗教信仰 Crosstabulation

	没有宗教信仰	信仰宗教	总计
很有必要，应该大力开展	88.9%	88.0%	88.8%

续表

	没有宗教信仰	信仰宗教	总计
已经过时了，没必要开展	2.0%	1.0%	1.9%
可有可无，意义不大	4.6%	6.6%	4.8%
说不清楚	4.5%	4.4%	4.5%
总计	100.0%	100.0%	100.0%
列总计	5655	573	6228

Chi-square tests：df = 3，卡方值为6.807，sig = 0.078 > 0.050，所以不同宗教信仰的居民在对“您认为在青少年中开展革命传统教育是否有现实意义”的判断上没有显著差异。

D5 by A5

您认为当前中国社会个人道德素质的主要问题 * 宗教信仰 Crosstabulation

	没有宗教信仰	信仰总计	总计
道德上无知	14.6%	14.3%	14.6%
有道德知识，但不见诸行动	76.8%	73.9%	76.5%
既无知，也不行动	7.0%	8.5%	7.1%
其他	1.6%	3.4%	1.8%
总计	100.0%	100.0%	100.0%
列总计	5631	567	6198

Chi-square tests：df = 3，卡方值为11.112，sig = 0.011 < 0.050，所以不同宗教信仰的居民在对“您认为当前中国社会个人道德素质的主要问题”的判断上有显著差异。

D6 by A5

您认为对社会生活而言，个体德性（即个人的道德品质）和社会公正哪个更重要 * 宗教信仰 Crosstabulation

	没有宗教信仰	信仰宗教	总计
个体德性最重要	17.3%	19.0%	17.5%
社会公正最重要	32.1%	32.7%	32.2%
二者应当统一，但二者矛盾时应先追求个体德性	19.1%	19.0%	19.1%
二者应当统一，但二者矛盾时应先追求社会公正	31.4%	29.3%	31.2%
总计	100.0%	100.0%	100.0%
列总计	5639	569	6208

Chi-square tests：df = 3，卡方值为1.557，sig = 0.669 > 0.050，所以不同宗教信仰的居民在对“您认为对社会生活而言，个体德性（即个人的道德品质）和社会公正哪个更重要”的选择上没有显著差异。

D7 by A5

您根据什么来判断某种行为是否符合伦理道德 * 宗教信仰 Crosstabulation

	没有宗教信仰	信仰宗教	总计
传统	17.1%	16.1%	17.0%
风俗习惯	9.6%	8.1%	9.4%
大多数人认同的道德规范	24.2%	24.7%	24.3%
大多数当事人的共同利益和意志	3.7%	3.5%	3.7%
自己的良心	31.1%	33.6%	31.3%
自己的利益	0.6%	1.2%	0.6%
意识形态要求	2.4%	1.9%	2.4%
己立立人，立达达人；己所不欲，勿施于人	11.3%	10.9%	11.2%
总计	100.0%	100.0%	100.0%
列总计	5650	571	6221

Chi-square tests：df = 7，卡方值为 6.693，sig = 0.462 > 0.050，所以不同宗教信仰的居民在对“您根据什么来判断某种行为是否符合伦理道德”的选择上没有显著差异。

D8 by A5

老王的朋友（老张的生意竞争对手）想知道老张平时都跟哪些人接触，花钱让老王监视老张并向其报告。如果您是老王，您会怎么做 * 宗教信仰 Crosstabulation

	没有宗教信仰	信仰宗教	总计
毫不犹豫地答应，个人利益高于一切，只要不让朋友知道，无可厚非	2.7%	3.2%	2.8%
可能答应，谈不上道德不道德	4.8%	4.4%	4.7%
可能答应，虽然对朋友不道德，但是有利可图，对自身是道德的	4.0%	3.3%	3.9%
不会答应，因为这不道德，见利忘义的行为无论如何都不可取	88.5%	89.1%	88.6%
总计	100.0%	100.0%	100.0%
列总计	5651	570	6221

Chi-square tests：df = 3，卡方值为 1.079，sig = 0.782 > 0.050，所以不同宗教信仰的居民在对“老王的朋友（老张的生意竞争对手）想知道老张平时都跟哪些人接触，花钱让老王监视老张并向其报告。如果您是老王，您会怎么做”的选择上没有显著差异。

D9 by A5

遇到人生重大挫折时，您通常的反应是 * 宗教信仰 Crosstabulation

	没有宗教信仰	信仰宗教	总计
去寺庙，求菩萨保佑	1.5%	5.3%	1.9%

续表

	没有宗教信仰	信仰宗教	总计
找朋友倾诉，求得疏解	18.5%	18.2%	18.4%
向家人倾诉，寻求安慰	36.1%	33.3%	35.8%
坚持自己的追求	10.5%	10.3%	10.5%
自己独立承受和化解	32.5%	30.1%	32.3%
其他	0.9%	2.8%	1.1%
总计	100.0%	100.0%	100.0%
列总计	5647	571	6218

Chi-square tests：df = 5，卡方值为 57.438，sig = 0.000 < 0.050，所以不同宗教信仰的居民在对“遇到人生重大挫折时，您通常的反应是”的选择上有显著差异。

D10 by A5

当遇到人与人之间的利益冲突时，您首选的办法是 ＊ 宗教信仰 Crosstabulation

	没有宗教信仰	信仰宗教	总计
诉诸法律，打官司	8.8%	8.2%	8.7%
主动与对方沟通，适可而止	54.4%	53.4%	54.3%
找第三方帮助沟通调解，尽量不伤和气	26.8%	23.5%	26.5%
能忍则忍	10.0%	14.9%	10.4%
总计	100.0%	100.0%	100.0%
列总计	5640	571	6211

Chi-square tests：df = 3，卡方值为 14.538，sig = 0.002 < 0.050，所以不同宗教信仰的居民在对“当遇到人与人之间的利益冲突时，您首选的办法是”的选择上有显著差异。

D11 by A5

当有陌生人走进您的单位或社区时，或当您在车厢中与陌生人在一起时，您通常的态度是 ＊ 宗教信仰 Crosstabulation

	没有宗教信仰	信仰宗教	总计
对他/她微笑	25.7%	25.9%	25.7%
主动打招呼	15.0%	16.1%	15.1%
没有任何反应	20.1%	18.2%	19.9%
保持警惕，防止上当	38.5%	39.5%	38.6%
其他	0.7%	0.3%	0.7%
总计	100.0%	100.0%	100.0%
列总计	5641	572	6213

Chi-square tests：df = 4，卡方值为 2.627，sig = 0.622 > 0.050，所以不同宗教信仰的居民在对“当有陌生人走进您的单位或社区时，或您在车厢中与陌生人在一起时，您通常的态度是”的选择上没有显著差异。

D12 by A5

假设您双手抱着东西走进电梯，您觉得电梯里的陌生人可能会怎样 ＊ 宗教信仰 Crosstabulation

	没有宗教信仰	信仰宗教	总计
主动问您去几楼并帮您按楼层	39.5%	40.3%	39.6%
当作没看见	17.3%	16.4%	17.2%
会在您的请求下给予帮助	43.2%	43.3%	43.2%
总计	100.0%	100.0%	100.0%
列总计	5636	566	6202

Chi-square tests：df = 2，卡方值为 0.310，sig = 0.856 > 0.050，所以不同宗教信仰的居民在对“假设您双手抱着东西走进电梯，您觉得电梯里的陌生人可能会怎样”的选择上没有显著差异。

D13 by A5

假设您走在街上被陌生人不小心踩到了并发出“哎哟”一声，您认为对方会做何种反应 ＊ 宗教信仰 Crosstabulation

	没有宗教信仰	信仰宗教	总计
用言语或手势表达歉意	89.3%	90.0%	89.4%
不会做任何表示	9.0%	8.9%	9.0%
反而说您大惊小怪	1.6%	1.1%	1.6%
总计	100.0%	100.0%	100.0%
列总计	5650	571	6221

Chi-square tests：df = 2，卡方值为 1.187，sig = 0.552 > 0.050，所以不同宗教信仰的居民在对“假设您走在街上被陌生人不小心踩到了并发出‘哎哟’一声，您认为对方会做何种反应”的选择上没有显著差异。

D14 by A5

与人相处时，您如何选择自己的行为 ＊ 宗教信仰 Crosstabulation

	没有宗教信仰	信仰宗教	总计
按照自己的准则办事，不必顾忌太多	18.8%	20.2%	18.9%
以己度人，己立立人	25.3%	23.7%	25.2%
以自己利益最大化为最高目标	3.3%	3.0%	3.3%
以对双方有好处为标准	24.3%	22.1%	24.1%
权衡利弊，理性选择	27.8%	30.6%	28.0%
其他	0.6%	0.4%	0.5%

续表

	没有宗教信仰	信仰宗教	总计
总计	100.0%	100.0%	100.0%
列总计	5633	569	6202

Chi-square tests：df = 5，卡方值为 4.096，sig = 0.536 > 0.050，所以不同宗教信仰的居民在对“与人相处时，您如何选择自己的行为”的选择上没有显著差异。

D15 by A5

您认为目前我国社会对人际关系的伦理调节能力和个人行为的道德调节能力如何 ＊ 宗教信仰 Crosstabulation

	没有宗教信仰	信仰宗教	总计
良好	37.9%	41.8%	38.2%
一般	55.7%	50.9%	55.2%
很差	3.7%	3.9%	3.7%
几乎没有，一切都听从法律和利益	2.7%	3.5%	2.8%
总计	100.0%	100.0%	100.0%
列总计	5651	570	6221

Chi-square tests：df = 3，卡方值为 5.368，sig = 0.147 > 0.050，所以不同宗教信仰的居民在对“目前我国社会对人际关系的伦理调节能力和个人行为的道德调节能力”的评价上没有显著差异。

D16 by A5

现在社会上有些人不守道德反而讨了便宜，您会不会为了得到好处而仿效 ＊ 宗教信仰 Crosstabulation

	没有宗教信仰	信仰宗教	总计
从来不这么做	61.8%	59.5%	61.6%
通常不这么做，关键时刻会这么做	10.0%	9.6%	10.0%
经常这么做	0.9%	1.2%	1.0%
相信善有善报，恶有恶报，终将会善恶报应	20.2%	24.1%	20.5%
说不清	6.9%	5.1%	6.8%
其他	0.1%	0.5%	0.2%
总计	100.0%	100.0%	100.0%
列总计	5654	573	6227

Chi-square tests：df = 5，卡方值为 12.706，sig = 0.026 < 0.050，所以不同宗教信仰的居民在对“现在社会上有些人不守道德反而讨了便宜，您会不会为了得到好处而仿效”的选择上有显著差异。

D17 by A5

您常常体验到自己身上有一种“伦理感”的存在，如感到自己不属于自己，而属于他人、某个集体、国家、民族，您的行为选择要服从于“它”，并有一种要为“它”奉献的冲动吗 ＊ 宗教信仰 Crosstabulation

	没有宗教信仰	信仰宗教	总计
没有，我只感受到我自己个人实实在在的生活	32.4%	32.9%	32.5%
偶尔有，但主要是因为那种情况下我的利益与“它”一致	17.6%	14.2%	17.3%
偶尔有，是在受到某种作品或生活情境的影响之后	18.8%	18.8%	18.8%
时常有，“它”是一种内在的信念	30.6%	33.3%	30.9%
其他	0.5%	0.9%	0.6%
总计	100.0%	100.0%	100.0%
列总计	5626	565	6191

Chi-square tests：df = 4，卡方值为 5.854，sig = 0.210 > 0.050，所以不同宗教信仰的居民在对“您常常体验到自己身上有一种‘伦理感’的存在，如感到自己不属于自己，而属于他人、某个集体、国家、民族，您的行为选择要服从于‘它’，并有一种要为‘它’奉献的冲动吗”的回答上没有显著差异。

D18a by A5

您对当前中国社会政府官员群体的道德状况是否满意 ＊ 宗教信仰 Crosstabulation

	没有宗教信仰	信仰宗教	总计
非常不满意	7.2%	7.4%	7.2%
不太满意	18.0%	18.9%	18.1%
比较满意	41.7%	40.5%	41.6%
非常满意	33.0%	33.2%	33.0%
总计	100.0%	100.0%	100.0%
列总计	5640	570	6210

Chi-square tests：df = 3，卡方值为 0.430，sig = 0.934 > 0.050，所以不同宗教信仰的居民在对“当前中国社会政府官员群体的道德状况”的满意度上没有显著差异。

D18b by A5

您对当前中国社会一般公务员群体的道德状况是否满意 ＊ 宗教信仰 Crosstabulation

	没有宗教信仰	信仰宗教	总计
非常不满意	3.5%	3.7%	3.5%
不太满意	18.6%	17.8%	18.6%
比较满意	43.3%	41.7%	43.2%

续表

	没有宗教信仰	信仰宗教	总计
非常满意	34.5%	36.9%	34.7%
总计	100.0%	100.0%	100.0%
列总计	5622	569	6191

Chi-square tests：df = 3，卡方值为 1.452，sig = 0.693 > 0.050，所以不同宗教信仰的居民在对“当前中国社会一般公务员群体的道德状况”的满意度上没有显著差异。

D18c by A5

您对当前中国社会企业家群体的道德状况是否满意 * 宗教信仰 Crosstabulation

	没有宗教信仰	信仰宗教	总计
非常不满意	4.2%	4.1%	4.2%
不太满意	19.3%	19.0%	19.3%
比较满意	46.9%	44.8%	46.7%
非常满意	29.6%	32.0%	29.8%
总计	100.0%	100.0%	100.0%
列总计	5591	562	6153

Chi-square tests：df = 3，卡方值为 1.512，sig = 0.679 > 0.050，所以不同宗教信仰的居民在对“当前中国社会企业家群体的道德状况”的满意度上没有显著差异。

D18d by A5

您对当前中国社会教师群体的道德状况是否满意 * 宗教信仰 Crosstabulation

	没有宗教信仰	信仰宗教	总计
非常不满意	3.5%	4.7%	3.7%
不太满意	12.2%	13.3%	12.3%
比较满意	29.0%	26.8%	28.8%
非常满意	55.2%	55.2%	55.2%
总计	100.0%	100.0%	100.0%
列总计	5634	571	6205

Chi-square tests：df = 3，卡方值为 3.348，sig = 0.341 > 0.050，所以不同宗教信仰的居民在对“当前中国社会教师群体的道德状况”的满意度上没有显著差异。

D18e by A5

您对当前中国社会青少年群体的道德状况是否满意 ＊ 宗教信仰 Crosstabulation

	没有宗教信仰	信仰宗教	总计
非常不满意	2. 1%	3. 0%	2. 2%
不太满意	15. 4%	15. 9%	15. 4%
比较满意	38. 9%	37. 1%	38. 7%
非常满意	43. 6%	44. 0%	43. 6%
总计	100. 0%	100. 0%	100. 0%
列总计	5639	571	6210

Chi-square tests：df = 3，卡方值为 2. 166，sig = 0. 539 > 0. 050，所以不同宗教信仰的居民在对“当前中国社会青少年群体的道德状况”的满意度上没有显著差异。

D18f by A5

您对当前中国社会演艺娱乐界群体的道德状况是否满意 ＊ 宗教信仰 Crosstabulation

	没有宗教信仰	信仰宗教	总计
非常不满意	10. 2%	8. 1%	10. 0%
不太满意	22. 5%	24. 3%	22. 7%
比较满意	44. 2%	44. 9%	44. 3%
非常满意	23. 1%	22. 7%	23. 1%
总计	100. 0%	100. 0%	100. 0%
列总计	5590	559	6149

Chi-square tests：df = 3，卡方值为 3. 264，sig = 0. 353 > 0. 050，所以不同宗教信仰的居民在对“当前中国社会演艺娱乐界群体的道德状况”的满意度上没有显著差异。

D18g by A5

您对当前中国社会自由职业者群体的道德状况是否满意 ＊ 宗教信仰 Crosstabulation

	没有宗教信仰	信仰宗教	总计
非常不满意	3. 5%	1. 8%	3. 4%
不太满意	19. 0%	18. 0%	18. 9%
比较满意	44. 0%	43. 5%	44. 0%
非常满意	33. 5%	36. 7%	33. 8%
总计	100. 0%	100. 0%	100. 0%
列总计	5595	566	6161

Chi-square tests：df = 3，卡方值为 6. 724，sig = 0. 081 > 0. 050，所以不同宗教信仰的居民在对“当前中国社会自由职业者群体的道德状况”的满意度上没有显著差异。

D18h by A5

您对当前中国社会农民群体的道德状况是否满意 * 宗教信仰 Crosstabulation

	没有宗教信仰	信仰宗教	总计
非常不满意	2. 1%	1. 9%	2. 1%
不太满意	10. 3%	10. 1%	10. 3%
比较满意	26. 5%	23. 8%	26. 2%
非常满意	61. 1%	64. 2%	61. 4%
总计	100. 0%	100. 0%	100. 0%
列总计	5624	572	6196

Chi-square tests：df = 3，卡方值为 2. 372，sig = 0. 499 > 0. 050，所以不同宗教信仰的居民在对“当前中国社会农民群体的道德状况”的满意度上没有显著差异。

D18i by A5

您对当前中国社会商人群体的道德状况是否满意 * 宗教信仰 Crosstabulation

	没有宗教信仰	信仰宗教	总计
非常不满意	5. 5%	5. 4%	5. 5%
不太满意	19. 8%	19. 5%	19. 7%
比较满意	45. 5%	44. 6%	45. 4%
非常满意	29. 3%	30. 5%	29. 4%
总计	100. 0%	100. 0%	100. 0%
列总计	5627	570	6197

Chi-square tests：df = 3，卡方值为 0. 407，sig = 0. 939 > 0. 050，所以不同宗教信仰的居民在对“当前中国社会商人群体的道德状况”的满意度上没有显著差异。

D18j by A5

您对当前中国社会工人群体的道德状况是否满意 * 宗教信仰 Crosstabulation

	没有宗教信仰	信仰宗教	总计
非常不满意	1. 5%	2. 6%	1. 6%
不太满意	10. 9%	9. 7%	10. 8%
比较满意	30. 4%	29. 6%	30. 3%
非常满意	57. 2%	58. 1%	57. 2%
总计	100. 0%	100. 0%	100. 0%
列总计	5623	568	6191

Chi-square tests：df = 3，卡方值为 4. 678，sig = 0. 197 > 0. 050，所以不同宗教信仰的居民在对“当前中国社会工人群体的道德状况”的满意度上没有显著差异。

D18k by A5

您对当前中国社会专家学者群体的道德状况是否满意 ＊ 宗教信仰 Crosstabulation

	没有宗教信仰	信仰宗教	总计
非常不满意	3.2%	3.3%	3.2%
不太满意	12.1%	13.0%	12.2%
比较满意	32.3%	31.7%	32.3%
非常满意	52.4%	51.9%	52.3%
总计	100.0%	100.0%	100.0%
列总计	5617	568	6185

Chi-square tests：df = 3，卡方值为 0.472，sig = 0.925 > 0.050，所以不同宗教信仰的居民在对“当前中国社会专家学者群体的道德状况”的满意度上没有显著差异。

D18l by A5

您对当前中国社会医生群体的道德状况是否满意 ＊ 宗教信仰 Crosstabulation

	没有宗教信仰	信仰宗教	总计
非常不满意	4.6%	4.4%	4.6%
不太满意	13.3%	15.4%	13.5%
比较满意	33.9%	32.3%	33.7%
非常满意	48.2%	47.9%	48.2%
总计	100.0%	100.0%	100.0%
列总计	5627	570	6197

Chi-square tests：df = 3，卡方值为 2.236，sig = 0.525 > 0.050，所以不同宗教信仰的居民在对“当前中国社会医生群体的道德状况”的满意度上没有显著差异。

D18m by A5

您对当前中国社会弱势群体的道德状况是否满意 ＊ 宗教信仰 Crosstabulation

	没有宗教信仰	信仰宗教	总计
非常不满意	2.6%	3.4%	2.6%
不太满意	11.7%	13.0%	11.8%
比较满意	39.3%	42.6%	39.6%
非常满意	46.4%	41.0%	46.0%
总计	100.0%	100.0%	100.0%
列总计	4804	446	5250

Chi-square tests：df = 3，卡方值为 5.244，sig = 0.155 > 0.050，所以不同宗教信仰的居民在对“当前中国社会弱势群体的道德状况”的满意度上没有显著差异。

D19 by A5

您认为大家在一起合作共事，最重要的条件是 ＊ 宗教信仰 Crosstabulation

	没有宗教信仰	信仰宗教	总计
心情要愉快，否则就不在一起或另找单位	28.3%	28.3%	28.3%
自由宽松的氛围	7.2%	6.7%	7.2%
不违背做人的基本准则	32.9%	33.1%	32.9%
尽量约束自己，考虑别人感受	12.0%	13.4%	12.1%
以共同体的利益为最高准则	19.0%	17.6%	18.8%
其他	0.7%	0.9%	0.7%
总计	100.0%	100.0%	100.0%
列总计	5625	568	6193

Chi-square tests：df = 5，卡方值为 1.848，sig = 0.870 > 0.050，所以不同宗教信仰的居民在对“大家在一起合作共事，最重要的条件”的选择上没有显著差异。

D20 by A5

您常常体验到自己身上“道德感”的存在和满足吗（如社会行为不是出于本能欲望的冲动，而是考虑是否符合道德规则）＊ 宗教信仰 Crosstabulation

	没有宗教信仰	信仰宗教	总计
没有，只是凭自己的意志和利益办事	14.1%	14.4%	14.2%
在有监督的环境中有，其他环境中没有	9.3%	7.4%	9.1%
能考虑行为符合公认的道德准则，但是出于社会评价的考虑	34.8%	34.2%	34.8%
经常有，因为行为应当符合社会规则	41.4%	43.6%	41.6%
其他	0.3%	0.5%	0.4%
总计	100.0%	100.0%	100.0%
列总计	5629	571	6200

Chi-square tests：df = 4，卡方值为 3.243，sig = 0.518 > 0.050，所以不同宗教信仰的居民在对“您常常体验到自己身上‘道德感’的存在和满足吗（如社会行为不是出于本能欲望的冲动，而是考虑是否符合道德规则）”这一问题的回答上没有显著差异。

D21 by A5

您觉得大多数人都是可以相信的吗？如果 1 分代表“大多数人都可以相信”，5 分代表“对其他人都应该小心防备”，您会选几分 ＊ 宗教信仰 Crosstabulation

	没有宗教信仰	信仰宗教	总计
1 分	29.2%	29.3%	29.2%
2 分	22.7%	22.2%	22.6%

续表

	没有宗教信仰	信仰宗教	总计
3 分	29.9%	31.8%	30.0%
4 分	10.8%	9.4%	10.6%
5 分	7.6%	7.3%	7.5%
总计	100.0%	100.0%	100.0%
列总计	5654	573	6227

Chi-square tests：df = 4，卡方值为 1.611，sig = 0.807 > 0.050，所以不同宗教信仰的居民在对“您觉得大多数人都是可以相信的吗？如果 1 分代表‘大多数人都可以相信’，5 分代表‘对其他人都应该小心防备’，您会选几分”的回答上没有显著差异。

D22 by A5

如果在路边看到一个老人摔倒，您的反应是 ＊ 宗教信仰 Crosstabulation

	没有宗教信仰	信仰宗教	总计
立即将其扶起	44.9%	42.2%	44.7%
等有证人时再扶	22.8%	21.5%	22.7%
先拍照，再扶起	11.7%	14.5%	11.9%
不扶，避免惹是生非	6.3%	5.9%	6.3%
报警	12.9%	14.5%	13.1%
其他	1.4%	1.4%	1.4%
总计	100.0%	100.0%	100.0%
列总计	5646	573	6219

Chi-square tests：df = 5，卡方值为 5.820，sig = 0.324 > 0.050，所以不同宗教信仰的居民在对“如果在路边看到一个老人摔倒，您有何种反应”的选择上没有显著差异。

D23 by A5

您认为导致当前医患关系紧张的首要原因是 ＊ 宗教信仰 Crosstabulation

	没有宗教信仰	信仰宗教	总计
医生缺乏职业道德，对病人不负责任	31.6%	32.7%	31.7%
医疗制度不合理，看病难，看病贵	44.4%	45.0%	44.5%
医生腐败，不送红包，就不认真看病	12.8%	12.7%	12.8%
“医闹”，病人蓄意闹事	9.9%	8.0%	9.7%
其他	1.3%	1.6%	1.3%
总计	100.0%	100.0%	100.0%

续表

	没有宗教信仰	信仰宗教	总计
列总计	5543	551	6094

Chi-square tests：df = 4，卡方值为2. 534，sig = 0. 639 > 0. 050，所以不同宗教信仰的居民在对“导致当前医患关系紧张的首要原因”的选择上没有显著差异。

D24a by A5

您对您的家人的信任程度如何 * 宗教信仰 Crosstabulation

	没有宗教信仰	信仰宗教	总计
完全信任	88. 5%	87. 5%	88. 4%
比较信任	11. 0%	11. 9%	11. 1%
不太信任	0. 4%	0. 5%	0. 4%
根本不信任	0. 1%		0. 1%
总计	100. 0%	100. 0%	100. 0%
列总计	5546	562	6108

Chi-square tests：df = 3，卡方值为1. 103，sig = 0. 776 > 0. 050，所以不同宗教信仰的居民在对“对家人的信任程度”的评价上没有显著差异。

D24b by A5

您对您的邻居的信任程度如何 * 宗教信仰 Crosstabulation

	没有宗教信仰	信仰宗教	总计
完全信任	31. 1%	31. 9%	31. 1%
比较信任	61. 6%	61. 1%	61. 6%
不太信任	6. 7%	5. 8%	6. 6%
根本不信任	0. 6%	1. 2%	0. 7%
总计	100. 0%	100. 0%	100. 0%
列总计	5645	571	6216

Chi-square tests：df = 3，卡方值为3. 875，sig = 0. 275 > 0. 050，所以不同宗教信仰的居民在对“对邻居的信任程度”的评价上没有显著差异。

D24c by A5

您对商人的信任程度如何 * 宗教信仰 Crosstabulation

	没有宗教信仰	信仰宗教	总计
完全信任	6. 7%	5. 8%	6. 6%

续表

	没有宗教信仰	信仰宗教	总计
比较信任	34. 0%	32. 7%	33. 9%
不太信任	52. 2%	54. 9%	52. 5%
根本不信任	7. 0%	6. 6%	7. 0%
总计	100. 0%	100. 0%	100. 0%
列总计	5633	572	6205

Chi-square tests：df = 3，卡方值为 1. 785，sig = 0. 618 > 0. 050，所以不同宗教信仰的居民在对“对商人的信任程度”的评价上没有显著差异。

D24d by A5

您对单位领导/社区（村）干部的信任程度如何 * 宗教信仰 Crosstabulation

	没有宗教信仰	信仰宗教	总计
完全信任	24. 9%	24. 1%	24. 8%
比较信任	56. 2%	55. 4%	56. 1%
不太信任	15. 6%	16. 6%	15. 7%
根本不信任	3. 3%	3. 8%	3. 3%
总计	100. 0%	100. 0%	100. 0%
列总计	5639	572	6211

Chi-square tests：df = 3，卡方值为 0. 989，sig = 0. 804 > 0. 050，所以不同宗教信仰的居民在对“对单位领导/社区（村）干部的信任程度”的评价上没有显著差异。

D24e by A5

您对公务员的信任程度如何 * 宗教信仰 Crosstabulation

	没有宗教信仰	信仰宗教	总计
完全信任	16. 5%	15. 9%	16. 5%
比较信任	58. 3%	57. 6%	58. 2%
不太信任	22. 6%	24. 9%	22. 8%
根本不信任	2. 6%	1. 6%	2. 5%
总计	100. 0%	100. 0%	100. 0%
列总计	5625	571	6196

Chi-square tests：df = 3，卡方值为 3. 415，sig = 0. 332 > 0. 050，所以不同宗教信仰的居民在对“对公务员的信任程度”的评价上没有显著差异。

D24f by A5

您对教师的信任程度如何 * 宗教信仰 Crosstabulation

	没有宗教信仰	信仰宗教	总计
完全信任	32.5%	27.6%	32.1%
比较信任	55.2%	63.1%	55.9%
不太信任	10.9%	7.7%	10.6%
根本不信任	1.4%	1.6%	1.4%
总计	100.0%	100.0%	100.0%
列总计	5637	572	6209

Chi-square tests：df=3，卡方值为15.062，sig=0.002<0.050，所以不同宗教信仰的居民在对“对教师的信任程度”的评价上有显著差异。

D24g by A5

您对警察的信任程度如何 * 宗教信仰 Crosstabulation

	没有宗教信仰	信仰宗教	总计
完全信任	39.5%	37.0%	39.3%
比较信任	50.1%	53.4%	50.4%
不太信任	8.7%	7.7%	8.6%
根本不信任	1.7%	1.9%	1.7%
总计	100.0%	100.0%	100.0%
列总计	5646	573	6219

Chi-square tests：df=3，卡方值为2.733，sig=0.435>0.050，所以不同宗教信仰的居民在对“对警察的信任程度”的评价上没有显著差异。

D24h by A5

您对医生的信任程度如何 * 宗教信仰 Crosstabulation

	没有宗教信仰	信仰宗教	总计
完全信任	27.5%	26.2%	27.4%
比较信任	54.1%	55.2%	54.2%
不太信任	16.0%	16.6%	16.0%
根本不信任	2.4%	1.9%	2.3%
总计	100.0%	100.0%	100.0%
列总计	5640	572	6212

Chi-square tests：df=3，卡方值为1.038，sig=0.792>0.050，所以不同宗教信仰的居民在对“对医生的信任程度”的评价上没有显著差异。

D24i by A5

您对法官的信任程度如何 ＊ 宗教信仰 Crosstabulation

	没有宗教信仰	信仰宗教	总计
完全信任	33.0%	31.6%	32.8%
比较信任	51.9%	54.5%	52.1%
不太信任	12.8%	11.2%	12.7%
根本不信任	2.3%	2.6%	2.4%
总计	100.0%	100.0%	100.0%
列总计	5630	569	6199

Chi-square tests：df = 3，卡方值为 2.202，sig = 0.531 > 0.050，所以不同宗教信仰的居民在对“对法官的信任程度”的评价上没有显著差异。

D24j by A5

您对陌生人的信任程度如何 ＊ 宗教信仰 Crosstabulation

	没有宗教信仰	信仰宗教	总计
完全信任	2.0%	1.9%	2.0%
比较信任	10.5%	10.1%	10.5%
不太信任	46.7%	48.1%	46.8%
根本不信任	40.9%	39.9%	40.8%
总计	100.0%	100.0%	100.0%
列总计	5646	572	6218

Chi-square tests：df = 3，卡方值为 0.416，sig = 0.937 > 0.050，所以不同宗教信仰的居民在对“对陌生人的信任程度”的评价上没有显著差异。

D24k by A5

您对外国人的信任程度如何 ＊ 宗教信仰 Crosstabulation

	没有宗教信仰	信仰宗教	总计
完全信任	2.1%	2.5%	2.1%
比较信任	13.9%	14.7%	14.0%
不太信任	45.2%	48.3%	45.5%
根本不信任	38.8%	34.5%	38.4%
总计	100.0%	100.0%	100.0%
列总计	5597	565	6162

Chi-square tests：df = 3，卡方值为 4.122，sig = 0.249 > 0.050，所以不同宗教信仰的居民在对“对外国人的信任程度”的评价上没有显著差异。

D24l by A5

您对同事或同学的信任程度如何 * 宗教信仰 Crosstabulation

	没有宗教信仰	信仰宗教	总计
完全信任	17.2%	15.7%	17.0%
比较信任	70.2%	71.7%	70.3%
不太信任	10.5%	11.0%	10.5%
根本不信任	2.2%	1.6%	2.1%
总计	100.0%	100.0%	100.0%
列总计	5621	566	6187

Chi-square tests：df = 3，卡方值为 1.785，sig = 0.618 > 0.050，所以不同宗教信仰的居民在对“对同事或同学的信任程度”的评价上没有显著差异。

D24m by A5

您对本地政府的信任程度如何 * 宗教信仰 Crosstabulation

	没有宗教信仰	信仰宗教	总计
完全信任	30.2%	30.1%	30.2%
比较信任	54.2%	53.5%	54.1%
不太信任	12.7%	13.8%	12.8%
根本不信任	2.8%	2.6%	2.8%
总计	100.0%	100.0%	100.0%
列总计	5643	572	6215

Chi-square tests：df = 3，卡方值为 0.597，sig = 0.897 > 0.050，所以不同宗教信仰的居民在对“对本地政府的信任程度”的评价上没有显著差异。

D24n by A5

您对中央政府的信任程度如何 * 宗教信仰 Crosstabulation

	没有宗教信仰	信仰宗教	总计
完全信任	53.4%	51.5%	53.2%
比较信任	39.1%	40.5%	39.2%
不太信任	6.1%	6.0%	6.1%
根本不信任	1.5%	2.1%	1.5%
总计	100.0%	100.0%	100.0%
列总计	5649	571	6220

Chi-square tests：df = 3，卡方值为 2.085，sig = 0.555 > 0.050，所以不同宗教信仰的居民在对“对中央政府的信任程度”的评价上没有显著差异。

D25 by A5

您认为弱势群体产生的最主要原因是 ＊ 宗教信仰 Crosstabulation

	没有宗教信仰	信仰宗教	总计
制度不合理，社会关怀不够	26. 9%	21. 8%	26. 5%
收入分配不公	24. 8%	26. 0%	24. 9%
机会不平等	10. 3%	9. 5%	10. 2%
弱势群体自己不努力	15. 4%	15. 1%	15. 4%
缺乏生存技能	21. 3%	25. 1%	21. 7%
其他	1. 2%	2. 5%	1. 3%
总计	100. 0%	100. 0%	100. 0%
列总计	5638	569	6207

Chi-square tests：df = 5，卡方值为 15. 263，sig = 0. 009 < 0. 050，所以不同宗教信仰的居民在对“弱势群体产生的最主要原因”的选择上有显著差异。

D26 by A5

您认为对当前我国伦理关系和道德风尚造成最大负面影响的因素是 ＊ 宗教信仰 Crosstabulation

	没有宗教信仰	信仰宗教	总计
传统文化的崩坏	23. 6%	22. 3%	23. 5%
外来文化的冲击	9. 6%	7. 0%	9. 4%
市场经济导致的个人主义	23. 2%	22. 5%	23. 2%
网络技术的发展	6. 5%	8. 9%	6. 7%
分配不公，两极分化	18. 7%	19. 1%	18. 7%
以权谋私，官员腐败	18. 3%	20. 3%	18. 5%
总计	100. 0%	100. 0%	100. 0%
列总计	5622	561	6183

Chi-square tests：df = 5，卡方值为 10. 073，sig = 0. 073 > 0. 050，所以不同宗教信仰的居民在对“当前我国伦理关系和道德风尚造成最大负面影响的因素”的选择上没有显著差异。

E1 by A5

您对于我们正在走的中国特色社会主义道路怎么看 ＊ 宗教信仰 Crosstabulation

	没有宗教信仰	信仰宗教	总计
充满信心，因为它可以给中国带来繁荣富强	70. 1%	67. 2%	69. 9%

续表

	没有宗教信仰	信仰宗教	总计
不太了解，但相信这条路能够让老百姓过上好日子	22.1%	25.8%	22.5%
表示怀疑，走这条路究竟怎么样，现在还说不清楚	5.7%	5.9%	5.7%
走什么样的路，跟我没关系	2.0%	1.0%	1.9%
总计	100.0%	100.0%	100.0%
列总计	5647	573	6220

Chi-square tests：df = 3，卡方值为 6.386，sig = 0.094 > 0.050，所以不同宗教信仰的居民在对“我们正在走的中国特色社会主义道路”的看法上没有显著差异。

E2a by A5

结合自己的情况进行选择：我会经常关心比我不幸的人 ＊ 宗教信仰 Crosstabulation

	没有宗教信仰	信仰宗教	总计
完全不符合	4.2%	3.9%	4.1%
不太符合	18.5%	15.2%	18.2%
比较符合	51.8%	54.6%	52.1%
完全符合	25.5%	26.3%	25.6%
总计	100.0%	100.0%	100.0%
列总计	5646	571	6217

Chi-square tests：df = 3，卡方值为 4.083，sig = 0.253 > 0.050，所以不同宗教信仰的居民在对“我会经常关心比我不幸的人”的看法上没有显著差异。

E2b by A5

结合自己的情况进行选择：在做决定前，我会试着从每个人的立场去考虑问题 ＊ 宗教信仰 Crosstabulation

	没有宗教信仰	信仰宗教	总计
完全不符合	2.8%	2.8%	2.8%
不太符合	14.3%	11.5%	14.0%
比较符合	58.3%	57.3%	58.2%
完全符合	24.7%	28.3%	25.0%
总计	100.0%	100.0%	100.0%
列总计	5649	572	6221

Chi-square tests：df = 3，卡方值为 5.634，sig = 0.131 > 0.050，所以不同宗教信仰的居民在对“在做决定前，我会试着从每个人的立场去考虑问题”的看法上没有显著差异。

E2c by A5

结合自己的情况进行选择：当我看到有人被利用时，我有点想要保护他们 ＊ 宗教信仰 Crosstabulation

	没有宗教信仰	信仰宗教	总计
完全不符合	3.4%	3.5%	3.4%
不太符合	18.2%	13.5%	17.7%
比较符合	55.5%	57.8%	55.7%
完全符合	22.9%	25.2%	23.2%
总计	100.0%	100.0%	100.0%
列总计	5644	571	6215

Chi-square tests：df = 3，卡方值为 8.111，sig = 0.044 < 0.050，所以不同宗教信仰的居民在对“我看到有人被利用时，我有点想要保护他们”的看法上有显著差异。

E2d by A5

结合自己的情况进行选择：我有时会试图站在他人的角度，以更好地理解他们 ＊ 宗教信仰 Crosstabulation

	没有宗教信仰	信仰宗教	总计
完全不符合	2.6%	2.8%	2.7%
不太符合	12.1%	10.7%	12.0%
比较符合	58.9%	58.9%	58.9%
完全符合	26.3%	27.6%	26.4%
总计	100.0%	100.0%	100.0%
列总计	5638	572	6210

Chi-square tests：df = 3，卡方值为 1.311，sig = 0.726 > 0.050，所以不同宗教信仰的居民在对“我有时会试图站在他人的角度，以更好地理解他们”的看法上没有显著差异。

E2e by A5

结合自己的情况进行选择：处在紧张情绪的状况中，我会惊慌害怕 ＊ 宗教信仰 Crosstabulation

	没有宗教信仰	信仰宗教	总计
完全不符合	10.9%	10.2%	10.8%
不太符合	30.4%	30.6%	30.4%
比较符合	41.1%	41.3%	41.1%
完全符合	17.6%	17.9%	17.7%

续表

	没有宗教信仰	信仰宗教	总计
总计	100.0%	100.0%	100.0%
列总计	5626	571	6197

Chi-square tests：df = 3，卡方值为 0.297，sig = 0.961 > 0.050，所以不同宗教信仰的居民在对“处在紧张情绪的状况中，我会惊慌害怕”的看法上没有显著差异。

E2f by A5

结合自己的情况进行选择：我相信任何问题都有两面性，我会试图从两个方面加以考虑 ＊ 宗教信仰 Crosstabulation

	没有宗教信仰	信仰宗教	总计
完全不符合	2.2%	2.6%	2.3%
不太符合	13.9%	10.0%	13.5%
比较符合	55.1%	56.4%	55.3%
完全符合	28.8%	31.0%	29.0%
总计	100.0%	100.0%	100.0%
列总计	5645	571	6216

Chi-square tests：df = 3，卡方值为 7.147，sig = 0.067 > 0.050，所以不同宗教信仰的居民在对“我相信任何问题都有两面性，我会试图从两个方面加以考虑”的看法上没有显著差异。

E2g by A5

结合自己的情况进行选择：当我对某人很不耐烦或想批评他/她时，我通常会暂时站在他/她的位置上进行考虑 ＊ 宗教信仰 Crosstabulation

	没有宗教信仰	信仰宗教	总计
完全不符合	4.5%	3.1%	4.3%
不太符合	23.6%	20.3%	23.3%
比较符合	53.7%	56.1%	53.9%
完全符合	18.3%	20.5%	18.5%
总计	100.0%	100.0%	100.0%
列总计	5643	572	6215

Chi-square tests：df = 3，卡方值为 6.416，sig = 0.093 > 0.050，所以不同宗教信仰的居民在对“当我对某人很不耐烦或想批评他/她时，我通常会暂时站在他/她的位置上进行考虑”的看法上没有显著差异。

E2h by A5

结合自己的情况进行选择：当我在读一个有趣的故事或者看一部电影时，会想象如果这些事情发生在自己身上，我会是怎样的感受 ＊ 宗教信仰 Crosstabulation

	没有宗教信仰	信仰宗教	总计
完全不符合	8.7%	9.3%	8.8%
不太符合	26.7%	26.5%	26.7%
比较符合	46.6%	44.8%	46.5%
完全符合	17.9%	19.3%	18.1%
总计	100.0%	100.0%	100.0%
列总计	5626	569	6195

Chi-square tests：df = 3，卡方值为 1.145，sig = 0.766 > 0.050，所以不同宗教信仰的居民在对“当我在读一个有趣的故事或者看一部电影时，会想象如果这些事情发生在自己身上，我会是怎样的感受”的看法上没有显著差异。

E2i by A5

结合自己的情况进行选择：当我看到有人发生意外而急需帮助时，我紧张得几乎精神崩溃 ＊ 宗教信仰 Crosstabulation

	没有宗教信仰	信仰宗教	总计
完全不符合	20.0%	19.1%	19.9%
不太符合	39.9%	43.2%	40.2%
比较符合	29.1%	27.6%	28.9%
完全符合	11.0%	10.1%	10.9%
总计	100.0%	100.0%	100.0%
列总计	5644	572	6216

Chi-square tests：df = 3，卡方值为 2.421，sig = 0.490 > 0.050，所以不同宗教信仰的居民在对“当我看到有人发生意外而急需帮助时，我紧张得几乎精神崩溃”的看法上没有显著差异。

E3 by A5

每个人都希望我们的国家越来越好，我们的生活越来越好。党的十八大提出，到 2020 年全面建成小康社会，到本世纪中叶建成社会主义现代化国家。您认为这样的目标能实现吗 ＊ 宗教信仰 Crosstabulation

	没有宗教信仰	信仰宗教	总计
相信一定能实现	56.7%	59.7%	57.0%
有困难，但只要努力还是能实现的	34.8%	33.3%	34.7%

续表

	没有宗教信仰	信仰宗教	总计
不可能实现	3.0%	2.1%	2.9%
说不清楚，跟我没关系	5.5%	4.9%	5.5%
总计	100.0%	100.0%	100.0%
列总计	5655	573	6228

Chi-square tests：df = 3，卡方值为 2.836，sig = 0.418 > 0.050，所以不同宗教信仰的居民在对“到 2020 年全面建成小康社会，到本世纪中叶建成社会主义现代化国家。您认为这样的目标能实现吗”的看法上没有显著差异。

E4 by A5

您认为在现代中国社会实际奉行的道德价值是 * 宗教信仰 Crosstabulation

	没有宗教信仰	信仰宗教	总计
个人主义，人人为自己，上帝为大家	21.7%	22.7%	21.7%
义利合一，以理导欲	55.8%	54.7%	55.7%
见利忘义，物欲横流	10.0%	10.8%	10.0%
弱势群体自己不努力存义去利	12.6%	11.9%	12.5%
总计	100.0%	100.0%	100.0%
列总计	5555	565	6120

Chi-square tests：df = 3，卡方值为 0.901，sig = 0.825 > 0.050，所以不同宗教信仰的居民在对“现代中国社会实际奉行的道德价值”这一问题的看法上没有显著差异。

E5a by A5

您认为当今中国社会最重要和最需要的德性是 * 宗教信仰 Crosstabulation

	没有宗教信仰	信仰宗教	总计
爱（仁爱、博爱、友爱）	39.2%	43.3%	39.6%
义（道义、义务）	4.5%	4.2%	4.4%
宽容	3.9%	3.7%	3.9%
责任	15.3%	12.6%	15.1%
正义或公正	11.8%	13.7%	12.0%
诚信	8.9%	9.3%	8.9%
忠恕	1.0%	1.1%	1.0%
理智	1.0%	0.4%	0.9%
节制	0.2%		0.2%

续表

	没有宗教信仰	信仰宗教	总计
谦让	1.3%	0.9%	1.2%
恭敬	0.5%	0.4%	0.5%
勇敢	0.5%	0.2%	0.4%
正直	2.3%	1.6%	2.2%
善良	3.8%	4.7%	3.8%
力行或知行合一	0.2%		0.1%
教养	1.6%	1.2%	1.5%
孝悌	3.2%	2.5%	3.2%
气节	0.1%	0.2%	0.1%
中庸	0.1%		0.1%
敬业	0.7%	0.4%	0.7%
总计	100.0%	100.0%	100.0%
列总计	5648	571	6219

Chi-square tests：df = 19，卡方值为 17.849，sig = 0.533 > 0.050，所以不同宗教信仰的居民在对“当今中国社会最重要和最需要的德性”的选择上没有显著差异。

E5b by A5

您认为当今中国社会第二重要和第二需要的德性是 * 宗教信仰 Crosstabulation

	没有宗教信仰	信仰宗教	总计
爱（仁爱、博爱、友爱）	10.0%	10.4%	10.0%
义（道义、义务）	17.2%	18.6%	17.3%
宽容	6.6%	6.7%	6.6%
责任	15.4%	16.5%	15.5%
正义或公正	12.1%	11.6%	12.1%
诚信	13.2%	13.0%	13.2%
忠恕	1.3%	0.7%	1.2%
理智	2.7%	2.1%	2.7%
节制	0.3%	0.9%	0.4%
谦让	2.1%	1.8%	2.1%
恭敬	0.8%	0.5%	0.7%
勇敢	0.9%	0.4%	0.8%
正直	3.3%	2.5%	3.2%
善良	7.0%	7.7%	7.1%

续表

	没有宗教信仰	信仰宗教	总计
力行或知行合一	0.3%	0.2%	0.3%
教养	2.4%	1.8%	2.4%
孝悌	2.9%	3.3%	2.9%
气节	0.2%	0.2%	0.2%
中庸	0.1%	0.2%	0.1%
敬业	1.5%	1.1%	1.4%
总计	100.0%	100.0%	100.0%
列总计	5642	569	6211

Chi-square tests：df = 19，卡方值为 14.175，sig = 0.773 > 0.050，所以不同宗教信仰的居民在对“当今中国社会第二重要和第二需要的德性”的选择上没有显著差异。

E5c by A5

您认为当今中国社会第三重要和第三需要的德性是 * 宗教信仰 Crosstabulation

	没有宗教信仰	信仰宗教	总计
爱（仁爱、博爱、友爱）	7.7%	6.9%	7.6%
义（道义、义务）	5.6%	6.9%	5.7%
宽容	15.2%	16.0%	15.3%
责任	10.7%	9.7%	10.6%
正义或公正	9.3%	10.6%	9.4%
诚信	19.2%	19.2%	19.2%
忠恕	1.1%	0.4%	1.0%
理智	2.4%	2.5%	2.4%
节制	0.8%	1.2%	0.9%
谦让	1.8%	1.8%	1.8%
恭敬	0.6%	0.2%	0.6%
勇敢	1.9%	1.9%	1.9%
正直	3.4%	2.5%	3.3%
善良	8.1%	7.9%	8.1%
力行或知行合一	1.1%	1.1%	1.1%
教养	3.4%	3.7%	3.4%
孝悌	3.4%	3.9%	3.5%
气节	0.6%	0.9%	0.6%
中庸	0.2%		0.1%

续表

	没有宗教信仰	信仰宗教	总计
敬业	3.5%	3.0%	3.5%
总计	100.0%	100.0%	100.0%
列总计	5635	568	6203

Chi-square tests：df = 19，卡方值为 12.876，sig = 0.845 > 0.050，所以不同宗教信仰的居民在对“当今中国社会第三重要和第三需要的德性”的选择上没有显著差异。

E6a by A5

您在工作的地方，有没有一种踏实和亲切的感觉：所在单位 * 宗教信仰 Crosstabulation

	没有宗教信仰	信仰宗教	总计
有	53.7%	51.8%	53.5%
还可以	40.2%	41.4%	40.3%
没有	6.2%	6.8%	6.2%
总计	100.0%	100.0%	100.0%
列总计	5570	560	6130

Chi-square tests：df = 2，卡方值为 0.867，sig = 0.648 > 0.050，所以不同宗教信仰的居民在对“所在单位是否带给您踏实、亲切感”的选择上没有显著差异。

E6b by A5

您在工作或生活的地方，有没有一种踏实和亲切的感觉：所在社区/村 * 宗教信仰 Crosstabulation

	没有宗教信仰	信仰宗教	总计
有	58.7%	56.7%	58.5%
还可以	37.5%	39.6%	37.7%
没有	3.8%	3.7%	3.8%
总计	100.0%	100.0%	100.0%
列总计	5648	573	6221

Chi-square tests：df = 2，卡方值为 0.975，sig = 0.614 > 0.050，所以不同宗教信仰的居民在对“所在社区/村是否带给您踏实、亲切感”的选择上没有显著差异。

E6c by A5

您在工作或生活的地方，有没有一种踏实和亲切的感觉：所在城市 ＊ 宗教信仰 Crosstabulation

	没有宗教信仰	信仰宗教	总计
有	51.7%	51.5%	51.7%
还可以	43.7%	43.3%	43.7%
没有	4.6%	5.2%	4.7%
总计	100.0%	100.0%	100.0%
列总计	5642	573	6215

Chi-square tests：df = 2，卡方值为 0.464，sig = 0.793 > 0.050，所以不同宗教信仰的居民在对“所在城市是否带给您踏实、亲切感”的选择上没有显著差异。

E7 by A5

您认为在自己的成长中得到道德训练最重要的场所或机构是 ＊ 宗教信仰 Crosstabulation

	没有宗教信仰	信仰宗教	总计
家庭	42.2%	44.4%	42.4%
学校	24.0%	22.7%	23.9%
社会（包括职业生活）	26.1%	25.2%	26.0%
国家或政府	5.9%	4.9%	5.8%
媒体	1.1%	0.7%	1.1%
其他	0.7%	2.1%	0.8%
总计	100.0%	100.0%	100.0%
列总计	5645	572	6217

Chi-square tests：df = 5，卡方值为 16.558，sig = 0.005 < 0.050，所以不同宗教信仰的居民在对“自己的成长中得到道德训练最重要的场所或机构”的选择上有显著差异。

E8 by A5

您听说过一些道德模范或身边好人的故事吗？您愿意像他们那样做人做事吗 ＊ 宗教信仰 Crosstabulation

	没有宗教信仰	信仰宗教	总计
知道一些，他们很了不起，我在努力向他们学习	68.5%	70.6%	68.7%
知道一些，我很敬佩他们，但自己学不来	21.4%	18.4%	21.2%
知道一些，我感到他们那样做有点不值得	2.4%	2.4%	2.4%

续表

	没有宗教信仰	信仰宗教	总计
没听说过谁是道德模范和身边好人	7.7%	8.6%	7.8%
总计	100.0%	100.0%	100.0%
列总计	5650	572	6222

Chi-square tests：df = 3，卡方值为 3.169，sig = 0.366 > 0.050，所以不同宗教信仰的居民在对“听说过一些道德模范或身边好人的故事吗？您愿意像他们那样做人做事吗”的回答上没有显著差异。

E9a by A5

对公务员道德状况（如工作认真负责、依法办事、公正廉洁、讲究效率、文明服务等）的总体评价 ＊ 宗教信仰 Crosstabulation

	没有宗教信仰	信仰宗教	总计
非常满意	18.8%	19.9%	18.9%
比较满意	58.4%	56.6%	58.2%
不太满意	19.2%	20.2%	19.3%
不满意	3.7%	3.3%	3.6%
总计	100.0%	100.0%	100.0%
列总计	5642	569	6211

Chi-square tests：df = 3，卡方值为 1.068，sig = 0.785 > 0.050，所以不同宗教信仰的居民在对“公务员的道德状况”的满意度上没有显著差异。

E9b by A5

对商人道德状况（如不卖假冒伪劣产品、不价格欺诈、不短斤少两、讲诚信服务等）的总体评价 ＊ 宗教信仰 Crosstabulation

	没有宗教信仰	信仰宗教	总计
非常满意	9.7%	8.9%	9.6%
比较满意	42.5%	44.3%	42.7%
不太满意	38.8%	37.5%	38.7%
不满意	8.9%	9.2%	9.0%
总计	100.0%	100.0%	100.0%
列总计	5649	573	6222

Chi-square tests：df = 3，卡方值为 1.056，sig = 0.788 > 0.050，所以不同宗教信仰的居民在对“商人的道德状况”的满意度上没有显著差异。

E9c by A5

对教师道德状况（如爱岗敬业、关爱学生、教书育人、为人师表、不搞有偿家教等）的总体评价 * 宗教信仰 Crosstabulation

	没有宗教信仰	信仰宗教	总计
非常满意	28.2%	28.6%	28.3%
比较满意	55.7%	56.0%	55.8%
不太满意	13.5%	11.2%	13.3%
不满意	2.5%	4.2%	2.7%
总计	100.0%	100.0%	100.0%
列总计	5650	573	6223

Chi-square tests：df = 3，卡方值为 7.291，sig = 0.063 > 0.050，所以不同宗教信仰的居民在对“教师的道德状况”的满意度上没有显著差异。

E9d by A5

对医生道德状况（如爱岗敬业、钻研医术、救死扶伤、尊重病人、不收红包等）的总体评价 * 宗教信仰 Crosstabulation

	没有宗教信仰	信仰宗教	总计
非常满意	21.3%	21.6%	21.3%
比较满意	55.0%	53.1%	54.8%
不太满意	19.0%	19.4%	19.1%
不满意	4.7%	5.9%	4.8%
总计	100.0%	100.0%	100.0%
列总计	5651	573	6224

Chi-square tests：df = 3，卡方值为 2.040，sig = 0.564 > 0.050，所以不同宗教信仰的居民在对“医生的道德状况”的满意度上没有显著差异。

E10 by A5

对当今中国社会，您更担忧哪种问题 * 宗教信仰 Crosstabulation

	没有宗教信仰	信仰宗教	总计
言而无信，不守信用	24.3%	22.9%	24.2%
坑蒙拐骗，没有诚信	32.3%	31.7%	32.2%
人与人之间互不信任，社会安全度低	33.5%	32.8%	33.4%
可信任的人很少，遇到问题难以找到人倾诉和帮助	9.9%	12.5%	10.1%
总计	100.0%	100.0%	100.0%

续表

	没有宗教信仰	信仰宗教	总计
列总计	5607	567	6174

Chi-square tests：df = 3，卡方值为 4. 146，sig = 0. 246 > 0. 050，所以不同宗教信仰的居民在对“当今中国社会，您更担忧哪种问题”的选择上没有显著差异。

E11a by A5

您的思想行为受什么人影响最大 * 宗教信仰 Crosstabulation

	没有宗教信仰	信仰宗教	总计
政府官员	14. 3%	14. 1%	14. 3%
企业家	1. 6%	2. 1%	1. 7%
演艺明星、体育明星	0. 4%	0. 7%	0. 5%
教师	12. 3%	12. 1%	12. 3%
知识精英	2. 3%	3. 0%	2. 3%
自由撰稿人	0. 2%		0. 2%
农民	2. 8%	2. 8%	2. 8%
工人	1. 0%	0. 7%	1. 0%
先哲先贤	3. 7%	3. 0%	3. 7%
父母	61. 3%	61. 4%	61. 3%
总计	100. 0%	100. 0%	100. 0%
列总计	5634	562	6196

Chi-square tests：df = 9，卡方值为 5. 496，sig = 0. 789 > 0. 050，所以不同宗教信仰的居民在对“您的思想行为受什么人影响最大”的选择上没有显著差异。

E11b by A5

对您的思想行为产生第二重要的影响的人是 * 宗教信仰 Crosstabulation

	没有宗教信仰	信仰宗教	总计
政府官员	11. 2%	14. 4%	11. 5%
企业家	5. 4%	5. 6%	5. 4%
演艺明星、体育明星	1. 4%	1. 6%	1. 4%
教师	39. 3%	37. 1%	39. 1%
知识精英	5. 6%	5. 9%	5. 6%
自由撰稿人	0. 7%	0. 5%	0. 7%
农民	8. 6%	8. 6%	8. 6%

续表

	没有宗教信仰	信仰宗教	总计
工人	4.2%	3.6%	4.1%
先哲先贤	8.1%	7.7%	8.1%
父母	15.5%	14.9%	15.5%
总计	100.0%	100.0%	100.0%
列总计	5584	556	6140

Chi-square tests：df = 9，卡方值为 6.403，sig = 0.699 > 0.050，所以不同宗教信仰的居民在对“对您的思想行为产生第二重要的影响的人是”的选择上没有显著差异。

E11c by A5

对您的思想行为产生第三重要的影响的人是 * 宗教信仰 Crosstabulation

	没有宗教信仰	信仰宗教	总计
政府官员	16.3%	14.5%	16.1%
企业家	4.9%	5.1%	4.9%
演艺明星、体育明星	3.5%	4.5%	3.6%
教师	14.7%	16.9%	14.9%
知识精英	12.7%	10.9%	12.5%
自由撰稿人	2.3%	2.2%	2.3%
农民	11.7%	12.7%	11.8%
工人	9.0%	8.3%	9.0%
先哲先贤	14.5%	14.0%	14.4%
父母	10.5%	10.9%	10.5%
总计	100.0%	100.0%	100.0%
列总计	5540	551	6091

Chi-square tests：df = 9，卡方值为 6.263，sig = 0.713 > 0.050，所以不同宗教信仰的居民在对“对您的思想行为产生第三重要的影响的人是”的选择上没有显著差异。

E12a by A5

对形成我国当前各种新型伦理关系和道德观念，最重要的影响因素 * 宗教信仰 Crosstabulation

	没有宗教信仰	信仰宗教	总计
网络和媒体	38.3%	41.9%	38.6%
政府	35.0%	34.7%	35.0%

续表

	没有宗教信仰	信仰宗教	总计
大学及其文化	6.2%	4.5%	6.0%
市场	8.1%	7.0%	8.0%
企业	1.8%	0.9%	1.7%
社会团体	5.8%	5.2%	5.8%
知识精英	2.5%	2.5%	2.5%
国外价值观与生活方式	2.0%	2.9%	2.1%
其他	0.3%	0.4%	0.3%
总计	100.0%	100.0%	100.0%
列总计	5574	554	6128

Chi-square tests：df = 8，卡方值为 9.097，sig = 0.334 > 0.050，所以不同宗教信仰的居民在“对形成我国当前各种新型伦理关系和道德观念，最重要的影响因素”的选择上没有显著差异。

E12b by A5

对形成我国当前各种新型伦理关系和道德观念，第二重要的影响因素 * 宗教信仰 Crosstabulation

	没有宗教信仰	信仰宗教	总计
网络和媒体	18.0%	17.2%	18.0%
政府	29.5%	32.8%	29.8%
大学及其文化	10.5%	7.4%	10.2%
市场	16.8%	18.3%	16.9%
企业	6.6%	6.5%	6.6%
社会团体	10.2%	9.8%	10.1%
知识精英	4.7%	4.7%	4.7%
国外价值观与生活方式	3.5%	2.9%	3.5%
其他	0.2%	0.2%	0.2%
总计	100.0%	100.0%	100.0%
列总计	5536	551	6087

Chi-square tests：df = 8，卡方值为 7.955，sig = 0.438 > 0.050，所以不同宗教信仰的居民在“对形成我国当前各种新型伦理关系和道德观念，第二重要的影响因素”的选择上没有显著差异。

E12c by A5

对形成我国当前各种新型伦理关系和道德观念，第三重要的影响因素 * 宗教信仰 Crosstabulation

	没有宗教信仰	信仰宗教	总计
网络和媒体	10.7%	9.4%	10.5%
政府	12.3%	12.7%	12.3%
大学及其文化	16.7%	18.5%	16.8%
市场	19.3%	18.0%	19.2%
企业	6.9%	8.1%	7.0%
社会团体	18.4%	18.9%	18.4%
知识精英	8.9%	6.4%	8.7%
国外价值观与生活方式	5.9%	7.5%	6.1%
其他	0.9%	0.6%	0.8%
总计	100.0%	100.0%	100.0%
列总计	5512	545	6057

Chi-square tests：df = 8，卡方值为 9.535，sig = 0.299 > 0.050，所以不同宗教信仰的居民在“对形成我国当前各种新型伦理关系和道德观念，第三重要的影响因素”的选择上没有显著差异。

E13 by A5

您认为哪种因素应当对当今不良道德风尚负主要责任 * 宗教信仰 Crosstabulation

	没有宗教信仰	信仰宗教	总计
以权谋私，官员腐败	44.6%	45.1%	44.7%
企业不讲诚信和损害社会利益	11.4%	9.9%	11.3%
学校道德教育功能弱化	7.6%	8.0%	7.6%
家庭伦理功能弱化	3.8%	4.1%	3.9%
个人缺乏道德自觉	19.1%	19.4%	19.1%
分配不公，两极分化	13.4%	13.6%	13.4%
总计	100.0%	100.0%	100.0%
列总计	5633	566	6199

Chi-square tests：df = 5，卡方值为 1.291，sig = 0.936 > 0.050，所以不同宗教信仰的居民在对“哪种因素应当对当今不良道德风尚负主要责任”的选择上没有显著差异。

E14a by A5

您对下列关于网络的说法是否赞同：网络是个虚拟空间，不受现实生活中的道德规范约束 * 宗教信仰 Crosstabulation

	没有宗教信仰	信仰宗教	总计
非常不赞同	30.5%	26.6%	30.1%
不太赞同	35.3%	38.4%	35.6%
比较赞同	24.3%	23.5%	24.3%
非常赞同	9.9%	11.5%	10.0%
总计	100.0%	100.0%	100.0%
列总计	5464	557	6021

Chi-square tests：df = 3，卡方值为 5.392，sig = 0.145 > 0.050，所以不同宗教信仰的居民在对“网络是个虚拟空间，不受现实生活中的道德规范约束”这一说法的认同度上没有显著差异。

E14b by A5

您对下列关于网络的说法是否赞同：人肉搜索侵犯个人隐私，应该杜绝 * 宗教信仰 Crosstabulation

	没有宗教信仰	信仰宗教	总计
非常不赞同	5.3%	6.9%	5.5%
不太赞同	13.7%	12.3%	13.6%
比较赞同	40.2%	40.3%	40.2%
非常赞同	40.7%	40.6%	40.7%
总计	100.0%	100.0%	100.0%
列总计	5446	554	6000

Chi-square tests：df = 3，卡方值为 2.879，sig = 0.411 > 0.050，所以不同宗教信仰的居民在对“人肉搜索侵犯个人隐私，应该杜绝”这一说法的认同度上没有显著差异。

E14c by A5

您对下列关于网络的说法是否赞同：明知是网络谣言仍转发的，应该受到惩罚 * 宗教信仰 Crosstabulation

	没有宗教信仰	信仰宗教	总计
非常不赞同	4.1%	4.3%	4.1%
不太赞同	7.5%	7.2%	7.4%
比较赞同	34.8%	37.9%	35.1%
非常赞同	53.6%	50.6%	53.4%

续表

	没有宗教信仰	信仰宗教	总计
总计	100.0%	100.0%	100.0%
列总计	5472	559	6031

Chi-square tests：df = 3，卡方值为 2.388，sig = 0.496 > 0.050，所以不同宗教信仰的居民在对“明知是网络谣言仍转发的，应该受到惩罚”这一说法的认同度上没有显著差异。

E15 by A5

您认为政府在制定政策和决策时充分考虑到伦理道德方面的要求了吗（如社会公平、利益均衡、关怀弱势群体，以及大多数人的利益和感受）* 宗教信仰 Crosstabulation

	没有宗教信仰	信仰宗教	总计
有考虑	38.2%	36.7%	38.1%
有考虑，但不够	55.6%	57.9%	55.8%
没有考虑	6.2%	5.4%	6.1%
总计	100.0%	100.0%	100.0%
列总计	5641	570	6211

Chi-square tests：df = 2，卡方值为 1.252，sig = 0.535 > 0.050，所以不同宗教信仰的居民在对“政府在制定政策和决策时是否充分考虑到伦理道德方面的要求”的评价上没有显著差异。

E16 by A5

您认为解决当前我国的公民道德和社会风尚问题，最关键的是 * 宗教信仰 Crosstabulation

	没有宗教信仰	信仰宗教	总计
加强法制	32.6%	31.9%	32.6%
弘扬优秀道德传统	22.3%	23.6%	22.4%
建设伦理道德的核心价值	7.9%	10.7%	8.1%
惩治官员腐败	12.6%	10.4%	12.4%
解决分配不公问题	8.6%	9.3%	8.7%
提高个人道德素质	16.1%	14.1%	15.9%
总计	100.0%	100.0%	100.0%
列总计	5631	568	6199

Chi-square tests：df = 5，卡方值为 9.184，sig = 0.102 > 0.050，所以不同宗教信仰的居民在对“解决当前我国的公民道德和社会风尚问题，最关键的是”的选择上没有显著差异。

E17 by A5

一些政府机关、企事业单位和大中小学，利用权力为本单位的职工子女在入学、招工中提供特殊政策。您认为这种行为道德吗 ＊ 宗教信仰 Crosstabulation

	没有宗教信仰	信仰宗教	总计
为本单位人员谋福利，符合道德	6.6%	6.3%	6.6%
以权谋私，不道德	57.3%	55.6%	57.2%
是对社会公众的欺骗，严重不道德	20.5%	22.9%	20.7%
符合本单位员工利益，但严重侵蚀社会道德	11.4%	10.8%	11.4%
无所谓道德不道德	4.2%	4.4%	4.2%
总计	100.0%	100.0%	100.0%
列总计	5633	567	6200

Chi-square tests：df = 4，卡方值为 2.140，sig = 0.710 > 0.050，所以不同宗教信仰的居民在对“一些政府机关、企事业单位和大中小学，利用权力为本单位的职工子女在入学、招工中提供特殊政策。您认为这种行为道德吗”这一问题的评价上没有显著差异。

E18a by A5

残疾人、留守儿童、孤寡老人等弱势群体需要来自全社会的关爱与帮助，您认为本地区做得怎么样：社区提供的服务 ＊ 宗教信仰 Crosstabulation

	没有宗教信仰	信仰宗教	总计
很好	31.4%	34.7%	31.7%
比较好	55.5%	50.7%	55.0%
不太好	11.2%	13.0%	11.3%
很差	1.9%	1.6%	1.9%
总计	100.0%	100.0%	100.0%
列总计	5616	568	6184

Chi-square tests：df = 3，卡方值为 5.807，sig = 0.121 > 0.050，所以不同宗教信仰的居民在对“本地区社区提供的服务”的评价上没有显著差异。

E18b by A5

残疾人、留守儿童、孤寡老人等弱势群体需要来自全社会的关爱与帮助，您认为本地区做得怎么样：周围人的尊重和关爱 ＊ 宗教信仰 Crosstabulation

	没有宗教信仰	信仰宗教	总计
很好	29.6%	30.4%	29.7%
比较好	59.4%	59.8%	59.4%
不太好	10.2%	9.0%	10.1%
很差	0.8%	0.9%	0.8%
总计	100.0%	100.0%	100.0%

续表

	没有宗教信仰	信仰宗教	总计
列总计	5613	569	6182

Chi-square tests：df = 3，卡方值为 0. 880，sig = 0. 830 > 0. 050，所以不同宗教信仰的居民在对“来自本地区周围人的尊重和关爱”的评价上没有显著差异。

E18c by A5

残疾人、留守儿童、孤寡老人等弱势群体需要来自全社会的关爱与帮助，您认为本地区做得怎么样：社会服务机构提供的专业化服务 * 宗教信仰 Crosstabulation

	没有宗教信仰	信仰宗教	总计
很好	23. 8%	25. 2%	24. 0%
比较好	53. 8%	53. 8%	53. 8%
不太好	19. 4%	18. 3%	19. 3%
很差	2. 9%	2. 7%	2. 9%
总计	100. 0%	100. 0%	100. 0%
列总计	5594	563	6157

Chi-square tests：df = 3，卡方值为 0. 827，sig = 0. 843 > 0. 050，所以不同宗教信仰的居民在对“本地区社会服务机构提供专业化服务”的评价上没有显著差异。

E18d by A5

残疾人、留守儿童、孤寡老人等弱势群体需要来自全社会的关爱与帮助，您认为本地区做得怎么样：政府实施的社会救助 * 宗教信仰 Crosstabulation

	没有宗教信仰	信仰宗教	总计
很好	28. 7%	30. 2%	28. 8%
比较好	52. 8%	52. 0%	52. 7%
不太好	15. 0%	14. 4%	14. 9%
很差	3. 5%	3. 4%	3. 5%
总计	100. 0%	100. 0%	100. 0%
列总计	5587	563	6150

Chi-square tests：df = 3，卡方值为 0. 592 ，sig = 0. 898 > 0. 050，所以不同宗教信仰的居民在对“本地区政府实施的社会救助”的评价上没有显著差异。

E19a by A5

您认为目前社会公德中最突出的问题是：坑蒙拐骗 * 宗教信仰 Crosstabulation

	没有宗教信仰	信仰宗教	总计
未选	60. 4%	58. 8%	60. 2%

续表

	没有宗教信仰	信仰宗教	总计
已选	39.6%	41.2%	39.8%
总计	100.0%	100.0%	100.0%
列总计	5657	571	6228

Chi-square tests：df = 1，卡方值为 0.491，sig = 0.484 > 0.050，所以不同宗教信仰的居民在对“‘坑蒙拐骗’是否是目前社会公德中存在的最突出的问题”的选择上没有显著差异。

E19b by A5

您认为目前社会公德中最突出的问题是：人际关系冷漠，见危不救 * 宗教信仰 Crosstabulation

	没有宗教信仰	信仰宗教	总计
未选	63.5%	62.0%	63.4%
已选	36.5%	38.0%	36.6%
总计	100.0%	100.0%	100.0%
列总计	5656	571	6227

Chi-square tests：df = 1，卡方值为 0.510，sig = 0.475 > 0.050，所以不同宗教信仰的居民在对“‘人际关系冷漠，见危不救’是否是目前社会公德中存在的最突出的问题”的选择上没有显著差异。

E19c by A5

您认为目前社会公德中最突出的问题是：不守承诺，社会信用度低 * 宗教信仰 Crosstabulation

	没有宗教信仰	信仰宗教	总计
未选	61.7%	62.0%	61.7%
已选	38.3%	38.0%	38.3%
总计	100.0%	100.0%	100.0%
列总计	5655	571	6226

Chi-square tests：df = 1，卡方值为 0.020，sig = 0.889 > 0.050，所以不同宗教信仰的居民在对“‘不守承诺，社会信用度低’是否是目前社会公德中存在的最突出的问题”的选择上没有显著差异。

E19d by A5

您认为目前社会公德中最突出的问题是：社会财富分配不公，贫富悬殊 * 宗教信仰 Crosstabulation

	没有宗教信仰	信仰宗教	总计
未选	65.2%	66.0%	65.3%
已选	34.8%	34.0%	34.7%

续表

	没有宗教信仰	信仰宗教	总计
总计	100.0%	100.0%	100.0%
列总计	5656	571	6227

Chi-square tests：df=1，卡方值为 0.160，sig=0.689>0.050，所以不同宗教信仰的居民在对"'社会财富分配不公，贫富悬殊'是否是目前社会公德中存在的最突出的问题"的选择上没有显著差异。

E19e by A5

您认为目前社会公德中最突出的问题是：公共场所缺乏道德 ＊ 宗教信仰 Crosstabulation

	没有宗教信仰	信仰宗教	总计
未选	75.2%	71.6%	74.9%
已选	24.8%	28.4%	25.1%
总计	100.0%	100.0%	100.0%
列总计	5656	571	6227

Chi-square tests：df=1，卡方值为 3.578，sig=0.059>0.050，所以不同宗教信仰的居民在对"'公共场所缺乏道德'是否是目前社会公德中存在的最突出的问题"的选择上没有显著差异。

E19f by A5

您认为目前社会公德中最突出的问题是：自私自利，损人利己 ＊ 宗教信仰 Crosstabulation

	没有宗教信仰	信仰宗教	总计
未选	70.8%	70.4%	70.8%
已选	29.2%	29.6%	29.2%
总计	100.0%	100.0%	100.0%
列总计	5656	571	6227

Chi-square tests：df=1，卡方值为 0.042，sig=0.839>0.050，所以不同宗教信仰的居民在对"'自私自利，损人利己'是否是目前社会公德中存在的最突出的问题"的选择上没有显著差异。

E19g by A5

您认为目前社会公德中最突出的问题是：缺乏爱心 ＊ 宗教信仰 Crosstabulation

	没有宗教信仰	信仰宗教	总计
未选	74.4%	71.1%	74.1%
已选	25.6%	28.9%	25.9%
总计	100.0%	100.0%	100.0%

续表

	没有宗教信仰	信仰宗教	总计
列总计	5656	571	6227

Chi-square tests：df = 1，卡方值为 2. 967，sig = 0. 085 >0. 050，所以不同宗教信仰的居民在对“‘缺乏爱心’是否是目前社会公德中存在的最突出的问题”的选择上没有显著差异。

E19h by A5

您认为目前社会公德中最突出的问题是：缺乏公正心和正义感 * 宗教信仰 Crosstabulation

	没有宗教信仰	信仰宗教	总计
未选	72. 7%	72. 6%	72. 6%
已选	27. 3%	27. 4%	27. 4%
总计	100. 0%	100. 0%	100. 0%
列总计	5635	569	6204

Chi-square tests：df = 1，卡方值为 0. 001，sig = 0. 972 >0. 050，所以不同宗教信仰的居民在对“‘缺乏公正心和正义感’是否是目前社会公德中存在的最突出的问题”的选择上没有显著差异。

E19i by A5

您认为目前社会公德中最突出的问题是：缺乏羞耻感 * 宗教信仰 Crosstabulation

	没有宗教信仰	信仰宗教	总计
未选	89. 5%	90. 7%	89. 6%
已选	10. 5%	9. 3%	10. 4%
总计	100. 0%	100. 0%	100. 0%
列总计	5635	569	6204

Chi-square tests：df = 1，卡方值为 0. 765，sig = 0. 382 >0. 050，所以不同宗教信仰的居民在对“‘缺乏羞耻感’是否是目前社会公德中存在的最突出的问题”的选择上没有显著差异。

E19j by A5

您认为目前社会公德中最突出的问题是：私欲膨胀，物欲横流 * 宗教信仰 Crosstabulation

	没有宗教信仰	信仰宗教	总计
未选	83. 4%	86. 5%	83. 7%

续表

	没有宗教信仰	信仰宗教	总计
已选	16.6%	13.5%	16.3%
总计	100.0%	100.0%	100.0%
列总计	5635	569	6204

Chi-square tests：df = 1，卡方值为 3.622，sig = 0.057 > 0.050，所以不同宗教信仰的居民在对"'私欲膨胀，物欲横流'是否是目前社会公德中存在的最突出的问题"的选择上没有显著差异。

E19k by A5

您认为目前社会公德中最突出的问题是：干部贪污受贿，以权谋利 * 宗教信仰 Crosstabulation

	没有宗教信仰	信仰宗教	总计
未选	65.1%	63.3%	65.0%
已选	34.9%	36.7%	35.0%
总计	100.0%	100.0%	100.0%
列总计	5635	569	6204

Chi-square tests：df = 1，卡方值为 0.785，sig = 0.376 > 0.050，所以不同宗教信仰的居民在对"'干部贪污受贿，以权谋利'是否是目前社会公德中存在的最突出的问题"的选择上没有显著差异。

E19l by A5

您认为目前社会公德中最突出的问题是：生活奢侈，铺张浪费 * 宗教信仰 Crosstabulation

	没有宗教信仰	信仰宗教	总计
未选	84.6%	83.8%	84.5%
已选	15.4%	16.2%	15.5%
总计	100.0%	100.0%	100.0%
列总计	5635	569	6204

Chi-square tests：df = 1，卡方值为 0.210，sig = 0.647 > 0.050，所以不同宗教信仰的居民在对"'生活奢侈，铺张浪费'是否是目前社会公德中存在的最突出的问题"的选择上没有显著差异。

E19m by A5

您认为目前社会公德中最突出的问题是：奉行功利主义，相互算计 * 宗教信仰 Crosstabulation

	没有宗教信仰	信仰宗教	总计
未选	90.3%	87.9%	90.1%

续表

	没有宗教信仰	信仰宗教	总计
已选	9.7%	12.1%	9.9%
总计	100.0%	100.0%	100.0%
列总计	5635	569	6204

Chi-square tests：df = 1，卡方值为 3.328，sig = 0.068 > 0.050，所以不同宗教信仰的居民在对"'奉行功利主义，相互算计'是否是目前社会公德中存在的最突出的问题"的选择上没有显著差异。

E19n by A5

您认为目前社会公德中最突出的问题是：媒体缺乏社会责任，炒作新闻 * 宗教信仰 Crosstabulation

	没有宗教信仰	信仰宗教	总计
未选	86.4%	86.6%	86.4%
已选	13.6%	13.4%	13.6%
总计	100.0%	100.0%	100.0%
列总计	5635	569	6204

Chi-square tests：df = 1，卡方值为 0.021，sig = 0.884 > 0.050，所以不同宗教信仰的居民在对"'媒体缺乏社会责任，炒作新闻'是否是目前社会公德中存在的最突出的问题"的选择上没有显著差异。

E19o by A5

您认为目前社会公德中最突出的问题是：人与人、人与社会之间缺乏信任，社会安全度低 * 宗教信仰 Crosstabulation

	没有宗教信仰	信仰宗教	总计
未选	69.7%	72.4%	70.0%
已选	30.3%	27.6%	30.0%
总计	100.0%	100.0%	100.0%
列总计	5634	569	6203

Chi-square tests：df = 1，卡方值为 1.777，sig = 0.182 > 0.050，所以不同宗教信仰的居民在对"'人与人、人与社会之间缺乏信任，社会安全度低'是否是目前社会公德中存在的最突出的问题"的选择上没有显著差异。

E19p by A5

您认为目前社会公德中最突出的问题是：娱乐界以丑闻、绯闻进行炒作，污染社会风气 * 宗教信仰 Crosstabulation

	没有宗教信仰	信仰宗教	总计
未选	90.0%	91.0%	90.1%

续表

	没有宗教信仰	信仰宗教	总计
已选	10.0%	9.0%	9.9%
总计	100.0%	100.0%	100.0%
列总计	5636	569	6205

Chi-square tests：df = 1，卡方值为 0.652，sig = 0.420 > 0.050，所以不同宗教信仰的居民在对“‘娱乐界以丑闻、绯闻进行炒作，污染社会风气’是否是目前社会公德中存在的最突出的问题”的选择上没有显著差异。

E19q by A5

您认为目前社会公德中最突出的问题是：企业行为损害社会利益，如环境污染，产品质量低劣，以虚假广告误导公众 ＊ 宗教信仰 Crosstabulation

	没有宗教信仰	信仰宗教	总计
未选	81.3%	83.7%	81.5%
已选	18.7%	16.3%	18.5%
总计	100.0%	100.0%	100.0%
列总计	5635	569	6204

Chi-square tests：df = 1，卡方值为 1.965，sig = 0.161 > 0.050，所以不同宗教信仰的居民在对“‘企业行为损害社会利益，如环境污染，产品质量低劣，以虚假广告误导公众’是否是目前社会公德中存在的最突出的问题”的选择上没有显著差异。

E20 by A5

主流媒体的报道和朋友圈或国外媒体的消息不一致时，您会相信哪一个 ＊ 宗教信仰 Crosstabulation

	没有宗教信仰	信仰宗教	总计
主流媒体	53.0%	50.3%	52.7%
朋友圈/亲朋圈子	11.0%	9.8%	10.9%
国外报道	1.5%	1.2%	1.5%
都不相信	10.6%	11.6%	10.7%
自己比较判断应该相信哪个	23.2%	25.8%	23.5%
其他	0.6%	1.2%	0.7%
总计	100.0%	100.0%	100.0%
列总计	5618	569	6187

Chi-square tests：df = 5，卡方值为 6.205，sig = 0.287 > 0.050，所以不同宗教信仰的居民在对“主流媒体的报道和朋友圈或国外媒体的消息不一致时，您会相信哪一个”的选择上没有显著差异。

E21a by A5

下列哪些因素可能影响人际关系：社会资源缺乏，引发恶性竞争 ＊ 宗教信仰 Crosstabulation

	没有宗教信仰	信仰宗教	总计
未选	71.5%	74.1%	71.7%
已选	28.5%	25.9%	28.3%
总计	100.0%	100.0%	100.0%
列总计	5653	572	6225

Chi-square tests：df = 1，卡方值为 1.764，sig = 0.184 > 0.050，所以不同宗教信仰的居民在对“社会资源缺乏，引发恶性竞争可能会影响人际关系”的看法上没有显著差异。

E21b by A5

下列哪些因素可能影响人际关系：过度宣扬竞争意识 ＊ 宗教信仰 Crosstabulation

	没有宗教信仰	信仰宗教	总计
未选	85.5%	87.4%	85.7%
已选	14.5%	12.6%	14.3%
总计	100.0%	100.0%	100.0%
列总计	5653	572	6225

Chi-square tests：df = 1，卡方值为 1.530，sig = 0.216 > 0.050，所以不同宗教信仰的居民在对“过度宣扬竞争意识可能会影响人际关系”的看法上没有显著差异。

E21c by A5

下列哪些因素可能影响人际关系：社会财富分配不公，贫富差距过大 ＊ 宗教信仰 Crosstabulation

	没有宗教信仰	信仰宗教	总计
未选	53.7%	51.9%	53.6%
已选	46.3%	48.1%	46.4%
总计	100.0%	100.0%	100.0%
列总计	5655	572	6227

Chi-square tests：df = 1，卡方值为 0.676，sig = 0.411 > 0.050，所以不同宗教信仰的居民在对“社会财富分配不公，贫富差距过大可能会影响人际关系”的看法上没有显著差异。

E21d by A5

下列哪些因素可能影响人际关系：个人主义盛行 ＊ 宗教信仰 Crosstabulation

	没有宗教信仰	信仰宗教	总计
未选	76.5%	80.6%	76.9%
已选	23.5%	19.4%	23.1%
总计	100.0%	100.0%	100.0%
列总计	5654	572	6226

Chi-square tests：df = 1，卡方值为 4.792，sig = 0.029 < 0.050，所以不同宗教信仰的居民在对“个人主义盛行可能会影响人际关系”的看法上有显著差异。

E21e by A5

下列哪些因素可能影响人际关系：缺乏爱心 ＊ 宗教信仰 Crosstabulation

	没有宗教信仰	信仰宗教	总计
未选	70.6%	68.5%	70.4%
已选	29.4%	31.5%	29.6%
总计	100.0%	100.0%	100.0%
列总计	5654	572	6226

Chi-square tests：df = 1，卡方值为 1.035，sig = 0.309 > 0.050，所以不同宗教信仰的居民在对“缺乏爱心可能会影响人际关系”的看法上没有显著差异。

E21f by A5

下列哪些因素可能影响人际关系：缺乏宽容 ＊ 宗教信仰 Crosstabulation

	没有宗教信仰	信仰宗教	总计
未选	73.4%	70.3%	73.1%
已选	26.6%	29.7%	26.9%
总计	100.0%	100.0%	100.0%
列总计	5655	572	6227

Chi-square tests：df = 1，卡方值为 2.580，sig = 0.108 > 0.050，所以不同宗教信仰的居民在对“缺乏宽容可能会影响人际关系”的看法上没有显著差异。

E21g by A5

下列哪些因素可能影响人际关系：缺乏相互理解和沟通的意识和能力 ＊ 宗教信仰 Crosstabulation

	没有宗教信仰	信仰宗教	总计
未选	75.8%	72.0%	75.4%

续表

	没有宗教信仰	信仰宗教	总计
已选	24.2%	28.0%	24.6%
总计	100.0%	100.0%	100.0%
列总计	5655	572	6227

Chi-square tests：df = 1，卡方值为 3.894，sig = 0.048 < 0.050，所以不同宗教信仰的居民在对“缺乏相互理解和沟通的意识和能力可能会影响人际关系”的看法上有显著差异。

E21h by A5

下列哪些因素可能影响人际关系：制度安排不公正，机会不平等 * 宗教信仰 Crosstabulation

	没有宗教信仰	信仰宗教	总计
未选	72.5%	74.7%	72.7%
已选	27.5%	25.3%	27.3%
总计	100.0%	100.0%	100.0%
列总计	5655	572	6227

Chi-square tests：df = 1，卡方值为 1.247，sig = 0.264 > 0.050，所以不同宗教信仰的居民在对“制度安排不公正，机会不平等可能会影响人际关系”的看法上没有显著差异。

E21i by A5

下列哪些因素可能影响人际关系：以权谋私，官员腐败 * 宗教信仰 Crosstabulation

	没有宗教信仰	信仰宗教	总计
未选	61.9%	61.5%	61.9%
已选	38.1%	38.5%	38.1%
总计	100.0%	100.0%	100.0%
列总计	5655	572	6227

Chi-square tests：df = 1，卡方值为 0.028，sig = 0.868 > 0.050，所以不同宗教信仰的居民在对“以权谋私，官员腐败可能会影响人际关系”的看法上没有显著差异。

E21j by A5

下列哪些因素可能影响人际关系：缺乏道德信用 * 宗教信仰 Crosstabulation

	没有宗教信仰	信仰宗教	总计
未选	72.6%	71.2%	72.5%

续表

	没有宗教信仰	信仰宗教	总计
已选	27.4%	28.8%	27.5%
总计	100.0%	100.0%	100.0%
列总计	5633	570	6203

Chi-square tests：df = 1，卡方值为 0.481，sig = 0.488 > 0.050，所以不同宗教信仰的居民在对“缺乏道德信用可能会影响人际关系”的看法上没有显著差异。

E21k by A5

下列哪些因素可能影响人际关系：人与人、人与社会之间缺乏信任 * 宗教信仰 Crosstabulation

	没有宗教信仰	信仰宗教	总计
未选	63.1%	65.9%	63.3%
已选	36.9%	34.1%	36.7%
总计	100.0%	100.0%	100.0%
列总计	5655	572	6227

Chi-square tests：df = 1，卡方值为 1.816，sig = 0.178 > 0.050，所以不同宗教信仰的居民在对“人与人、人与社会之间缺乏信任可能会影响人际关系”的看法上没有显著差异。

E21l by A5

下列哪些因素可能影响人际关系：传统伦理瓦解，社会缺乏统一的价值观 * 宗教信仰 Crosstabulation

	没有宗教信仰	信仰宗教	总计
未选	87.8%	87.4%	87.8%
已选	12.2%	12.6%	12.2%
总计	100.0%	100.0%	100.0%
列总计	5655	572	6227

Chi-square tests：df = 1，卡方值为 0.072，sig = 0.778 > 0.050，所以不同宗教信仰的居民在对“传统伦理瓦解，社会缺乏统一的价值观可能会影响人际关系”的看法上没有显著差异。

E21m by A5

下列哪些因素可能影响人际关系：一切诉诸利益或法律，人际关系缺乏伦理调节的机制和能力 * 宗教信仰 Crosstabulation

	没有宗教信仰	信仰宗教	总计
未选	92.8%	94.8%	93.0%

续表

	没有宗教信仰	信仰宗教	总计
已选	7.2%	5.2%	7.0%
总计	100.0%	100.0%	100.0%
列总计	5653	572	6225

Chi-square tests：df = 1，卡方值为 3.090，sig = 0.079 > 0.050，所以不同宗教信仰的居民在对“一切诉诸利益或法律，人际关系缺乏伦理调节的机制和能力可能会影响人际关系”的看法上没有显著差异。

E22a by A5

本地政府的就业政策对促进社会公平有效果吗 ＊ 宗教信仰 Crosstabulation

	没有宗教信仰	信仰宗教	总计
普遍受欢迎	36.4%	35.4%	36.3%
效果一般	44.7%	44.4%	44.7%
没有效果	7.4%	6.3%	7.3%
有负面影响	0.9%	1.4%	0.9%
不清楚	10.7%	12.3%	10.8%
总计	100.0%	100.0%	100.0%
列总计	5601	567	6168

Chi-square tests：df = 4，卡方值为 3.827，sig = 0.430 > 0.050，所以不同宗教信仰的居民在对“本地政府的就业政策对促进社会公平的效果”的评价上没有显著差异。

E22b by A5

本地政府的教育政策对促进社会公平有效果吗 ＊ 宗教信仰 Crosstabulation

	没有宗教信仰	信仰宗教	总计
普遍受欢迎	47.2%	46.3%	47.1%
效果一般	39.8%	37.6%	39.6%
没有效果	5.1%	4.1%	5.0%
有负面影响	1.7%	2.8%	1.8%
不清楚	6.2%	9.2%	6.5%
总计	100.0%	100.0%	100.0%
列总计	5600	566	6166

Chi-square tests：df = 4，卡方值为 12.240，sig = 0.016 < 0.050，所以不同宗教信仰的居民在对“本地政府的教育政策对促进社会公平的效果”的评价上有显著差异。

E22c by A5

本地政府的医疗卫生政策对促进社会公平有效果吗 ＊ 宗教信仰 Crosstabulation

	没有宗教信仰	信仰宗教	总计
普遍受欢迎	45.4%	51.5%	46.0%
效果一般	41.3%	36.2%	40.9%
没有效果	7.1%	6.0%	7.0%
有负面影响	2.2%	1.8%	2.2%
不清楚	3.9%	4.6%	3.9%
总计	100.0%	100.0%	100.0%
列总计	5604	567	6171

Chi-square tests：df = 4，卡方值为 9.698，sig = 0.046 < 0.050，所以不同宗教信仰的居民在对“本地政府的医疗卫生政策对促进社会公平的效果”的评价上有显著差异。

E22d by A5

本地政府的低保政策对促进社会公平有效果吗 ＊ 宗教信仰 Crosstabulation

	没有宗教信仰	信仰宗教	总计
普遍受欢迎	48.2%	50.3%	48.4%
效果一般	34.6%	31.7%	34.4%
没有效果	6.3%	6.5%	6.4%
有负面影响	2.9%	2.6%	2.9%
不清楚	8.0%	8.8%	8.0%
总计	100.0%	100.0%	100.0%
列总计	5606	567	6173

Chi-square tests：df = 4，卡方值为 2.310，sig = 0.679 > 0.050，所以不同宗教信仰的居民在对“本地政府的低保政策对促进社会公平的效果”的评价上没有显著差异。

E22e by A5

本地政府的房地产政策对促进社会公平有效果吗 ＊ 宗教信仰 Crosstabulation

	没有宗教信仰	信仰宗教	总计
普遍受欢迎	18.2%	20.0%	18.3%
效果一般	34.2%	27.9%	33.6%
没有效果	15.7%	14.8%	15.6%
有负面影响	7.8%	9.2%	8.0%
不清楚	24.1%	28.1%	24.5%

续表

	没有宗教信仰	信仰宗教	总计
总计	100. 0%	100. 0%	100. 0%
列总计	5587	566	6153

Chi-square tests：df = 4，卡方值为 11. 643，sig = 0. 020 < 0. 050，所以不同宗教信仰的居民在对“本地政府的房地产政策对促进社会公平的效果”的评价上有显著差异。

E22f by A5

本地政府的拆迁安置政策对促进社会公平有效果吗 ＊ 宗教信仰 Crosstabulation

	没有宗教信仰	信仰宗教	总计
普遍受欢迎	22. 9%	26. 6%	23. 3%
效果一般	35. 0%	32. 4%	34. 7%
没有效果	10. 1%	7. 6%	9. 9%
有负面影响	7. 4%	7. 1%	7. 4%
不清楚	24. 6%	26. 2%	24. 7%
总计	100. 0%	100. 0%	100. 0%
列总计	5588	564	6152

Chi-square tests：df = 4，卡方值为 7. 835，sig = 0. 098 > 0. 050，所以不同宗教信仰的居民在对“本地政府的拆迁安置政策对促进社会公平的效果”的评价上没有显著差异。

E23 by A5

您听说过或参加过道德讲堂活动吗 ＊ 宗教信仰 Crosstabulation

	没有宗教信仰	信仰宗教	总计
没有听说过	45. 3%	43. 5%	45. 2%
听说过，但没有参加过	28. 0%	26. 8%	27. 9%
参加过，觉得很有意义	22. 5%	25. 7%	22. 8%
参加过，但没留下太多印象	4. 1%	4. 0%	4. 1%
总计	100. 0%	100. 0%	100. 0%
列总计	5632	568	6200

Chi-square tests：df = 3，卡方值为 2. 962，sig = 0. 397 > 0. 050，所以不同宗教信仰的居民在对“是否听说过或参加过道德讲堂活动”的回答上没有显著差异。

E24 by A5

有人说，一条好家规、一个好家风可以影响三代人。现在开展的弘扬好家风、好家训活动，您认为有意义吗 ＊ 宗教信仰 Crosstabulation

	没有宗教信仰	信仰宗教	总计
没有必要	5.8%	6.3%	5.9%
可有可无	9.1%	6.8%	8.9%
很有意义	85.1%	86.8%	85.3%
总计	100.0%	100.0%	100.0%
列总计	5627	570	6197

Chi-square tests：df = 2，卡方值为 3.262，sig = 0.196 > 0.050，所以不同宗教信仰的居民在对“现在开展的弘扬好家风、好家训活动，您认为是否有意义”这一问题的回答上没有显著差异。

E25 by A5

现在有的地方建了“好人馆”“好人广场”“好人公园”，您认为有必要为好人树碑立传吗 ＊ 宗教信仰 Crosstabulation

	没有宗教信仰	信仰宗教	总计
可有可无	12.0%	12.1%	12.0%
没有必要	12.7%	13.0%	12.7%
很有必要，可以让更多的人知道他们、学习他们	75.4%	74.8%	75.3%
总计	100.0%	100.0%	100.0%
列总计	5628	568	6196

Chi-square tests：df = 2，卡方值为 0.091，sig = 0.955 > 0.050，所以不同宗教信仰的居民在对“现在有的地方建了‘好人馆’‘好人广场’‘好人公园’，您认为有必要为好人树碑立传吗”这一问题的回答上没有显著差异。

E26 by A5

您对所生活地方的道德建设满意吗 ＊ 宗教信仰 Crosstabulation

	没有宗教信仰	信仰宗教	总计
没有必要	32.3%	35.2%	32.6%
可有可无	58.4%	54.6%	58.0%
不满意	6.0%	5.8%	6.0%
说不清楚	3.3%	4.4%	3.4%
总计	100.0%	100.0%	100.0%
列总计	5630	571	6201

Chi-square tests：df = 3，卡方值为 4.214，sig = 0.239 > 0.050，所以不同宗教信仰的居民在对“所生活地方的道德建设”的满意度上没有显著差异。

E28 by A5

您对生活的地方社会公德状况满意吗 ＊ 宗教信仰 Crosstabulation

	没有宗教信仰	信仰宗教	总计
非常满意	22.1%	22.6%	22.1%
比较满意	46.1%	43.2%	45.9%
基本满意	25.4%	27.2%	25.6%
不满意	6.4%	7.0%	6.4%
总计	100.0%	100.0%	100.0%
列总计	5545	558	6103

Chi-square tests：df = 3，卡方值为 1.977，sig = 0.577 > 0.050，所以不同宗教信仰的居民在对“生活地方的社会公德状况”的满意度上没有显著差异。

江苏省伦理道德评价的体制差异

B1a by A11

您对当前我国社会的道德状况的满意程度 ＊ 单位性质 Crosstabulation

	体制内	体制外	总计
非常满意	28.5%	28.0%	28.1%
比较满意	57.4%	59.2%	58.9%
比较不满意	11.7%	10.2%	10.5%
非常不满意	2.4%	2.6%	2.5%
总计	100.0%	100.0%	100.0%
列总计	1174	4886	6060

Chi-square tests：df = 3，卡方值为 2.671，sig = 0.445 > 0.050，所以不同单位性质的居民在对“当前我国社会的道德状况满意程度”的总体评价上没有显著差异。

B1b by A11

您对当前我国社会人与人之间关系的满意程度 ＊ 单位性质 Crosstabulation

	体制内	体制外	总计
非常满意	22.8%	25.7%	25.2%
比较满意	63.8%	61.4%	61.8%
比较不满意	11.8%	11.2%	11.3%
非常不满意	1.7%	1.7%	1.7%
总计	100.0%	100.0%	100.0%
列总计	1173	4884	6057

Chi-square tests：df = 3，卡方值为 4.467，sig = 0.215 > 0.050，所以不同单位性质的居民在对“当前我国社会人与人之间关系的满意程度”的总体评价上没有显著差异。

B1c by A11

对您自己的道德状况的满意程度 ＊ 单位性质 Crosstabulation

	体制内	体制外	总计
非常满意	52.1%	45.5%	46.8%
比较满意	46.1%	51.9%	50.7%
比较不满意	1.5%	2.2%	2.1%
非常不满意	0.3%	0.4%	0.4%
总计	100.0%	100.0%	100.0%

续表

	体制内	体制外	总计
列总结	1174	4878	6052

Chi-square tests：df = 3，卡方值为 18. 162，sig = 0. 000 < 0. 050，所以不同单位性质的居民在对“您自己的道德状况的满意程度”的总体评价上有显著差异。

B2 by A11

您认为目前我国社会中道德和幸福的现实关系是 * 单位性质 Crosstabulation

	体制内	体制外	总计
总体上道德和幸福能够一致，能惩恶扬善	81. 7%	77. 2%	78. 1%
有道德、讲伦理的人大都吃亏，不守道德的人更能讨便宜	13. 2%	15. 5%	15. 0%
道德和幸福没有关系，能挣钱、有发展无论怎样行动都行	5. 1%	7. 3%	6. 9%
总计	100. 0%	100. 0%	100. 0%
列总计	1148	4814	5962

Chi-square tests：df = 2，卡方值为 12. 284，sig = 0. 002 < 0. 050，所以不同单位性质的居民在对“您认为目前我国社会中道德和幸福的现实关系”的总体评价上有显著差异。

B3a by A11

您认为您目前的状况是：生活水平提高了，但幸福感和快乐感降低了 * 单位性质 Crosstabulation

	体制内	体制外	总计
未选	84. 3%	86. 6%	86. 1%
已选	15. 7%	13. 4%	13. 9%
总计	100. 0%	100. 0%	100. 0%
列总计	1181	4912	6093

Chi-square tests：df = 1，卡方值为 4. 260，sig = 0. 039 < 0. 050，所以不同单位性质的居民在对“生活水平提高了，但幸福感和快乐感降低了”的认同上有显著差异。

B3b by A11

您认为您目前的状况是：生活既不富裕也不小康，但幸福并快乐着 * 单位性质 Crosstabulation

	体制内	体制外	总计
未选	74. 5%	68. 9%	70. 0%

续表

	体制内	体制外	总计
已选	25.5%	31.1%	30.0%
总计	100.0%	100.0%	100.0%
列总计	1180	4911	6091

Chi-square tests：df = 1，卡方值为 14.227，sig = 0.000 < 0.050，所以不同单位性质的居民在对“生活既不富裕也不小康，但幸福并快乐着”的认同上有显著差异。

B3c by A11

您认为您目前的状况是：生活富裕，但不感到幸福和快乐 * 单位性质 Crosstabulation

	体制内	体制外	总计
未选	97.2%	96.8%	96.9%
已选	2.8%	3.2%	3.1%
总计	100.0%	100.0%	100.0%
列总计	1179	4911	6090

Chi-square tests：df = 1，卡方值为 0.451，sig = 0.502 > 0.050，所以不同单位性质的居民在对“生活富裕，但不感到幸福和快乐”的认同上没有显著差异。

B3d by A11

您认为您目前的状况是：生活小康，幸福且快乐 * 单位性质 Crosstabulation

	体制内	体制外	总计
未选	54.2%	60.6%	59.4%
已选	45.8%	39.4%	40.6%
总计	100.0%	100.0%	100.0%
列总计	1180	4911	6091

Chi-square tests：df = 1，卡方值为 16.598，sig = 0.000 < 0.050，所以不同单位性质的居民在对“生活小康，幸福且快乐”的认同上有显著差异。

B3e by A11

您认为您目前的状况是：生活贫困，既不幸福，也不快乐 * 单位性质 Crosstabulation

	体制内	体制外	总计
未选	98.1%	94.1%	94.9%
已选	1.9%	5.9%	5.1%
总计	100.0%	100.0%	100.0%

续表

	体制内	体制外	总计
列总计	1179	4911	6090

Chi-square tests：df = 1，卡方值为 31. 911，sig = 0. 000 < 0. 050，所以不同单位性质的居民在对“生活贫困，既不幸福，也不快乐”的认同上有显著差异。

B3f by A11

您认为您目前的状况是：生活富裕，幸福也快乐 ＊ 单位性质 Crosstabulation

	体制内	体制外	总计
未选	87. 0%	91. 0%	90. 2%
已选	13. 0%	9. 0%	9. 8%
总计	100. 0%	100. 0%	100. 0%
列总计	1180	4911	6091

Chi-square tests：df = 1，卡方值为 16. 977，sig = 0. 000 < 0. 050，所以不同单位性质的居民在对“生活富裕，幸福也快乐”的认同上有显著差异。

B3g by A11

您认为您目前的状况是：幸福感和快乐感提高了 ＊ 单位性质 Crosstabulation

	体制内	体制外	总计
未选	69. 7%	73. 9%	73. 1%
已选	30. 3%	26. 1%	26. 9%
总计	100. 0%	100. 0%	100. 0%
列总计	1179	4911	6090

Chi-square tests：df = 1，卡方值为 8. 256，sig = 0. 004 < 0. 050，所以不同单位性质的居民在对“幸福感和快乐感提高了”的认同上有显著差异。

B4 by A11

如果条件允许的话，您或者您的孩子愿意生活在国内，还是到国外定居 ＊ 单位性质 Crosstabulation

	体制内	体制外	总计
还是在国内生活好	80. 8%	77. 9%	78. 5%
选择到国外定居	7. 6%	8. 2%	8. 1%
走一步看一步	6. 5%	8. 5%	8. 1%

续表

	体制内	体制外	总计
无所谓	5.1%	5.4%	5.4%
总计	100.0%	100.0%	100.0%
列总计	1172	4888	6060

Chi-square tests：df = 3，卡方值为 6.208，sig = 0.102 > 0.050，所以不同单位性质的居民在对“如果条件允许的话，您或者您的孩子愿意生活在国内，还是到国外定居”的选择上没有显著差异。

B5 by A11

您认为中国梦和您个人、家庭追求美好生活有关系吗 * 单位性质 Crosstabulation

	体制内	体制外	总计
关系很大	76.3%	63.9%	66.3%
关系不大	16.1%	20.2%	19.4%
根本没有关系	1.8%	3.4%	3.1%
不清楚什么是中国梦	5.8%	12.6%	11.3%
总计	100.0%	100.0%	100.0%
列总计	1179	4902	6081

Chi-square tests：df = 3，卡方值为 77.391，sig = 0.000 < 0.050，所以不同单位性质的居民在对“您认为中国梦和您个人、家庭追求美好生活有关系吗”的总体评价上有显著差异。

B6 by A11

现在我们省正按照习近平总书记的要求，努力建设经济强、百姓富、环境美、社会文明程度高的新江苏。您对实现“新江苏”这样的目标有信心吗 * 单位性质 Crosstabulation

	体制内	体制外	总计
很有信心	86.5%	81.3%	82.3%
没有信心	3.1%	4.7%	4.4%
说不清楚	10.4%	14.0%	13.3%
总计	100.0%	100.0%	100.0%
列总计	1178	4893	6071

Chi-square tests：df = 2，卡方值为 17.591，sig = 0.000 < 0.050，所以不同单位性质的居民在对“您对实现‘新江苏’这样的目标有信心吗”的总体评价上有显著差异。

B7 by A11

您认为我国目前人与人之间的关系主要受什么影响 * 单位性质 Crosstabulation

	体制内	体制外	总计
完全受利益影响	10.0%	10.8%	10.6%
主要受利益影响	39.2%	38.3%	38.5%
主要受情感影响	16.2%	23.6%	22.2%
完全受情感影响	3.2%	3.1%	3.1%
受个人价值观影响	15.6%	11.8%	12.6%
受共同价值观影响	15.8%	12.4%	13.1%
总计	100.0%	100.0%	100.0%
列总计	1174	4870	6044

Chi-square tests：df = 5，卡方值为 43.595，sig = 0.000 < 0.050，所以不同单位性质的居民在对“您认为我国目前人与人之间的关系主要受什么影响”的总体评价上有显著差异。

B8a by A11

请问您是否同意以下说法：当前大多数人奉行的是“个人至上” * 单位性质 Crosstabulation

	体制内	体制外	总计
完全同意	12.5%	16.9%	16.1%
比较同意	37.8%	39.3%	39.0%
不太同意	36.9%	33.5%	34.1%
完全不同意	12.8%	10.3%	10.8%
总计	100.0%	100.0%	100.0%
列总计	1178	4901	6079

Chi-square tests：df = 3，卡方值为 21.123，sig = 0.000 < 0.050，所以不同单位性质的居民在对“当前大多数人奉行的是‘个人至上’”的认同上有显著差异。

B8b by A11

请问您是否同意以下说法：现在我国大多数人是见利忘义的 * 单位性质 Crosstabulation

	体制内	体制外	总计
完全同意	8.5%	9.7%	9.4%
比较同意	24.3%	27.6%	27.0%
不太同意	48.8%	47.0%	47.3%

续表

	体制内	体制外	总计
完全不同意	18.4%	15.8%	16.3%
总计	100.0%	100.0%	100.0%
列总计	1171	4892	6063

Chi-square tests：df = 3，卡方值为 10.281，sig = 0.016 < 0.050，所以不同单位性质的居民在对“现在我国大多数人是见利忘义的”的认同上有显著差异。

B8c by A11

请问您是否同意以下说法：当前大多数人是以集体利益为重 * 单位性质 Crosstabulation

	体制内	体制外	总计
完全同意	18.4%	16.8%	17.1%
比较同意	45.1%	44.5%	44.7%
不太同意	30.8%	32.2%	31.9%
完全不同意	5.6%	6.4%	6.3%
总计	100.0%	100.0%	100.0%
列总计	1172	4880	6052

Chi-square tests：df = 3，卡方值为 3.039，sig = 0.386 > 0.050，所以不同单位性质的居民在对“当前大多数人是以集体利益为重”的认同上没有显著差异。

B8d by A11

请问您是否同意以下说法：当前大多数人是以家庭利益至上 * 单位性质 Crosstabulation

	体制内	体制外	总计
完全同意	25.7%	33.2%	31.7%
比较同意	53.1%	48.4%	49.3%
不太同意	17.9%	15.4%	15.9%
完全不同意	3.3%	3.0%	3.1%
总计	100.0%	100.0%	100.0%
列总计	1169	4874	6043

Chi-square tests：df = 3，卡方值为 24.982，sig = 0.000 < 0.050，所以不同单位性质的居民在对“当前大多数人是以家庭利益至上”的认同上有显著差异。

B8e by A11

请问您是否同意以下说法：当前的社会是个金钱至上的社会 * 单位性质 Crosstabulation

	体制内	体制外	总计
完全同意	19.6%	25.6%	24.4%
比较同意	34.4%	37.0%	36.5%
不太同意	35.0%	29.7%	30.7%
完全不同意	10.9%	7.7%	8.3%
总计	100.0%	100.0%	100.0%
列总计	1170	4879	6049

Chi-square tests：df = 3，卡方值为 36.223，sig = 0.000 < 0.050，所以不同单位性质的居民在对“当前的社会是个金钱至上的社会”的认同上有显著差异。

B8f by A11

请问您是否同意以下说法：好人有好报，恶人终归会受到惩罚 * 单位性质 Crosstabulation

	体制内	体制外	总计
完全同意	52.8%	55.4%	54.9%
比较同意	36.3%	31.3%	32.2%
不太同意	8.6%	10.3%	9.9%
完全不同意	2.3%	3.1%	2.9%
总计	100.0%	100.0%	100.0%
列总计	1168	4883	6051

Chi-square tests：df = 3，卡方值为 13.203，sig = 0.004 < 0.050，所以不同单位性质的居民在对“好人有好报，恶人终归会受到惩罚”的认同上有显著差异。

B8g by A11

请问您是否同意以下说法：我们的社会中道德能够很好地约束人们行为 * 单位性质 Crosstabulation

	体制内	体制外	总计
完全同意	29.7%	28.0%	28.3%
比较同意	48.9%	51.0%	50.6%
不太同意	18.9%	18.0%	18.1%
完全不同意	2.5%	3.1%	3.0%

续表

	体制内	体制外	总计
总计	100.0%	100.0%	100.0%
列总计	1172	4885	6057

Chi-square tests：df = 3，卡方值为3.465，sig = 0.325 > 0.050，所以不同单位性质的居民在对“我们的社会中道德能够很好地约束人们行为”的认同上没有显著差异。

B8h by A11

请问您是否同意以下说法：现有的规范和习俗能够很好地调节人与人的关系 * 单位性质 Crosstabulation

	体制内	体制外	总计
完全同意	26.8%	25.4%	25.7%
比较同意	53.0%	54.3%	54.0%
不太同意	17.5%	17.4%	17.4%
完全不同意	2.7%	2.9%	2.9%
总计	100.0%	100.0%	100.0%
列总计	1169	4865	6034

Chi-square tests：df = 3，卡方值为1.064，sig = 0.786 > 0.050，所以不同单位性质的居民在对“现有的规范和习俗能够很好地调节人与人的关系”的认同上没有显著差异。

B8i by A11

请问您是否同意以下说法：为了经济利益可以少许破坏生态环境 * 单位性质 Crosstabulation

	体制内	体制外	总计
完全同意	8.5%	8.8%	8.7%
比较同意	15.6%	17.9%	17.4%
不太同意	29.2%	30.6%	30.3%
完全不同意	46.7%	42.7%	43.5%
总计	100.0%	100.0%	100.0%
列总计	1176	4871	6047

Chi-square tests：df = 3，卡方值为6.779，sig = 0.079 > 0.050，所以不同单位性质的居民在对“为了经济利益可以少许破坏生态环境”的认同上没有显著差异。

B8j by A11

请问您是否同意以下说法：在社会生活中首要的是个人幸福，然后才可以去顾及他人 ＊ 单位性质 Crosstabulation

	体制内	体制外	总计
完全同意	15.6%	18.0%	17.5%
比较同意	36.4%	39.0%	38.5%
不太同意	35.2%	31.6%	32.3%
完全不同意	12.8%	11.5%	11.7%
总计	100.0%	100.0%	100.0%
列总计	1175	4893	6068

Chi-square tests：df = 3，卡方值为 10.064，sig = 0.018 < 0.050，所以不同单位性质的居民在对“在社会生活中首要的是个人幸福，然后才可以去顾及他人”的认同上有显著差异。

B8k by A11

请问您是否同意以下说法：一个人的时候可以做一些诸如随地丢垃圾、随地吐痰等的小事，反正也没有别人知道 ＊ 单位性质 Crosstabulation

	体制内	体制外	总计
完全同意	3.3%	4.1%	4.0%
比较同意	7.3%	9.6%	9.2%
不太同意	21.4%	26.2%	25.3%
完全不同意	67.9%	60.0%	61.6%
总计	100.0%	100.0%	100.0%
列总计	1172	4894	6066

Chi-square tests：df = 3，卡方值为 25.093，sig = 0.000 < 0.050，所以不同单位性质的居民在对“一个人的时候可以做一些诸如随地丢垃圾、随地吐痰等的小事，反正也没有别人知道”的认同上有显著差异。

B9 by A11

对中国社会，您最担忧的问题是 ＊ 单位性质 Crosstabulation

	体制内	体制外	总计
腐败不能根治	30.1%	29.3%	29.5%
生态环境恶化	27.2%	20.6%	21.9%
贫富不均，两极分化	19.2%	19.9%	19.8%
老无所养，未来没有把握	8.7%	11.9%	11.3%
生活水平下降	2.6%	5.3%	4.8%

续表

	体制内	体制外	总计
道德滑坡，社会风气恶化	8.8%	8.0%	8.2%
人际关系紧张	1.2%	1.8%	1.7%
其他	2.1%	3.1%	3.0%
总计	100.0%	100.0%	100.0%
列总计	1176	4890	6066

Chi-square tests：df = 7，卡方值为 48.604，sig = 0.000 < 0.050，所以不同单位性质的居民在对“对中国社会，你最担忧的问题”的选择上有显著差异。

B10 by A11

和前几年相比，您认为目前我国官员腐败现象 * 单位性质 Crosstabulation

	体制内	体制外	总计
有较大改善	79.9%	72.3%	73.8%
没什么变化	17.1%	24.1%	22.7%
更加恶化	3.0%	3.6%	3.5%
总计	100.0%	100.0%	100.0%
列总计	1177	4894	6071

Chi-square tests：df = 2，卡方值为 28.940，sig = 0.000 < 0.050，所以不同单位性质的居民在对“和前几年相比，您认为目前我国官员腐败现象是否有所改善”的总体评价上有显著差异。

B11a by A11

当前我国社会道德生活中最重要的元素 * 单位性质 Crosstabulation

	体制内	体制外	总计
意识形态中所提倡的社会主义道德	32.2%	25.7%	27.0%
中国传统道德	55.0%	59.2%	58.4%
受西方文化影响而形成的道德	3.2%	3.8%	3.7%
市场经济中形成的道德	9.5%	11.1%	10.8%
其他	0.2%	0.2%	0.2%
总计	100.0%	100.0%	100.0%
列总计	1173	4813	5986

Chi-square tests：df = 4，卡方值为 21.197，sig = 0.000 < 0.050，所以不同单位性质的居民在对“当前我国社会道德生活中最重要的元素”的选择上有显著差异。

B11b by A11

当前我国社会道德生活中第二重要的元素 * 单位性质 Crosstabulation

	体制内	体制外	总计
意识形态中所提倡的社会主义道德	41.7%	45.1%	44.5%
中国传统道德	33.6%	27.3%	28.5%
受西方文化影响而形成的道德	6.4%	7.6%	7.4%
市场经济中形成的道德	18.2%	19.7%	19.5%
其他	0.1%	0.2%	0.2%
总计	100.0%	100.0%	100.0%
列总计	1140	4736	5876

Chi-square tests：df = 4，卡方值为 19.042，sig = 0.001 < 0.050，所以不同单位性质的居民在对“当前我国社会道德生活中第二重要的元素”的选择上有显著差异。

B11c by A11

当前我国社会道德生活中第三重要的元素 * 单位性质 Crosstabulation

	体制内	体制外	总计
意识形态中所提倡的社会主义道德	20.6%	21.3%	21.1%
中国传统道德	8.5%	9.8%	9.5%
受西方文化影响而形成的道德	17.7%	20.8%	20.2%
市场经济中形成的道德	52.6%	47.4%	48.4%
其他	0.7%	0.7%	0.7%
总计	100.0%	100.0%	100.0%
列总计	1132	4704	5836

Chi-square tests：df = 4，卡方值为 11.459，sig = 0.022 < 0.050，所以不同单位性质的居民在对“当前我国社会道德生活中第三重要的元素”的选择上存在显著差异。

B12 by A11

对伦理关系和道德生活，您最向往或怀念的是 * 单位性质 Crosstabulation

	体制内	体制外	总计
传统社会的伦理和道德（如仁、义、礼、智、信）	49.1%	44.6%	45.5%
战争年代为理想而献身的革命精神（如革命烈士、无私献身精神）	18.7%	17.7%	17.9%
新中国成立后到“文化大革命”前的大公无私的集体主义精神	12.3%	12.1%	12.1%
追求个人利益的市场经济下的道德	3.6%	6.4%	5.8%

续表

	体制内	体制外	总计
自由、平等、博爱的西方道德	16.3%	19.2%	18.6%
总计	100.0%	100.0%	100.0%
列总计	1175	4892	6067

Chi-square tests：df=4，卡方值为21.631，sig= 0.000<0.050，所以不同单位性质的居民在对“对伦理关系和道德生活，您最向往或怀念的”的选择上存在显著差异。

B13a by A11

目前职业道德中最突出的问题是：将职业当作谋生的手段，缺乏责任感和奉献精神 ＊ 单位性质 Crosstabulation

	体制内	体制外	总计
未选	40.9%	51.9%	49.7%
已选	59.1%	48.1%	50.3%
总计	100.0%	100.0%	100.0%
列总计	1173	4865	6038

Chi-square tests：df=1，卡方值为45.243，sig=0.000<0.050，所以不同单位性质的居民在对“将职业当作谋生的手段，缺乏责任感和奉献精神是目前职业道德中最突出的问题”的认同上存在显著差异。

B13b by A11

目前职业道德中最突出的问题是：企业老板剥削员工，利益关系不公正 ＊ 单位性质 Crosstabulation

	体制内	体制外	总计
未选	67.7%	62.2%	63.3%
已选	32.3%	37.8%	36.7%
总计	100.0%	100.0%	100.0%
列总计	1172	4868	6040

Chi-square tests：df=1，卡方值为12.500 ，sig= 0.000<0.050，所以不同单位性质的居民在对“企业老板剥削员工，利益关系不公正是目前职业道德中最突出的问题”的认同上有显著差异。

B13c by A11

目前职业道德中最突出的问题是：老板和员工、上级和下级相互勾结，共同对社会不负责任 ＊ 单位性质 Crosstabulation

	体制内	体制外	总计
未选	82.1%	78.1%	78.9%

续表

	体制内	体制外	总计
已选	17.9%	21.9%	21.1%
总计	100.0%	100.0%	100.0%
列总计	1173	4868	6041

Chi-square tests：df = 1，卡方值为 9.144，sig = 0.002 < 0.050，所以不同单位性质的居民在对“老板和员工、上级和下级相互勾结，共同对社会不负责任是目前职业道德中最突出的问题”的认同上有显著差异。

B13d by A11

目前职业道德中最突出的问题是：领导和业主道德素质差 * 单位性质 Crosstabulation

	体制内	体制外	总计
未选	82.6%	81.9%	82.0%
已选	17.4%	18.1%	18.0%
总计	100.0%	100.0%	100.0%
列总计	1173	4868	6041

Chi-square tests：df = 1，卡方值为 0.320，sig = 0.572 > 0.050，所以不同单位性质的居民在对“领导和业主道德素质差是目前职业道德中最突出的问题”的认同上没有显著差异。

B13e by A11

目前职业道德中最突出的问题是：组织只是利益的博弈场所，缺乏伦理性与道德性 * 单位性质 Crosstabulation

	体制内	体制外	总计
未选	78.5%	82.7%	81.9%
已选	21.5%	17.3%	18.1%
总计	100.0%	100.0%	100.0%
列总计	1173	4869	6042

Chi-square tests：df = 1，卡方值为 11.193，sig = 0.001 < 0.050，所以不同单位性质的居民在对“组织只是利益的博弈场所，缺乏伦理性与道德性是目前职业道德中最突出的问题”的认同上有显著差异。

B14 by A11

您认为目前我国社会成员之间的收入差距 * 单位性质 Crosstabulation

	体制内	体制外	总计
合理，可以接受	18.3%	20.9%	20.4%

续表

	体制内	体制外	总计
不合理，但可以接受	41.9%	39.5%	39.9%
不合理，不能接受	30.2%	26.6%	27.3%
说不清	9.6%	13.0%	12.4%
总计	100.0%	100.0%	100.0%
列总计	1173	4874	6047

Chi-square tests：df = 3，卡方值为 17.567 ，sig = 0.001 < 0.050，所以不同单位性质的居民在对“目前我国社会成员之间的收入差距”的总体评价上有显著差异。

B15 by A11

和前几年相比，您认为目前我国社会的分配不公、两极分化现象 ＊ 单位性质 Crosstabulation

	体制内	体制外	总计
有较大改善	48.2%	45.4%	46.0%
没什么变化	36.4%	41.0%	40.1%
更加恶化	15.4%	13.6%	13.9%
总计	100.0%	100.0%	100.0%
列总计	1172	4870	6042

Chi-square tests：df = 2，卡方值为 8.590 ，sig = 0.014 < 0.050，所以不同单位性质的居民在对“和前几年相比，目前我国社会的分配不公、两极分化现象有无改善”的总体评价上有显著差异。

B16 by A11

跟三年前相比，您觉得自己的社会经济地位 ＊ 单位性质 Crosstabulation

	体制内	体制外	总计
上升了	40.5%	37.4%	38.0%
差不多	43.4%	45.4%	45.0%
下降了	9.4%	10.1%	10.0%
不好说/说不清	6.6%	7.1%	7.0%
总计	100.0%	100.0%	100.0%
列总计	1179	4890	6069

Chi-square tests：df = 3，卡方值为 4.008 ，sig = 0.261 > 0.050，所以不同单位性质的居民在对“跟三年前相比，您觉得自己的社会经济地位上升与否”的总体评价上没有显著差异。

B17 by A11

跟同龄人相比，您觉得自己的社会经济地位 * 单位性质 Crosstabulation

	体制内	体制外	总计
较高	12.7%	8.2%	9.1%
差不多	62.0%	61.4%	61.5%
较低	16.8%	20.6%	19.9%
不好说/说不清	8.5%	9.8%	9.5%
总计	100.0%	100.0%	100.0%
列总计	1171	4858	6029

Chi-square tests：df = 3，卡方值为 29.951，sig = 0.000 < 0.050，所以不同单位性质的居民在对“跟同龄人相比，您觉得自己的社会经济地位较高与否”的总体评价上有显著差异。

B18a by A11

您对现代家庭伦理中最忧虑的问题是：婚姻不稳定，两性关系过度开放 * 单位性质 Crosstabulation

	体制内	体制外	总计
未选	76.3%	79.4%	78.8%
已选	23.7%	20.6%	21.2%
总计	100.0%	100.0%	100.0%
列总计	1168	4829	5997

Chi-square tests：df = 1，卡方值为 5.447，sig = 0.020 < 0.050，所以不同单位性质的居民在对“婚姻不稳定，两性关系过度开放是现代家庭伦理中最忧虑的问题”的认同上有显著差异。

B18b by A11

您对现代家庭伦理中最忧虑的问题是：子女，尤其是独生子女缺乏责任感 * 单位性质 Crosstabulation

	体制内	体制外	总计
未选	54.2%	61.0%	59.7%
已选	45.8%	39.0%	40.3%
总计	100.0%	100.0%	100.0%
列总计	1168	4826	5994

Chi-square tests：df = 1，卡方值为 18.111，sig = 0.000 < 0.050，所以不同单位性质的居民在对“子女，尤其是独生子女缺乏责任感是现代家庭伦理中最忧虑的问题”的认同上有显著差异。

B18c by A11

您对现代家庭伦理中最忧虑的问题是：子女不孝敬父母 ＊ 单位性质 Crosstabulation

	体制内	体制外	总计
未选	78.1%	73.6%	74.5%
已选	21.9%	26.4%	25.5%
总计	100.0%	100.0%	100.0%
列总计	1167	4826	5993

Chi-square tests：df = 1，卡方值为 10.139 ，sig = 0.001 < 0.050，所以不同单位性质的居民在对“子女不孝敬父母是现代家庭伦理中最忧虑的问题”的认同上有显著差异。

B18d by A11

您对现代家庭伦理中最忧虑的问题是：代沟严重，价值观念对立 ＊ 单位性质 Crosstabulation

	体制内	体制外	总计
未选	61.8%	64.2%	63.7%
已选	38.2%	35.8%	36.3%
总计	100.0%	100.0%	100.0%
列总计	1167	4826	5993

Chi-square tests：df = 1，卡方值为 2.323 ，sig = 0.127 > 0.050，所以不同单位性质的居民在对“代沟严重，价值观念对立是现代家庭伦理中最忧虑的问题”的认同上没有显著差异。

B18e by A11

您对现代家庭伦理中最忧虑的问题是：婆媳关系紧张 ＊ 单位性质 Crosstabulation

	体制内	体制外	总计
未选	87.3%	86.4%	86.6%
已选	12.7%	13.6%	13.4%
总计	100.0%	100.0%	100.0%
列总计	1167	4827	5994

Chi-square tests：df = 1，卡方值为 0.728，sig = 0.394 > 0.050，所以不同单位性质的居民在对“婆媳关系紧张是现代家庭伦理中最忧虑的问题”的认同上没有显著差异。

B18f by A11

您对现代家庭伦理中最忧虑的问题是：父母不民主，不能容忍差异 ＊ 单位性质 Crosstabulation

	体制内	体制外	总计
未选	94.9%	94.8%	94.8%
已选	5.1%	5.2%	5.2%
总计	100.0%	100.0%	100.0%
列总计	1167	4826	5993

Chi-square tests：df = 1，卡方值为 0.001 ，sig = 0.980 > 0.050，所以不同单位性质的居民在对“父母不民主，不能容忍差异是现代家庭伦理中最忧虑的问题”的认同上没有显著差异。

B19a by A11

您是否同意以下关于家庭和婚姻的一些说法：是否离婚主要考虑自己的感受和利益 ＊ 单位性质 Crosstabulation

	体制内	体制外	总计
完全同意	11.6%	9.7%	10.1%
比较同意	22.4%	24.3%	23.9%
比较不同意	42.4%	40.5%	40.9%
完全不同意	23.5%	25.6%	25.2%
总计	100.0%	100.0%	100.0%
列总计	1169	4861	6030

Chi-square tests：df = 3，卡方值为 7.206 ，sig = 0.066 > 0.050，所以不同单位性质的居民在对“是否离婚主要考虑自己的感受和利益”的认同上没有显著差异。

B19b by A11

您是否同意以下关于家庭和婚姻的一些说法：是否离婚应该从家庭整体（包括子女）考虑 ＊ 单位性质 Crosstabulation

	体制内	体制外	总计
完全同意	41.6%	45.5%	44.7%
比较同意	45.6%	43.5%	43.9%
比较不同意	9.9%	8.6%	8.8%
完全不同意	2.9%	2.4%	2.5%
总计	100.0%	100.0%	100.0%
列总计	1172	4870	6042

Chi-square tests：df = 3，卡方值为 6.681 ，sig = 0.083 > 0.050，所以不同单位性质的居民在对“是否离婚应该从家庭整体（包括子女）考虑”的认同上没有显著差异。

B19c by A11

您是否同意以下关于家庭和婚姻的一些说法：婚姻是社会的事，应当兼顾社会评价和后果 * 单位性质 Crosstabulation

	体制内	体制外	总计
完全同意	23.2%	25.8%	25.3%
比较同意	45.9%	43.4%	43.9%
比较不同意	24.6%	22.9%	23.2%
完全不同意	6.3%	7.9%	7.6%
总计	100.0%	100.0%	100.0%
列总计	1168	4869	6037

Chi-square tests：df = 3，卡方值为7.979，sig = 0.046 < 0.050，所以不同单位性质的居民在对“婚姻是社会的事，应当兼顾社会评价和后果”的认同上有显著差异。

B19d by A11

您是否同意以下关于家庭和婚姻的一些说法：婚姻意味着责任，不能轻易选择离婚 * 单位性质 Crosstabulation

	体制内	体制外	总计
完全同意	61.9%	60.8%	61.0%
比较同意	32.1%	31.8%	31.9%
比较不同意	4.4%	5.2%	5.1%
完全不同意	1.6%	2.1%	2.0%
总计	100.0%	100.0%	100.0%
列总计	1170	4877	6047

Chi-square tests：df = 3，卡方值为2.355，sig = 0.502 > 0.050，所以不同单位性质的居民在对“婚姻意味着责任，不能轻易选择离婚”的认同上没有显著差异。

B19e by A11

您是否同意以下关于家庭和婚姻的一些说法：遇到困难需要别人帮助时，朋友比兄弟姐妹更可靠 * 单位性质 Crosstabulation

	体制内	体制外	总计
完全同意	16.1%	16.8%	16.7%
比较同意	30.1%	28.8%	29.0%
比较不同意	44.0%	41.9%	42.3%

续表

	体制内	体制外	总计
完全不同意	9.9%	12.4%	11.9%
总计	100.0%	100.0%	100.0%
列总计	1171	4875	6046

Chi-square tests：df = 3，卡方值为 6.751 ，sig = 0.080 > 0.050，所以不同单位性质的居民在对“遇到困难需要别人帮助时，朋友比兄弟姐妹更可靠”的认同上没有显著差异。

B19f by A11

您是否同意以下关于家庭和婚姻的一些说法：无论父母对自己如何，都应尽赡养义务 ＊ 单位性质 Crosstabulation

	体制内	体制外	总计
完全同意	76.7%	73.4%	74.0%
比较同意	19.3%	21.4%	21.0%
比较不同意	2.8%	3.7%	3.6%
完全不同意	1.2%	1.5%	1.4%
总计	100.0%	100.0%	100.0%
列总计	1170	4888	6058

Chi-square tests：df = 3，卡方值为 6.126 ，sig = 0.106 > 0.050，所以不同单位性质的居民在对“无论父母对自己如何，都应尽赡养义务”的认同上没有显著差异。

B19g by A11

您是否同意以下关于家庭和婚姻的一些说法：为了家庭利益可以一定程度上损害国家利益 ＊ 单位性质 Crosstabulation

	体制内	体制外	总计
完全同意	4.1%	3.8%	3.8%
比较同意	5.2%	9.1%	8.4%
比较不同意	25.0%	27.1%	26.7%
完全不同意	65.7%	60.0%	61.1%
总计	100.0%	100.0%	100.0%
列总计	1174	4880	6054

Chi-square tests：df = 3，卡方值为 24.238 ，sig = 0.000 < 0.050，所以不同单位性质的居民在对“为了家庭利益可以一定程度上损害国家利益”的认同上有显著差异。

B20 by A11

您所在的地方发生过虐童事件吗 ＊ 单位性质 Crosstabulation

	体制内	体制外	总计
经常会发生	1.1%	0.9%	0.9%
偶尔发生	12.5%	11.8%	11.9%
没听说过	86.4%	87.4%	87.2%
总计	100.0%	100.0%	100.0%
列总计	1170	4870	6040

Chi-square tests：df = 2，卡方值为 1.116 ，sig = 0.572 > 0.050，所以不同单位性质的居民在对“所在的地方是否发生过虐童事件”的了解程度上没有显著差异。

B21a by A11

传统现象中，您听过或见过祠堂吗 ＊ 单位性质 Crosstabulation

	体制内	体制外	总计
未选	62.6%	69.6%	68.2%
已选	37.4%	30.4%	31.8%
总计	100.0%	100.0%	100.0%
列总计	1178	4909	6087

Chi-square tests：df = 1，卡方值为 21.614 ，sig = 0.000 < 0.050，所以不同单位性质的居民在对“是否听过或见过祠堂”的回答上有显著差异。

B21b by A11

传统现象中，您听过或见过族谱吗 ＊ 单位性质 Crosstabulation

	体制内	体制外	总计
未选	64.4%	64.8%	64.7%
已选	35.6%	35.2%	35.3%
总计	100.0%	100.0%	100.0%
列总计	1179	4910	6089

Chi-square tests：df = 1，卡方值为 0.063 ，sig = 0.802 > 0.050，所以不同单位性质的居民在对“是否听过或见过族谱”的回答上没有显著差异。

B21c by A11

传统现象中，您听过或见过祖先牌位吗 ＊ 单位性质 Crosstabulation

	体制内	体制外	总计
未选	70.7%	72.4%	72.1%

续表

	体制内	体制外	总计
已选	29.3%	27.6%	27.9%
总计	100.0%	100.0%	100.0%
列总计	1179	4910	6089

Chi-square tests：df = 1，卡方值为 1.481 ，sig = 0.224 > 0.050，所以不同单位性质的居民在对“是否听过或见过祖先牌位”的回答上没有显著差异。

B21d by A11

传统现象中，您听过或见过姓氏辈分（×姓×字，或第×代）吗 * 单位性质 Crosstabulation

	体制内	体制外	总计
未选	59.3%	58.5%	58.7%
已选	40.7%	41.5%	41.3%
总计	100.0%	100.0%	100.0%
列总计	1179	4910	6089

Chi-square tests：df = 1，卡方值为 0.235，sig = 0.628 > 0.050，所以不同单位性质的居民在对“是否听过或见过姓氏辈分（×姓×字，或第×代）”的回答上没有显著差异。

B21e by A11

传统现象中，您听过或见过姓氏族支（×姓××堂）吗 * 单位性质 Crosstabulation

	体制内	体制外	总计
未选	88.7%	89.0%	88.9%
已选	11.3%	11.0%	11.1%
总计	100.0%	100.0%	100.0%
列总计	1179	4910	6089

Chi-square tests：df = 1，卡方值为 0.067 ，sig = 0.796 > 0.050，所以不同单位性质的居民在对“是否听过或见过姓氏族支（×姓××堂）”的回答上没有显著差异。

B21f by A11

传统现象中，您听过或见过到祖坟上磕头、烧纸、供菜或燃放鞭炮吗 * 单位性质 Crosstabulation

	体制内	体制外	总计
未选	21.1%	19.3%	19.6%

续表

	体制内	体制外	总计
已选	78.9%	80.7%	80.4%
总计	100.0%	100.0%	100.0%
列总计	1179	4910	6089

Chi-square tests：df = 1，卡方值为 2.069，sig = 0.150 > 0.050，所以不同单位性质的居民在对“是否听过或见过到祖坟上磕头、烧纸、供菜或燃放鞭炮”的回答上没有显著差异。

B21g by A11

传统现象中，您听过或见过到祖坟上鞠躬、献鲜花或供奉水果吗 * 单位性质 Crosstabulation

	体制内	体制外	总计
未选	30.4%	34.0%	33.3%
已选	69.6%	66.0%	66.7%
总计	100.0%	100.0%	100.0%
列总计	1179	4910	6089

Chi-square tests：df = 1，卡方值为 5.570，sig = 0.018 < 0.050，所以不同单位性质的居民在对“是否听过或见过到祖坟上鞠躬、献鲜花或供奉水果”的回答上有显著差异。

B21h by A11

传统现象中，您听过或见过宗族大事记或家族活动记录吗 * 单位性质 Crosstabulation

	体制内	体制外	总计
未选	90.5%	92.2%	91.8%
已选	9.5%	7.8%	8.2%
总计	100.0%	100.0%	100.0%
列总计	1179	4910	6089

Chi-square tests：df = 1，卡方值为 3.488，sig = 0.062 > 0.050，所以不同单位性质的居民在对“是否听过或见过宗族大事记或家族活动记录”的回答上没有显著差异。

B21i by A11

传统现象中，您听过或见过古牌坊、古牌匾、人物纪念石碑等古迹古物吗 * 单位性质 Crosstabulation

	体制内	体制外	总计
未选	74.5%	78.3%	77.5%

续表

	体制内	体制外	总计
已选	25.5%	21.7%	22.5%
总计	100.0%	100.0%	100.0%
列总计	1179	4910	6089

Chi-square tests：df = 1，卡方值为 7.877，sig = 0.005 < 0.050，所以不同单位性质的居民在对“是否听过或见过古牌坊、古牌匾、人物纪念石碑等古迹古物”的回答上有显著差异。

B21j by A11

传统现象中，您听过或见过其他的吗 * 单位性质 Crosstabulation

	体制内	体制外	总计
未选	98.6%	98.6%	98.6%
已选	1.4%	1.4%	1.4%
总计	100.0%	100.0%	100.0%
列总计	1179	4910	6089

Chi-square tests：df = 1，卡方值为 0.000，sig = 0.991 > 0.050，所以不同单位性质的居民在对“是否听过或见过其他传统现象”的回答上没有显著差异。

B21k by A11

都没见过传统现象 * 单位性质 Crosstabulation

	体制内	体制外	总计
未选	95.6%	95.7%	95.7%
已选	4.4%	4.3%	4.3%
总计	100.0%	100.0%	100.0%
列总计	1179	4910	6089

Chi-square tests：df = 1，卡方值为 0.029，sig = 0.864 > 0.050，所以不同单位性质的居民在对“都没见过传统现象”的回答上没有显著差异。

B22a by A11

以下民间信仰情况，请问您是否见过或参与过：土地庙 * 单位性质 Crosstabulation

	体制内	体制外	总计
未选	65.3%	62.6%	63.1%

续表

	体制内	体制外	总计
已选	34.7%	37.4%	36.9%
总计	100.0%	100.0%	100.0%
列总计	1178	4904	6082

Chi-square tests：df = 1，卡方值为 3.015 ，sig = 0.082 >0.050，所以不同单位性质的居民在对“是否见过或参与过土地庙”的回答上没有显著差异。

B22b by A11

以下民间信仰情况，请问您是否见过或参与过：关帝庙、娘娘庙或其他神庙 * 单位性质 Crosstabulation

	体制内	体制外	总计
未选	76.7%	79.3%	78.8%
已选	23.3%	20.7%	21.2%
总计	100.0%	100.0%	100.0%
列总计	1178	4904	6082

Chi-square tests：df = 1，卡方值为 3.796 ，sig = 0.051 >0.050，所以不同单位性质的居民在对“是否见过或参与过关帝庙、娘娘庙或其他神庙”的回答上没有显著差异。

B22c by A11

以下民间信仰情况，请问您是否见过或参与过：没见过 * 单位性质 Crosstabulation

	体制内	体制外	总计
未选	47.9%	47.9%	47.9%
已选	52.1%	52.1%	52.1%
总计	100.0%	100.0%	100.0%
列总计	1178	4903	6081

Chi-square tests：df = 1，卡方值为 0.001 ，sig = 0.974 >0.050，所以不同单位性质的居民在对“没见过民间信仰”的回答上没有显著差异。

B23a by A11

以下民间活动，您是否见过或参与过：个人敬供（烧香叩拜等） * 单位性质 Crosstabulation

	体制内	体制外	总计
未选	56.3%	52.5%	53.2%

续表

	体制内	体制外	总计
已选	43.7%	47.5%	46.8%
总计	100.0%	100.0%	100.0%
列总计	1178	4904	6082

Chi-square tests：df = 1，卡方值为 5.492 ，sig = 0.019 < 0.050，所以不同单位性质的居民在对“参加过或见过个人敬供（烧香叩拜等）”的回答上有显著差异。

B23b by A11

以下民间活动，您是否见过或参与过：节日集体敬供（聚餐等）* 单位性质 Crosstabulation

	体制内	体制外	总计
未选	79.5%	79.7%	79.6%
已选	20.5%	20.3%	20.4%
总计	100.0%	100.0%	100.0%
列总计	1176	4904	6080

Chi-square tests：df = 1，卡方值为 0.016 ，sig = 0.901 > 0.050，所以不同单位性质的居民在对“参加过或见过节日集体敬供（聚餐等）”的回答上没有显著差异。

B23c by A11

以下民间活动，您是否见过或参与过：其他活动（建庙委员会、教育、助贫、敬老、龙舟等）* 单位性质 Crosstabulation

	体制内	体制外	总计
未选	75.2%	82.2%	80.8%
已选	24.8%	17.8%	19.2%
总计	100.0%	100.0%	100.0%
列总计	1176	4899	6075

Chi-square tests：df = 1，卡方值为 29.872 ，sig = 0.000 < 0.050，所以不同单位性质的居民在对“参加过或见过其他活动（建庙委员会、教育、助贫、敬老、龙舟等）”的回答上有显著差异。

B23d by A11

以下民间活动，您是否见过或参与过：没参加过任何形式的民间活动 * 单位性质 Crosstabulation

	体制内	体制外	总计
未选	64.7%	63.3%	63.5%

续表

	体制内	体制外	总计
已选	35. 3%	36. 7%	36. 5%
总计	100. 0%	100. 0%	100. 0%
列总计	1176	4901	6077

Chi-square tests：df = 1，卡方值为 0. 871 ，sig = 0. 351 > 0. 050，所以不同单位性质的居民在对“没参加过任何形式的民间活动”的回答上没有显著差异。

B24 by A11

您觉得您目前的身体健康状况 ＊ 单位性质 Crosstabulation

	体制内	体制外	总计
很健康	25. 3%	29. 2%	28. 4%
比较健康	63. 6%	55. 1%	56. 7%
不太健康	10. 5%	14. 0%	13. 3%
很不健康	. 7%	1. 7%	1. 5%
总计	100. 0%	100. 0%	100. 0%
列总计	1172	4890	6062

Chi-square tests：df = 3，卡方值为 32. 538 ，sig = 0. 000 < 0. 050，所以不同单位性质的居民在对“目前的身体健康状况”的总体评价上有显著差异。

B25 by A11

您觉得您的健康状况和一年前比较起来如何 ＊ 单位性质 Crosstabulation

	体制内	体制外	总计
更好	16. 2%	15. 7%	15. 8%
没有变化	68. 8%	65. 3%	66. 0%
更差	14. 9%	18. 9%	18. 2%
总计	100. 0%	100. 0%	100. 0%
列总计	1178	4894	6072

Chi-square tests：df = 2，卡方值为 10. 279，sig = 0. 006 < 0. 050，所以不同单位性质的居民在对“健康状况和一年前比较起来如何”的总体评价上有显著差异。

B26 by A11

您的就医习惯是 ＊ 单位性质 Crosstabulation

	体制内	体制外	总计
出现不适就去看病	55. 4%	54. 4%	54. 6%

续表

	体制内	体制外	总计
症状加重时去看病	20.0%	20.0%	20.0%
能不看病就不看	21.4%	21.8%	21.7%
从不看病	2.6%	2.7%	2.7%
其他	0.6%	1.1%	1.0%
总计	100.0%	100.0%	100.0%
列总计	1175	4890	6065

Chi-square tests：df = 4，卡方值为 2.936，sig = 0.569 > 0.050，所以不同单位性质的居民在对“就医习惯”的总体评价上没有显著差异。

B27 by A11

总的来说，您觉得目前的生活幸福吗 * 单位性质 Crosstabulation

	体制内	体制外	总计
非常幸福	26.9%	27.9%	27.7%
比较幸福	69.1%	65.7%	66.4%
不太幸福	3.8%	5.9%	5.5%
非常不幸福	0.2%	0.6%	0.5%
总计	100.0%	100.0%	100.0%
列总计	1178	4896	6074

Chi-square tests：df = 3，卡方值为 12.077 ，sig = 0.007 < 0.050，所以不同单位性质的居民在对“目前的生活幸福与否”的总体评价上有显著差异。

B28 by A11

您觉得对于老年人来说最理想的，或者说，您未来最希望的养老方式是哪种 * 单位性质 Crosstabulation

	体制内	体制外	总计
敬老院、养老院、护理院等专业养老机构	21.6%	11.1%	13.1%
与子女一起，住在家里养老	47.1%	59.0%	56.7%
与子女分开，住在家里养老	21.2%	18.9%	19.4%
搬到其他地方独居养老	1.5%	1.1%	1.2%
回到老家养老	3.7%	5.6%	5.2%
旅游养老	4.1%	2.9%	3.2%
其他	0.9%	1.4%	1.3%

续表

	体制内	体制外	总计
总计	100.0%	100.0%	100.0%
列总计	1173	4885	6058

Chi-square tests：df=6，卡方值为119.899，sig= 0.000<0.050，所以不同单位性质的居民在对“最希望的养老方式”的选择上有显著差异。

B29a by A11

过去一周里，您为父母做过哪些事情：看望 * 单位性质 Crosstabulation

	体制内	体制外	总计
未选	52.0%	59.6%	58.2%
已选	48.0%	40.4%	41.8%
总计	100.0%	100.0%	100.0%
列总计	1178	4912	6090

Chi-square tests：df=1，卡方值为22.506，sig= 0.000<0.050，所以不同单位性质的居民在对“过去一周里是否看望父母”的选择上有显著差异。

B29b by A11

过去一周里，您为父母做过哪些事情：打电话 * 单位性质 Crosstabulation

	体制内	体制外	总计
未选	52.3%	59.6%	58.2%
已选	47.7%	40.4%	41.8%
总计	100.0%	100.0%	100.0%
列总计	1179	4912	6091

Chi-square tests：df=1，卡方值为20.459，sig=0.000<0.050，所以不同单位性质的居民在对“过去一周里是否给父母打电话”的选择上有显著差异。

B29c by A11

过去一周里，您为父母做过哪些事情：买东西 * 单位性质 Crosstabulation

	体制内	体制外	总计
未选	55.5%	58.5%	57.9%

续表

	体制内	体制外	总计
已选	44.5%	41.5%	42.1%
总计	100.0%	100.0%	100.0%
列总计	1179	4912	6091

Chi-square tests：df = 1，卡方值为 3.506 ，sig = 0.061 > 0.050，所以不同单位性质的居民在对“过去一周里是否给父母买东西”的选择上没有显著差异。

B29d by A11

过去一周里，您为父母做过哪些事情：看病 ＊ 单位性质 Crosstabulation

	体制内	体制外	总计
未选	74.2%	78.7%	77.8%
已选	25.8%	21.3%	22.2%
总计	100.0%	100.0%	100.0%
列总计	1179	4911	6090

Chi-square tests：df = 1，卡方值为 10.980 ，sig = 0.001 < 0.050，所以不同单位性质的居民在对“过去一周里是否陪父母看病”的选择上有显著差异。

B29e by A11

过去一周里，您为父母做过哪些事情：护理 ＊ 单位性质 Crosstabulation

	体制内	体制外	总计
未选	85.3%	85.5%	85.5%
已选	14.7%	14.5%	14.5%
总计	100.0%	100.0%	100.0%
列总计	1179	4911	6090

Chi-square tests：df = 1，卡方值为 0.029，sig = 0.864 > 0.050，所以不同单位性质的居民在对“过去一周里是否给父母护理”的选择上没有显著差异。

B29f by A11

过去一周里，您为父母做过哪些事情：做家务 ＊ 单位性质 Crosstabulation

	体制内	体制外	总计
未选	62.0%	62.7%	62.6%

续表

	体制内	体制外	总计
已选	38.0%	37.3%	37.4%
总计	100.0%	100.0%	100.0%
列总计	1179	4911	6090

Chi-square tests：df = 1，卡方值为0.219，sig = 0.640 > 0.050，所以不同单位性质的居民在对“过去一周里是否给父母做家务”的选择上没有显著差异。

B29g by A11
过去一周里，您为父母做过哪些事情：谈心聊天 * 单位性质 Crosstabulation

	体制内	体制外	总计
未选	56.8%	60.8%	60.0%
已选	43.2%	39.2%	40.0%
总计	100.0%	100.0%	100.0%
列总计	1179	4911	6090

Chi-square tests：df = 1，卡方值为6.130，sig = 0.013 < 0.050，所以不同单位性质的居民在对“过去一周里是否陪父母谈心聊天”的选择上有显著差异。

B29h by A11
过去一周里，您为父母做过哪些事情：给钱 * 单位性质 Crosstabulation

	体制内	体制外	总计
未选	79.6%	80.5%	80.3%
已选	20.4%	19.5%	19.7%
总计	100.0%	100.0%	100.0%
列总计	1179	4912	6091

Chi-square tests：df = 1，卡方值为0.417，sig = 0.518 > 0.050，所以不同单位性质的居民在对“过去一周里是否给父母钱”的选择上没有显著差异。

B29i by A11
过去一周里，您为父母做过哪些事情：外出旅游 * 单位性质 Crosstabulation

	体制内	体制外	总计
未选	91.0%	93.7%	93.2%

续表

	体制内	体制外	总计
已选	9.0%	6.3%	6.8%
总计	100.0%	100.0%	100.0%
列总计	1179	4911	6090

Chi-square tests：df = 1，卡方值为 10.904，sig = 0.001 < 0.050，所以不同单位性质的居民在对“过去一周里是否陪父母外出旅游”的选择上有显著差异。

B29j by A11

过去一周里，您为父母做过哪些事情：无 * 单位性质 Crosstabulation

	体制内	体制外	总计
未选	98.2%	98.0%	98.1%
已选	1.8%	2.0%	1.9%
总计	100.0%	100.0%	100.0%
列总计	1179	4912	6091

Chi-square tests：df = 1，卡方值为 0.151，sig = 0.697 > 0.050，所以不同单位性质的居民在对“过去一周里没有为父母做过事情”的选择上没有显著差异。

B30a by A11

总体来说，您对自己生活的以下方面满意吗：身心健康状况 * 单位性质 Crosstabulation

	体制内	体制外	总计
非常不满意	4.2%	4.8%	4.7%
不太满意	11.3%	13.4%	13.0%
比较满意	60.0%	56.2%	57.0%
非常满意	24.4%	25.5%	25.3%
总计	100.0%	100.0%	100.0%
列总计	1178	4897	6075

Chi-square tests：df = 3，卡方值为 6.771，sig = 0.080 > 0.050，所以不同单位性质的居民在对“身心健康状况”的满意度上没有显著差异。

B30b by A11

总体来说，您对自己生活的以下方面满意吗：整体收入水平 * 单位性质 Crosstabulation

	体制内	体制外	总计
非常不满意	4.3%	5.7%	5.4%
不太满意	22.8%	28.9%	27.7%
比较满意	61.3%	54.4%	55.8%
非常满意	11.5%	11.0%	11.1%
总计	100.0%	100.0%	100.0%
列总计	1179	4902	6081

Chi-square tests：df = 3，卡方值为 24.212，sig = 0.000 < 0.050，所以不同单位性质的居民在对“整体收入水平”的满意度上有显著差异。

B30c by A11

总体来说，您对自己生活的以下方面满意吗：家庭成员关系 * 单位性质 Crosstabulation

	体制内	体制外	总计
非常不满意	4.0%	3.4%	3.5%
不太满意	4.0%	4.1%	4.1%
比较满意	52.0%	51.4%	51.5%
非常满意	40.0%	41.1%	40.9%
总计	100.0%	100.0%	100.0%
列总计	1176	4898	6074

Chi-square tests：df = 3，卡方值为 1.380，sig = 0.710 > 0.050，所以不同单位性质的居民在对“家庭成员关系”的满意度上没有显著差异。

B30d by A11

总体来说，您对自己生活的以下方面满意吗：社会保障水平 * 单位性质 Crosstabulation

	体制内	体制外	总计
非常不满意	4.5%	5.7%	5.5%
不太满意	17.9%	19.1%	18.9%
比较满意	60.5%	58.1%	58.5%
非常满意	17.1%	17.1%	17.1%

续表

	体制内	体制外	总计
总计	100.0%	100.0%	100.0%
列总计	1179	4894	6073

Chi-square tests：df = 3，卡方值为 4.187，sig = 0.242 > 0.050，所以不同单位性质的居民在对“社会保障水平”的满意度上没有显著差异。

C1a by A11

您认为当今中国社会最基本的伦理冲突第一重要 ＊ 单位性质 Crosstabulation

	体制内	体制外	总计
人与人之间的冲突	35.9%	44.3%	42.7%
个人与社会的冲突	15.5%	15.4%	15.4%
人与自然的冲突	31.6%	21.9%	23.8%
人自我内在的冲突	9.4%	8.5%	8.7%
个人与政府的冲突	7.1%	9.5%	9.0%
其他	0.4%	0.3%	0.3%
总计	100.0%	100.0%	100.0%
列总计	1154	4762	5916

Chi-square tests：df = 5，卡方值为 59.627，sig = 0.000 < 0.050，所以不同单位性质的居民在对“当今中国社会最基本的伦理冲突第一重要”的总体评价上有显著差异。

C1b by A11

您认为当今中国社会最基本的伦理冲突第二重要 ＊ 单位性质 Crosstabulation

	体制内	体制外	总计
人与人之间的冲突	28.6%	23.8%	24.7%
个人与社会的冲突	26.6%	29.0%	28.6%
人与自然的冲突	15.0%	16.8%	16.4%
人自我内在的冲突	19.0%	18.7%	18.8%
个人与政府的冲突	10.8%	11.5%	11.4%
其他	0.1%	0.1%	0.1%
总计	100.0%	100.0%	100.0%
列总计	1134	4694	5828

Chi-square tests：df = 5，卡方值为 12.746，sig = 0.026 < 0.050，所以不同单位性质的居民在对“当今中国社会最基本的伦理冲突第二重要”的总体评价上有显著差异。

C1c by A11

您认为当今中国社会最基本的伦理冲突第三重要 ＊ 单位性质 Crosstabulation

	体制内	体制外	总计
人与人之间的冲突	18.8%	18.0%	18.2%
个人与社会的冲突	27.9%	24.3%	25.0%
人与自然的冲突	18.9%	21.2%	20.8%
人自我内在的冲突	19.3%	19.2%	19.2%
个人与政府的冲突	13.9%	16.4%	15.9%
其他	1.2%	0.9%	0.9%
总计	100.0%	100.0%	100.0%
列总计	1130	4666	5796

Chi-square tests：df = 5，卡方值为 11.714，sig = 0.039 < 0.050，所以不同单位性质的居民在对“当今中国社会最基本的伦理冲突第三重要”的总体评价上有显著差异。

C2 by A11

您认为造成环境污染的最主要原因是 ＊ 单位性质 Crosstabulation

	体制内	体制外	总计
企业唯利是图	36.9%	33.4%	34.1%
政府缺乏生态意识，政策失当	26.6%	24.6%	25.0%
当代人自私自利，不顾未来和子孙利益	16.1%	17.4%	17.1%
个人缺乏环保意识	20.4%	24.6%	23.8%
总计	100.0%	100.0%	100.0%
列总计	1170	4862	6032

Chi-square tests：df = 3，卡方值为 12.833，sig = 0.005 < 0.050，所以不同单位性质的居民在对“您认为造成环境污染的最主要原因”的总体评价上有显著差异。

C3a by A11

您是否同意以下说法：能够插队买到票，是一个人灵活的表现 ＊ 单位性质 Crosstabulation

	体制内	体制外	总计
完全同意	2.5%	2.8%	2.7%
比较同意	6.0%	7.7%	7.3%
比较不同意	31.5%	35.1%	34.4%
完全不同意	60.0%	54.5%	55.5%

续表

	体制内	体制外	总计
总计	100.0%	100.0%	100.0%
列总计	1175	4897	6072

Chi-square tests：df = 3，卡方值为 12.530，sig = 0.006 < 0.050，所以不同单位性质的居民在对“能够插队买到票，是一个人灵活的表现”的认同上有显著差异。

C3b by A11

您是否同意以下说法：如果有可能，谁都会逃税 * 单位性质 Crosstabulation

	体制内	体制外	总计
完全同意	4.4%	4.9%	4.8%
比较同意	13.1%	14.4%	14.1%
比较不同意	35.1%	35.2%	35.2%
完全不同意	47.4%	45.6%	45.9%
总计	100.0%	100.0%	100.0%
列总计	1169	4888	6057

Chi-square tests：df = 3，卡方值为 2.109，sig = 0.550 > 0.050，所以不同单位性质的居民在对“如果有可能，谁都会逃税”的认同上没有显著差异。

C3c by A11

您是否同意以下说法：合同都只是形式，只要有关系，什么都好商量 * 单位性质 Crosstabulation

	体制内	体制外	总计
完全同意	5.8%	6.5%	6.4%
比较同意	17.1%	19.4%	18.9%
比较不同意	39.0%	40.4%	40.1%
完全不同意	38.1%	33.7%	34.6%
总计	100.0%	100.0%	100.0%
列总计	1174	4882	6056

Chi-square tests：df = 3，卡方值为 8.878，sig = 0.031 < 0.050，所以不同单位性质的居民在对“合同都只是形式，只要有关系，什么都好商量”的认同上有显著差异。

C3d by A11

您是否同意以下说法：要想打赢官司，找关系比找律师更有价值 ＊ 单位性质 Crosstabulation

	体制内	体制外	总计
完全同意	6.8%	8.7%	8.3%
比较同意	21.0%	23.3%	22.8%
比较不同意	38.7%	39.2%	39.1%
完全不同意	33.4%	28.8%	29.7%
总计	100.0%	100.0%	100.0%
列总计	1175	4873	6048

Chi-square tests：df = 3，卡方值为 13.071，sig = 0.004 < 0.050，所以不同单位性质的居民在对“要想打赢官司，找关系比找律师更有价值”的认同上有显著差异。

C3e by A11

您是否同意以下说法：“三个土老乡，顶得上一个公章” ＊ 单位性质 Crosstabulation

	体制内	体制外	总计
完全同意	5.4%	6.2%	6.0%
比较同意	17.6%	22.6%	21.6%
比较不同意	39.1%	40.1%	39.9%
完全不同意	37.8%	31.1%	32.4%
总计	100.0%	100.0%	100.0%
列总计	1175	4863	6038

Chi-square tests：df = 3，卡方值为 24.851，sig = 0.000 < 0.050，所以不同单位性质的居民在对“三个土老乡，顶得上一个公章”的认同上有显著差异。

C3f by A11

您是否同意以下说法：法院是一个替老百姓讲理的地方 ＊ 单位性质 Crosstabulation

	体制内	体制外	总计
完全同意	35.3%	36.5%	36.2%
比较同意	42.0%	40.2%	40.5%
比较不同意	17.3%	17.5%	17.4%
完全不同意	5.5%	5.9%	5.8%
总计	100.0%	100.0%	100.0%

续表

	体制内	体制外	总计
列总计	1174	4869	6043

Chi-square tests：df = 3，卡方值为 1. 461，sig = 0. 691 > 0. 050，所以不同单位性质的居民在对“法院是一个替老百姓讲理的地方”的认同上没有显著差异。

C3g by A11

您是否同意以下说法：在这个社会，要想不吃亏，就一定要懂得利用潜规则 ＊ 单位性质 Crosstabulation

	体制内	体制外	总计
完全同意	9. 7%	10. 0%	9. 9%
比较同意	27. 5%	30. 0%	29. 5%
比较不同意	40. 7%	39. 0%	39. 3%
完全不同意	22. 1%	21. 1%	21. 3%
总计	100. 0%	100. 0%	100. 0%
列总计	1172	4873	6045

Chi-square tests：df = 3，卡方值为 3. 256，sig = 0. 354 > 0. 050，所以不同单位性质的居民在对“在这个社会，要想不吃亏，就一定要懂得利用潜规则”的认同上没有显著差异。

C3h by A11

您是否同意以下说法：要远离那些不守规则的人，因为当他因不守规则出事的时候，可能会连累到你 ＊ 单位性质 Crosstabulation

	体制内	体制外	总计
完全同意	29. 8%	28. 9%	29. 1%
比较同意	40. 1%	40. 6%	40. 5%
比较不同意	21. 8%	23. 1%	22. 9%
完全不同意	8. 3%	7. 4%	7. 6%
总计	100. 0%	100. 0%	100. 0%
列总计	1173	4888	6061

Chi-square tests：df = 3，卡方值为 1. 965，sig = 0. 580 > 0. 050，所以不同单位性质的居民在对“要远离那些不守规则的人，因为当他因不守规则出事的时候，可能会连累到你”的认同上没有显著差异。

C3i by A11

您是否同意以下说法：在这个处处讲背景的年代，规则是对普通老百姓最好的保护 * 单位性质 Crosstabulation

	体制内	体制外	总计
完全同意	37.2%	36.0%	36.2%
比较同意	39.4%	43.0%	42.3%
比较不同意	16.6%	15.7%	15.9%
完全不同意	6.8%	5.2%	5.5%
总计	100.0%	100.0%	100.0%
列总计	1176	4892	6068

Chi-square tests：df = 3，卡方值为 8.093，sig = 0.044 < 0.050，所以不同单位性质的居民在对“在这个处处讲背景的年代，规则是对普通老百姓最好的保护”的认同上有显著差异。

C4 by A11

哪一种关系对社会秩序最具有根本性意义 * 单位性质 Crosstabulation

	体制内	体制外	总计
家庭伦理或血缘关系	37.4%	40.6%	40.0%
个人与社会的关系	30.4%	27.9%	28.4%
职业伦理关系	2.8%	2.7%	2.7%
个人与国家民族的关系	23.7%	22.1%	22.4%
人与自然的关系	3.2%	3.4%	3.4%
个人与他自身的关系	2.5%	3.2%	3.1%
总计	100.0%	100.0%	100.0%
列总计	1158	4830	5988

Chi-square tests：df = 5，卡方值为 7.289，sig = 0.200 > 0.050，所以不同单位性质的居民在对“哪一种关系对社会秩序最具有根本性意义”的选择上没有显著差异。

C5a by A11

对于个人而言，您认为家庭、社会和国家三者哪个是最重要的 * 单位性质 Crosstabulation

	体制内	体制外	总计
国家	67.3%	64.7%	65.2%
社会	3.5%	3.3%	3.4%
家庭	29.2%	32.0%	31.5%

续表

	体制内	体制外	总计
总计	100.0%	100.0%	100.0%
列总计	1174	4899	6073

Chi-square tests：df = 2，卡方值为3.421，sig = 0.181 > 0.050，所以不同单位性质的居民在对“对于个人而言，您认为家庭、社会和国家三者最重要的”的选择上没有显著差异。

C5b by A11

对于个人而言，您认为家庭、社会和国家三者哪个是第二重要的 * 单位性质 Crosstabulation

	体制内	体制外	总计
国家	19.7%	21.3%	21.0%
社会	59.0%	52.6%	53.8%
家庭	21.3%	26.1%	25.2%
总计	100.0%	100.0%	100.0%
列总计	1166	4875	6041

Chi-square tests：df = 2，卡方值为17.016，sig = 0.000 < 0.050，所以不同单位性质的居民在对“对于个人而言，您认为家庭、社会和国家三者第二重要的”的选择上有显著差异。

C5c by A11

对于个人而言，您认为家庭、社会和国家三者哪个是第三重要的 * 单位性质 Crosstabulation

	体制内	体制外	总计
国家	12.3%	13.7%	13.5%
社会	38.0%	44.3%	43.1%
家庭	49.7%	42.0%	43.5%
总计	100.0%	100.0%	100.0%
列总计	1154	4840	5994

Chi-square tests：df = 2，卡方值为22.323，sig = 0.000 < 0.050，所以不同单位性质的居民在对“对于个人而言，您认为家庭、社会和国家三者第三重要的”的选择上有显著差异。

C6a by A11

下列关系，您认为最重要的是 * 单位性质 Crosstabulation

	体制内	体制外	总计
父母与子女	58.5%	63.3%	62.4%

续表

	体制内	体制外	总计
夫妇	19.5%	17.9%	18.2%
兄弟姐妹	0.3%	0.8%	0.7%
同事或同学	0.9%	0.6%	0.7%
上级或下级	0.7%	0.4%	0.4%
师生	0.1%	0.1%	0.1%
人与自然的关系	1.2%	0.8%	0.8%
个人与社会的关系	1.4%	1.6%	1.6%
个人与国家的关系	14.3%	12.3%	12.7%
个人与工作单位的关系	1.1%	0.7%	0.8%
通过网络建立的关系			
朋友	0.1%	0.2%	0.2%
个人与自身的关系（身心和谐）	2.0%	1.2%	1.4%
总计	100.0%	100.0%	100.0%
列总计	1177	4896	6073

Chi-square tests：df = 11，卡方值为23.071，sig = 0.017 < 0.050，所以不同单位性质的居民在对“下列关系，您认为最重要的”的选择上有显著差异。

C6b by A11

下列关系，您认为第二重要的是 * 单位性质 Crosstabulation

	体制内	体制外	总计
父母与子女	25.4%	23.6%	24.0%
夫妇	48.0%	51.3%	50.6%
兄弟姐妹	6.6%	9.0%	8.5%
同事或同学	0.9%	1.2%	1.2%
上级或下级	1.4%	1.3%	1.3%
师生	0.4%	0.3%	0.4%
人与自然的关系	1.5%	1.2%	1.3%
个人与社会的关系	8.6%	5.9%	6.4%
个人与国家的关系	3.6%	3.5%	3.5%
个人与工作单位的关系	2.0%	0.8%	1.0%
通过网络建立的关系	0.2%	0.0%	0.1%
朋友	0.7%	1.0%	1.0%
个人与自身的关系（身心和谐）	0.5%	0.8%	0.7%
总计	100.0%	100.0%	100.0%

续表

	体制内	体制外	总计
列总计	1173	4889	6062

Chi-square tests：df = 12，卡方值为 42. 310，sig = 0. 000 < 0. 050，所以不同单位性质的居民在对“下列关系，您认为第二重要的”的选择上有显著差异。

C6c by A11

下列关系，您认为第三重要的是 * 单位性质 Crosstabulation

	体制内	体制外	总计
父母与子女	6. 4%	6. 2%	6. 3%
夫妇	10. 9%	11. 5%	11. 4%
兄弟姐妹	51. 4%	56. 7%	55. 6%
同事或同学	3. 9%	4. 1%	4. 0%
上级或下级	3. 0%	1. 9%	2. 1%
师生	0. 7%	1. 2%	1. 1%
人与自然的关系	3. 4%	2. 1%	2. 4%
个人与社会的关系	5. 6%	4. 2%	4. 5%
个人与国家的关系	6. 0%	5. 2%	5. 4%
个人与工作单位的关系	3. 3%	1. 6%	1. 9%
通过网络建立的关系	0. 2%	0. 1%	0. 1%
朋友	3. 2%	3. 9%	3. 8%
个人与自身的关系（身心和谐）	1. 9%	1. 4%	1. 5%
总计	100. 0%	100. 0%	100. 0%
列总计	1169	4873	6042

Chi-square tests：df = 12，卡方值为 43. 285，sig = 0. 000 < 0. 050，所以不同单位性质的居民在对“下列关系，您认为第三重要的”的选择上有显著差异。

C6d by A11

下列关系，您认为第四重要的 * 单位性质 Crosstabulation

	体制内	体制外	总计
父母与子女	4. 5%	3. 4%	3. 6%
夫妇	4. 5%	4. 6%	4. 6%
兄弟姐妹	8. 6%	9. 9%	9. 7%
同事或同学	19. 7%	18. 7%	18. 9%

续表

	体制内	体制外	总计
上级或下级	6.6%	5.6%	5.8%
师生	3.9%	4.0%	3.9%
人与自然的关系	4.4%	4.3%	4.3%
个人与社会的关系	9.2%	10.2%	10.0%
个人与国家的关系	11.2%	11.0%	11.0%
个人与工作单位的关系	8.8%	4.6%	5.4%
通过网络建立的关系	0.4%	0.2%	0.3%
朋友	15.5%	21.0%	19.9%
个人与自身的关系（身心和谐）	2.9%	2.5%	2.6%
总计	100.0%	100.0%	100.0%
列总计	1165	4845	6010

Chi-square tests：df = 12，卡方值为54.091，sig = 0.000 < 0.050，所以不同单位性质的居民在对“下列关系，您认为第四重要的”的选择上有显著差异。

C6e by A11

下列关系，您认为第五重要的 * 单位性质 Crosstabulation

	体制内	体制外	总计
父母与子女	1.6%	1.3%	1.4%
夫妇	3.5%	3.1%	3.2%
兄弟姐妹	6.2%	5.5%	5.7%
同事或同学	13.2%	12.7%	12.8%
上级或下级	9.6%	7.9%	8.2%
师生	3.2%	4.2%	4.0%
人与自然的关系	5.8%	5.6%	5.7%
个人与社会的关系	14.8%	15.3%	15.2%
个人与国家的关系	10.1%	13.1%	12.5%
个人与工作单位的关系	7.2%	5.3%	5.7%
通过网络建立的关系	1.0%	0.4%	0.5%
朋友	16.0%	18.7%	18.2%
个人与自身的关系（身心和谐）	7.8%	6.8%	7.0%
总计	100.0%	100.0%	100.0%
列总计	1159	4827	5986

Chi-square tests：df = 12，卡方值为32.136，sig = 0.001 < 0.050，所以不同单位性质的居民在对“下列关系，您认为第五重要的”的选择上有显著差异。

C7a by A11

您对自己所在企业（或所熟悉的本地企业）履行劳动安全保障责任的满意度 * 单位性质 Crosstabulation

	体制内	体制外	总计
非常不满意	5.1%	5.5%	5.4%
不太满意	13.3%	19.1%	18.0%
比较满意	61.6%	59.4%	59.9%
非常满意	20.1%	15.9%	16.8%
总计	100.0%	100.0%	100.0%
列总计	1166	4635	5801

Chi-square tests：df = 3，卡方值为 28.178，sig = 0.000 < 0.050，所以不同单位性质的居民在对“自己所在企业（或所熟悉的本地企业）履行劳动安全保障责任”的总体评价上有显著差异。

C7b by A11

您对自己所在企业（或所熟悉的本地企业）履行薪酬正常发放责任的满意度 * 单位性质 Crosstabulation

	体制内	体制外	总计
非常不满意	4.1%	4.1%	4.1%
不太满意	9.5%	13.5%	12.7%
比较满意	56.8%	60.6%	59.8%
非常满意	29.5%	21.8%	23.4%
总计	100.0%	100.0%	100.0%
列总计	1163	4617	5780

Chi-square tests：df = 3，卡方值为 36.913，sig = 0.000 < 0.050，所以不同单位性质的居民在对“自己所在企业（或所熟悉的本地企业）履行薪酬正常发放责任”的总体评价上有显著差异。

C7c by A11

您对自己所在企业（或所熟悉的本地企业）履行职工文化生活责任的满意度 * 单位性质 Crosstabulation

	体制内	体制外	总计
非常不满意	5.0%	6.0%	5.8%
不太满意	24.8%	29.6%	28.7%
比较满意	54.2%	52.2%	52.6%
非常满意	16.0%	12.2%	12.9%

续表

	体制内	体制外	总计
总计	100.0%	100.0%	100.0%
列总计	1162	4602	5764

Chi-square tests：df = 3，卡方值为 20.450，sig = 0.000 < 0.050，所以不同单位性质的居民在对“自己所在企业（或所熟悉的本地企业）履行职工文化生活责任”的总体评价上有显著差异。

C7d by A11

您对自己所在企业（或所熟悉的本地企业）履行诚实守法经营责任的满意度 * 单位性质 Crosstabulation

	体制内	体制外	总计
非常不满意	3.6%	3.6%	3.6%
不太满意	13.6%	15.9%	15.4%
比较满意	59.0%	61.2%	60.8%
非常满意	23.7%	19.3%	20.2%
总计	100.0%	100.0%	100.0%
列总计	1159	4614	5773

Chi-square tests：df = 3，卡方值为 12.856，sig = 0.005 < 0.050，所以不同单位性质的居民在对“自己所在企业（或所熟悉的本地企业）履行诚实守法经营责任”的总体评价上有显著差异。

C7e by A11

您对自己所在企业（或所熟悉的本地企业）履行环境保护责任的满意度 * 单位性质 Crosstabulation

	体制内	体制外	总计
非常不满意	5.2%	6.8%	6.4%
不太满意	20.7%	25.3%	24.4%
比较满意	55.1%	52.7%	53.2%
非常满意	19.1%	15.2%	16.0%
总计	100.0%	100.0%	100.0%
列总计	1164	4623	5787

Chi-square tests：df = 3，卡方值为 21.689，sig = 0.000 < 0.050，所以不同单位性质的居民在对“对自己所在企业（或所熟悉的本地企业）履行环境保护责任”的总体评价上有显著差异。

C7f by A11

您对自己所在企业（或所熟悉的本地企业）履行慈善公益事业责任的满意度 * 单位性质 Crosstabulation

	体制内	体制外	总计
非常不满意	4.8%	6.8%	6.4%
不太满意	22.6%	28.1%	27.0%
比较满意	53.8%	51.6%	52.0%
非常满意	18.8%	13.5%	14.5%
总计	100.0%	100.0%	100.0%
列总计	1157	4585	5742

Chi-square tests：df = 3，卡方值为35.305，sig = 0.000 < 0.050，所以不同单位性质的居民在对“对自己所在企业（或所熟悉的本地企业）履行慈善公益事业责任”的总体评价上有显著差异。

C8a by A11

您觉得您身边下列现象常见吗：占卜算命 * 单位性质 Crosstabulation

	体制内	体制外	总计
经常见到	15.9%	18.5%	18.0%
偶尔见到	50.0%	46.1%	46.8%
没见过	34.1%	35.4%	35.2%
总计	100.0%	100.0%	100.0%
列总计	1172	4901	6073

Chi-square tests：df = 2，卡方值为7.216，sig = 0.027 < 0.050，所以不同单位性质的居民在对“您觉得身边‘占卜算命’是否常见”的回答上有显著差异。

C8b by A11

您觉得您身边下列现象常见吗：操办喜事比富斗阔 * 单位性质 Crosstabulation

	体制内	体制外	总计
经常见到	17.7%	18.1%	18.1%
偶尔见到	44.1%	41.4%	41.9%
没见过	38.2%	40.5%	40.0%
总计	100.0%	100.0%	100.0%
列总计	1169	4894	6063

Chi-square tests：df = 2，卡方值为3.094，sig = 0.213 > 0.050，所以不同单位性质的居民在对“您觉得身边‘操办喜事比富斗阔’是否常见”的回答上没有显著差异。

C8c by A11

您觉得您身边下列现象常见吗：在父母生前不尽孝，却对父母的丧事大操大办 * 单位性质 Crosstabulation

	体制内	体制外	总计
经常见到	14.0%	14.6%	14.5%
偶尔见到	40.6%	40.5%	40.5%
没见过	45.4%	44.9%	45.0%
总计	100.0%	100.0%	100.0%
列总计	1175	4888	6063

Chi-square tests：df = 2，卡方值为 0.255，sig = 0.880 > 0.050，所以不同单位性质的居民在对“您觉得‘在父母生前不尽孝，却对父母的丧事大操大办’是否常见”的回答上没有显著差异。

C8d by A11

您觉得您身边下列现象常见吗：赌博或变相赌博 * 单位性质 Crosstabulation

	体制内	体制外	总计
经常见到	20.6%	21.6%	21.4%
偶尔见到	37.9%	38.7%	38.6%
没见过	41.5%	39.7%	40.0%
总计	100.0%	100.0%	100.0%
列总计	1176	4894	6070

Chi-square tests：df = 2，卡方值为 1.352，sig = 0.509 > 0.050，所以不同单位性质的居民在对“您觉得身边‘赌博或变相赌博’是否常见”的回答上没有显著差异。

C8e by A11

您觉得您身边下列现象常见吗：封建迷信活动 * 单位性质 Crosstabulation

	体制内	体制外	总计
经常见到	12.0%	10.0%	10.4%
偶尔见到	36.1%	35.0%	35.2%
没见过	51.9%	55.1%	54.5%
总计	100.0%	100.0%	100.0%
列总计	1173	4897	6070

Chi-square tests：df = 2，卡方值为 5.915，sig = 0.052 > 0.050，所以不同单位性质的居民在对“您觉得身边‘封建迷信活动’是否常见”的回答上没有显著差异。

C8f by A11

您觉得您身边下列现象常见吗：非法宗教活动 ＊ 单位性质 Crosstabulation

	体制内	体制外	总计
经常见到	3.0%	2.7%	2.7%
偶尔见到	14.7%	11.8%	12.4%
没见过	82.4%	85.5%	84.9%
总计	100.0%	100.0%	100.0%
列总计	1173	4895	6068

Chi-square tests：df = 2，卡方值为 7.634，sig = 0.022 < 0.050，所以不同单位性质的居民在对“您觉得身边‘非法宗教活动’是否常见”的回答上有显著差异。

C9 by A11

您在生活中经常买到假冒伪劣商品吗 ＊ 单位性质 Crosstabulation

	体制内	体制外	总计
经常	8.6%	10.6%	10.2%
偶尔	63.0%	58.4%	59.3%
没有	24.9%	26.8%	26.5%
不清楚	3.6%	4.2%	4.1%
总计	100.0%	100.0%	100.0%
列总计	1181	4909	6090

Chi-square tests：df = 3，卡方值为 9.658，sig = 0.022 < 0.050，所以不同单位性质的居民在对“您在生活中经常买到假冒伪劣商品吗”的回答上有显著差异。

C10 by A11

您在购物、就医、理财等方面经常遇到过虚假广告 ＊ 单位性质 Crosstabulation

	体制内	体制外	总计
经常	26.8%	24.5%	25.0%
偶尔	51.6%	49.9%	50.2%
没有	17.1%	19.8%	19.3%
不清楚	4.5%	5.8%	5.5%
总计	100.0%	100.0%	100.0%
列总计	1180	4904	6084

Chi-square tests：df = 3，卡方值为 8.935，sig = 0.030 < 0.050，所以不同单位性质的居民在对“您在购物、就医、理财等方面经常遇到过虚假广告”的回答上有显著差异。

C11 by A11

您生活的社区（或村）是否有社区公约、村规民约 * 单位性质 Crosstabulation

	体制内	体制外	总计
经常	73.6%	62.2%	64.4%
偶尔	11.0%	14.0%	13.4%
没有	15.3%	23.7%	22.0%
不清楚	0.1%	0.1%	0.1%
总计	100.0%	100.0%	100.0%
列总计	1180	4908	6088

Chi-square tests：df = 4，卡方值为 55.759，sig = 0.000 < 0.050，所以不同单位性质的居民在对“您生活的社区（或村）是否有社区公约、村规民约”的回答上有显著差异。

C12a by A11

您觉得您周围的人在日常生活中遵守步行、骑车不闯红灯的规则吗 * 单位性质 Crosstabulation

	体制内	体制外	总计
不遵守	8.7%	10.0%	9.7%
基本遵守	57.3%	57.3%	57.3%
自觉遵守	34.0%	32.7%	33.0%
总计	100.0%	100.0%	100.0%
列总计	1181	4881	6062

Chi-square tests：df = 2，卡方值为 1.935，sig = 0.380 > 0.050，所以不同单位性质的居民在对“您觉得您周围的人在日常生活中遵守步行、骑车不闯红灯的规则”的总体评价上没有显著差异。

C12b by A11

您觉得您周围的人在日常生活中遵守乘车、购物自觉排队的规则吗 * 单位性质 Crosstabulation

	体制内	体制外	总计
不遵守	5.0%	5.2%	5.2%
基本遵守	51.2%	54.9%	54.2%
自觉遵守	43.8%	39.9%	40.6%
总计	100.0%	100.0%	100.0%
列总计	1179	4880	6059

Chi-square tests：df = 2，卡方值为 6.046，sig = 0.049 < 0.050，所以不同单位性质的居民在对“您觉得您周围的人在日常生活中遵守乘车、购物自觉排队的规则”的总体评价上有显著差异。

C12c by A11

您觉得您周围的人在日常生活中遵守文明游览的规则吗 * 单位性质 Crosstabulation

	体制内	体制外	总计
不遵守	3.8%	4.8%	4.6%
基本遵守	56.0%	58.8%	58.3%
自觉遵守	40.2%	36.4%	37.1%
总计	100.0%	100.0%	100.0%
列总计	1177	4853	6030

Chi-square tests：df = 2，卡方值为 6.819，sig = 0.033 < 0.050，所以不同单位性质的居民在对“您觉得您周围的人在日常生活中遵守文明游览的规则”的总体评价上有显著差异。

C12d by A11

您觉得您周围的人在日常生活中遵守社会公约、村规民约吗 * 单位性质 Crosstabulation

	体制内	体制外	总计
不遵守	4.0%	5.0%	4.8%
基本遵守	52.3%	54.0%	53.7%
自觉遵守	43.7%	41.0%	41.6%
总计	100.0%	100.0%	100.0%
列总计	1166	4781	5947

Chi-square tests：df = 2，卡方值为 3.785，sig = 0.151 > 0.050，所以不同单位性质的居民在对“您觉得您周围的人在日常生活中遵守社会公约、村规民约”的总体评价上没有显著差异。

D1a by A11

判断以下词语是否属于社会主义核心价值观：文明 * 单位性质 Crosstabulation

	体制内	体制外	总计
未选	11.7%	16.2%	15.3%
已选	88.3%	83.8%	84.7%
总计	100.0%	100.0%	100.0%
列总计	1176	4879	6055

Chi-square tests：df = 1，卡方值为 14.506，sig = 0.000 < 0.050，所以不同单位性质的居民在对“文明属于社会主义核心价值观”的判断上有显著差异。

D1b by A11

判断以下词语是否属于社会主义核心价值观：诚信 * 单位性质 Crosstabulation

	体制内	体制外	总计
未选	8.2%	13.7%	12.6%
已选	91.8%	86.3%	87.4%
总计	100.0%	100.0%	100.0%
列总计	1176	4880	6056

Chi-square tests：df=1，卡方值为26.242，sig = 0.000 <0.050，所以不同单位性质的居民在对“诚信属于社会主义核心价值观”的判断上有显著差异。

D1c by A11

判断以下词语是否属于社会主义核心价值观：勇敢 * 单位性质 Crosstabulation

	体制内	体制外	总计
未选	85.5%	79.1%	80.4%
已选	14.5%	20.9%	19.6%
总计	100.0%	100.0%	100.0%
列总计	1176	4880	6056

Chi-square tests：df=1，卡方值为24.128，sig = 0.000 <0.050，所以不同单位性质的居民在对“勇敢属于社会主义核心价值观”的判断上有显著差异。

D1d by A11

判断以下词语是否属于社会主义核心价值观：爱国 * 单位性质 Crosstabulation

	体制内	体制外	总计
未选	13.4%	16.4%	15.8%
已选	86.6%	83.6%	84.2%
总计	100.0%	100.0%	100.0%
列总计	1176	4879	6055

Chi-square tests：df=1，卡方值为6.240，sig = 0.012 <0.050，所以不同单位性质的居民在对“爱国属于社会主义核心价值观”的判断上有显著差异。

D1e by A11

判断以下词语是否属于社会主义核心价值观：创新 * 单位性质 Crosstabulation

	体制内	体制外	总计
未选	70.8%	71.0%	71.0%

续表

	体制内	体制外	总计
已选	29.2%	29.0%	29.0%
总计	100.0%	100.0%	100.0%
列总计	1176	4880	6056

Chi-square tests：df = 1，卡方值为 0.021 ，sig = 0.886 > 0.050，所以不同单位性质的居民在对“创新属于社会主义核心价值观”的判断上没有显著差异。

D1f by A11

判断以下词语是否属于社会主义核心价值观：友善 * 单位性质 Crosstabulation

	体制内	体制外	总计
未选	40.7%	47.5%	46.2%
已选	59.3%	52.5%	53.8%
总计	100.0%	100.0%	100.0%
列总计	1176	4879	6055

Chi-square tests：df = 1，卡方值为 17.308 ，sig = 0.000 < 0.050，所以不同单位性质的居民在对“友善属于社会主义核心价值观”的判断上有显著差异。

D1g by A11

判断以下词语是否属于社会主义核心价值观：勤劳 * 单位性质 Crosstabulation

	体制内	体制外	总计
未选	77.2%	71.0%	72.2%
已选	22.8%	29.0%	27.8%
总计	100.0%	100.0%	100.0%
列总计	1176	4879	6055

Chi-square tests：df = 1，卡方值为 18.338 ，sig = 0.000 < 0.050，所以不同单位性质的居民在对“勤劳属于社会主义核心价值观”的判断上有显著差异。

D2 by A11

您认为社会主义核心价值观和您的工作、生活有关系吗 * 单位性质 Crosstabulation

	体制内	体制外	总计
对改变社会风气有好处，每个人都应该这样做人、做事	86.7%	73.8%	76.3%

续表

	体制内	体制外	总计
与个人工作、生活没关系	4.4%	7.4%	6.9%
说不清	8.9%	18.7%	16.8%
总计	100.0%	100.0%	100.0%
列总计	1175	4879	6054

Chi-square tests：df = 2，卡方值为 87.940 ，sig = 0.000 < 0.050，所以不同单位性质的居民在对“您认为社会主义核心价值观和您的工作、生活有关系吗”的回答上有显著差异。

D3 by A11

中华民族历来有孝敬、礼让、仁爱、节俭的传统，您认为现在还需要这些吗 * 单位性质 Crosstabulation

	体制内	体制外	总计
这些传统什么时候都不能丢	96.8%	95.4%	95.7%
可有可无	2.2%	2.9%	2.8%
已经过时，没必要讲这些	1.0%	1.7%	1.6%
总计	100.0%	100.0%	100.0%
列总计	1181	4906	6087

Chi-square tests：df = 2，卡方值为 4.627 ，sig = 0.099 > 0.050，所以不同单位性质的居民在对“中华民族历来有孝敬、礼让、仁爱、节俭的传统，您认为现在还需要这些吗”的总体评价上没有显著差异。

D4 by A11

您认为在青少年中开展革命传统教育是否有现实意义 * 单位性质 Crosstabulation

	体制内	体制外	总计
很有必要，应该大力开展	92.1%	88.0%	88.8%
已经过时了，没必要开展	1.2%	2.0%	1.9%
可有可无，意义不大	3.9%	5.0%	4.8%
说不清楚	2.8%	4.9%	4.5%
总计	100.0%	100.0%	100.0%
列总计	1179	4908	6087

Chi-square tests：df = 3，卡方值为 17.401，sig = 0.001 < 0.050，所以不同单位性质的居民在对“您认为在青少年中开展革命传统教育是否有现实意义”的总体评价上有显著差异。

D5 by A11

您认为当前中国社会个人道德素质的主要问题 ＊ 单位性质 Crosstabulation

	体制内	体制外	总计
道德上无知	15.0%	14.5%	14.6%
有道德知识，但不见诸行动	78.1%	76.2%	76.6%
既无知，也不行动	5.4%	7.4%	7.0%
其他	1.4%	1.9%	1.8%
总计	100.0%	100.0%	100.0%
列总计	1176	4884	6060

Chi-square tests：df = 3，卡方值为 7.160 ，sig = 0.067 > 0.050，所以不同单位性质的居民在对“您认为当前中国社会个人道德素质的主要问题”的选择上没有显著差异。

D6 by A11

您认为对社会生活而言，个体德性（即个人的道德品质）和社会公正哪个更重要 ＊ 单位性质 Crosstabulation

	体制内	体制外	总计
个人道德性最重要	17.7%	17.2%	17.3%
社会公正最重要	31.5%	32.6%	32.4%
二者应当统一，但二者矛盾时应先追求个体德性	16.7%	19.6%	19.0%
二者应当统一，但二者矛盾时应先追求社会公正	34.2%	30.6%	31.3%
总计	100.0%	100.0%	100.0%
列总计	1177	4890	6067

Chi-square tests：df = 3，卡方值为 8.71，sig = 0.034 < 0.050，所以不同单位性质的居民在对“您认为对社会生活而言，个体德行和社会公正哪个更重要”这一问题的态度上有显著差异。

D7 by A11

您根据什么来判断某种行为是否符合伦理道德 ＊ 单位性质 Crosstabulation

	体制内	体制外	总计
传统	17.7%	17.1%	17.2%
风俗习惯	7.5%	9.9%	9.4%
大多数人认同的道德规范	29.6%	23.0%	24.2%
大多数当事人的共同利益和意志	3.2%	3.7%	3.6%
自己的良心	24.6%	32.7%	31.1%
自己的利益	0.3%	0.8%	0.7%
意识形态要求	3.5%	2.0%	2.3%

续表

	体制内	体制外	总计
己立立人，立达达人；己所不欲，勿施于人	13.7%	10.9%	11.4%
总计	100.0%	100.0%	100.0%
列总计	1181	4900	6081

Chi-square tests：df = 7，卡方值为63.042，sig = 0.000 <0.050，所以不同单位性质的居民在对“判断某种行为是否符合伦理道德”的依据上存在显著差异。

D8 by A11

老王的朋友（老张的生意竞争对手）想知道老张平时都跟哪些人接触，花钱让老王监视老张并向其报告。如果您是老王，您会怎么做 * 单位性质 Crosstabulation

	体制内	体制外	总计
毫不犹豫答应，个人利益高于一切，只要不让朋友知道，无可厚非	2.6%	2.8%	2.8%
可能答应，谈不上道德不道德	3.8%	4.9%	4.7%
可能答应，虽然对朋友不道德，但是有利可图，对自身是道德的	3.4%	4.2%	4.0%
不会答应，因为这不道德，见利忘义的行为无论如何都不可取	90.2%	88.1%	88.5%
总计	100.0%	100.0%	100.0%
列总计	1178	4900	6078

Chi-square tests：df = 7，卡方值为4.534，sig = 0.000 <0.050，所以不同单位性质的居民在对“老王的朋友（老张的生意竞争对手）想知道老张平时都跟哪些人接触，花钱让老王监视老张并向其报告。如果您是老王，您会怎么做”这件事的判断上存在显著差异。

D9 by A11

遇到人生重大挫折时，您通常的反应是 * 单位性质 Crosstabulation

	体制内	体制外	总计
去寺庙，求菩萨保佑	1.4%	1.9%	1.8%
找朋友倾诉，求得疏解	20.4%	18.2%	18.6%
向家人倾诉，寻求安慰	33.5%	36.1%	35.6%
坚持自己的追求	11.6%	10.3%	10.5%
自己独立承受和化解	32.3%	32.3%	32.3%
其他	0.8%	1.2%	1.1%
总计	100.0%	100.0%	100.0%

续表

	体制内	体制外	总计
列总计	1179	4897	6076

Chi-square tests：df = 5，卡方值为 8.351，sig = 0.138 > 0.050，所以不同单位性质的居民在对“遇到人生重大挫折时，您通常的反应”的选择上没有显著差异。

D10 by A11

当遇到人与人之间的利益冲突时，您首选的办法是 * 单位性质 Crosstabulation

	体制内	体制外	总计
诉讼法律，打官司	9.7%	8.6%	8.8%
主动与对方沟通，适可而止	59.8%	53.2%	54.5%
找第三方帮助沟通调解，尽量不伤和气	23.2%	27.0%	26.2%
能忍则忍	7.4%	11.3%	10.5%
总计	100.0%	100.0%	100.0%
列总计	1179	4891	6070

Chi-square tests：df = 3，卡方值为 27.820，sig = 0.000 < 0.050，所以不同单位性质的居民在对“当遇到人与人之间的利益冲突时，您首选的办法”的选择上有显著差异。

D11 by A11

当有陌生人走进您的单位或社区，或您在车厢中与陌生人在一起时，您通常的态度是 * 单位性质 Crosstabulation

	体制内	体制外	总计
对他/她微笑	32.6%	24.2%	25.8%
主动打招呼	16.2%	14.9%	15.2%
没有任何反应	16.0%	20.7%	19.8%
保持警惕，防止上当	34.5%	39.4%	38.5%
其他	0.8%	0.7%	0.7%
总计	100.0%	100.0%	100.0%
列总计	1178	4893	6071

Chi-square tests：df = 4，卡方值为 43.709，sig = 0.000 < 0.050，所以不同单位性质的居民在对“当有陌生人走进您的单位或社区，或当您在车厢中与陌生人在一起时，您通常的态度”的选择上有显著差异。

D12 by A11

假设您双手抱着东西走进电梯，您觉得电梯里的陌生人可能会怎样 * 单位性质 Crosstabulation

	体制内	体制外	总计
主动问您去几楼并帮您按楼层	46.6%	38.1%	39.8%
当作没看见	13.9%	18.0%	17.2%
会在您的请求下给予帮助	39.5%	43.9%	43.0%
总计	100.0%	100.0%	100.0%
列总计	1175	4884	6059

Chi-square tests：df = 2，卡方值为30.872，sig = 0.000 <0.050，所以不同单位性质的居民在对“假设您双手抱着东西走进电梯，您觉得电梯里的陌生人可能会怎样”这一问题的判断上有显著差异。

D13 by A11

假设您走在街上被陌生人不小心踩到了并发出“哎哟”一声，您认为对方会做何种反应 * 单位性质 Crosstabulation

	体制内	体制外	总计
用言语或手势表达歉意	92.1%	88.7%	89.4%
不会做任何表示	6.8%	9.5%	8.9%
反而说您大惊小怪	1.1%	1.8%	1.7%
总计	100.0%	100.0%	100.0%
列总计	1179	4900	6079

Chi-square tests：df = 2，卡方值为11.915，sig = 0.003 <0.050，所以不同单位性质的居民在对“假设您走在街上被陌生人不小心踩到了并发出‘哎哟’一声，您认为对方会做何种反应”这一问题的反应上有显著差异。

D14 by A11

与人相处时，您如何选择自己的行为 * 单位性质 Crosstabulation

	体制内	体制外	总计
按照自己的准则办事，不必顾忌太多	22.3%	18.0%	18.8%
以己度人，己立立人	25.1%	25.3%	25.3%
以自己利益最大化为最高目标	2.0%	3.6%	3.3%
以对双方有好处为标准	22.3%	24.7%	24.2%
权衡利弊，理性选择	28.3%	27.7%	27.8%
其他	0.1%	0.7%	0.6%

续表

	体制内	体制外	总计
总计	100.0%	100.0%	100.0%
列总计	1177	4886	6063

Chi-square tests：df = 5，卡方值为 25.676，sig = 0.000 <0.050，所以不同单位性质的居民在对“与人相处时，您如何选择自己的行为”这一问题的反应上有显著差异。

D15 by A11

您认为目前我国社会对人际关系的伦理调节能力和个人行为的道德调节能力如何 ＊ 单位性质 Crosstabulation

	体制内	体制外	总计
良好	38.1%	38.4%	38.3%
一般	55.7%	55.0%	55.1%
很差	3.7%	3.8%	3.8%
几乎没有，一切都听从法律和利益	2.4%	2.8%	2.7%
总计	100.0%	100.0%	100.0%
列总计	1177	4903	6080

Chi-square tests：df = 3，卡方值为 0.827，sig = 0.843 >0.050，所以不同单位性质的居民在对“您认为目前我国社会对人际关系的伦理调节能力和个人行为的道德调节能力如何”这一问题的反应上没有显著差异。

D16 by A11

现在社会上有些人不守道德反而讨了便宜，您会不会为了得到好处而仿效 ＊ 单位性质 Crosstabulation

	体制内	体制外	总计
从来不这么做	64.3%	61.0%	61.6%
通常不这么做，关键时刻会这么做	8.7%	10.2%	9.9%
经常这么做	0.5%	1.1%	1.0%
相信善有善报，恶有恶报，终将会善恶报应	21.7%	20.5%	20.7%
说不清	4.6%	7.1%	6.6%
其他	0.3%	0.1%	0.2%
总计	100.0%	100.0%	100.0%
列总计	1179	4909	6088

Chi-square tests：df = 5，卡方值为 17.586，sig = 0.004 <0.050，所以不同单位性质的居民在对“现在社会上有些人不守道德反而讨了便宜，您会不会为了得到好处而仿效”这一问题的反应上有显著差异。

D17 by A11

您常常体验到自己身上有一种“伦理感”的存在，如感到自己不属于自己，而属于他人、某个集体、国家、民族，您的行为选择要服从于“它”，并有一种要为“它”奉献的冲动吗 * 单位性质 Crosstabulation

	体制内	体制外	总计
没有，我只感受到我自己个人实实在在的生活	31.0%	32.5%	32.2%
偶尔有，但主要是因为那种情况下我的利益与“它”一致	14.2%	18.4%	17.6%
偶尔有，是在受到某种作品或生活情境的影响之后	18.0%	18.8%	18.7%
时常有，“它”是一种内在的信念	36.3%	29.7%	31.0%
其他	0.4%	0.6%	0.6%
总计	100.0%	100.0%	100.0%
列总计	1172	4881	6053

Chi-square tests：df = 4，卡方值为23.934，sig = 0.000 <0.050，所以不同单位性质的居民在对“您常常体验到自己身上有一种‘伦理感’的存在，如感到自己不属于自己，而属于他人、某个集体、国家、民族，您的行为选择要服从于‘它’，并有一种要为‘它’奉献的冲动吗”这一问题的反应上有显著差异。

D18a by A11

对政府官员群体道德状况的满意度 * 单位性质 Crosstabulation

	体制内	体制外	总计
非常不满意	6.0%	7.5%	7.2%
不太满意	21.8%	17.5%	18.3%
比较满意	43.9%	41.1%	41.6%
非常满意	28.4%	33.9%	32.8%
总计	100.0%	100.0%	100.0%
列总计	1171	4898	6069

Chi-square tests：df = 3，卡方值为23.477，sig = 0.000 <0.050，所以不同单位性质的居民在对“政府官员群体道德状况的满意度”上有显著差异。

D18b by A11

对一般公务员群体道德状况的满意度 * 单位性质 Crosstabulation

	体制内	体制外	总计
非常不满意	3.2%	3.7%	3.6%
不太满意	20.4%	18.4%	18.8%

续表

	体制内	体制外	总计
比较满意	46.0%	42.5%	43.2%
非常满意	30.5%	35.4%	34.4%
总计	100.0%	100.0%	100.0%
列总计	1174	4878	6052

Chi-square tests：df = 3，卡方值为 11.812，sig = 0.008 <0.050，所以不同单位性质的居民在对“一般公务员群体道德状况的满意度”上有显著差异。

D18c by A11

对企业家群体道德状况的满意度 ＊ 单位性质 Crosstabulation

	体制内	体制外	总计
非常不满意	3.6%	4.3%	4.2%
不太满意	21.0%	19.1%	19.5%
比较满意	50.2%	45.9%	46.8%
非常满意	25.2%	30.6%	29.6%
总计	100.0%	100.0%	100.0%
列总计	1170	4843	6013

Chi-square tests：df = 3，卡方值为 15.973，sig = 0.001 <0.050，所以不同单位性质的居民在对“企业家群体道德状况的满意度”上有显著差异。

D18d by A11

对教师群体道德状况的满意度 ＊ 单位性质 Crosstabulation

	体制内	体制外	总计
非常不满意	3.7%	3.7%	3.7%
不太满意	14.7%	12.0%	12.6%
比较满意	34.0%	27.7%	28.9%
非常满意	47.6%	56.6%	54.9%
总计	100.0%	100.0%	100.0%
列总计	1176	4889	6065

Chi-square tests：df = 3，卡方值为 32.558，sig = 0.000 <0.050，所以不同单位性质的居民在对“教师群体道德状况的满意度”上有显著差异。

D18e by A11

对青少年群体道德状况的满意度 * 单位性质 Crosstabulation

	体制内	体制外	总计
非常不满意	2.6%	2.2%	2.3%
不太满意	19.5%	14.9%	15.8%
比较满意	41.8%	37.9%	38.7%
非常满意	36.0%	45.0%	43.3%
总计	100.0%	100.0%	100.0%
列总计	1177	4892	6069

Chi-square tests：df = 3，卡方值为35.343，sig = 0.000 <0.050，所以不同单位性质的居民在对“青少年群体道德状况的满意度”上有显著差异。

D18f by A11

对演艺娱乐界群体道德状况的满意度 * 单位性质 Crosstabulation

	体制内	体制外	总计
非常不满意	14.2%	9.3%	10.3%
不太满意	24.7%	22.3%	22.8%
比较满意	45.0%	44.0%	44.2%
非常满意	16.1%	24.3%	22.7%
总计	100.0%	100.0%	100.0%
列总计	1171	4838	6009

Chi-square tests：df = 3，卡方值为51.699，sig = 0.000 <0.050，所以不同单位性质的居民在对“演艺娱乐界群体道德状况的满意度”上有显著差异。

D18g by A11

对自由职业者群体道德状况的满意度 * 单位性质 Crosstabulation

	体制内	体制外	总计
非常不满意	4.1%	3.3%	3.4%
不太满意	21.2%	18.6%	19.1%
比较满意	48.1%	43.0%	44.0%
非常满意	26.6%	35.1%	33.4%
总计	100.0%	100.0%	100.0%
列总计	1170	4851	6021

Chi-square tests：df = 3，卡方值为31.167，sig = 0.000 <0.050，所以不同单位性质的居民在对“自由职业者群体道德状况的满意度”上有显著差异。

D18h by A11

对农民群体道德状况的满意度 ＊ 单位性质 Crosstabulation

	体制内	体制外	总计
非常不满意	1. 8%	2. 3%	2. 2%
不太满意	14. 5%	9. 7%	10. 7%
比较满意	30. 3%	25. 3%	26. 3%
非常满意	53. 4%	62. 7%	60. 9%
总计	100. 0%	100. 0%	100. 0%
列总计	1171	4885	6056

Chi-square tests：df = 3，卡方值为 44. 028，sig = 0. 000 < 0. 050，所以不同单位性质的居民在对“农民群体道德状况的满意度”上有显著差异。

D18i by A11

对商人群体道德状况的满意度 ＊ 单位性质 Crosstabulation

	体制内	体制外	总计
非常不满意	6. 3%	5. 3%	5. 5%
不太满意	22. 0%	19. 4%	19. 9%
比较满意	48. 2%	44. 7%	45. 4%
非常满意	23. 5%	30. 5%	29. 2%
总计	100. 0%	100. 0%	100. 0%
列总计	1175	4881	6056

Chi-square tests：df = 3，卡方值为 23. 418，sig = 0. 000 < 0. 050，所以不同单位性质的居民在对“商人群体道德状况的满意度”上有显著差异。

D18j by A11

对工人群体道德状况的满意度 ＊ 单位性质 Crosstabulation

	体制内	体制外	总计
非常不满意	1. 5%	1. 7%	1. 7%
不太满意	13. 3%	10. 6%	11. 1%
比较满意	32. 4%	30. 0%	30. 4%
非常满意	52. 8%	57. 8%	56. 8%
总计	100. 0%	100. 0%	100. 0%
列总计	1171	4880	6051

Chi-square tests：df = 3，卡方值为 12. 588，sig = 0. 006 < 0. 050，所以不同单位性质的居民在对“工人群体道德状况的满意度”上有显著差异。

D18k by A11

对专家学者群体道德状况的满意度 * 单位性质 Crosstabulation

	体制内	体制外	总计
非常不满意	3.0%	3.2%	3.2%
不太满意	15.3%	11.9%	12.6%
比较满意	35.6%	31.7%	32.4%
非常满意	46.1%	53.2%	51.8%
总计	100.0%	100.0%	100.0%
列总计	1171	4874	6045

Chi-square tests：df = 3，卡方值为22.344，sig = 0.000 <0.050，所以不同单位性质的居民在对“专家学者群体道德状况的满意度”上有显著差异。

D18l by A11

对医生群体道德状况的满意度 * 单位性质 Crosstabulation

	体制内	体制外	总计
非常不满意	4.2%	4.7%	4.6%
不太满意	17.3%	12.8%	13.7%
比较满意	37.1%	33.0%	33.8%
非常满意	41.5%	49.5%	48.0%
总计	100.0%	100.0%	100.0%
列总计	1174	4883	6057

Chi-square tests：df = 3，卡方值为31.884，sig = 0.000 <0.050，所以不同单位性质的居民在对“医生群体道德状况的满意度”上有显著差异。

D18m by A11

对弱势群体道德状况的满意度 * 单位性质 Crosstabulation

	体制内	体制外	总计
非常不满意	2.0%	2.8%	2.7%
不太满意	13.1%	11.8%	12.0%
比较满意	45.7%	38.4%	39.8%
非常满意	39.2%	47.0%	45.6%
总计	100.0%	100.0%	100.0%
列总计	960	4150	5110

Chi-square tests：df = 3，卡方值为24.450，sig = 0.000 <0.050，所以不同单位性质的居民在对“弱势群体道德状况的满意度”上有显著差异。

D19 by A11

您认为大家在一起合作共事，最重要的条件是 * 单位性质 Crosstabulation

	体制内	体制外	总计
心情要愉快，否则就不在一起或另找单位	27.9%	28.5%	28.4%
自由宽松的氛围	6.4%	7.2%	7.1%
不违背做人的基本准则	33.7%	32.5%	32.7%
尽量约束自己，考虑别人感受	12.2%	12.0%	12.1%
以共同体的利益为最高准则	19.5%	18.9%	19.1%
其他	0.3%	0.8%	0.7%
总计	100.0%	100.0%	100.0%
列总计	1170	4882	6052

Chi-square tests：df = 5，卡方值为 4.302，sig = 0.507 > 0.050，所以不同单位性质的居民在对“您认为大家在一起合作共事，最重要的条件”的认知上没有显著差异。

D20 by A11

您常常体验到自己身上“道德感”的存在和满足吗（如社会行为不是出于本能欲望的冲动，而是考虑是否符合道德规则）* 单位性质 Crosstabulation

	体制内	体制外	总计
没有，只是凭自己的意志和利益办事	12.3%	14.8%	14.3%
在有监督的环境中有，其他环境中没有	6.4%	9.6%	9.0%
能考虑行为符合公认的道德准则，但是出于社会评价的考虑	33.9%	35.0%	34.8%
经常有，因为行为应当符合社会规则	47.0%	40.2%	41.5%
其他	0.3%	0.4%	0.4%
总计	100.0%	100.0%	100.0%
列总计	1176	4880	6056

Chi-square tests：df = 4，卡方值为 25.977，sig = 0.000 < 0.050，所以不同单位性质的居民在对“您常常体验到自己身上‘道德感’的存在和满足吗（如社会行为不是出于本能欲望的冲动，而是考虑是否符合道德规则）”这一问题的反应上有显著差异。

D21 by A11

您觉得大多数人都是可以相信的吗？如果 1 分代表“大多数人都可以相信”，5 分代表“对其他人都应该小心防备”，您会选几分 * 单位性质 Crosstabulation

	体制内	体制外	总计
1 分	33.9%	28.3%	29.4%

续表

	体制内	体制外	总计
2 分	22. 2%	22. 6%	22. 5%
3 分	28. 1%	30. 3%	29. 9%
4 分	9. 5%	11. 1%	10. 8%
5 分	6. 4%	7. 7%	7. 5%
总计	100. 0%	100. 0%	100. 0%
列总计	1178	4908	6086

Chi-square tests：df = 4，卡方值为 16. 309，sig = 0. 003 <0. 050，所以不同单位性质的居民在对“您觉得大多数人都是可以相信的吗”这一问题的评分上有显著差异。

D22 by A11

如果在路边看到一个老人摔倒，您的反应是 * 单位性质 Crosstabulation

	体制内	体制外	总计
立即将其扶起	47. 3%	44. 1%	44. 8%
等有证人时再扶	23. 4%	22. 6%	22. 7%
先拍照，再扶起	13. 3%	11. 7%	12. 0%
不扶，避免惹是生非	4. 2%	6. 7%	6. 2%
报警	10. 6%	13. 4%	12. 8%
其他	1. 1%	1. 5%	1. 4%
总计	100. 0%	100. 0%	100. 0%
列总计	1179	4900	6079

Chi-square tests：df = 5，卡方值为 20. 272，sig = 0. 001 <0. 050，所以不同单位性质的居民在面临“如果在路边看到一个老人摔倒”时的反应有显著差异。

D23a by A11

您认为导致当前医患关系紧张的首要原因是 * 单位性质 Crosstabulation

	体制内	体制外	总计
医生缺乏职业道德，对病人不负责任	30. 3%	32. 0%	31. 7%
医疗制度不合理，看病难，看病贵	49. 1%	43. 7%	44. 7%
医生腐败，不送红包，就不认真看病	10. 1%	13. 2%	12. 6%
“医闹”，病人蓄意闹事	9. 2%	9. 8%	9. 7%
其他	1. 3%	1. 4%	1. 3%
总计	100. 0%	100. 0%	100. 0%

续表

	体制内	体制外	总计
列总计	1160	4792	5952

Chi-square tests：df = 4，卡方值为 14. 522，sig = 0. 006 <0. 050，所以不同单位性质的居民在对“导致当前医患关系紧张的首要原因”的判断上有显著差异。

D23b by A11

您认为导致当前医患关系紧张的次要原因是 ＊ 单位性质 Crosstabulation

	体制内	体制外	总计
医生缺乏职业道德，对病人不负责任	32. 5%	32. 6%	32. 6%
医疗制度不合理，看病难，看病贵	28. 2%	28. 1%	28. 1%
医生腐败，不送红包，就不认真看病	19. 0%	21. 4%	21. 0%
“医闹”，病人蓄意闹事	19. 1%	16. 4%	16. 9%
其他	1. 1%	1. 5%	1. 4%
总计	100. 0%	100. 0%	100. 0%
列总计	1108	4580	5688

Chi-square tests：df = 4，卡方值为 7. 390，sig = 0. 117 >0. 050，所以不同单位性质的居民在对“导致当前医患关系紧张的次要原因”的判断上没有显著差异。

D24a by A11

对家人的信任程度如何 ＊ 单位性质 Crosstabulation

	体制内	体制外	总计
完全信任	88. 9%	88. 0%	88. 2%
比较信任	10. 7%	11. 4%	11. 3%
不太信任	0. 3%	0. 5%	0. 5%
根本不信任	0. 2%	0. 1%	0. 1%
总计	100. 0%	100. 0%	100. 0%
列总计	1162	4807	5969

Chi-square tests：df = 3，卡方值为 3. 096，sig = 0. 377 >0. 050，所以不同单位性质的居民在对“家人”的信任程度上没有显著差异。

D24b by A11

对邻居的信任程度如何 ＊ 单位性质 Crosstabulation

	体制内	体制外	总计
完全信任	28. 8%	31. 6%	31. 1%

续表

	体制内	体制外	总计
比较信任	63.6%	61.1%	61.6%
不太信任	7.2%	6.5%	6.7%
根本不信任	0.4%	0.7%	0.7%
总计	100.0%	100.0%	100.0%
列总计	1177	4900	6077

Chi-square tests：df = 3，卡方值为5.194，sig = 0.158 >0.050，所以不同单位性质的居民在对“邻居”的信任程度上没有显著差异。

D24c by A11

对商人的信任程度如何 * 单位性质 Crosstabulation

	体制内	体制外	总计
完全信任	5.1%	7.0%	6.6%
比较信任	32.2%	34.0%	33.7%
不太信任	56.8%	51.8%	52.8%
根本不信任	5.9%	7.2%	6.9%
总计	100.0%	100.0%	100.0%
列总计	1171	4894	6065

Chi-square tests：df = 3，卡方值为12.638，sig = 0.005 <0.050，所以不同单位性质的居民在对“商人”的信任程度上有显著差异。

D24d by A11

对单位领导/社区（村）干部的信任程度如何 * 单位性质 Crosstabulation

	体制内	体制外	总计
完全信任	26.4%	24.6%	24.9%
比较信任	57.9%	55.4%	55.9%
不太信任	13.7%	16.4%	15.8%
根本不信任	2.0%	3.7%	3.3%
总计	100.0%	100.0%	100.0%
列总计	1176	4894	6070

Chi-square tests：df = 3，卡方值为13.973，sig = 0.003 <0.050，所以不同单位性质的居民在对“单位领导/社区（村）干部”的信任程度上有显著差异。

D24e by A11

对公务员的信任程度如何 ＊ 单位性质 Crosstabulation

	体制内	体制外	总计
完全信任	16. 6%	16. 6%	16. 6%
比较信任	60. 3%	57. 4%	57. 9%
不太信任	20. 9%	23. 4%	22. 9%
根本不信任	2. 2%	2. 6%	2. 5%
总计	100. 0%	100. 0%	100. 0%
列总计	1176	4882	6058

Chi-square tests：df = 3，卡方值为 4. 555，sig = 0. 207 > 0. 050，所以不同单位性质的居民在对“公务员”的信任程度上没有显著差异。

D24f by A11

对教师的信任程度如何 ＊ 单位性质 Crosstabulation

	体制内	体制外	总计
完全信任	29. 9%	32. 7%	32. 2%
比较信任	58. 7%	55. 1%	55. 8%
不太信任	10. 2%	10. 7%	10. 6%
根本不信任	1. 2%	1. 4%	1. 4%
总计	100. 0%	100. 0%	100. 0%
列总计	1171	4898	6069

Chi-square tests：df = 3，卡方值为 5. 109，sig = 0. 164 > 0. 050，所以不同单位性质的居民在对“教师”的信任程度上没有显著差异。

D24g by A11

对警察的信任程度如何 ＊ 单位性质 Crosstabulation

	体制内	体制外	总计
完全信任	36. 0%	40. 1%	39. 3%
比较信任	54. 5%	49. 3%	50. 3%
不太信任	8. 2%	8. 8%	8. 7%
根本不信任	1. 3%	1. 8%	1. 7%
总计	100. 0%	100. 0%	100. 0%
列总计	1176	4902	6078

Chi-square tests：df = 3，卡方值为 11. 015，sig = 0. 012 < 0. 050，所以不同单位性质的居民在对“警察”的信任程度上有显著差异。

D24h by A11

对医生的信任程度如何 * 单位性质 Crosstabulation

	体制内	体制外	总计
完全信任	24.6%	28.3%	27.6%
比较信任	56.7%	53.2%	53.9%
不太信任	17.2%	16.0%	16.2%
根本不信任	1.5%	2.5%	2.3%
总计	100.0%	100.0%	100.0%
列总计	1175	4897	6072

Chi-square tests：df = 3，卡方值为 11.455，sig = 0.010 <0.050，所以不同单位性质的居民在对“医生”的信任程度上有显著差异。

D24i by A11

对法官的信任程度如何 * 单位性质 Crosstabulation

	体制内	体制外	总计
完全信任	29.8%	33.6%	32.9%
比较信任	54.2%	51.5%	52.0%
不太信任	13.8%	12.5%	12.8%
根本不信任	2.3%	2.4%	2.4%
总计	100.0%	100.0%	100.0%
列总计	1176	4882	6058

Chi-square tests：df = 3，卡方值为 6.882，sig = 0.076 >0.050，所以不同单位性质的居民在对“法官”的信任程度上没有显著差异。

D24hj by A11

对陌生人的信任程度如何 * 单位性质 Crosstabulation

	体制内	体制外	总计
完全信任	2.4%	1.9%	2.0%
比较信任	12.2%	10.1%	10.5%
不太信任	50.2%	46.3%	47.0%
根本不信任	35.2%	41.7%	40.5%
总计	100.0%	100.0%	100.0%
列总计	1177	4902	6079

Chi-square tests：df = 3，卡方值为 18.361，sig = 0.000 <0.050，所以不同单位性质的居民在对“陌生人”的信任程度上有显著差异。

D24k by A11

对外国人的信任程度如何 ＊ 单位性质 Crosstabulation

	体制内	体制外	总计
完全信任	2.8%	2.0%	2.2%
比较信任	17.0%	13.4%	14.1%
不太信任	47.8%	44.9%	45.5%
根本不信任	32.4%	39.6%	38.2%
总计	100.0%	100.0%	100.0%
列总计	1168	4859	6027

Chi-square tests：df = 3，卡方值为26.105，sig = 0.000 <0.050，所以不同单位性质的居民在对“外国人”的信任程度上有显著差异。

D24l by A11

对同事或同学的信任程度如何 ＊ 单位性质 Crosstabulation

	体制内	体制外	总计
完全信任	18.3%	16.8%	17.1%
比较信任	72.1%	69.7%	70.1%
不太信任	8.3%	11.2%	10.6%
根本不信任	1.3%	2.3%	2.1%
总计	100.0%	100.0%	100.0%
列总计	1173	4875	6048

Chi-square tests：df = 3，卡方值为14.349，sig = 0.002 <0.050，所以不同单位性质的居民在对“同事或同学”的信任程度上有显著差异。

D24m by A11

对本地政府的信任程度如何 ＊ 单位性质 Crosstabulation

	体制内	体制外	总计
完全信任	28.9%	30.4%	30.1%
比较信任	56.6%	53.5%	54.1%
不太信任	12.6%	13.1%	13.0%
根本不信任	2.0%	3.0%	2.8%
总计	100.0%	100.0%	100.0%
列总计	1174	4899	6073

Chi-square tests：df = 3，卡方值为6.006，sig = 0.111 >0.050，所以不同单位性质的居民在对“本地政府”的信任程度上没有显著差异。

D24n by A11

对中央政府的信任程度如何 ＊ 单位性质 Crosstabulation

	体制内	体制外	总计
完全信任	53.3%	53.2%	53.2%
比较信任	39.1%	39.1%	39.1%
不太信任	5.9%	6.3%	6.2%
根本不信任	1.7%	1.4%	1.5%
总计	100.0%	100.0%	100.0%
列总计	1176	4905	6081

Chi-square tests：df = 3，卡方值为0.768，sig = 0.857 > 0.050，所以不同单位性质的居民在对“中央政府”的信任程度上没有显著差异。

D25 by A11

您认为弱势群体产生的最主要原因是 ＊ 单位性质 Crosstabulation

	体制内	体制外	总计
制度不合理，社会关怀不够	28.5%	26.2%	26.6%
收入分配不公	24.5%	25.2%	25.0%
机会不平等	9.7%	10.2%	10.1%
弱势群体自己不努力	14.3%	15.5%	15.3%
缺乏生存技能	21.3%	21.7%	21.6%
其他	1.8%	1.2%	1.3%
总计	100.0%	100.0%	100.0%
列总计	1176	4890	6066

Chi-square tests：df = 5，卡方值为5.560，sig = 0.351 > 0.050，所以不同单位性质的居民在对“弱势群体产生的最主要原因”的认知上没有显著差异。

D26 by A11

您认为对当前我国伦理关系和道德风尚造成最大负面影响的因素是 ＊ 单位性质 Crosstabulation

	体制内	体制外	总计
传统文化的崩坏	22.3%	23.6%	23.3%
外来文化的冲击	10.7%	9.1%	9.4%
市场经济导致的个人主义	25.0%	22.7%	23.2%

续表

	体制内	体制外	总计
网络技术的发展	7.1%	6.5%	6.6%
分配不公，两极分化	18.0%	19.0%	18.8%
以权谋私，官员腐败	16.8%	19.0%	18.6%
总计	100.0%	100.0%	100.0%
列总计	1170	4873	6043

Chi-square tests：df = 5，卡方值为 8.587，sig = 0.127 >0.050，所以不同单位性质的居民在对“当前我国伦理关系和道德风尚造成最大负面影响的因素”的认知上没有显著差异。

E1 by A11

您对于我们正在走的中国特色社会主义道路怎么看 ＊ 单位性质 Crosstabulation

	体制内	体制外	总计
充满信心，因为它可以给中国带来繁荣富强	76.7%	68.4%	70.0%
不太了解，但相信这条路能够让老百姓过上好日子	16.0%	23.7%	22.2%
表示怀疑，走这条路究竟怎么样，现在还说不清楚	6.2%	5.7%	5.8%
走什么样的路，跟我没关系	1.2%	2.1%	1.9%
总计	100.0%	100.0%	100.0%
列总计	1178	4900	6078

Chi-square tests：df = 3，卡方值为 39.345，sig = 0.000 <0.050，所以不同单位性质的居民在对“我们正在走的中国特色社会主义道路”的看法上有显著差异。

E2a by A11

结合自己的情况进行选择：我会经常关心比我不幸的人 ＊ 单位性质 Crosstabulation

	体制内	体制外	总计
完全不符合	3.9%	4.3%	4.2%
不太符合	15.2%	18.9%	18.1%
比较符合	51.4%	52.4%	52.2%
完全符合	29.5%	24.4%	25.4%
总计	100.0%	100.0%	100.0%
列总计	1178	4901	6079

Chi-square tests：df = 3，卡方值为 17.357，sig = 0.001 <0.050，所以不同单位性质的居民在对“我会经常关心比我不幸的人”的认同上有显著差异。

E2b by A11

结合自己的情况进行选择：在做决定前，我会试着从每个人的立场去考虑问题 ＊ 单位性质 Crosstabulation

	体制内	体制外	总计
完全不符合	2.4%	2.9%	2.8%
不太符合	11.5%	14.7%	14.1%
比较符合	57.4%	58.4%	58.2%
完全符合	28.7%	24.0%	24.9%
总计	100.0%	100.0%	100.0%
列总计	1179	4902	6081

Chi-square tests：df = 3，卡方值为 15.855，sig = 0.001 <0.050，所以不同单位性质的居民在对“在做决定前，我会试着从每个人的立场去考虑问题”的认同上有显著差异。

E2c by A11

结合自己的情况进行选择：当我看到有人被利用时，我有点想要保护他们 ＊ 单位性质 Crosstabulation

	体制内	体制外	总计
完全不符合	2.9%	3.5%	3.4%
不太符合	16.2%	18.2%	17.8%
比较符合	56.2%	55.5%	55.6%
完全符合	24.7%	22.8%	23.2%
总计	100.0%	100.0%	100.0%
列总计	1176	4898	6074

Chi-square tests：df = 3，卡方值为 4.595，sig = 0.204 >0.050，所以不同单位性质的居民在对“当我看到有人被利用时，我有点想要保护他们”的认同上没有显著差异。

E2d by A11

结合自己的情况进行选择：我有时会试图站在他人的角度，以更好地理解他们 ＊ 单位性质 Crosstabulation

	体制内	体制外	总计
完全不符合	2.5%	2.7%	2.7%
不太符合	10.5%	12.5%	12.2%
比较符合	56.7%	59.0%	58.6%
完全符合	30.2%	25.7%	26.6%

续表

	体制内	体制外	总计
总计	100.0%	100.0%	100.0%
列总计	1177	4893	6070

Chi-square tests：df = 3，卡方值为11.407，sig = 0.010 < 0.050，所以不同单位性质的居民在对“我有时会试图站在他人的角度，以更好地理解他们”的认同上有显著差异。

E2e by A11

结合自己的情况进行选择：处在紧张情绪的状况中，我会惊慌害怕 * 单位性质 Crosstabulation

	体制内	体制外	总计
完全不符合	10.6%	10.8%	10.8%
不太符合	34.0%	29.9%	30.7%
比较符合	40.3%	41.4%	41.2%
完全符合	15.2%	18.0%	17.4%
总计	100.0%	100.0%	100.0%
列总计	1174	4883	6057

Chi-square tests：df = 3，卡方值为9.838，sig = 0.020 < 0.050，所以不同单位性质的居民在对“处在紧张情绪的状况中，我会惊慌害怕”的认同上有显著差异。

E2f by A11

结合自己的情况进行选择：我相信任何问题都有两面性，我会试图从两个方面加以考虑 * 单位性质 Crosstabulation

	体制内	体制外	总计
完全不符合	1.8%	2.5%	2.4%
不太符合	10.0%	14.3%	13.5%
比较符合	53.7%	55.5%	55.1%
完全符合	34.5%	27.7%	29.0%
总计	100.0%	100.0%	100.0%
列总计	1179	4896	6075

Chi-square tests：df = 3，卡方值为30.822，sig = 0.000 < 0.050，所以不同单位性质的居民在对“我相信任何问题都有两面性，我会试图从两个方面加以考虑”的认同上有显著差异。

E2g by A11

结合自己的情况进行选择：当我对某人很不耐烦或想批评他/她时，我通常会暂时站在他/她的位置上进行考虑 ＊ 单位性质 Crosstabulation

	体制内	体制外	总计
完全不符合	3.4%	4.6%	4.4%
不太符合	19.7%	24.2%	23.3%
比较符合	56.3%	53.4%	53.9%
完全符合	20.6%	17.9%	18.4%
总计	100.0%	100.0%	100.0%
列总计	1175	4899	6074

Chi-square tests：df = 3，卡方值为16.448，sig = 0.001 <0.050，所不同单位性质的居民在对“当我对某人很不耐烦或想批评他/她时，我通常会暂时站在他/她的位置上进行考虑”的认同上有显著差异。

E2h by A11

结合自己的情况进行选择：当我在读一个有趣的故事或者看一部电影时，会想象如果这些事情发生在自己身上，我会是怎样的感受 ＊ 单位性质 Crosstabulation

	体制内	体制外	总计
完全不符合	6.2%	9.3%	8.7%
不太符合	25.0%	27.1%	26.7%
比较符合	47.0%	46.5%	46.6%
完全符合	21.8%	17.1%	18.0%
总计	100.0%	100.0%	100.0%
列总计	1175	4878	6053

Chi-square tests：df = 3，卡方值为23.775，sig = 0.001 <0.050，所不同单位性质的居民在对“当我在读一个有趣的故事或者看一部电影时，会想象如果这些事情发生在自己身上，我会是怎样的感受”的认同上有显著差异。

E2i by A11

结合自己的情况进行选择：当我看到有人发生意外而急需帮助时，我紧张得几乎精神崩溃 ＊ 单位性质 Crosstabulation

	体制内	体制外	总计
完全不符合	20.7%	19.8%	19.9%
不太符合	44.0%	39.5%	40.4%
比较符合	27.3%	29.1%	28.8%

续表

	体制内	体制外	总计
完全符合	8.0%	11.6%	10.9%
总计	100.0%	100.0%	100.0%
列总计	1176	4900	6076

Chi-square tests：df = 3，卡方值为 17.765，sig = 0.000 <0.050，所不同单位性质的居民在对“当我看到有人发生意外而急需帮助时，我紧张得几乎精神崩溃”的认同上有显著差异。

E3 by A11

每个人都希望我们的国家越来越好，我们的生活越来越好。党的十八大提出，到 2020 年全面建成小康社会，到本世纪中叶建成社会主义现代化国家。您认为这样的目标能实现吗 * 单位性质 Crosstabulation

	体制内	体制外	总计
相信一定能实现	57.3%	57.0%	57.0%
有困难，但只要努力还是能实现的	36.8%	34.1%	34.7%
不可能实现	2.3%	3.0%	2.9%
说不清楚，跟我没关系	3.6%	5.9%	5.4%
总计	100.0%	100.0%	100.0%
列总计	1181	4907	6088

Chi-square tests：df = 3，卡方值为 13.228，sig = 0.004 <0.050，所不同单位性质的居民在对“每个人都希望我们的国家越来越好，我们的生活越来越好。党的十八大提出，到 2020 年全面建成小康社会，到本世纪中叶建成社会主义现代化国家。您认为这样的目标能实现吗”的认知上有显著差异。

E4 by A11

您认为在现代中国社会实际奉行的道德价值是 * 单位性质 Crosstabulation

	体制内	体制外	总计
个人主义，人人为自己，上帝为大家	18.7%	22.5%	21.8%
义利合一，以理导欲	57.3%	55.3%	55.7%
见利忘义，物欲横流	9.4%	10.3%	10.1%
弱势群体自己不努力存义去利	14.5%	11.9%	12.4%
总计	100.0%	100.0%	100.0%
列总计	1169	4810	5979

Chi-square tests：df = 3，卡方值为 13.030，sig = 0.005 <0.050，所有不同单位性质的居民在对“在现代中国社会实际奉行的道德价值”的认知上有显著差异。

E5a by A11

您认为当今中国社会最重要和最需要的德性是 * 单位性质 Crosstabulation

	体制内	体制外	总计
爱（仁爱、博爱、友爱）	40.7%	39.8%	39.9%
义（道义、义务）	5.6%	4.2%	4.4%
宽容	3.6%	4.0%	3.9%
责任	14.2%	15.0%	14.8%
正义或公正	13.0%	12.0%	12.2%
诚信	9.7%	8.7%	8.9%
忠恕	1.5%	0.9%	1.0%
理智	0.8%	0.9%	0.9%
节制		0.2%	0.2%
谦让	0.8%	1.2%	1.1%
恭敬	0.2%	0.6%	0.5%
勇敢		0.5%	0.4%
正直	2.0%	2.3%	2.2%
善良	3.2%	4.0%	3.8%
力行或知行合一	0.3%	0.1%	0.1%
教养	1.2%	1.6%	1.5%
孝悌	2.5%	3.2%	3.1%
气节	0.1%	0.1%	0.1%
中庸	0.1%	0.1%	0.1%
敬业	0.7%	0.7%	0.7%
总计	100.0%	100.0%	100.0%
列总计	1178	4897	6075

Chi-square tests：df = 19，卡方值为29.553，sig = 0.058 >0.050，所以不同单位性质的居民在对“当今中国社会最重要和最需要的德性”的认知上没有显著差异。

E5b by A11

您认为当今中国社会第二重要和第二需要的德性是 * 单位性质 Crosstabulation

	体制内	体制外	总计
爱（仁爱、博爱、友爱）	9.8%	10.1%	10.0%
义（道义、义务）	16.9%	17.4%	17.3%
宽容	6.7%	6.5%	6.5%

续表

	体制内	体制外	总计
责任	17.3%	15.4%	15.7%
正义或公正	12.1%	12.1%	12.1%
诚信	15.0%	12.8%	13.2%
忠恕	1.3%	1.1%	1.2%
理智	2.3%	2.7%	2.6%
节制	0.4%	0.3%	0.3%
谦让	2.1%	2.0%	2.0%
恭敬	0.7%	0.8%	0.7%
勇敢	0.6%	0.8%	0.8%
正直	3.1%	3.1%	3.1%
善良	5.3%	7.4%	7.0%
力行或知行合一	0.5%	0.2%	0.3%
教养	2.0%	2.5%	2.4%
孝悌	2.0%	3.1%	2.9%
气节	0.3%	0.1%	0.2%
中庸		0.1%	0.1%
敬业	1.6%	1.3%	1.4%
总计	100.0%	100.0%	100.0%
列总计	1177	4891	6068

Chi-square tests：df = 19，卡方值为27.750，sig = 0.088 > 0.050，所以不同单位性质的居民在对“当今中国社会第二重要和第二需要的德性”的认知上没有显著差异。

E5c by A11

您认为当今中国社会第三重要和第三需要的德性是 * 单位性质 Crosstabulation

	体制内	体制外	总计
爱（仁爱、博爱、友爱）	8.3%	7.3%	7.5%
义（道义、义务）	5.7%	5.7%	5.7%
宽容	15.1%	15.1%	15.1%
责任	11.8%	10.6%	10.8%
正义或公正	10.5%	9.2%	9.4%
诚信	17.7%	19.8%	19.4%
忠恕	0.5%	1.1%	1.0%
理智	2.7%	2.4%	2.5%

续表

	体制内	体制外	总计
节制	0.9%	0.8%	0.8%
谦让	1.4%	1.9%	1.8%
恭敬	0.7%	0.6%	0.6%
勇敢	1.7%	2.0%	2.0%
正直	2.9%	3.3%	3.3%
善良	7.3%	8.1%	7.9%
力行或知行合一	1.4%	1.0%	1.1%
教养	3.4%	3.3%	3.4%
孝悌	2.8%	3.7%	3.5%
气节	0.6%	0.6%	0.6%
中庸		0.2%	0.1%
敬业	4.6%	3.1%	3.4%
总计	100.0%	100.0%	100.0%
列总计	1174	4885	6059

Chi-square tests：df = 19，卡方值为25.212，sig = 0.154 > 0.050，所以不同单位性质的居民在对“当今中国社会第三重要和第三需要的德性”的认知上没有显著差异。

E6a by A11

您在工作或生活的地方，有没有一种踏实和亲切的感觉：所在单位 * 单位性质 Crosstabulation

	体制内	体制外	总计
有	57.5%	52.5%	53.5%
还可以	38.9%	40.6%	40.3%
没有	3.6%	6.9%	6.2%
总计	100.0%	100.0%	100.0%
列总计	1174	4822	5996

Chi-square tests：df = 2，卡方值为21.718，sig = 0.000 < 0.050，所以不同单位性质的居民在对“所在单位有没有一种踏实和亲切的感觉”的反应上有显著差异。

E6b by A11

您在工作或生活的地方，有没有一种踏实和亲切的感觉：所在社区/村 * 单位性质 Crosstabulation

	体制内	体制外	总计
有	57.2%	58.7%	58.4%

续表

	体制内	体制外	总计
还可以	39.3%	37.4%	37.7%
没有	3.6%	3.9%	3.9%
总计	100.0%	100.0%	100.0%
列总计	1177	4901	6078

Chi-square tests：df = 2，卡方值为1.613，sig = 0.446 > 0.050，所以不同单位性质的居民在对“所在社区/村有没有一种踏实和亲切的感觉”的反应上没有显著差异。

E6c by A11

您在工作或生活的地方，有没有一种踏实和亲切的感觉：所在城市 * 单位性质 Crosstabulation

	体制内	体制外	总计
有	53.6%	50.9%	51.4%
还可以	42.8%	44.3%	44.0%
没有	3.7%	4.9%	4.6%
总计	100.0%	100.0%	100.0%
列总计	1176	4896	6072

Chi-square tests：df = 2，卡方值为4.901，sig = 0.086 > 0.050，所以不同单位性质的居民在对“所在城市有没有一种踏实和亲切的感觉”的反应上没有显著差异。

E7 by A11

您认为在自己的成长中得到道德训练最重要的场所或机构是 * 单位性质 Crosstabulation

	体制内	体制外	总计
家庭	42.3%	42.7%	42.6%
学校	23.2%	24.0%	23.8%
社会（包括职业生活）	26.5%	25.6%	25.8%
国家或政府	5.7%	5.9%	5.9%
媒体	1.4%	1.0%	1.1%
其他	0.9%	0.9%	0.9%
总计	100.0%	100.0%	100.0%
列总计	1176	4900	6076

Chi-square tests：df = 5，卡方值为2.407，sig = 0.790 > 0.050，所以不同单位性质的居民在对“您认为在自己的成长中得到道德训练最重要的场所或机构”的认知上没有显著差异。

E8 by A11

您听说过一些道德模范或身边好人的故事吗？您愿意像他们那样做人做事吗 * 单位性质 Crosstabulation

	体制内	体制外	总计
知道一些，他们很了不起，我在努力向他们学习	77.0%	66.9%	68.9%
知道一些，我很敬佩他们，但自己学不来	17.5%	22.1%	21.2%
知道一些，我感到他们那样做有点不值得	2.1%	2.4%	2.3%
没听说过谁是道德模范和身边好人	3.4%	8.6%	7.6%
总计	100.0%	100.0%	100.0%
列总计	1178	4902	6080

Chi-square tests：df = 3，卡方值为 57.758，sig = 0.000 < 0.050，所以不同单位性质的居民在对“您听说过一些道德模范或身边好人的故事吗？您愿意像他们那样做人做事吗”的认知上有显著差异。

E9a by A11

对公务员道德状况（如工作认真负责、依法办事、公正廉洁、讲究效率、文明服务等）的满意程度 * 单位性质 Crosstabulation

	体制内	体制外	总计
非常满意	19.5%	18.9%	19.0%
比较满意	58.7%	58.1%	58.2%
不太满意	18.8%	19.3%	19.2%
不满意	3.1%	3.7%	3.6%
总计	100.0%	100.0%	100.0%
列总计	1177	4892	6069

Chi-square tests：df = 3，卡方值为 1.430，sig = 0.699 > 0.050，所以不同单位性质的居民在对“公务员道德状况”的满意度上没有显著差异。

E9b by A11

对商人道德状况（如不卖假冒伪劣产品、不价格欺诈、不短斤少两、讲诚信服务等）满意度 * 单位性质 Crosstabulation

	体制内	体制外	总计
非常满意	8.1%	10.1%	9.7%
比较满意	42.0%	42.8%	42.6%
不太满意	41.2%	38.3%	38.9%

续表

	体制内	体制外	总计
不满意	8.7%	8.8%	8.8%
总计	100.0%	100.0%	100.0%
列总计	1179	4901	6080

Chi-square tests：df = 3，卡方值为 5.881，sig = 0.118 >0.050，所以不同单位性质的居民在对“商人道德状况”的满意度上没有显著差异。

E9c by A11

对教师道德状况（如爱岗敬业、关爱学生、教书育人、为人师表、不搞有偿家教等）的满意度 ＊ 单位性质 Crosstabulation

	体制内	体制外	总计
非常满意	25.3%	29.1%	28.4%
比较满意	55.9%	55.5%	55.6%
不太满意	16.2%	12.6%	13.3%
不满意	2.6%	2.8%	2.7%
总计	100.0%	100.0%	100.0%
列总计	1178	4903	6081

Chi-square tests：df = 3，卡方值为 14.110，sig = 0.003 <0.050，所以不同单位性质的居民在对“教师道德状况”的满意度上有显著差异。

E9d by A11

对医生道德状况（如爱岗敬业、钻研医术、救死扶伤、尊重病人、不收红包等）的满意度 ＊ 单位性质 Crosstabulation

	体制内	体制外	总计
非常满意	18.6%	22.0%	21.3%
比较满意	55.9%	54.3%	54.6%
不太满意	20.7%	18.9%	19.3%
不满意	4.8%	4.8%	4.8%
总计	100.0%	100.0%	100.0%
列总计	1179	4903	6082

Chi-square tests：df = 3，卡方值为 7.211，sig = 0.065 >0.050，所以不同单位性质的居民在对“医生道德状况”的满意度上没有显著差异。

E10 by A11

对当今中国社会，你更担忧哪种问题 ＊ 单位性质 Crosstabulation

	体制内	体制外	总计
言而无信，不守信用	29.3%	23.2%	24.4%
坑蒙拐骗，没有诚信	25.4%	33.8%	32.1%
人与人之间互不信任，社会安全度低	37.3%	32.5%	33.4%
可信任的人很少，遇到问题难以找到人倾诉和帮助	8.0%	10.6%	10.1%
总计	100.0%	100.0%	100.0%
列总计	1172	4860	6032

Chi-square tests：df = 3，卡方值为 47.463，sig = 0.000 < 0.050，所以不同单位性质的居民在对“对当今中国社会，你更担忧哪种问题”的认知上有显著差异。

E11a by A11

您的思想行为受什么人影响最大 ＊ 单位性质 Crosstabulation

	体制内	体制外	总计
政府官员	14.8%	14.3%	14.4%
企业家	1.2%	1.8%	1.7%
演艺明星、体育明星	0.3%	0.5%	0.5%
教师	12.1%	12.3%	12.2%
知识精英	2.7%	2.3%	2.3%
自由撰稿人	0.3%	0.2%	0.2%
农民	1.2%	3.3%	2.9%
工人	.9%	1.0%	1.0%
先哲先贤	5.4%	3.4%	3.8%
父母	61.0%	60.9%	60.9%
总计	100.0%	100.0%	100.0%
列总计	1173	4881	6054

Chi-square tests：df = 9，卡方值为 27.396，sig = 0.001 < 0.050，所以不同单位性质的居民在对“您的思想行为受什么人影响最大”的认知上有显著差异。

E11b by A11

您的思想行为受什么人影响第二大 ＊ 单位性质 Crosstabulation

	体制内	体制外	总计
政府官员	10.7%	11.6%	11.4%

续表

	体制内	体制外	总计
企业家	5.8%	5.3%	5.4%
演艺明星、体育明星	1.1%	1.5%	1.4%
教师	41.2%	38.6%	39.1%
知识精英	6.8%	5.2%	5.5%
自由撰稿人	0.5%	0.7%	0.6%
农民	4.1%	9.6%	8.6%
工人	4.0%	4.1%	4.1%
先哲先贤	10.3%	7.5%	8.1%
父母	15.4%	15.9%	15.8%
总计	100.0%	100.0%	100.0%
列总计	1162	4833	5995

Chi-square tests：df = 9，卡方值为 50.533，sig = 0.000 < 0.050，所以不同单位性质的居民在对“您的思想行为受什么人影响第二大”的认知上有显著差异。

E11c by A11
您的思想行为受什么人影响第三大 * 单位性质 Crosstabulation

	体制内	体制外	总计
政府官员	16.6%	15.9%	16.0%
企业家	3.9%	5.3%	5.0%
演艺明星、体育明星	3.9%	3.5%	3.6%
教师	17.1%	14.5%	15.0%
知识精英	15.5%	11.9%	12.6%
自由撰稿人	2.1%	2.2%	2.2%
农民	6.5%	13.0%	11.7%
工人	6.7%	9.4%	8.9%
先哲先贤	17.2%	13.8%	14.4%
父母	10.4%	10.5%	10.5%
总计	100.0%	100.0%	100.0%
列总计	1149	4800	5949

Chi-square tests：df = 9，卡方值为 66.317，sig = 0.000 < 0.050，所以不同单位性质的居民在对“您的思想行为受什么人影响第三大”的认知上有显著差异。

E12a by A11

对形成我国当前各种新型伦理关系和道德观念，哪些因素影响最大 * 单位性质 Crosstabulation

	体制内	体制外	总计
网络和媒体	42.7%	37.9%	38.8%
政府	31.2%	35.8%	34.9%
大学及其文化	5.9%	6.1%	6.1%
市场	7.0%	8.2%	8.0%
企业	1.8%	1.6%	1.6%
社会团体	5.1%	5.9%	5.7%
知识精英	2.9%	2.4%	2.5%
国外价值观与生活方式	2.9%	1.9%	2.1%
其他	0.4%	0.3%	0.3%
总计	100.0%	100.0%	100.0%
列总计	1165	4819	5984

Chi-square tests：df = 8，卡方值为 19.596，sig = 0.012 <0.050，所以不同单位性质的居民在“对形成我国当前各种新型伦理关系和道德观念，哪些因素影响最大”的认知上有显著差异。

E12b by A11

对形成我国当前各种新型伦理关系和道德观念，哪些因素影响第二大 * 单位性质 Crosstabulation

	体制内	体制外	总计
网络和媒体	18.7%	17.7%	17.9%
政府	29.9%	29.7%	29.7%
大学及其文化	12.0%	9.6%	10.1%
市场	14.9%	17.3%	16.8%
企业	5.9%	7.0%	6.8%
社会团体	9.4%	10.4%	10.2%
知识精英	5.3%	4.7%	4.8%
国外价值观与生活方式	3.6%	3.4%	3.5%
其他	0.3%	0.2%	0.2%
总计	100.0%	100.0%	100.0%
列总计	1155	4787	5942

Chi-square tests：df = 8，卡方值为 12.738，sig = 0.121 >0.050，所以不同单位性质的居民在“对形成我国当前各种新型伦理关系和道德观念，哪些因素影响第二大”的认知上没有显著差异。

E12c by A11

对形成我国当前各种新型伦理关系和道德观念，哪些因素影响第三大 ＊ 单位性质 Crosstabulation

	体制内	体制外	总计
网络和媒体	10.0%	10.7%	10.6%
政府	11.0%	12.7%	12.3%
大学及其文化	16.2%	16.9%	16.7%
市场	21.0%	18.7%	19.2%
企业	5.9%	7.3%	7.0%
社会团体	16.7%	18.8%	18.4%
知识精英	10.4%	8.3%	8.7%
国外价值观与生活方式	7.7%	5.8%	6.1%
其他	1.0%	0.8%	0.9%
总计	100.0%	100.0%	100.0%
列总计	1150	4764	5914

Chi-square tests：df = 8，卡方值为 21.356，sig = 0.006 < 0.050，所以不同单位性质的居民在“对形成我国当前各种新型伦理关系和道德观念，哪些因素影响第三大”的认知上有显著差异。

E13 by A11

您认为哪种因素应当对当今不良道德风尚负主要责任 ＊ 单位性质 Crosstabulation

	体制内	体制外	总计
以权谋私，官员腐败	46.4%	44.3%	44.7%
企业不讲诚信和损害社会利益	12.5%	11.1%	11.3%
学校道德教育功能弱化	7.7%	7.6%	7.6%
家庭伦理功能弱化	3.0%	4.0%	3.8%
个人缺乏道德自觉	17.0%	19.6%	19.1%
分配不公，两极分化	13.4%	13.5%	13.5%
总计	100.0%	100.0%	100.0%
列总计	1176	4882	6058

Chi-square tests：df = 5，卡方值为 8.364，sig = 0.137 > 0.050，所以不同单位性质的居民在对“哪种因素应当对当今不良道德风尚负主要责任”的认知上没有显著差异。

E14a by A11

您对下列关于网络的说法是否赞同：网络是个虚拟空间，不受现实生活中的道德规范约束 * 单位性质 Crosstabulation

	体制内	体制外	总计
非常不赞同	35.0%	28.8%	30.0%
不太赞同	33.6%	36.4%	35.8%
比较赞同	21.4%	24.9%	24.2%
非常赞同	9.9%	10.0%	10.0%
总计	100.0%	100.0%	100.0%
列总计	1157	4729	5886

Chi-square tests：df = 3，卡方值为 18.586，sig = 0.000 <0.050，所以不同单位性质的居民在对“网络是个虚拟空间，不受现实生活中的道德规范约束”的认知上有显著差异。

E14b by A11

您对下列关于网络的说法是否赞同：人肉搜索侵犯个人隐私，应该杜绝 * 单位性质 Crosstabulation

	体制内	体制外	总计
非常不赞同	6.3%	5.1%	5.3%
不太赞同	13.1%	13.6%	13.5%
比较赞同	38.1%	41.0%	40.4%
非常赞同	42.5%	40.4%	40.8%
总计	100.0%	100.0%	100.0%
列总计	1152	4710	5862

Chi-square tests：df = 3，卡方值为 5.568，sig = 0.135 >0.050，所以不同单位性质的居民在对“人肉搜索侵犯个人隐私，应该杜绝”的认知上没有显著差异。

E14c by A11

您对下列关于网络的说法是否赞同：明知是网络谣言仍转发的，应该受到惩罚 * 单位性质 Crosstabulation

	体制内	体制外	总计
非常不赞同	3.9%	4.1%	4.1%
不太赞同	5.7%	7.9%	7.4%
比较赞同	31.5%	36.3%	35.3%
非常赞同	58.9%	51.7%	53.1%

续表

	体制内	体制外	总计
总计	100.0%	100.0%	100.0%
列总计	1154	4739	5893

Chi-square tests：df = 3，卡方值为 21.014，sig = 0.000 <0.050，所以不同单位性质的居民在对“明知是网络谣言仍转发的，应该受到惩罚”的认知上有显著差异。

E15 by A11

您认为政府在制定政策和决策时充分考虑到伦理道德方面的要求了吗（如社会公平、利益均衡、关怀弱势群体，以及大多数人的利益和感受）* 单位性质 Crosstabulation

	体制内	体制外	总计
有考虑	37.8%	38.3%	38.2%
有考虑，但不够	57.5%	55.3%	55.7%
没有考虑	4.7%	6.4%	6.1%
总计	100.0%	100.0%	100.0%
列总计	1180	4890	6070

Chi-square tests：df = 2，卡方值为 5.670，sig = 0.059 >0.050，所以不同单位性质的居民在对“您认为政府在制定政策和决策时充分考虑到伦理道德方面的要求了吗”这一问题的认知上没有显著差异。

E16 by A11

您认为解决当前我国的公民道德和社会风尚问题，最关键的是 * 单位性质 Crosstabulation

	体制内	体制外	总计
加强法制	35.3%	31.8%	32.5%
弘扬优秀道德传统	23.3%	21.9%	22.2%
建设伦理道德的核心价值	9.5%	7.9%	8.2%
惩治官员腐败	8.9%	13.1%	12.2%
解决分配不公问题	7.2%	9.1%	8.7%
提高个人道德素质	15.7%	16.2%	16.1%
总计	100.0%	100.0%	100.0%
列总计	1174	4884	6058

Chi-square tests：df = 5，卡方值为 24.941，sig = 0.000 <0.050，所以不同单位性质的居民在对“您认为解决当前我国的公民道德和社会风尚问题，最关键的因素”的认知上有显著差异。

E17 by A11

一些政府机关、企事业单位和大中小学，利用权力为本单位的职工子女在入学、招工中提供特殊政策。您认为这种行为道德吗 * 单位性质 Crosstabulation

	体制内	体制外	总计
为本单位人员谋福利，符合道德	7.5%	6.6%	6.8%
以权谋私，不道德	57.3%	57.2%	57.3%
是对社会公众的欺骗，严重不道德	18.3%	21.1%	20.5%
符合本单位员工利益，但严重侵蚀社会道德	13.7%	10.7%	11.3%
无所谓道德不道德	3.1%	4.4%	4.2%
总计	100.0%	100.0%	100.0%
列总计	1179	4881	6060

Chi-square tests：df = 4，卡方值为16.065，sig = 0.003 <0.050，所以不同单位性质的居民在对“一些政府机关、企事业单位和大中小学，利用权力为本单位的职工子女在入学、招工中提供特殊政策，这种行为是否道德”这一问题的认知上有显著差异。

E18a by A11

残疾人、留守儿童、孤寡老人等弱势群体需要来自全社会的关爱与帮助，您认为本地区做得怎么样：社区提供的服务 * 单位性质 Crosstabulation

	体制内	体制外	总计
很好	35.1%	30.8%	31.7%
比较好	53.9%	55.3%	55.0%
不太好	9.6%	11.7%	11.3%
很差	1.4%	2.1%	2.0%
总计	100.0%	100.0%	100.0%
列总计	1175	4872	6047

Chi-square tests：df = 3，卡方值为12.363，sig = 0.006 <0.050，所以不同单位性质的居民在“对社区提供的服务”的评价上有显著差异。

E18b by A11

残疾人、留守儿童、孤寡老人等弱势群体需要来自全社会的关爱与帮助，您认为本地区做得怎么样：周围人的尊重和关爱 * 单位性质 Crosstabulation

	体制内	体制外	总计
很好	30.5%	29.6%	29.8%
比较好	57.7%	59.5%	59.2%

续表

	体制内	体制外	总计
不太好	10.9%	10.0%	10.2%
很差	0.9%	0.9%	0.9%
总计	100.0%	100.0%	100.0%
列总计	1172	4873	6045

Chi-square tests：df = 3，卡方值为 1.625，sig = 0.654 > 0.050，所以不同单位性质的居民在“对周围人的尊重和关爱”的评价上没有显著差异。

E18c by A11

残疾人、留守儿童、孤寡老人等弱势群体需要来自全社会的关爱与帮助，您认为本地区做得怎么样：社会服务机构提供的专业化服务 * 单位性质 Crosstabulation

	体制内	体制外	总计
很好	26.9%	23.2%	23.9%
比较好	51.4%	54.2%	53.6%
不太好	19.2%	19.6%	19.5%
很差	2.5%	3.0%	2.9%
总计	100.0%	100.0%	100.0%
列总计	1170	4851	6021

Chi-square tests：df = 3，卡方值为 7.839，sig = 0.049 < 0.050，所以不同单位性质的居民在“对社会服务机构提供的专业化服务”的评价上有显著差异。

E18d by A11

残疾人、留守儿童、孤寡老人等弱势群体需要来自全社会的关爱与帮助，您认为本地区做得怎么样：政府实施的社会救助 * 单位性质 Crosstabulation

	体制内	体制外	总计
很好	29.1%	28.8%	28.8%
比较好	53.8%	52.6%	52.8%
不太好	14.2%	15.0%	14.9%
很差	2.9%	3.6%	3.5%
总计	100.0%	100.0%	100.0%
列总计	1166	4848	6014

Chi-square tests：df = 3，卡方值为 1.995，sig = 0.573 > 0.050，所以不同单位性质的居民在“对政府实施的社会救助”的评价上没有显著差异。

E19a by A11

您认为目前社会公德中最突出的问题是：坑蒙拐骗 * 单位性质 Crosstabulation

	体制内	体制外	总计
未选	62.8%	59.5%	60.1%
已选	37.2%	40.5%	39.9%
总计	100.0%	100.0%	100.0%
列总计	1181	4906	6087

Chi-square tests：df = 1，卡方值为 4.509，sig = 0.034 < 0.050，所以不同单位性质的居民在对“坑蒙拐骗是目前社会公德中最突出的问题”的选择上有显著差异。

E19b by A11

您认为目前社会公德中最突出的问题是：人际关系冷漠，见危不救 * 单位性质 Crosstabulation

	体制内	体制外	总计
未选	62.7%	63.4%	63.2%
已选	37.3%	36.6%	36.8%
总计	100.0%	100.0%	100.0%
列总计	1181	4905	6086

Chi-square tests：df = 1，卡方值为 0.216，sig = 0.642 > 0.050，所以不同单位性质的居民在对“人际关系冷漠，见危不救是目前社会公德中最突出的问题”的认同上没有显著差异。

E19c by A11

您认为目前社会公德中最突出的问题是：不守承诺，社会信用度低 * 单位性质 Crosstabulation

	体制内	体制外	总计
未选	58.0%	62.7%	61.8%
已选	42.0%	37.3%	38.2%
总计	100.0%	100.0%	100.0%
列总计	1181	4904	6085

Chi-square tests：df = 1，卡方值为 8.993，sig = 0.003 < 0.050，所以不同单位性质的居民在对“不守承诺，社会信用度低是目前社会公德中最突出的问题”的认同上有显著差异。

E19d by A11

您认为目前社会公德中最突出的问题是：社会财富分配不公，贫富悬殊 * 单位性质 Crosstabulation

	体制内	体制外	总计
未选	62.2%	66.1%	65.3%
已选	37.8%	33.9%	34.7%
总计	100.0%	100.0%	100.0%
列总计	1181	4905	6086

Chi-square tests：df = 1，卡方值为 6.403，sig = 0.011 < 0.050，所以不同单位性质的居民在对“社会财富分配不公，贫富悬殊是目前社会公德中最突出的问题”的认同上有显著差异。

E19e by A11

您认为目前社会公德中最突出的问题是：公共场所缺乏道德 * 单位性质 Crosstabulation

	体制内	体制外	总计
未选	70.0%	76.1%	74.9%
已选	30.0%	23.9%	25.1%
总计	100.0%	100.0%	100.0%
列总计	1181	4905	6086

Chi-square tests：df = 1，卡方值为 18.466，sig = 0.000 < 0.050，所以不同单位性质的居民在对“公共场所缺乏道德是目前社会公德中最突出的问题”的认同上有显著差异。

E19f by A11

您认为目前社会公德中最突出的问题是：自私自利，损人利己 * 单位性质 Crosstabulation

	体制内	体制外	总计
未选	76.7%	69.8%	71.1%
已选	23.3%	30.2%	28.9%
总计	100.0%	100.0%	100.0%
列总计	1180	4906	6086

Chi-square tests：df = 1，卡方值为 22.318，sig = 0.000 < 0.050，所以不同单位性质的居民在对“自私自利，损人利己是目前社会公德中最突出的问题”的认同上有显著差异。

E19g by A11

您认为目前社会公德中最突出的问题是：缺乏爱心 ＊ 单位性质 Crosstabulation

	体制内	体制外	总计
未选	73.3%	74.3%	74.1%
已选	26.7%	25.7%	25.9%
总计	100.0%	100.0%	100.0%
列总计	1180	4906	6086

Chi-square tests：df = 1，卡方值为0.467，sig = 0.494 >0.050，所以不同单位性质的居民在对“缺乏爱心是目前社会公德中最突出的问题”的认同上没有显著差异。

E19h by A11

您认为目前社会公德中最突出的问题是：缺乏公正心和正义感 ＊ 单位性质 Crosstabulation

	体制内	体制外	总计
未选	71.8%	73.1%	72.8%
已选	28.2%	26.9%	27.2%
总计	100.0%	100.0%	100.0%
列总计	1179	4884	6063

Chi-square tests：df = 1，卡方值为0.862，sig = 0.353 >0.050，所以不同单位性质的居民在对“缺乏公正心和正义感是目前社会公德中最突出的问题”的认同上没有显著差异。

E19i by A11

您认为目前社会公德中最突出的问题是：缺乏羞耻感 ＊ 单位性质 Crosstabulation

	体制内	体制外	总计
未选	89.3%	90.0%	89.9%
已选	10.7%	10.0%	10.1%
总计	100.0%	100.0%	100.0%
列总计	1179	4884	6063

Chi-square tests：df = 1，卡方值为0.504，sig = 0.478 >0.050，所以不同单位性质的居民在对“缺乏羞耻感是目前社会公德中最突出的问题”的认同上没有显著差异。

E19j by A11

您认为目前社会公德中最突出的问题是：私欲膨胀，物欲横流 * 单位性质 Crosstabulation

	体制内	体制外	总计
未选	83.7%	83.7%	83.7%
已选	16.3%	16.3%	16.3%
总计	100.0%	100.0%	100.0%
列总计	1179	4884	6063

Chi-square tests：df = 1，卡方值为0.002，sig = 0.964 >0.050，所以不同单位性质的居民在对“私欲膨胀，物欲横流是目前社会公德中最突出的问题”的认同上没有显著差异。

E19k by A11

您认为目前社会公德中最突出的问题是：干部贪污受贿，以权谋利 * 单位性质 Crosstabulation

	体制内	体制外	总计
未选	64.6%	65.1%	65.0%
已选	35.4%	34.9%	35.0%
总计	100.0%	100.0%	100.0%
列总计	1179	4884	6063

Chi-square tests：df = 1，卡方值为0.080，sig = 0.777 >0.050，所以不同单位性质的居民在对“干部贪污受贿，以权谋利是目前社会公德中最突出的问题”的认同上没有显著差异。

E19l by A11

您认为目前社会公德中最突出的问题是：生活奢侈，铺张浪费 * 单位性质 Crosstabulation

	体制内	体制外	总计
未选	82.6%	84.8%	84.4%
已选	17.4%	15.2%	15.6%
总计	100.0%	100.0%	100.0%
列总计	1179	4884	6063

Chi-square tests：df = 1，卡方值为3.405，sig = 0.065 >0.050，所以不同单位性质的居民在对“生活奢侈，铺张浪费是目前社会公德中最突出的问题”的认同上没有显著差异。

E19m by A11

您认为目前社会公德中最突出的问题是：奉行功利主义，相互算计 ＊ 单位性质 Crosstabulation

	体制内	体制外	总计
未选	91.4%	89.7%	90.1%
已选	8.6%	10.3%	9.9%
总计	100.0%	100.0%	100.0%
列总计	1179	4884	6063

Chi-square tests：df = 1，卡方值为3.038，sig = 0.081 > 0.050，所以不同单位性质的居民在对“奉行功利主义，相互算计是目前社会公德中最突出的问题”的认同上没有显著差异。

E19n by A11

您认为目前社会公德中最突出的问题是：媒体缺乏社会责任，炒作新闻 ＊ 单位性质 Crosstabulation

	体制内	体制外	总计
未选	83.6%	87.1%	86.4%
已选	16.4%	12.9%	13.6%
总计	100.0%	100.0%	100.0%
列总计	1179	4884	6063

Chi-square tests：df = 1，卡方值为9.626，sig = 0.002 < 0.050，所以不同单位性质的居民在对“媒体缺乏社会责任，炒作新闻是目前社会公德中最突出的问题”的认同上有显著差异。

E19o by A11

您认为目前社会公德中最突出的问题是：人与人、人与社会之间缺乏信任，社会安全度低 ＊ 单位性质 Crosstabulation

	体制内	体制外	总计
未选	69.4%	70.2%	70.0%
已选	30.6%	29.8%	30.0%
总计	100.0%	100.0%	100.0%
列总计	1178	4884	6062

Chi-square tests：df = 1，卡方值为0.314，sig = 0.575 > 0.050，所以不同单位性质的居民在对“人与人、人与社会之间缺乏信任，社会安全度低是目前社会公德中最突出的问题”的认同上没有显著差异。

E19p by A11

您认为目前社会公德中最突出的问题是：娱乐界以丑闻、绯闻进行炒作，污染社会风气 ＊ 单位性质 Crosstabulation

	体制内	体制外	总计
未选	86.6%	90.7%	89.9%
已选	13.4%	9.3%	10.1%
总计	100.0%	100.0%	100.0%
列总计	1180	4884	6064

Chi-square tests：df = 1，卡方值为 17.758，sig = 0.000 < 0.050，所以不同单位性质的居民在对“娱乐界以丑闻、绯闻进行炒作，污染社会风气是目前社会公德中最突出的问题”的认同上有显著差异。

E19q by A11

您认为目前社会公德中最突的出问题是：企业行为损害社会利益，如环境污染，产品质量低劣，以虚假广告误导公众 ＊ 单位性质 Crosstabulation

	体制内	体制外	总计
未选	78.6%	82.0%	81.4%
已选	21.4%	18.0%	18.6%
总计	100.0%	100.0%	100.0%
列总计	1180	4883	6063

Chi-square tests：df = 1，卡方值为 7.231，sig = 0.007 < 0.050，所以不同单位性质的居民在对“企业行为损害社会利益，如环境污染，产品质量低劣，以虚假广告误导公众是目前社会公德中最突出的问题”的认同上有显著差异。

E20 by A11

主流媒体的报道和朋友圈或国外媒体的消息不一致时，您会相信哪一个 ＊ 单位性质 Crosstabulation

	体制内	体制外	总计
主流媒体	56.1%	52.1%	52.9%
朋友圈/亲朋圈子	8.2%	11.3%	10.7%
国外报道	2.0%	1.4%	1.5%
都不相信	8.2%	11.4%	10.8%
自己比较判断应该相信哪个	24.7%	23.2%	23.5%
其他	0.8%	0.7%	0.7%
总计	100.0%	100.0%	100.0%

续表

	体制内	体制外	总计
列总计	1176	4869	6045

Chi-square tests：df = 5，卡方值为23.677，sig = 0.000 <0.050，所以不同单位性质的居民在对“主流媒体的报道和朋友圈或国外媒体的消息不一致时，您会相信哪一个”的判断上有显著差异。

E21n by A11

下列哪些因素可能影响人际关系：社会资源缺乏，引发恶性竞争 * 单位性质 Crosstabulation

	体制内	体制外	总计
未选	71.6%	71.7%	71.7%
已选	28.4%	28.3%	28.3%
总计	100.0%	100.0%	100.0%
列总计	1178	4906	6084

Chi-square tests：df = 1，卡方值为0.016，sig = 0.898 >0.050，所以不同单位性质的居民在对“社会资源缺乏，引发恶性竞争可能影响人际关系”的认同上没有显著差异。

E21a by A11

下列哪些因素可能影响人际关系：过度宣扬竞争意识 * 单位性质 Crosstabulation

	体制内	体制外	总计
未选	83.9%	86.0%	85.6%
已选	16.1%	14.0%	14.4%
总计	100.0%	100.0%	100.0%
列总计	1177	4906	6083

Chi-square tests：df = 1，卡方值为3.117，sig = 0.077 >0.050，所以不同单位性质的居民在对“过度宣扬竞争意识可能影响人际关系”的认同上没有显著差异。

E21b by A11

下列哪些因素可能影响人际关系：社会财富分配不公，贫富差距过大 * 单位性质 Crosstabulation

	体制内	体制外	总计
未选	48.8%	54.8%	53.6%

续表

	体制内	体制外	总计
已选	51.2%	45.2%	46.4%
总计	100.0%	100.0%	100.0%
列总计	1178	4907	6085

Chi-square tests：df = 1，卡方值为 13.601，sig = 0.000 <0.050，所以不同单位性质的居民在对“社会财富分配不公，贫富差距过大可能影响人际关系”的认同上有显著差异。

E21c by A11

下列哪些因素可能影响人际关系：个人主义盛行 * 单位性质 Crosstabulation

	体制内	体制外	总计
未选	77.1%	77.1%	77.1%
已选	22.9%	22.9%	22.9%
总计	100.0%	100.0%	100.0%
列总计	1177	4907	6084

Chi-square tests：df = 1，卡方值为 0.000，sig = 0.994 >0.050，所以不同单位性质的居民在对“个人主义盛行可能影响人际关系”的认同上没有显著差异。

E21d by A11

下列哪些因素可能影响人际关系：缺乏爱心 * 单位性质 Crosstabulation

	体制内	体制外	总计
未选	71.5%	70.2%	70.4%
已选	28.5%	29.8%	29.6%
总计	100.0%	100.0%	100.0%
列总计	1178	4907	6085

Chi-square tests：df = 1，卡方值为 0.761，sig = 0.383 >0.050，所以不同单位性质的居民在对“缺乏爱心可能影响人际关系”的认同上没有显著差异。

E21e by A11

下列哪些因素可能影响人际关系：缺乏宽容 * 单位性质 Crosstabulation

	体制内	体制外	总计
未选	73.1%	73.0%	73.0%

续表

	体制内	体制外	总计
已选	26.9%	27.0%	27.0%
总计	100.0%	100.0%	100.0%
列总计	1179	4907	6086

Chi-square tests：df = 1，卡方值为 0.006，sig = 0.936 > 0.050，所以不同单位性质的居民在对“缺乏宽容可能影响人际关系”的认同上没有显著差异。

E21f by A11

下列哪些因素可能影响人际关系：缺乏相互理解和沟通的意识和能力 * 单位性质 Crosstabulation

	体制内	体制外	总计
未选	73.7%	75.8%	75.4%
已选	26.3%	24.2%	24.6%
总计	100.0%	100.0%	100.0%
列总计	1178	4907	6085

Chi-square tests：df = 1，卡方值为 2.225，sig = 0.136 > 0.050，所以不同单位性质的居民在对“缺乏相互理解和沟通的意识和能力可能影响人际关系”的认同上没有显著差异。

E21g by A11

下列哪些因素可能影响人际关系：制度安排不公正，机会不平等 * 单位性质 Crosstabulation

	体制内	体制外	总计
未选	70.0%	73.1%	72.5%
已选	30.0%	26.9%	27.5%
总计	100.0%	100.0%	100.0%
列总计	1178	4907	6085

Chi-square tests：df = 1，卡方值为 4.357，sig = 0.037 < 0.050，所以不同单位性质的居民在对“制度安排不公正，机会不平等可能影响人际关系”的认同上有显著差异。

E21h by A11

下列哪些因素可能影响人际关系：以权谋私，官员腐败 * 单位性质 Crosstabulation

	体制内	体制外	总计
未选	61.6%	61.6%	61.6%

续表

	体制内	体制外	总计
已选	38.4%	38.4%	38.4%
总计	100.0%	100.0%	100.0%
列总计	1179	4907	6086

Chi-square tests：df = 1，卡方值为 0.000，sig = 0.986 > 0.050，所以不同单位性质的居民在对“以权谋私，官员腐败可能影响人际关系”的认同上没有显著差异。

E21i by A11

下列哪些因素可能影响人际关系：缺乏道德信用 ＊ 单位性质 Crosstabulation

	体制内	体制外	总计
未选	72.8%	72.7%	72.7%
已选	27.2%	27.3%	27.3%
总计	100.0%	100.0%	100.0%
列总计	1178	4884	6062

Chi-square tests：df = 1，卡方值为 0.014，sig = 0.907 > 0.050，所以不同单位性质的居民在对“缺乏道德信用可能影响人际关系”的认同上没有显著差异。

E21j by A11

下列哪些因素可能影响人际关系：人与人、人与社会之间缺乏信任 ＊ 单位性质 Crosstabulation

	体制内	体制外	总计
未选	62.7%	63.4%	63.2%
已选	37.3%	36.6%	36.8%
总计	100.0%	100.0%	100.0%
列总计	1179	4907	6086

Chi-square tests：df = 1，卡方值为 0.188，sig = 0.665 > 0.050，所以不同单位性质的居民在对“人与人、人与社会之间缺乏信任可能影响人际关系”的认同上没有显著差异。

E21k by A11

下列哪些因素可能影响人际关系：传统伦理瓦解，社会缺乏统一的价值观 ＊ 单位性质 Crosstabulation

	体制内	体制外	总计
未选	84.7%	88.5%	87.8%

续表

	体制内	体制外	总计
已选	15.3%	11.5%	12.2%
总计	100.0%	100.0%	100.0%
列总计	1179	4907	6086

Chi-square tests：df = 1，卡方值为 12.7655，sig = 0.000 <0.050，所以不同单位性质的居民在对“传统伦理瓦解，社会缺乏统一的价值观可能影响人际关系”的认同上有显著差异。

E21l by A11

下列哪些因素可能影响人际关系：一切诉诸利益或法律，人际关系缺乏伦理调节的机制和能力 ＊ 单位性质 Crosstabulation

	体制内	体制外	总计
未选	93.0%	93.0%	93.0%
已选	7.0%	7.0%	7.0%
总计	100.0%	100.0%	100.0%
列总计	1178	4906	6084

Chi-square tests：df = 1，卡方值为 0.004，sig = 0.951 >0.050，所以不同单位性质的居民在对“一切诉诸利益或法律，人际关系缺乏伦理调节的机制和能力可能影响人际关系”的认同上没有显著差异。

E22a by A11

您认为就业政策对促进社会公平有效果吗 ＊ 单位性质 Crosstabulation

	体制内	体制外	总计
普遍受欢迎	40.4%	35.4%	36.4%
效果一般	44.6%	45.2%	45.1%
没有效果	6.4%	7.4%	7.2%
有负面影响	0.6%	1.0%	0.9%
不清楚	7.9%	11.1%	10.5%
总计	100.0%	100.0%	100.0%
列总计	1170	4855	6025

Chi-square tests：df = 4，卡方值为 18.235，sig = 0.001 <0.050，所以不同单位性质的居民在对“您认为就业政策对促进社会公平有效果吗”这一问题的判断上有显著差异。

E22b by A11

您认为教育政策对促进社会公平有效果吗 ＊ 单位性质 Crosstabulation

	体制内	体制外	总计
普遍受欢迎	45. 3%	47. 5%	47. 1%
效果一般	43. 0%	39. 1%	39. 9%
没有效果	5. 0%	4. 9%	5. 0%
有负面影响	1. 4%	1. 8%	1. 7%
不清楚	5. 2%	6. 6%	6. 3%
总计	100. 0%	100. 0%	100. 0%
列总计	1171	4854	6025

Chi-square tests：df = 4，卡方值为 8. 680，sig = 0. 070 > 0. 050，所以不同单位性质的居民在对“您认为教育政策对促进社会公平有效果吗”这一问题的判断上没有显著差异。

E22c by A11

您认为医疗卫生政策对促进社会公平有效果吗 ＊ 单位性质 Crosstabulation

	体制内	体制外	总计
普遍受欢迎	43. 0%	46. 5%	45. 8%
效果一般	44. 5%	40. 2%	41. 0%
没有效果	6. 6%	7. 2%	7. 1%
有负面影响	2. 0%	2. 2%	2. 2%
不清楚	3. 9%	3. 9%	3. 9%
总计	100. 0%	100. 0%	100. 0%
列总计	1171	4856	6027

Chi-square tests：df = 4，卡方值为 7. 542，sig = 0. 110 > 0. 050，所以不同单位性质的居民在对“您认为医疗卫生政策对促进社会公平有效果吗”这一问题的判断上没有显著差异。

E22d by A11

您认为低保政策对促进社会公平有效果吗 ＊ 单位性质 Crosstabulation

	体制内	体制外	总计
普遍受欢迎	50. 5%	47. 8%	48. 3%
效果一般	34. 7%	34. 3%	34. 4%
没有效果	5. 6%	6. 6%	6. 4%
有负面影响	1. 7%	3. 1%	2. 8%
不清楚	7. 5%	8. 2%	8. 0%

续表

	体制内	体制外	总计
总计	100.0%	100.0%	100.0%
列总计	1171	4859	6030

Chi-square tests：df = 4，卡方值为 9.495，sig = 0.051 > 0.050，所以不同单位性质的居民在对“您认为低保政策对促进社会公平有效果吗”这一问题的判断上没有显著差异。

E22e by A11

您认为房地产政策对促进社会公平有效果吗 * 单位性质 Crosstabulation

	体制内	体制外	总计
普遍受欢迎	20.9%	17.9%	18.5%
效果一般	37.0%	33.1%	33.9%
没有效果	15.5%	15.5%	15.5%
有负面影响	10.5%	7.4%	8.0%
不清楚	16.1%	26.0%	24.1%
总计	100.0%	100.0%	100.0%
列总计	1164	4843	6007

Chi-square tests：df = 4，卡方值为 58.358，sig = 0.001 < 0.050，所以不同单位性质的居民在对“您认为房地产政策对促进社会公平有效果吗”这一问题的判断上有显著差异。

E22f by A11

您认为拆迁安置政策对促进社会公平有效果吗 * 单位性质 Crosstabulation

	体制内	体制外	总计
普遍受欢迎	27.6%	22.5%	23.5%
效果一般	39.6%	33.7%	34.8%
没有效果	7.5%	10.5%	9.9%
有负面影响	8.0%	7.1%	7.3%
不清楚	17.3%	26.1%	24.4%
总计	100.0%	100.0%	100.0%
列总计	1160	4846	6006

Chi-square tests：df = 4，卡方值为 58.593，sig = 0.000 < 0.050，所以不同单位性质的居民在对“您认为拆迁安置政策对促进社会公平有效果吗”这一问题的判断上有显著差异。

E23 by A11

您听说过或参加过道德讲堂活动吗 ＊ 单位性质 Crosstabulation

	体制内	体制外	总计
没有听说过	27.6%	49.0%	44.9%
听说过，但没有参加过	30.0%	27.4%	27.9%
参加过，觉得很有意义	36.6%	19.8%	23.1%
参加过，但没留下太多印象	5.8%	3.7%	4.1%
总计	100.0%	100.0%	100.0%
列总计	1180	4880	6060

Chi-square tests：df = 3，卡方值为 225.030，sig = 0.000 < 0.050，所以不同单位性质的居民在对“您听说过或参加过道德讲堂活动吗”这一问题的反应上有显著差异。

E24 by A11

有人说，一条好家规、一个好家风可以影响三代人。现在开展的弘扬好家风、好家训活动，您认为有意义吗 ＊ 单位性质 Crosstabulation

	体制内	体制外	总计
没有必要	3.9%	6.3%	5.8%
可有可无	7.7%	9.1%	8.8%
很有意义	88.4%	84.7%	85.4%
总计	100.0%	100.0%	100.0%
列总计	1176	4880	6056

Chi-square tests：df = 2，卡方值为 12.921，sig = 0.002 < 0.050，所以不同单位性质的居民在对“有人说，一条好家规、一个好家风可以影响三代人。现在开展的弘扬好家风、好家训活动，您认为有意义吗”的认知上有显著差异。

E25 by A11

现在有的地方建了“好人馆”“好人广场”“好人公园”，您认为有必要为好人树碑立传吗 ＊ 单位性质 Crosstabulation

	体制内	体制外	总计
可有可无	12.1%	11.9%	11.9%
没有必要	13.4%	12.4%	12.6%
很有必要，可以让更多的人知道他们、学习他们	74.5%	75.7%	75.5%
总计	100.0%	100.0%	100.0%

续表

	体制内	体制外	总计
列总计	1177	4878	6055

Chi-square tests：df = 2，卡方值为 1.040，sig = 0.594 >0.050，所以不同单位性质的居民在对“现在有的地方建了‘好人馆’‘好人广场’‘好人公园’，您认为有必要为好人树碑立传吗”这一问题的判断上没有显著差异。

E26 by A11

您对生活的地方道德建设满意吗 ＊ 单位性质 Crosstabulation

	体制内	体制外	总计
没有必要	34.7%	32.1%	32.6%
可有可无	56.6%	58.5%	58.1%
不满意	6.2%	5.8%	5.8%
说不清楚	2.5%	3.7%	3.5%
总计	100.0%	100.0%	100.0%
列总计	1178	4882	6060

Chi-square tests：df = 3，卡方值为 7.304，sig = 0.063 >0.050，所以不同单位性质的居民在对“生活的地方道德建设”的满意度上没有显著差异。

E28 by A11

您对生活的地方社会公德状况满意吗 ＊ 单位性质 Crosstabulation

	体制内	体制外	总计
非常满意	23.7%	22.2%	22.5%
比较满意	43.3%	46.4%	45.8%
基本满意	26.3%	25.1%	25.4%
不满意	6.8%	6.2%	6.3%
总计	100.0%	100.0%	100.0%
列总计	1154	4816	5970

Chi-square tests：df = 3，卡方值为 3.754，sig = 0.289 >0.050，所以不同单位性质的居民在对“生活的地方社会公德状况”的满意度上没有显著差异。

江苏省伦理道德评价的职业差异

B1a by A10

您对当前我国社会的道德状况的满意程度 * 职业 Crosstabulation

	高级白领	低级白领	工人/做小生意者	农民	无业/失业/下岗人员	总计
非常满意	25.8%	30.2%	25.3%	33.2%	25.3%	28.0%
比较满意	56.2%	56.2%	61.2%	58.3%	60.3%	59.1%
比较不满意	15.5%	11.2%	10.9%	6.4%	11.7%	10.4%
非常不满意	2.6%	2.3%	2.6%	2.1%	2.7%	2.5%
总计	100.0%	100.0%	100.0%	100.0%	100.0%	100.0%
列总计	666	777	2016	1647	1167	6273

Chi-square tests：df = 12，卡方值为 76.809，sig = 0.000 < 0.050，所以不同职业的居民在对“当前我国社会的道德状况的满意程度”的评价上存在显著差异。

B1b by A10

您对当前我国社会人与人之间关系的满意程度 * 职业 Crosstabulation

	高级白领	低级白领	工人/做小生意者	农民	无业/失业/下岗人员	总计
非常满意	21.4%	26.6%	22.1%	30.8%	23.7%	25.2%
比较满意	62.2%	59.2%	64.4%	59.9%	62.6%	62.0%
比较不满意	15.0%	12.8%	11.5%	8.4%	11.4%	11.2%
非常不满意	1.3%	1.4%	1.9%	0.9%	2.3%	1.6%
总计	100.0%	100.0%	100.0%	100.0%	100.0%	100.0%
列总计	667	774	2011	1649	1167	6268

Chi-square tests：df = 12，卡方值为 70.259，sig = 0.000 < 0.050，所以不同职业的居民在对“当前我国社会人与人之间关系的满意程度”的评价上存在显著差异。

B1c by A10

对您自己的道德状况的满意程度 * 职业 Crosstabulation

	高级白领	低级白领	工人/做小生意者	农民	无业/失业/下岗人员	总计
非常满意	51.6%	50.5%	45.8%	46.7%	43.9%	46.9%

续表

	高级白领	低级白领	工人/做小生意者	农民	无业/失业/下岗人员	总计
比较满意	46.6%	47.0%	51.6%	51.3%	53.1%	50.7%
比较不满意	1.4%	1.8%	2.3%	1.6%	2.7%	2.0%
非常不满意	0.5%	0.6%	0.2%	0.5%	0.3%	0.4%
总计	100.0%	100.0%	100.0%	100.0%	100.0%	100.0%
列总计	665	776	2010	1646	1165	6262

Chi-square tests：df = 12，卡方值为24.455，sig = 0.018 < 0.050，所以不同职业的居民在对“自己的道德状况的满意程度”的评价上存在显著差异。

B2 by A10

您认为目前我国社会中道德和幸福的现实关系是 * 职业 Crosstabulation

	高级白领	低级白领	工人/做小生意者	农民	无业/失业/下岗人员	总计
总体上道德和幸福能够一致，能惩恶扬善	78.2%	83.0%	77.5%	78.1%	76.7%	78.3%
有道德、讲伦理的人大都吃亏，不守道德的人更能讨便宜	16.3%	12.8%	15.2%	14.2%	16.6%	15.0%
道德和幸福没有关系，能挣钱、有发展无论怎样行动都行	5.5%	4.2%	7.3%	7.7%	6.8%	6.7%
总计	100.0%	100.0%	100.0%	100.0%	100.0%	100.0%
列总计	655	763	1973	1624	1153	6168

Chi-square tests：df = 8，卡方值为20.626，sig = 0.008 < 0.050，所以不同职业的居民在对“目前我国社会中道德和幸福的现实关系”的认知上存在显著差异。

B3a by A10

您认为您目前的状况是：生活水平提高了，但幸福感和快乐感降低了 * 职业 Crosstabulation

	高级白领	低级白领	工人/做小生意者	农民	无业/失业/下岗人员	总计
未选	82.3%	81.6%	85.6%	90.6%	86.1%	86.2%
已选	17.7%	18.4%	14.4%	9.4%	13.9%	13.8%
总计	100.0%	100.0%	100.0%	100.0%	100.0%	100.0%

续表

	高级白领	低级白领	工人/做小生意者	农民	无业/失业/下岗人员	总计
列总计	671	782	2026	1654	1173	6306

Chi-square tests：df = 4，卡方值为 49.669，sig = 0.000 < 0.050，所以不同职业的居民在对“生活水平提高了，但幸福感和快乐感降低了”的选择上存在显著差异。

B3b by A10

您认为您目前的状况是：生活既不富裕也不小康，但幸福并快乐着 * 职业 Crosstabulation

	高级白领	低级白领	工人/做小生意者	农民	无业/失业/下岗人员	总计
未选	78.5%	75.4%	71.4%	64.2%	66.6%	69.9%
已选	21.5%	24.6%	28.6%	35.8%	33.4%	30.1%
总计	100.0%	100.0%	100.0%	100.0%	100.0%	100.0%
列总计	670	782	2026	1654	1172	6304

Chi-square tests：df = 4，卡方值为 68.646，sig = 0.000 < 0.050，所以不同职业的居民在对“生活既不富裕也不小康，但幸福并快乐着”的选择上存在显著差异。

B3c by A10

您认为您目前的状况是：生活富裕，但不感到幸福和快乐 * 职业 Crosstabulation

	高级白领	低级白领	工人/做小生意者	农民	无业/失业/下岗人员	总计
未选	96.3%	96.4%	96.0%	98.1%	97.4%	96.9%
已选	3.7%	3.6%	4.0%	1.9%	2.6%	3.1%
总计	100.0%	100.0%	100.0%	100.0%	100.0%	100.0%
列总计	670	782	2025	1654	1172	6303

Chi-square tests：df = 4，卡方值为 14.606，sig = 0.006 < 0.050，所以不同职业的居民在对“生活富裕，但不感到幸福和快乐”的选择上存在显著差异。

B3d by A10

您认为您目前的状况是：生活小康，幸福且快乐 * 职业 Crosstabulation

	高级白领	低级白领	工人/做小生意者	农民	无业/失业/下岗人员	总计
未选	53.1%	54.1%	57.7%	65.1%	61.9%	59.5%

续表

	高级白领	低级白领	工人/做小生意者	农民	无业/失业/下岗人员	总计
已选	46.9%	45.9%	42.3%	34.9%	38.1%	40.5%
总计	100.0%	100.0%	100.0%	100.0%	100.0%	100.0%
列总计	670	782	2026	1654	1172	6304

Chi-square tests：df = 4，卡方值为 47.353，sig = 0.000 < 0.050，所以不同职业的居民在对“生活小康，幸福且快乐”的选择上存在显著差异。

B3e by A10

您认为您目前的状况是：生活贫困，既不幸福，也不快乐 * 职业 Crosstabulation

	高级白领	低级白领	工人/做小生意者	农民	无业/失业/下岗人员	总计
未选	98.4%	98.1%	96.2%	91.1%	92.6%	94.6%
已选	1.6%	1.9%	3.8%	8.9%	7.4%	5.4%
总计	100.0%	100.0%	100.0%	100.0%	100.0%	100.0%
列总计	670	782	2025	1654	1172	6303

Chi-square tests：df = 4，卡方值为 97.974，sig = 0.000 < 0.050，所以不同职业的居民在对“生活贫困，既不幸福，也不快乐”的选择上存在显著差异。

B3f by A10

您认为您目前的状况是：生活富裕，幸福也快乐 * 职业 Crosstabulation

	高级白领	低级白领	工人/做小生意者	农民	无业/失业/下岗人员	总计
未选	88.4%	86.1%	89.4%	92.0%	93.8%	90.4%
已选	11.6%	13.9%	10.6%	8.0%	6.2%	9.6%
总计	100.0%	100.0%	100.0%	100.0%	100.0%	100.0%
列总计	670	782	2026	1654	1172	6304

Chi-square tests：df = 4，卡方值为 42.206，sig = 0.000 < 0.050，所以不同职业的居民在对“生活富裕，幸福且快乐”的选择上存在显著差异。

B3g by A10

您认为您目前的状况是：幸福感和快乐感提高了 * 职业 Crosstabulation

	高级白领	低级白领	工人/做小生意者	农民	无业/失业/下岗人员	总计
未选	70.9%	71.0%	74.3%	72.1%	75.2%	73.1%

续表

	高级白领	低级白领	工人/做小生意者	农民	无业/失业/下岗人员	总计
已选	29.1%	29.0%	25.7%	27.9%	24.8%	26.9%
总计	100.0%	100.0%	100.0%	100.0%	100.0%	100.0%
列总计	670	782	2025	1654	1172	6303

Chi-square tests：df = 4，卡方值为 8.445，sig = 0.077 > 0.050，所以不同职业的居民在对“幸福感和快乐感提高了”的选择上不存在显著差异。

B4 by A10

如果条件允许的话，您或者您的孩子愿意生活在国内，还是到国外定居 ＊ 职业 Crosstabulation

	高级白领	低级白领	工人/做小生意者	农民	无业/失业/下岗人员	总计
还是在国内生活好	78.4%	75.8%	80.9%	78.7%	76.0%	78.5%
选择到国外定居	8.0%	9.3%	6.6%	8.7%	8.2%	8.0%
走一步，看一步	8.2%	9.0%	6.9%	8.0%	10.3%	8.2%
无所谓	5.4%	5.9%	5.6%	4.6%	5.5%	5.3%
总计	100.0%	100.0%	100.0%	100.0%	100.0%	100.0%
列总计	662	778	2018	1646	1168	6272

Chi-square tests：df = 12，卡方值为 23.997，sig = 0.020 < 0.050，所以不同职业的居民在对“如果条件允许的话，您或者您的孩子愿意生活在国内，还是到国外定居”的选择上存在显著差异。

B5 by A10

您认为中国梦和您个人、家庭追求美好生活有关系吗 ＊ 职业 Crosstabulation

	高级白领	低级白领	工人/做小生意者	农民	无业/失业/下岗人员	总计
关系很大	82.7%	76.9%	64.9%	58.5%	61.8%	66.0%
关系不大	13.4%	18.3%	21.4%	17.5%	22.0%	19.2%
根本没有关系	0.7%	1.3%	3.3%	4.0%	4.4%	3.1%
不清楚什么是中国梦	3.1%	3.6%	10.4%	20.0%	11.9%	11.6%
总计	100.0%	100.0%	100.0%	100.0%	100.0%	100.0%
列总计	670	782	2021	1652	1169	6294

Chi-square tests：df = 12，卡方值为 301.459，sig = 0.000 < 0.050，所以不同职业的居民在对“您认为中国梦和您个人、家庭追求美好生活有关系吗”的认知上存在显著差异。

B6 by A10

现在我们省正按照习近平总书记的要求，努力建设经济强、百姓富、环境美、社会文明程度高的新江苏。您对实现“新江苏”这样的目标有信心吗 ＊ 职业 Crosstabulation

	高级白领	低级白领	工人/做小生意者	农民	无业/失业/下岗人员	总计
很有信心	86.2%	86.1%	80.2%	83.5%	79.7%	82.4%
没有信心	2.4%	2.6%	5.2%	4.3%	5.2%	4.4%
说不清楚	11.4%	11.3%	14.5%	12.1%	15.1%	13.3%
总计	100.0%	100.0%	100.0%	100.0%	100.0%	100.0%
列总计	667	779	2024	1647	1165	6282

Chi-square tests：df = 8，卡方值为 33.213，sig = 0.000 < 0.050，所以不同职业的居民在对“实现‘新江苏’这样的目标”的信心度上存在显著差异。

B7 by A10

您认为我国目前人与人之间的关系主要受什么影响 ＊ 职业 Crosstabulation

	高级白领	低级白领	工人/做小生意者	农民	无业/失业/下岗人员	总计
完全受利益影响	9.6%	11.3%	12.8%	8.4%	10.0%	10.6%
主要受利益影响	42.1%	38.4%	38.3%	36.0%	38.7%	38.2%
主要受情感影响	13.5%	15.0%	21.9%	30.6%	23.0%	22.6%
完全受情感影响	1.5%	2.7%	3.3%	4.5%	2.5%	3.2%
受个人价值观影响	18.2%	17.2%	11.1%	9.2%	13.3%	12.5%
受共同价值观影响	15.0%	15.5%	12.6%	11.4%	12.6%	12.9%
总计	100.0%	100.0%	100.0%	100.0%	100.0%	100.0%
列总计	665	781	2009	1638	1162	6255

Chi-square tests：df = 20，卡方值为 189.232，sig = 0.000 < 0.050，所以不同职业的居民在对“目前人与人之间的关系主要受什么影响”的认知上存在显著差异。

B8a by A10

请问您是否同意以下说法：当前大多数人奉行的是“个人至上” ＊ 职业 Crosstabulation

	高级白领	低级白领	工人/做小生意者	农民	无业/失业/下岗人员	总计
完全同意	14.3%	11.8%	17.1%	16.9%	16.2%	15.9%
比较同意	36.9%	41.4%	38.6%	37.6%	42.4%	39.2%
不太同意	35.6%	36.0%	34.4%	32.7%	33.1%	34.0%

续表

	高级白领	低级白领	工人/做小生意者	农民	无业/失业/下岗人员	总计
完全不同意	13.2%	10.8%	10.0%	12.8%	8.2%	10.8%
总计	100.0%	100.0%	100.0%	100.0%	100.0%	100.0%
列总计	669	780	2020	1652	1171	6292

Chi-square tests：df = 12，卡方值为 39.128，sig = 0.000 < 0.050，所以不同职业的居民在对“当前大多数人奉行的是‘个人至上’”这一说法的认同度上存在显著差异。

B8b by A10

请问您是否同意以下说法：现在我国大多数人是见利忘义的 * 职业 Crosstabulation

	高级白领	低级白领	工人/做小生意者	农民	无业/失业/下岗人员	总计
完全同意	8.7%	7.1%	9.9%	11.0%	8.9%	9.5%
比较同意	23.1%	22.1%	28.5%	27.5%	28.3%	26.8%
不太同意	47.7%	52.0%	46.6%	44.0%	50.5%	47.4%
完全不同意	20.5%	18.8%	15.1%	17.5%	12.3%	16.3%
总计	100.0%	100.0%	100.0%	100.0%	100.0%	100.0%
列总计	663	777	2019	1649	1167	6275

Chi-square tests：df = 12，卡方值为 57.532，sig = 0.000 < 0.050，所以不同职业的居民在对“现在我国大多数人是见利忘义的”这一说法的认同度上存在显著差异。

B8c by A10

请问您是否同意以下说法：当前大多数人是以集体利益为重的 * 职业 Crosstabulation

	高级白领	低级白领	工人/做小生意者	农民	无业/失业/下岗人员	总计
完全同意	17.2%	16.9%	16.6%	18.7%	15.6%	17.1%
比较同意	39.7%	45.0%	43.7%	46.8%	46.0%	44.7%
不太同意	36.7%	32.2%	33.1%	27.7%	32.7%	31.9%
完全不同意	6.3%	5.9%	6.6%	6.8%	5.8%	6.4%
总计	100.0%	100.0%	100.0%	100.0%	100.0%	100.0%
列总计	667	777	2013	1643	1162	6262

Chi-square tests：df = 12，卡方值为 27.318，sig = 0.007 < 0.050，所以不同职业的居民在对“当前大多数人是以集体利益为重的”这一说法的认同度上存在显著差异。

B8d by A10

请问您是否同意以下说法：当前大多数人是以家庭利益至上 * 职业 Crosstabulation

	高级白领	低级白领	工人/做小生意者	农民	无业/失业/下岗人员	总计
完全同意	27.5%	24.4%	33.5%	35.7%	32.3%	32.1%
比较同意	50.4%	53.6%	49.6%	46.1%	48.6%	49.1%
不太同意	18.6%	17.7%	14.0%	15.0%	16.8%	15.7%
完全不同意	3.5%	4.3%	2.9%	3.2%	2.2%	3.1%
总计	100.0%	100.0%	100.0%	100.0%	100.0%	100.0%
列总计	665	774	2009	1643	1164	6255

Chi-square tests：df = 12，卡方值为 50.350，sig = 0.000 < 0.050，所以不同职业的居民在对“当前大多数人是以家庭利益至上”这一说法的认同度上存在显著差异。

B8e by A10

请问您是否同意以下说法：当前的社会是个金钱至上的社会 * 职业 Crosstabulation

	高级白领	低级白领	工人/做小生意者	农民	无业/失业/下岗人员	总计
完全同意	18.5%	18.6%	25.5%	28.9%	23.9%	24.5%
比较同意	35.5%	33.8%	38.0%	36.0%	37.3%	36.6%
不太同意	34.3%	37.0%	29.2%	27.7%	30.9%	30.6%
完全不同意	11.7%	10.6%	7.3%	7.4%	7.9%	8.3%
总计	100.0%	100.0%	100.0%	100.0%	100.0%	100.0%
列总计	665	775	2012	1643	1165	6260

Chi-square tests：df = 12，卡方值为 75.962，sig = 0.000 < 0.050，所以不同职业的居民在对“当前的社会是个金钱至上的社会”这一说法的认同度上存在显著差异。

B8f by A10

请问您是否同意以下说法：好人有好报，恶人终归会受到惩罚 * 职业 Crosstabulation

	高级白领	低级白领	工人/做小生意者	农民	无业/失业/下岗人员	总计
完全同意	53.9%	50.4%	54.8%	59.6%	52.2%	54.9%
比较同意	31.9%	37.3%	32.4%	29.2%	33.2%	32.2%
不太同意	10.8%	9.6%	9.6%	8.7%	11.9%	9.9%
完全不同意	3.3%	2.7%	3.2%	2.6%	2.7%	2.9%

续表

	高级白领	低级白领	工人/做小生意者	农民	无业/失业/下岗人员	总计
总计	100.0%	100.0%	100.0%	100.0%	100.0%	100.0%
列总计	664	770	2009	1650	1169	6262

Chi-square tests：df = 12，卡方值为 32.342，sig = 0.001 < 0.050，所以不同职业的居民在对“好人有好报，恶人终归会受到惩罚”这一说法的认同度上存在显著差异。

B8g by A10

请问您是否同意以下说法：我们的社会中道德能够很好地约束人们行为 ＊ 职业 Crosstabulation

	高级白领	低级白领	工人/做小生意者	农民	无业/失业/下岗人员	总计
完全同意	28.7%	29.9%	27.6%	29.5%	26.4%	28.3%
比较同意	46.1%	49.4%	49.9%	52.7%	52.2%	50.6%
不太同意	21.6%	18.2%	19.6%	14.9%	18.0%	18.1%
完全不同意	3.6%	2.4%	2.9%	2.9%	3.4%	3.0%
总计	100.0%	100.0%	100.0%	100.0%	100.0%	100.0%
列总计	666	779	2008	1645	1168	6266

Chi-square tests：df = 12，卡方值为 27.474，sig = 0.007 < 0.050，所以不同职业的居民在对“我们的社会中道德能够很好地约束人们行为”这一说法的认同度上存在显著差异。

B8h by A10

请问您是否同意以下说法：现有的规范和习俗能够很好地调节人与人的关系 ＊ 职业 Crosstabulation

	高级白领	低级白领	工人/做小生意者	农民	无业/失业/下岗人员	总计
完全同意	26.2%	28.6%	24.2%	26.6%	24.6%	25.6%
比较同意	49.5%	52.8%	55.6%	54.9%	54.3%	54.2%
不太同意	20.4%	16.5%	17.7%	16.1%	17.7%	17.4%
完全不同意	3.9%	2.2%	2.5%	2.4%	3.4%	2.8%
总计	100.0%	100.0%	100.0%	100.0%	100.0%	100.0%
列总计	661	777	2003	1642	1163	6246

Chi-square tests：df = 12，卡方值为 21.429，sig = 0.044 < 0.050，所以不同职业的居民在对“现有的规范和习俗能够很好地调节人与人的关系”这一说法的认同度上存在显著差异。

B8i by A10

请问您是否同意以下说法：为了经济利益可以少许破坏生态环境 ＊ 职业 Crosstabulation

	高级白领	低级白领	工人/做小生意者	农民	无业/失业/下岗人员	总计
完全同意	6.7%	10.7%	9.7%	7.8%	8.1%	8.7%
比较同意	15.6%	14.9%	17.0%	18.3%	19.1%	17.3%
不太同意	29.1%	29.7%	30.1%	31.4%	30.5%	30.4%
完全不同意	48.6%	44.7%	43.1%	42.6%	42.2%	43.6%
总计	100.0%	100.0%	100.0%	100.0%	100.0%	100.0%
列总计	667	777	2007	1638	1167	6256

Chi-square tests：df = 12，卡方值为 23.295，sig = 0.025 < 0.050，所以不同职业的居民在对“为了经济利益可以少许破坏生态环境”这一说法的认同度上存在显著差异。

B8j by A10

请问您是否同意以下说法：在社会生活中首要的是个人幸福，然后才可以去顾及他人 ＊ 职业 Crosstabulation

	高级白领	低级白领	工人/做小生意者	农民	无业/失业/下岗人员	总计
完全同意	15.4%	14.9%	18.5%	19.7%	16.7%	17.7%
比较同意	33.7%	36.7%	39.3%	38.4%	40.7%	38.4%
不太同意	38.2%	35.2%	31.4%	31.0%	30.3%	32.3%
完全不同意	12.6%	13.2%	10.8%	10.9%	12.2%	11.6%
总计	100.0%	100.0%	100.0%	100.0%	100.0%	100.0%
列总计	667	781	2015	1646	1171	6280

Chi-square tests：df = 12，卡方值为 33.531，sig = 0.001 < 0.050，所以不同职业的居民在对“在社会生活中首要的是个人幸福，然后才可以去顾及他人”这一说法的认同度上存在显著差异。

B8k by A10

请问您是否同意以下说法：一个人的时候可以做一些诸如随地丢垃圾、随地吐痰等的小事，反正也没有别人知道 ＊ 职业 Crosstabulation

	高级白领	低级白领	工人/做小生意者	农民	无业/失业/下岗人员	总计
完全同意	3.5%	5.4%	3.7%	4.0%	3.9%	4.0%
比较同意	6.8%	6.8%	9.8%	11.3%	8.0%	9.1%
不太同意	20.3%	19.8%	24.7%	32.1%	24.8%	25.6%
完全不同意	69.5%	68.0%	61.8%	52.6%	63.3%	61.3%

续表

	高级白领	低级白领	工人/做小生意者	农民	无业/失业/下岗人员	总计
总计	100.0%	100.0%	100.0%	100.0%	100.0%	100.0%
列总计	665	779	2016	1650	1167	6277

Chi-square tests：df = 12，卡方值为 104.500，sig = 0.000 < 0.050，所以不同职业的居民在对“一个人的时候可以做一些诸如随地丢垃圾、随地吐痰等的小事，反正也没有别人知道”这一说法的认同度上存在显著差异。

B9 by A10

对中国社会，您最担忧的问题是 ＊ 职业 Crosstabulation

	高级白领	低级白领	工人/做小生意者	农民	无业/失业/下岗人员	总计
腐败不能根治	31.5%	33.2%	30.8%	27.7%	26.2%	29.5%
生态环境恶化	26.6%	27.6%	21.4%	17.0%	21.2%	21.5%
贫富不均，两极分化	17.3%	17.2%	20.3%	21.4%	20.7%	20.0%
老无所养，未来没有把握	7.2%	8.2%	11.3%	14.7%	11.5%	11.4%
生活水平下降	2.4%	2.1%	5.1%	7.4%	4.5%	4.9%
道德滑坡，社会风气恶化	12.1%	9.2%	7.0%	6.1%	9.9%	8.1%
人际关系紧张	1.0%	0.6%	1.9%	1.6%	2.7%	1.7%
其他	1.8%	1.8%	2.2%	4.1%	3.3%	2.8%
总计	100.0%	100.0%	100.0%	100.0%	100.0%	100.0%
列总计	669	779	2016	1643	1166	6273

Chi-square tests：df = 28，卡方值为 194.895，sig = 0.000 < 0.050，所以不同职业的居民在对“中国社会，您最担忧的问题”的选择上存在显著差异。

B10 by A10

和前几年相比，您认为目前我国官员腐败现象 ＊ 职业 Crosstabulation

	高级白领	低级白领	工人/做小生意者	农民	无业/失业/下岗人员	总计
有较大改善	82.0%	80.4%	71.5%	71.9%	71.2%	73.8%
没什么变化	15.1%	16.4%	24.8%	25.3%	24.4%	22.8%
更加恶化	2.8%	3.2%	3.7%	2.8%	4.4%	3.4%
总计	100.0%	100.0%	100.0%	100.0%	100.0%	100.0%
列总计	668	781	2022	1643	1170	6284

Chi-square tests：df = 8，卡方值为 60.953，sig = 0.000 < 0.050，所以不同职业的居民在对“和前几年相比，您认为目前我国官员腐败现象”的评价上存在显著差异。

B11a by A10

当前我国社会道德生活中最重要的元素 * 职业 Crosstabulation

	高级白领	低级白领	工人/做小生意者	农民	无业/失业/下岗人员	总计
意识形态中所提倡的社会主义道德	33.6%	33.2%	24.0%	24.1%	26.0%	26.6%
中国传统道德	54.1%	57.0%	61.1%	60.0%	55.7%	58.6%
受西方文化影响而形成的道德	3.1%	1.8%	3.4%	4.8%	4.4%	3.7%
市场经济中形成的道德	9.0%	8.0%	11.2%	10.9%	13.8%	11.0%
其他	0.1%		0.3%	0.2%	0.1%	0.2%
总计	100.0%	100.0%	100.0%	100.0%	100.0%	100.0%
列总计	667	777	1987	1618	1143	6192

Chi-square tests：df = 16，卡方值为76.573，sig = 0.000 < 0.050，所以不同职业的居民在对“当前我国社会道德生活中最重要的元素”的选择上存在显著差异。

B11b by A10

当前我国社会道德生活中第二重要的元素 * 职业 Crosstabulation

	高级白领	低级白领	工人/做小生意者	农民	无业/失业/下岗人员	总计
意识形态中所提倡的社会主义道德	41.7%	42.6%	45.0%	46.4%	43.3%	44.4%
中国传统道德	34.8%	32.2%	26.7%	26.7%	27.6%	28.4%
受西方文化影响而形成的道德	5.1%	5.6%	8.1%	8.1%	7.5%	7.3%
市场经济中形成的道德	18.4%	19.4%	20.0%	18.6%	21.4%	19.6%
其他	0.2%	0.3%	0.2%	0.2%	0.3%	0.2%
总计	100.0%	100.0%	100.0%	100.0%	100.0%	100.0%
列总计	653	752	1953	1598	1124	6080

Chi-square tests：df = 16，卡方值为34.449，sig = 0.005 < 0.050，所以不同职业的居民在对“当前我国社会道德生活中第二重要的元素”的选择上存在显著差异。

B11c by A10

当前我国社会道德生活中第三重要的元素 * 职业 Crosstabulation

	高级白领	低级白领	工人/做小生意者	农民	无业/失业/下岗人员	总计
意识形态中所提倡的社会主义道德	18.4%	18.8%	22.4%	21.9%	23.5%	21.6%

续表

	高级白领	低级白领	工人/做小生意者	农民	无业/失业/下岗人员	总计
中国传统道德	7.1%	8.6%	9.0%	9.9%	11.8%	9.5%
受西方文化影响而形成的道德	20.4%	17.6%	19.4%	20.0%	22.6%	20.0%
市场经济中形成的道德	53.1%	53.9%	48.5%	47.7%	41.4%	48.1%
其他	1.1%	1.2%	0.7%	0.4%	0.6%	0.7%
总计	100.0%	100.0%	100.0%	100.0%	100.0%	100.0%
列总计	648	746	1939	1592	1114	6039

Chi-square tests：df = 16，卡方值为 51.338，sig = 0.000 < 0.050，所以不同职业的居民在对“当前我国社会道德生活中第三重要的元素”的选择上存在显著差异。

B12 by A10

对伦理关系和道德生活，您最向往或怀念的是 ＊ 职业 Crosstabulation

	高级白领	低级白领	工人/做小生意者	农民	无业/失业/下岗人员	总计
传统社会的伦理和道德（如仁、义、礼、智、信）	50.1%	51.8%	45.8%	41.7%	43.1%	45.4%
战争年代为理想而献身的革命精神（如革命烈士的无私献身精神）	18.7%	14.5%	17.5%	21.4%	15.7%	17.9%
新中国成立后到“文化大革命”前的大公无私的集体主义精神	10.3%	9.7%	11.9%	15.9%	10.2%	12.2%
追求个人利益的市场经济下的道德	3.0%	3.1%	6.4%	6.5%	7.1%	5.8%
自由、平等、博爱的西方道德	17.9%	20.9%	18.3%	14.4%	23.9%	18.6%
总计	100.0%	100.0%	100.0%	100.0%	100.0%	100.0%
列总计	669	780	2018	1650	1163	6280

Chi-square tests：df = 16，卡方值为 125.580，sig = 0.000 < 0.050，所以不同职业的居民在对“您最向往或怀念的伦理关系和道德生活”的选择上存在显著差异。

B13a by A10

目前职业道德中最突出的问题是：将职业当作谋生的手段，缺乏责任感和奉献精神 ＊ 职业 Crosstabulation

	高级白领	低级白领	工人/做小生意者	农民	无业/失业/下岗人员	总计
未选	35.3%	35.5%	51.4%	60.3%	51.1%	50.0%

续表

	高级白领	低级白领	工人/做小生意者	农民	无业/失业/下岗人员	总计
已选	64.7%	64.5%	48.6%	39.7%	48.9%	50.0%
总计	100.0%	100.0%	100.0%	100.0%	100.0%	100.0%
列总计	668	778	2009	1633	1158	6246

Chi-square tests：df=4，卡方值为194.793，sig=0.000<0.050，所以不同职业的居民在对“将职业当作谋生的手段，缺乏责任感和奉献精神是目前职业道德中最突出的问题”的看法上存在显著差异。

B13b by A10

目前职业道德中最突出的问题是：企业老板剥削员工，利益关系不公正 ＊ 职业 Crosstabulation

	高级白领	低级白领	工人/做小生意者	农民	无业/失业/下岗人员	总计
未选	72.3%	64.4%	62.6%	58.4%	64.4%	63.1%
已选	27.7%	35.6%	37.4%	41.6%	35.6%	36.9%
总计	100.0%	100.0%	100.0%	100.0%	100.0%	100.0%
列总计	667	777	2012	1633	1160	6249

Chi-square tests：df=4，卡方值为40.970，sig=0.000<0.050，所以不同职业的居民在对“企业老板剥削员工，利益关系不公正是目前职业道德中最突出的问题”的看法上存在显著差异。

B13c by A10

目前职业道德中最突出的问题是：老板和员工、上级和下级相互勾结，共同对社会不负责任 ＊ 职业 Crosstabulation

	高级白领	低级白领	工人/做小生意者	农民	无业/失业/下岗人员	总计
未选	83.2%	83.4%	78.5%	75.3%	78.4%	78.8%
已选	16.8%	16.6%	21.5%	24.7%	21.6%	21.2%
总计	100.0%	100.0%	100.0%	100.0%	100.0%	100.0%
列总计	668	777	2012	1633	1160	6250

Chi-square tests：df=4，卡方值为29.693，sig=0.000<0.050，所以不同职业的居民在对“老板和员工、上级和下级相互勾结，共同对社会不负责任是目前职业道德中最突出的问题”的看法上存在显著差异。

B13d by A10

目前职业道德中最突出的问题是：领导和业主道德素质差 ＊ 职业 Crosstabulation

	高级白领	低级白领	工人/做小生意者	农民	无业/失业/下岗人员	总计
未选	84.6%	83.9%	81.9%	79.0%	82.9%	81.9%

续表

	高级白领	低级白领	工人/做小生意者	农民	无业/失业/下岗人员	总计
已选	15.4%	16.1%	18.1%	21.0%	17.1%	18.1%
总计	100.0%	100.0%	100.0%	100.0%	100.0%	100.0%
列总计	668	777	2012	1633	1160	6250

Chi-square tests：df = 4，卡方值为 15.463，sig = 0.004 < 0.050，所以不同职业的居民在对“领导和业主道德素质差是目前职业道德中最突出的问题”的看法上存在显著差异。

B13e by A10

目前职业道德中最突出的问题是：组织只是利益的博弈场所，缺乏伦理性与道德性 ＊ 职业 Crosstabulation

	高级白领	低级白领	工人/做小生意者	农民	无业/失业/下岗人员	总计
未选	75.4%	78.7%	83.0%	86.6%	79.9%	82.0%
已选	24.6%	21.3%	17.0%	13.4%	20.1%	18.0%
总计	100.0%	100.0%	100.0%	100.0%	100.0%	100.0%
列总计	668	778	2012	1633	1160	6251

Chi-square tests：df = 4，卡方值为 53.254，sig = 0.000 < 0.050，所以不同职业的居民在对“组织只是利益的博弈场所，缺乏伦理性与道德性是目前职业道德中最突出的问题”的看法上存在显著差异。

B14 by A10

您认为目前我国社会成员之间的收入差距 ＊ 职业 Crosstabulation

	高级白领	低级白领	工人/做小生意者	农民	无业/失业/下岗人员	总计
合理，可以接受	16.2%	19.5%	27.2%	18.3%	20.5%	16.2%
不合理，但可以接受	48.0%	38.0%	33.8%	39.9%	39.7%	48.0%
不合理，不能接受	24.6%	29.3%	26.7%	28.6%	27.4%	24.6%
说不清	11.2%	13.2%	12.3%	13.2%	12.3%	11.2%
总计	100.0%	100.0%	100.0%	100.0%	100.0%	100.0%
列总计	779	2006	1642	1168	6258	779

Chi-square tests：df = 12，卡方值为 112.079，sig = 0.000 < 0.050，所以不同职业的居民在对“目前我国社会成员之间的收入差距”的评价上存在显著差异。

B15 by A10

和前几年相比，您认为目前我国社会的分配不公、两极分化现象 * 职业 Crosstabulation

	高级白领	低级白领	工人/做小生意者	农民	无业/失业/下岗人员	总计
有较大改善	44.9%	48.1%	45.7%	47.3%	44.5%	46.1%
没什么变化	36.2%	37.8%	39.3%	41.5%	42.6%	40.0%
更加恶化	18.9%	14.1%	15.0%	11.1%	12.9%	13.9%
总计	100.0%	100.0%	100.0%	100.0%	100.0%	100.0%
列总计	666	780	2007	1637	1162	6252

Chi-square tests：df = 8，卡方值为 32.602，sig = 0.000 < 0.050，所以不同职业的居民在对“和前几年相比，目前我国社会的分配不公、两极分化现象有无改善”的评价上存在显著差异。

B16 by A10

跟三年前相比，您觉得自己的社会经济地位 * 职业 Crosstabulation

	高级白领	低级白领	工人/做小生意者	农民	无业/失业/下岗人员	总计
上升了	38.1%	37.4%	38.2%	43.0%	30.8%	38.0%
差不多	46.0%	46.1%	44.8%	42.2%	46.9%	44.8%
下降了	9.3%	10.4%	9.9%	10.2%	10.5%	10.1%
不好说/说不清	6.6%	6.1%	7.1%	4.6%	11.8%	7.1%
总计	100.0%	100.0%	100.0%	100.0%	100.0%	100.0%
列总计	669	781	2020	1648	1164	6282

Chi-square tests：df = 12，卡方值为 82.792，sig = 0.000 < 0.050，所以不同职业的居民在对“跟三年前相比，自己的社会经济地位是否上升”的评价上存在显著差异。

B17 by A10

跟同龄人相比，您觉得自己的社会经济地位 * 职业 Crosstabulation

	高级白领	低级白领	工人/做小生意者	农民	无业/失业/下岗人员	总计
较高	14.0%	10.4%	7.8%	9.5%	7.1%	9.1%
差不多	60.9%	60.5%	63.5%	61.1%	59.0%	61.4%
较低	15.5%	20.1%	18.4%	22.0%	22.5%	20.0%
不好说/说不清	9.6%	9.0%	10.3%	7.4%	11.4%	9.5%
总计	100.0%	100.0%	100.0%	100.0%	100.0%	100.0%
列总计	665	777	2001	1634	1162	6239

Chi-square tests：df = 12，卡方值为 61.313，sig = 0.000 < 0.050，所以不同职业的居民在对“跟同龄人相比，自己的社会经济地位如何”的评价上存在显著差异。

B18a by A10

您对现代家庭伦理中最忧虑的问题是：婚姻不稳定，两性关系过度开放 ＊ 职业 Crosstabulation

	高级白领	低级白领	工人/做小生意者	农民	无业/失业/下岗人员	总计
未选	77.1%	74.1%	79.2%	80.6%	81.1%	79.0%
已选	22.9%	25.9%	20.8%	19.4%	18.9%	21.0%
总计	100.0%	100.0%	100.0%	100.0%	100.0%	100.0%
列总计	664	776	1991	1618	1150	6199

Chi-square tests：df = 4，卡方值为 18.345，sig = 0.001 < 0.050，所以不同职业的居民在对“婚姻不稳定，两性关系过度开放是现代家庭伦理中最忧虑的问题”的看法上存在显著差异。

B18b by A10

您对现代家庭伦理中最忧虑的问题是：子女，尤其是独生子女缺乏责任感 ＊ 职业 Crosstabulation

	高级白领	低级白领	工人/做小生意者	农民	无业/失业/下岗人员	总计
未选	47.9%	49.9%	60.5%	65.5%	62.8%	59.5%
已选	52.1%	50.1%	39.5%	34.5%	37.2%	40.5%
总计	100.0%	100.0%	100.0%	100.0%	100.0%	100.0%
列总计	664	776	1989	1617	1150	6196

Chi-square tests：df = 4，卡方值为 97.043，sig = 0.000 < 0.050，所以不同职业的居民在对“子女，尤其是独生子女缺乏责任感是现代家庭伦理中最忧虑的问题”的看法上存在显著差异。

B18c by A10

您对现代家庭伦理中最忧虑的问题是：子女不孝敬父母 ＊ 职业 Crosstabulation

	高级白领	低级白领	工人/做小生意者	农民	无业/失业/下岗人员	总计
未选	74.5%	79.9%	75.7%	69.1%	75.3%	74.3%
已选	25.5%	20.1%	24.3%	30.9%	24.7%	25.7%
总计	100.0%	100.0%	100.0%	100.0%	100.0%	100.0%
列总计	664	776	1988	1617	1150	6195

Chi-square tests：df = 4，卡方值为 37.813，sig = 0.000 < 0.050，所以不同职业的居民在对“子女不孝敬父母是现代家庭伦理中最忧虑的问题”的看法上存在显著差异。

B18d by A10

您对现代家庭伦理中最忧虑的问题是：代沟严重，价值观念对立 ＊ 职业 Crosstabulation

	高级白领	低级白领	工人/做小生意者	农民	无业/失业/下岗人员	总计
未选	62.2%	62.5%	61.4%	68.8%	61.3%	63.5%
已选	37.8%	37.5%	38.6%	31.2%	38.7%	36.5%
总计	100.0%	100.0%	100.0%	100.0%	100.0%	100.0%
列总计	664	776	1988	1617	1150	6195

Chi-square tests：df = 4，卡方值为 26.307，sig = 0.000 < 0.050，所以不同职业的居民在对“代沟严重，价值观念对立是现代家庭伦理中最忧虑的问题”的看法上存在显著差异。

B18e by A10

您对现代家庭伦理中最忧虑的问题是：婆媳关系紧张 ＊ 职业 Crosstabulation

	高级白领	低级白领	工人/做小生意者	农民	无业/失业/下岗人员	总计
未选	88.6%	86.0%	86.9%	86.6%	85.1%	86.6%
已选	11.4%	14.0%	13.1%	13.4%	14.9%	13.4%
总计	100.0%	100.0%	100.0%	100.0%	100.0%	100.0%
列总计	664	776	1989	1617	1150	6196

Chi-square tests：df = 4，卡方值为 4.716，sig = 0.318 > 0.050，所以不同职业的居民在对“婆媳关系紧张是现代家庭伦理中最忧虑的问题”的看法上不存在显著差异。

B18f by A10

您对现代家庭伦理中最忧虑的问题是：父母不民主，不能容忍差异 ＊ 职业 Crosstabulation

	高级白领	低级白领	工人/做小生意者	农民	无业/失业/下岗人员	总计
未选	94.4%	95.2%	94.9%	95.2%	94.4%	94.9%
已选	5.6%	4.8%	5.1%	4.8%	5.6%	5.1%
总计	100.0%	100.0%	100.0%	100.0%	100.0%	100.0%
列总计	664	776	1988	1617	1150	6195

Chi-square tests：df = 4，卡方值为 1.246，sig = 0.870 > 0.050，所以不同职业的居民在对“父母不民主，不能容忍差异是现代家庭伦理中最忧虑的问题”的看法上不存在显著差异。

B19a by A10

您是否同意以下关于家庭和婚姻的一些说法：是否离婚主要考虑自己的感受和利益 ＊ 职业 Crosstabulation

	高级白领	低级白领	工人/做小生意者	农民	无业/失业/下岗人员	总计
完全同意	11.6%	10.6%	10.1%	8.0%	11.5%	10.0%
比较同意	23.4%	26.0%	23.5%	22.9%	25.0%	23.9%
比较不同意	41.7%	42.1%	40.2%	40.7%	41.3%	41.0%
完全不同意	23.3%	21.3%	26.2%	28.5%	22.2%	25.1%
总计	100.0%	100.0%	100.0%	100.0%	100.0%	100.0%
列总计	666	776	1996	1635	1166	6239

Chi-square tests：df = 12，卡方值为 32.761，sig = 0.001 < 0.050，所以不同职业的居民在对“是否离婚主要考虑自己的感受和利益”这一说法的认同度上存在显著差异。

B19b by A10

您是否同意以下关于家庭和婚姻的一些说法：是否离婚应该从家庭整体（包括子女）考虑 ＊ 职业 Crosstabulation

	高级白领	低级白领	工人/做小生意者	农民	无业/失业/下岗人员	总计
完全同意	41.1%	44.9%	47.1%	43.4%	45.1%	44.8%
比较同意	46.3%	44.3%	42.1%	43.7%	45.4%	43.8%
比较不同意	10.3%	8.3%	8.2%	9.8%	7.9%	8.8%
完全不同意	2.2%	2.4%	2.5%	3.2%	1.6%	2.5%
总计	100.0%	100.0%	100.0%	100.0%	100.0%	100.0%
列总计	667	779	2001	1640	1164	6251

Chi-square tests：df = 12，卡方值为 20.604，sig = 0.056 > 0.050，所以不同职业的居民在对“是否离婚应该从家庭整体（包括子女）考虑”这一说法的认同度上不存在显著差异。

B19c by A10

您是否同意以下关于家庭和婚姻的一些说法：婚姻是社会的事，应当兼顾社会评价和后果 ＊ 职业 Crosstabulation

	高级白领	低级白领	工人/做小生意者	农民	无业/失业/下岗人员	总计
完全同意	25.5%	24.0%	24.8%	27.0%	24.3%	25.2%
比较同意	43.5%	39.5%	42.7%	46.6%	44.3%	43.7%
比较不同意	24.2%	26.6%	24.7%	20.1%	23.8%	23.5%
完全不同意	6.8%	10.0%	7.9%	6.3%	7.6%	7.6%

续表

	高级白领	低级白领	工人/做小生意者	农民	无业/失业/下岗人员	总计
总计	100.0%	100.0%	100.0%	100.0%	100.0%	100.0%
列总计	666	772	2000	1639	1166	6243

Chi-square tests：df = 12，卡方值为32.502，sig = 0.001 <0.050，所以不同职业的居民在对“婚姻是社会的事，应当兼顾社会评价和后果”这一说法的认同度上存在显著差异。

B19d by A10

您是否同意以下关于家庭和婚姻的一些说法：婚姻意味着责任，不能轻易选择离婚 * 职业 Crosstabulation

	高级白领	低级白领	工人/做小生意者	农民	无业/失业/下岗人员	总计
完全同意	61.4%	63.5%	62.2%	60.3%	57.6%	60.9%
比较同意	32.9%	30.3%	30.9%	31.9%	34.8%	32.0%
比较不同意	4.5%	4.0%	5.0%	5.7%	5.2%	5.1%
完全不同意	1.2%	2.2%	1.9%	2.2%	2.3%	2.0%
总计	100.0%	100.0%	100.0%	100.0%	100.0%	100.0%
列总计	666	776	2004	1645	1163	6254

Chi-square tests：df = 12，卡方值为14.778，sig = 0.254 >0.050，所以不同职业的居民在对“婚姻意味着责任，不能轻易选择离婚”这一说法的认同度上不存在显著差异。

B19e by A10

您是否同意以下关于家庭和婚姻的一些说法：遇到困难需要别人帮助时，朋友比兄弟姐妹更可靠 * 职业 Crosstabulation

	高级白领	低级白领	工人/做小生意者	农民	无业/失业/下岗人员	总计
完全同意	15.1%	15.6%	17.8%	16.5%	15.2%	16.4%
比较同意	32.8%	30.3%	28.3%	27.8%	28.8%	29.0%
比较不同意	43.4%	45.5%	41.4%	40.6%	44.8%	42.6%
完全不同意	8.7%	8.6%	12.4%	15.1%	11.1%	12.0%
总计	100.0%	100.0%	100.0%	100.0%	100.0%	100.0%
列总计	668	776	2009	1640	1162	6255

Chi-square tests：df = 12，卡方值为41.825，sig = 0.000 <0.050，所以不同职业的居民在对“遇到困难需要别人帮助时，朋友比兄弟姐妹更可靠”这一说法的认同度上存在显著差异。

B19f by A10

您是否同意以下关于家庭和婚姻的一些说法：无论父母对自己如何，都应尽赡养义务 ＊ 职业 Crosstabulation

	高级白领	低级白领	工人/做小生意者	农民	无业/失业/下岗人员	总计
完全同意	78.3%	77.2%	74.3%	72.1%	71.5%	74.0%
比较同意	16.9%	18.4%	20.5%	23.0%	22.5%	20.9%
比较不同意	2.8%	3.1%	3.9%	3.5%	4.2%	3.6%
完全不同意	1.9%	1.3%	1.3%	1.4%	1.8%	1.5%
总计	100.0%	100.0%	100.0%	100.0%	100.0%	100.0%
列总计	667	773	2012	1649	1166	6267

Chi-square tests：df = 12，卡方值为22.982，sig = 0.028 < 0.050，所以不同职业的居民在对“无论父母对自己如何，都应尽赡养义务”这一说法的认同度上存在显著差异。

B19g by A10

您是否同意以下关于家庭和婚姻的一些说法：为了家庭利益可以一定程度上损害国家利益 ＊ 职业 Crosstabulation

	高级白领	低级白领	工人/做小生意者	农民	无业/失业/下岗人员	总计
完全同意	4.0%	3.7%	3.9%	4.0%	3.3%	3.8%
比较同意	4.6%	6.4%	8.5%	10.7%	8.6%	8.4%
比较不同意	24.6%	24.1%	27.2%	27.4%	29.2%	27.0%
完全不同意	66.8%	65.7%	60.3%	57.9%	58.9%	60.8%
总计	100.0%	100.0%	100.0%	100.0%	100.0%	100.0%
列总计	668	779	2009	1643	1164	6263

Chi-square tests：df = 12，卡方值为42.295，sig = 0.000 < 0.050，所以不同职业的居民在对“为了家庭利益可以一定程度上损害国家利益”这一说法的认同度上存在显著差异。

B20 by A10

您所在的地方发生过虐童事件吗 ＊ 职业 Crosstabulation

	高级白领	低级白领	工人/做小生意者	农民	无业/失业/下岗人员	总计
经常会发生	0.8%	0.8%	1.0%	0.9%	0.7%	0.9%
偶尔发生	15.0%	11.4%	12.2%	9.7%	13.2%	11.9%
没听说过	84.2%	87.9%	86.8%	89.4%	86.1%	87.2%
总计	100.0%	100.0%	100.0%	100.0%	100.0%	100.0%
列总计	665	774	2008	1641	1161	6249

Chi-square tests：df = 8，卡方值为17.284，sig = 0.027 < 0.050，所以不同职业的居民在对“您所在的地方发生过虐童事件吗”这一问题的回答上存在显著差异。

B21a by A10

传统现象中，您听过或见过祠堂吗 ＊ 职业 Crosstabulation

	高级白领	低级白领	工人/做小生意者	农民	无业/失业/下岗人员	总计
未选	60.6%	64.7%	66.5%	74.0%	71.3%	68.5%
已选	39.4%	35.3%	33.5%	26.0%	28.7%	31.5%
总计	100.0%	100.0%	100.0%	100.0%	100.0%	100.0%
列总计	670	782	2023	1650	1172	6297

Chi-square tests：df = 4，卡方值为 55.738，sig = 0.000 < 0.050，所以不同职业的居民在对“是否听说过或见过祠堂”这一问题的回答上存在显著差异。

B21b by A10

传统现象中，您听过或见过族谱吗 ＊ 职业 Crosstabulation

	高级白领	低级白领	工人/做小生意者	农民	无业/失业/下岗人员	总计
未选	60.6%	64.7%	66.5%	74.0%	71.3%	68.5%
已选	39.4%	35.3%	33.5%	26.0%	28.7%	31.5%
总计	100.0%	100.0%	100.0%	100.0%	100.0%	100.0%
列总计	670	782	2023	1650	1172	6297

Chi-square tests：df = 4，卡方值为 23.781，sig = 0.000 < 0.050，所以不同职业的居民在对“是否听说过或见过族谱”这一问题的回答上存在显著差异。

B21c by A10

传统现象中，您听过或见过祖先牌位吗 ＊ 职业 Crosstabulation

	高级白领	低级白领	工人/做小生意者	农民	无业/失业/下岗人员	总计
未选	58.3%	61.1%	66.1%	65.4%	67.8%	64.8%
已选	41.7%	38.9%	33.9%	34.6%	32.2%	35.2%
总计	100.0%	100.0%	100.0%	100.0%	100.0%	100.0%
列总计	671	782	2023	1652	1172	6300

Chi-square tests：df = 4，卡方值为 14.967，sig = 0.005 < 0.050，所以不同职业的居民在对“是否听说过或见过祖先牌位”这一问题的回答上存在显著差异。

B21d by A10

传统现象中，您听过或见过姓氏辈分（×姓×字，或第×代）吗 ＊ 职业 Crosstabulation

	高级白领	低级白领	工人/做小生意者	农民	无业/失业/下岗人员	总计
未选	66.5%	72.1%	72.9%	72.2%	74.7%	72.3%

续表

	高级白领	低级白领	工人/做小生意者	农民	无业/失业/下岗人员	总计
已选	33.5%	27.9%	27.1%	27.8%	25.3%	27.7%
总计	100.0%	100.0%	100.0%	100.0%	100.0%	100.0%
列总计	671	782	2023	1652	1172	6300

Chi-square tests：df = 4，卡方值为 13.305，sig = 0.049 < 0.050，所以不同职业的居民在对“是否听说过或见过姓氏辈分（×姓×字，或第×代）”这一问题的回答上存在显著差异。

B21e by A10

传统现象中，您听过或见过姓氏族支（×姓××堂）吗 * 职业 Crosstabulation

	高级白领	低级白领	工人/做小生意者	农民	无业/失业/下岗人员	总计
未选	86.3%	90.4%	89.1%	88.8%	89.8%	89.0%
已选	13.7%	9.6%	10.9%	11.2%	10.2%	11.0%
总计	100.0%	100.0%	100.0%	100.0%	100.0%	100.0%
列总计	671	782	2023	1652	1172	6300

Chi-square tests：df = 4，卡方值为 7.423，sig = 0.111 > 0.050，所以不同职业的居民在对“是否听说过或见过姓氏族支（×姓××堂）”这一问题的回答上不存在显著差异。

B21f by A10

传统现象中，您听过或见过到祖坟上磕头、烧纸、供菜或燃放鞭炮吗 * 职业 Crosstabulation

	高级白领	低级白领	工人/做小生意者	农民	无业/失业/下岗人员	总计
未选	17.9%	23.1%	18.4%	18.1%	21.3%	19.4%
已选	82.1%	76.9%	81.6%	81.9%	78.7%	80.6%
总计	100.0%	100.0%	100.0%	100.0%	100.0%	100.0%
列总计	671	782	2023	1653	1172	6301

Chi-square tests：df = 4，卡方值为 13.944，sig = 0.007 < 0.050，所以不同职业的居民在对“到祖坟上磕头、烧纸、供菜或燃放鞭炮”这一问题的回答上存在显著差异。

B21g by A10

传统现象中，您听过或见过到祖坟上鞠躬、献鲜花或供奉水果吗 * 职业 Crosstabulation

	高级白领	低级白领	工人/做小生意者	农民	无业/失业/下岗人员	总计
未选	29.8%	30.4%	32.1%	35.7%	37.5%	33.6%

续表

	高级白领	低级白领	工人/做小生意者	农民	无业/失业/下岗人员	总计
已选	70.2%	69.6%	67.9%	64.3%	62.5%	66.4%
总计	100.0%	100.0%	100.0%	100.0%	100.0%	100.0%
列总计	671	782	2023	1653	1172	6301

Chi-square tests：df = 4，卡方值 21.204，sig = 0.000 < 0.050，所以不同职业的居民在对“到祖坟上鞠躬、献鲜花或供奉水果”这一问题的回答上存在显著差异。

B21h by A10

传统现象中，您听过或见过宗族大事记或家族活动记录吗 ＊ 职业 Crosstabulation

	高级白领	低级白领	工人/做小生意者	农民	无业/失业/下岗人员	总计
未选	88.4%	90.3%	92.0%	94.1%	91.7%	91.9%
已选	11.6%	9.7%	8.0%	5.9%	8.3%	8.1%
总计	100.0%	100.0%	100.0%	100.0%	100.0%	100.0%
列总计	671	782	2023	1653	1172	6301

Chi-square tests：df = 4，卡方值为 24.539，sig = 0.000 < 0.050，所以不同职业的居民在对“是否听说过或见过宗族大事记或家族活动记录”这一问题的回答上存在显著差异。

B21i by A10

传统现象中，您听过或见过古牌坊、古牌匾、人物纪念石碑等古迹古物吗 ＊ 职业 Crosstabulation

	高级白领	低级白领	工人/做小生意者	农民	无业/失业/下岗人员	总计
未选	68.1%	74.3%	77.7%	82.6%	78.6%	77.7%
已选	31.9%	25.7%	22.3%	17.4%	21.4%	22.3%
总计	100.0%	100.0%	100.0%	100.0%	100.0%	100.0%
列总计	671	782	2023	1653	1172	6301

Chi-square tests：df = 4，卡方值为 64.087，sig = 0.000 < 0.050，所以不同职业的居民在对“是否听说过或见过古牌坊、古牌匾、人物纪念石碑等古迹古物”这一问题的回答上存在显著差异。

B21j by A10

传统现象中，您听过或见过其他的吗 ＊ 职业 Crosstabulation

	高级白领	低级白领	工人/做小生意者	农民	无业/失业/下岗人员	总计
未选	98.1%	98.7%	98.2%	99.0%	98.7%	98.6%

续表

	高级白领	低级白领	工人/做小生意者	农民	无业/失业/下岗人员	总计
已选	1.9%	1.3%	1.8%	1.0%	1.3%	1.4%
总计	100.0%	100.0%	100.0%	100.0%	100.0%	100.0%
列总计	671	782	2023	1653	1172	6301

Chi-square tests：df = 4，卡方值为 5.125，sig = 0.275 > 0.050，所以不同职业的居民在对“是否听说过或见过其他传统现象”这一问题的回答上不存在显著差异。

B21k by A10

您是否听说过或见过传统现象：都没见过 * 职业 Crosstabulation

	高级白领	低级白领	工人/做小生意者	农民	无业/失业/下岗人员	总计
未选	97.2%	96.0%	95.7%	95.8%	94.6%	95.7%
已选	2.8%	4.0%	4.3%	4.2%	5.4%	4.3%
总计	100.0%	100.0%	100.0%	100.0%	100.0%	100.0%
列总计	671	782	2023	1653	1172	6301

Chi-square tests：df = 4，卡方值为 7.061，sig = 0.133 > 0.050，所以不同职业的居民在对“没见过任何形式的传统现象”这一问题的回答上不存在显著差异。

B22a by A10

以下民间信仰情况，请问您是否见过或参与过：土地庙 * 职业 Crosstabulation

	高级白领	低级白领	工人/做小生意者	农民	无业/失业/下岗人员	总计
未选	62.6%	67.9%	62.6%	61.9%	62.3%	63.0%
已选	37.4%	32.1%	37.4%	38.1%	37.7%	37.0%
总计	100.0%	100.0%	100.0%	100.0%	100.0%	100.0%
列总计	671	781	2017	1651	1171	6291

Chi-square tests：df = 4，卡方值为 9.202，sig = 0.056 > 0.050，所以不同职业的居民在对“是否见过土地庙”这一问题的回答上不存在显著差异。

B22b by A10

以下民间信仰情况，请问您是否见过或参与过：关帝庙、娘娘庙或其他神庙 * 职业 Crosstabulation

	高级白领	低级白领	工人/做小生意者	农民	无业/失业/下岗人员	总计
未选	75.0%	73.9%	78.7%	83.9%	78.9%	79.1%

续表

	高级白领	低级白领	工人/做小生意者	农民	无业/失业/下岗人员	总计
已选	25.0%	26.1%	21.3%	16.1%	21.1%	20.9%
总计	100.0%	100.0%	100.0%	100.0%	100.0%	100.0%
列总计	671	781	2017	1651	1171	6291

Chi-square tests：df = 4，卡方值为 42.958，sig = 0.000 < 0.050，所以不同职业的居民在对“是否见过关帝庙、娘娘庙或其他神庙”这一问题的回答上存在显著差异。

B22c by A10

以下民间信仰情况，请问您是否见过或参与过：没见过 * 职业 Crosstabulation

	高级白领	低级白领	工人/做小生意者	农民	无业/失业/下岗人员	总计
未选	51.4%	49.6%	48.6%	44.6%	47.7%	47.8%
已选	48.6%	50.4%	51.4%	55.4%	52.3%	52.2%
总计	100.0%	100.0%	100.0%	100.0%	100.0%	100.0%
列总计	671	781	2017	1650	1171	6290

Chi-square tests：df = 4，卡方值为 11.733，sig = 0.019 < 0.050，所以不同职业的居民在对“没见过任何形式的民间信仰”这一问题的回答上存在显著差异。

B23a by A10

以下民间活动，您是否参加过或见过：个人敬供（烧香叩拜等）* 职业 Crosstabulation

	高级白领	低级白领	工人/做小生意者	农民	无业/失业/下岗人员	总计
未选	53.9%	56.0%	51.1%	54.0%	54.1%	53.3%
已选	46.1%	44.0%	48.9%	46.0%	45.9%	46.7%
总计	100.0%	100.0%	100.0%	100.0%	100.0%	100.0%
列总计	671	782	2019	1650	1172	6294

Chi-square tests：df = 4，卡方值为 6.916，sig = 0.140 > 0.050，所以不同职业居民在对“是否参加过或见过个人敬供（烧香叩拜等）”这一问题的回答上不存在显著差异。

B23b by A10

以下民间活动，您是否参加过或见过：节日集体敬供（聚餐等）* 职业 Crosstabulation

	高级白领	低级白领	工人/做小生意者	农民	无业/失业/下岗人员	总计
未选	76.0%	81.7%	79.8%	80.7%	79.9%	79.9%

续表

	高级白领	低级白领	工人/做小生意者	农民	无业/失业/下岗人员	总计
已选	24. 0%	18. 3%	20. 2%	19. 3%	20. 1%	20. 1%
总计	100. 0%	100. 0%	100. 0%	100. 0%	100. 0%	100. 0%
列总计	670	782	2018	1650	1172	6292

Chi-square tests：df = 4，卡方值为 8. 765，sig = 0. 067 > 0. 050，所以不同职业的居民在对“是否参加过或见过节日集体敬供（聚餐等）”这一问题的回答上不存在显著差异。

B23c by A10

以下民间活动，您是否参加过或见过：其他活动（建庙委员会、教育、助贫、敬老、龙舟等）＊ 职业 Crosstabulation

	高级白领	低级白领	工人/做小生意者	农民	无业/失业/下岗人员	总计
未选	73. 7%	74. 8%	80. 7%	86. 4%	81. 9%	80. 9%
已选	26. 3%	25. 2%	19. 3%	13. 6%	18. 1%	19. 1%
总计	100. 0%	100. 0%	100. 0%	100. 0%	100. 0%	100. 0%
列总计	670	781	2016	1650	1170	6287

Chi-square tests：df = 4，卡方值为 73. 959，sig = 0. 000 < 0. 050，所以不同职业的居民在对“是否参加过或见过其他民间活动（建庙委员会、教育、助贫、敬老、龙舟等）”这一问题的回答上存在显著差异。

B23d by A10

以下民间活动，您是否参加过或见过：没参加过任何形式的民间活动 ＊ 职业 Crosstabulation

	高级白领	低级白领	工人/做小生意者	农民	无业/失业/下岗人员	总计
未选	69. 1%	66. 6%	64. 8%	57. 9%	62. 5%	63. 3%
已选	30. 9%	33. 4%	35. 2%	42. 1%	37. 5%	36. 7%
总计	100. 0%	100. 0%	100. 0%	100. 0%	100. 0%	100. 0%
列总计	670	782	2017	1648	1172	6289

Chi-square tests：df = 4，卡方值为 36. 174，sig = 0. 000 < 0. 050，所以不同职业的居民在对“没参加过任何形式的民间活动”这一问题的回答上存在显著差异。

B24 by A10

您觉得您目前的身体健康状况 ＊ 职业 Crosstabulation

	高级白领	低级白领	工人/做小生意者	农民	无业/失业/下岗人员	总计
很健康	26. 1%	28. 5%	29. 9%	28. 3%	27. 0%	28. 4%

续表

	高级白领	低级白领	工人/做小生意者	农民	无业/失业/下岗人员	总计
比较健康	64.8%	62.5%	58.6%	47.9%	55.2%	56.3%
不太健康	9.0%	9.0%	10.5%	20.9%	14.9%	13.7%
很不健康	0.1%		0.9%	2.9%	2.8%	1.6%
总计	100.0%	100.0%	100.0%	100.0%	100.0%	100.0%
列总计	667	778	2014	1645	1166	6270

Chi-square tests：df = 12，卡方值为 196.821，sig = 0.000 < 0.050，所以不同职业的居民在对“自身目前的身体健康状况”的评价上存在显著差异。

B25 by A10

您觉得您的健康状况和一年前比较起来如何 ＊ 职业 Crosstabulation

	高级白领	低级白领	工人/做小生意者	农民	无业/失业/下岗人员	总计
更好	15.5%	15.9%	16.6%	14.0%	16.6%	15.7%
没有变化	71.9%	70.3%	68.4%	59.0%	65.0%	65.9%
更差	12.6%	13.8%	15.0%	27.1%	18.4%	18.4%
总计	100.0%	100.0%	100.0%	100.0%	100.0%	100.0%
列总计	669	781	2018	1652	1164	6284

Chi-square tests：df = 8，卡方值为 125.967，sig = 0.000 < 0.050，所以不同职业的居民在对“和一年前比较起来健康状况如何”的评价上存在显著差异。

B26 by A10

您的就医习惯是 ＊ 职业 Crosstabulation

	高级白领	低级白领	工人/做小生意者	农民	无业/失业/下岗人员	总计
出现不适就去看病	58.1%	56.1%	54.4%	55.4%	52.5%	54.9%
症状加重时去看病	19.3%	21.4%	19.7%	20.3%	19.7%	20.0%
能不看病就不看	19.9%	19.4%	21.9%	21.0%	23.5%	21.4%
从不看病	1.8%	2.1%	3.0%	2.9%	2.6%	2.6%
其他	0.9%	1.0%	0.9%	0.5%	1.7%	1.0%
总计	100.0%	100.0%	100.0%	100.0%	100.0%	100.0%
列总计	669	777	2019	1642	1167	6274

Chi-square tests：df = 16，卡方值为 23.632，sig = 0.098 > 0.050，所以不同职业的居民在对“自身就医习惯”的选择上不存在显著差异。

B27 by A10

总的来说，您觉得目前的生活幸福吗 * 职业 Crosstabulation

	高级白领	低级白领	工人/做小生意者	农民	无业/失业/下岗人员	总计
非常幸福	25.8%	27.7%	26.6%	29.8%	26.5%	27.5%
比较幸福	70.6%	69.4%	68.1%	61.5%	66.0%	66.4%
不太幸福	3.3%	2.9%	4.9%	8.0%	6.7%	5.6%
非常不幸福	0.3%		0.4%	0.7%	0.9%	0.5%
总计	100.0%	100.0%	100.0%	100.0%	100.0%	100.0%
列总计	670	781	2017	1646	1172	6286

Chi-square tests：df = 12，卡方值为60.863，sig = 0.000 < 0.050，所以不同职业的居民在对“目前生活是否幸福”这一问题的回答上存在显著差异。

B28 by A10

您觉得对于老年人来说最理想的，或者说，您未来最希望的养老方式是哪种 * 职业 Crosstabulation

	高级白领	低级白领	工人/做小生意者	农民	无业/失业/下岗人员	总计
敬老院、养老院、护理院等专业养老机构	23.9%	21.2%	12.4%	6.5%	11.9%	13.1%
与子女一起，住在家里养老	45.3%	45.3%	58.6%	67.5%	56.4%	57.4%
与子女分开，住在家里养老	19.9%	21.1%	20.8%	17.9%	20.0%	19.8%
搬到其他地方独居养老	1.1%	1.3%	1.1%	1.0%	1.7%	1.2%
回到老家养老	4.5%	4.8%	4.8%	6.6%	5.1%	5.3%
旅游养老	5.3%	6.3%	2.4%	0.5%	4.8%	3.1%
其他	100.0%	100.0%	100.0%	100.0%	100.0%	100.0%
总计	662	773	1985	1620	1147	6187
列总计	23.9%	21.2%	12.4%	6.5%	11.9%	13.1%

Chi-square tests：df = 24，卡方值为320.355，sig = 0.000 < 0.050，所以不同职业的居民在对“对于老年人来说最理想的，或者说，您未来最希望的养老方式”的选择上存在显著差异。

B29a by A10

过去一周里，您为父母做过哪些事情：看望 * 职业 Crosstabulation

	高级白领	低级白领	工人/做小生意者	农民	无业/失业/下岗人员	总计
未选	52.6%	49.9%	55.5%	66.0%	61.5%	58.4%

续表

	高级白领	低级白领	工人/做小生意者	农民	无业/失业/下岗人员	总计
已选	47.4%	50.1%	44.5%	34.0%	38.5%	41.6%
总计	100.0%	100.0%	100.0%	100.0%	100.0%	100.0%
列总计	671	782	2023	1653	1172	6301

Chi-square tests：df = 4，卡方值为 83.836，sig = 0.000 < 0.050，所以不同职业的居民在对“过去一周里，是否看望过父母”这一问题的回答上存在显著差异。

B29b by A10

过去一周里，您为父母做过哪些事情：打电话 ＊ 职业 Crosstabulation

	高级白领	低级白领	工人/做小生意者	农民	无业/失业/下岗人员	总计
未选	46.9%	47.4%	56.3%	73.1%	55.1%	58.4%
已选	53.1%	52.6%	43.7%	26.9%	44.9%	41.6%
总计	100.0%	100.0%	100.0%	100.0%	100.0%	100.0%
列总计	671	782	2024	1653	1172	6302

Chi-square tests：df = 4，卡方值为 231.660，sig = 0.000 < 0.050，所以不同职业的居民在对“过去一周里，是否给父母打过电话”这一问题的回答上存在显著差异。

B29c by A10

过去一周里，您为父母做过哪些事情：买东西 ＊ 职业 Crosstabulation

	高级白领	低级白领	工人/做小生意者	农民	无业/失业/下岗人员	总计
未选	56.2%	49.1%	55.7%	68.5%	55.5%	58.2%
已选	43.8%	50.9%	44.3%	31.5%	44.5%	41.8%
总计	100.0%	100.0%	100.0%	100.0%	100.0%	100.0%
列总计	671	782	2024	1653	1172	6302

Chi-square tests：df = 4，卡方值为 108.451，sig = 0.000 < 0.050，所以不同职业的居民在对“过去一周里，是否给父母买过东西”这一问题的回答上存在显著差异。

B29d by A10

过去一周里，您为父母做过哪些事情：陪看病 ＊ 职业 Crosstabulation

	高级白领	低级白领	工人/做小生意者	农民	无业/失业/下岗人员	总计
未选	74.7%	75.3%	75.8%	83.2%	78.2%	78.0%
已选	25.3%	24.7%	24.2%	16.8%	21.8%	22.0%
总计	100.0%	100.0%	100.0%	100.0%	100.0%	100.0%

续表

	高级白领	低级白领	工人/做小生意者	农民	无业/失业/下岗人员	总计
列总计	671	782	2023	1653	1172	6301

Chi-square tests：df = 4，卡方值为 39.702，sig = 0.000 < 0.050，所以不同职业的居民在对“过去一周里，是否陪父母看过病”这一问题的回答上存在显著差异。

B29e by A10

过去一周里，您为父母做过哪些事情：护理 ＊ 职业 Crosstabulation

	高级白领	低级白领	工人/做小生意者	农民	无业/失业/下岗人员	总计
未选	86.6%	88.1%	85.2%	84.5%	85.5%	85.6%
已选	13.4%	11.9%	14.8%	15.5%	14.5%	14.4%
总计	100.0%	100.0%	100.0%	100.0%	100.0%	100.0%
列总计	671	782	2023	1653	1172	6301

Chi-square tests：df = 4，卡方值为 6.404，sig = 0.171 >0.050，所以不同职业的居民在对“过去一周里，是否为父母护理过”这一问题的回答上不存在显著差异。

B29f by A10

过去一周里，您为父母做过哪些事情：做家务 ＊ 职业 Crosstabulation

	高级白领	低级白领	工人/做小生意者	农民	无业/失业/下岗人员	总计
未选	63.2%	58.7%	61.3%	70.8%	57.6%	63.0%
已选	36.8%	41.3%	38.7%	29.2%	42.4%	37.0%
总计	100.0%	100.0%	100.0%	100.0%	100.0%	100.0%
列总计	671	782	2023	1653	1172	6301

Chi-square tests：df = 4，卡方值为 66.219，sig = 0.000 < 0.050，所以不同职业的居民在对“过去一周里，是否给父母做过家务”这一问题的回答上存在显著差异。

B29g by A10

过去一周里，您为父母做过哪些事情：谈心聊天 ＊ 职业 Crosstabulation

	高级白领	低级白领	工人/做小生意者	农民	无业/失业/下岗人员	总计
未选	56.2%	50.3%	60.4%	68.5%	57.7%	60.3%
已选	43.8%	49.7%	39.6%	31.5%	42.3%	39.7%
总计	100.0%	100.0%	100.0%	100.0%	100.0%	100.0%

续表

	高级白领	低级白领	工人/做小生意者	农民	无业/失业/下岗人员	总计
列总计	671	782	2024	1653	1171	6301

Chi-square tests：df = 4，卡方值为 87. 188，sig = 0. 000 < 0. 050，所以不同职业的居民在对“过去一周里，是否和父母谈过心、聊过天”这一问题的回答上存在显著差异。

B29h by A10

过去一周里，您为父母做过哪些事情：给钱 ＊ 职业 Crosstabulation

	高级白领	低级白领	工人/做小生意者	农民	无业/失业/下岗人员	总计
未选	78. 2%	78. 9%	78. 5%	81. 9%	84. 6%	80. 5%
已选	21. 8%	21. 1%	21. 5%	18. 1%	15. 4%	19. 5%
总计	100. 0%	100. 0%	100. 0%	100. 0%	100. 0%	100. 0%
列总计	671	782	2024	1653	1172	6302

Chi-square tests：df = 4，卡方值为 23. 236，sig = 0. 000 < 0. 050，所以不同职业的居民在对“过去一周里，是否给过父母钱”这一问题的回答上存在显著差异。

B29i by A10

过去一周里，您为父母做过哪些事情：外出旅游 ＊ 职业 Crosstabulation

	高级白领	低级白领	工人/做小生意者	农民	无业/失业/下岗人员	总计
未选	90. 0%	88. 4%	94. 3%	97. 1%	91. 4%	93. 3%
已选	10. 0%	11. 6%	5. 7%	2. 9%	8. 6%	6. 7%
总计	100. 0%	100. 0%	100. 0%	100. 0%	100. 0%	100. 0%
列总计	671	782	2024	1653	1171	6301

Chi-square tests：df = 4，卡方值为 89. 996，sig = 0. 000 < 0. 050，所以不同职业的居民在对“过去一周里，是否和父母外出旅游过”这一问题的回答上存在显著差异。

B29j by A10

过去一周里，您为父母做过哪些事情：无 ＊ 职业 Crosstabulation

	高级白领	低级白领	工人/做小生意者	农民	无业/失业/下岗人员	总计
未选	98. 4%	98. 6%	98. 1%	97. 9%	97. 8%	98. 1%
已选	1. 6%	1. 4%	1. 9%	2. 1%	2. 2%	1. 9%
总计	100. 0%	100. 0%	100. 0%	100. 0%	100. 0%	100. 0%

续表

	高级白领	低级白领	工人/做小生意者	农民	无业/失业/下岗人员	总计
列总计	671	782	2024	1653	1172	6302

Chi-square tests：df = 4，卡方值为 2.094，sig = 0.718 > 0.050，所以不同职业的居民在对“过去一周，没有为父母做过任何事情”这一问题的回答上不存在显著差异。

B30a by A10

总体来说，您对自己生活的以下方面满意吗：身心健康状况 ＊ 职业 Crosstabulation

	高级白领	低级白领	工人/做小生意者	农民	无业/失业/下岗人员	总计
非常不满意	3.6%	5.1%	4.5%	5.0%	5.4%	4.8%
不太满意	11.8%	10.5%	11.5%	16.8%	14.1%	13.3%
比较满意	59.0%	57.6%	60.0%	52.1%	56.5%	56.9%
非常满意	25.6%	26.8%	24.0%	26.1%	24.0%	25.1%
总计	100.0%	100.0%	100.0%	100.0%	100.0%	100.0%
列总计	671	781	2019	1650	1166	6287

Chi-square tests：df = 12，卡方值为 43.550，sig = 0.000 < 0.050，所以不同职业的居民在对“自己身心健康状况”的评价上存在显著差异。

B30b by A10

总体来说，您对自己生活的以下方面满意吗：整体收入水平 ＊ 职业 Crosstabulation

	高级白领	低级白领	工人/做小生意者	农民	无业/失业/下岗人员	总计
非常不满意	4.0%	4.5%	4.7%	6.4%	6.6%	5.4%
不太满意	24.0%	26.3%	27.3%	30.7%	28.3%	27.9%
比较满意	57.5%	55.8%	58.2%	51.4%	55.6%	55.5%
非常满意	14.5%	13.4%	9.8%	11.5%	9.5%	11.1%
总计	100.0%	100.0%	100.0%	100.0%	100.0%	100.0%
列总计	671	782	2022	1650	1168	6293

Chi-square tests：df = 12，卡方值为 45.520，sig = 0.000 < 0.050，所以不同职业的居民在对“自己整体收入水平”的评价上存在显著差异。

B30c by A10

总体来说，您对自己生活的以下方面满意吗：家庭成员关系 * 职业 Crosstabulation

	高级白领	低级白领	工人/做小生意者	农民	无业/失业/下岗人员	总计
非常不满意	3.3%	5.1%	3.7%	2.4%	3.5%	3.5%
不太满意	4.9%	3.1%	4.6%	3.8%	4.6%	4.2%
比较满意	52.7%	51.5%	52.1%	49.2%	53.7%	51.6%
非常满意	39.1%	40.3%	39.6%	44.6%	38.2%	40.7%
总计	100.0%	100.0%	100.0%	100.0%	100.0%	100.0%
列总计	670	781	2013	1651	1171	6286

Chi-square tests：df = 12，卡方值为28.802，sig = 0.004 < 0.050，所以不同职业的居民在对“自己的家庭成员关系”的评价上存在显著差异。

B30d by A10

总体来说，您对自己生活的以下方面满意吗：社会保障水平 * 职业 Crosstabulation

	高级白领	低级白领	工人/做小生意者	农民	无业/失业/下岗人员	总计
非常不满意	4.5%	4.1%	5.8%	5.2%	6.4%	5.4%
不太满意	19.0%	17.9%	20.1%	17.2%	20.3%	19.0%
比较满意	58.8%	59.4%	58.1%	58.5%	59.0%	58.6%
非常满意	17.8%	18.6%	15.9%	19.1%	14.3%	17.0%
总计	100.0%	100.0%	100.0%	100.0%	100.0%	100.0%
列总计	670	780	2019	1647	1169	6285

Chi-square tests：df = 12，卡方值为24.357，sig = 0.018 < 0.050，所以不同职业的居民在对“自己的社会保障水平”的评价上存在显著差异。

C1a by A10

在当今中国社会最基本的伦理冲突中排第一位的是 * 职业 Crosstabulation

	高级白领	低级白领	工人/做小生意者	农民	无业/失业/下岗人员	总计
人与人之间的冲突	31.6%	38.8%	47.6%	44.1%	42.8%	43.0%
个人与社会的冲突	18.1%	14.3%	14.7%	16.0%	14.9%	15.4%
人与自然的冲突	30.4%	30.3%	21.3%	21.4%	22.2%	23.6%
人自我内在的冲突	10.7%	9.9%	7.5%	7.8%	9.7%	8.6%
个人与政府的冲突	9.1%	6.4%	8.8%	10.3%	10.0%	9.1%

续表

	高级白领	低级白领	工人/做小生意者	农民	无业/失业/下岗人员	总计
其他	0.2%	0.4%	0.2%	0.5%	0.4%	0.3%
总计	100.0%	100.0%	100.0%	100.0%	100.0%	100.0%
列总计	662	770	1971	1578	1137	6118

Chi-square tests：df = 20，卡方值为99.532，sig = 0.000 < 0.050，所以不同职业的居民在对“在当今中国社会最基本的伦理冲突中排第一位的是”的认知上存在显著差异。

C1b by A10

在当今中国社会最基本的伦理冲突中排第二位的是 * 职业 Crosstabulation

	高级白领	低级白领	工人/做小生意者	农民	无业/失业/下岗人员	总计
人与人之间的冲突	27.5%	26.3%	23.4%	24.2%	24.5%	24.6%
个人与社会的冲突	26.3%	29.0%	29.8%	25.8%	31.5%	28.6%
人与自然的冲突	15.5%	13.9%	16.1%	19.0%	14.7%	16.3%
人自我内在的冲突	18.6%	20.4%	18.9%	19.5%	17.7%	19.0%
个人与政府的冲突	11.8%	10.4%	11.6%	11.4%	11.5%	11.4%
其他	0.3%		0.1%	0.1%	0.1%	0.1%
总计	100.0%	100.0%	100.0%	100.0%	100.0%	100.0%
列总计	651	758	1946	1549	1126	6030

Chi-square tests：df = 20，卡方值为32.195，sig = 0.041 < 0.050，所以不同职业的居民在对“在当今中国社会最基本的伦理冲突中排第二位的是”的认知上存在显著差异。

C1c by A10

在当今中国社会最基本的伦理冲突中排第三位的是 * 职业 Crosstabulation

	高级白领	低级白领	工人/做小生意者	农民	无业/失业/下岗人员	总计
人与人之间的冲突	20.6%	20.6%	15.8%	17.8%	19.3%	18.1%
个人与社会的冲突	24.0%	26.6%	26.7%	24.0%	22.7%	24.9%
人与自然的冲突	20.4%	17.9%	21.0%	22.8%	21.0%	21.0%
人自我内在的冲突	20.1%	18.7%	19.4%	18.3%	19.7%	19.2%
个人与政府的冲突	14.7%	14.5%	16.1%	16.5%	16.3%	15.9%
其他	0.3%	1.7%	1.0%	0.6%	1.0%	0.9%
总计	100.0%	100.0%	100.0%	100.0%	100.0%	100.0%
列总计	647	753	1931	1547	1120	5998

Chi-square tests：df = 20，卡方值为36.878，sig = 0.012 < 0.050，所以不同职业的居民在对“在当今中国社会最基本的伦理冲突中排第三位的是”的认知上存在显著差异。

C2 by A10

您认为造成环境污染的最主要原因是 ＊ 职业 Crosstabulation

	高级白领	低级白领	工人/做小生意者	农民	无业/失业/下岗人员	总计
企业唯利是图	31.7%	32.1%	35.5%	32.9%	34.5%	33.8%
政府缺乏生态意识，政策失当	30.1%	24.6%	25.6%	23.5%	23.0%	24.9%
当代人自私自利，不顾未来和子孙利益	15.8%	19.6%	16.9%	16.6%	18.1%	17.3%
个人缺乏环保意识	22.4%	23.6%	22.0%	27.0%	24.3%	24.0%
总计	100.0%	100.0%	100.0%	100.0%	100.0%	100.0%
列总计	665	779	2008	1631	1155	6238

Chi-square tests：df = 12，卡方值为29.070，sig = 0.004 < 0.050，所以不同职业的居民在对“您认为造成环境污染的最主要原因”的认知上存在显著差异。

C3a by A10

您是否同意以下说法：能够插队买到票，是一个人灵活的表现 ＊ 职业 Crosstabulation

	高级白领	低级白领	工人/做小生意者	农民	无业/失业/下岗人员	总计
完全同意	3.4%	2.8%	3.0%	2.4%	2.2%	2.7%
比较同意	4.3%	5.5%	8.4%	8.9%	6.2%	7.3%
比较不同意	29.0%	31.3%	34.3%	39.0%	35.6%	34.9%
完全不同意	63.2%	60.4%	54.2%	49.7%	56.0%	55.1%
总计	100.0%	100.0%	100.0%	100.0%	100.0%	100.0%
列总计	668	780	2019	1650	1167	6284

Chi-square tests：df = 12，卡方值为65.447，sig = 0.000 < 0.050，所以不同职业的居民在对“能够插队买到票，是一个人灵活的表现”这一说法的认同度上存在显著差异。

C3b by A10

您是否同意以下说法：如果有可能，谁都会逃税 ＊ 职业 Crosstabulation

	高级白领	低级白领	工人/做小生意者	农民	无业/失业/下岗人员	总计
完全同意	5.4%	5.2%	5.6%	3.8%	3.8%	4.7%
比较同意	15.8%	14.1%	15.1%	12.6%	14.2%	14.2%
比较不同意	33.6%	32.9%	34.6%	38.9%	34.7%	35.5%
完全不同意	45.1%	47.8%	44.7%	44.7%	47.3%	45.6%

续表

	高级白领	低级白领	工人/做小生意者	农民	无业/失业/下岗人员	总计
总计	100.0%	100.0%	100.0%	100.0%	100.0%	100.0%
列总计	669	774	2012	1646	1167	6268

Chi-square tests：df = 12，卡方值为 25.634，sig = 0.000 < 0.050，所以不同职业的居民在对“如果有可能，谁都会逃税”这一说法的认同度上存在显著差异。

C3c by A10

您是否同意以下说法：合同都只是形式，只要有关系，什么都好商量 * 职业 Crosstabulation

	高级白领	低级白领	工人/做小生意者	农民	无业/失业/下岗人员	总计
完全同意	5.7%	4.9%	7.3%	6.4%	5.9%	6.3%
比较同意	15.6%	15.6%	20.5%	20.1%	18.4%	18.9%
比较不同意	39.0%	37.8%	39.2%	43.0%	41.0%	40.3%
完全不同意	39.6%	41.7%	33.1%	30.5%	34.6%	34.5%
总计	100.0%	100.0%	100.0%	100.0%	100.0%	100.0%
列总计	671	777	2011	1648	1161	6268

Chi-square tests：df = 12，卡方值为 49.225，sig = 0.000 < 0.050，所以不同职业的居民在对“合同都只是形式，只要有关系，什么都好商量”这一说法的认同度上存在显著差异。

C3d by A10

您是否同意以下说法：要想打赢官司，找关系比找律师更有价值 * 职业 Crosstabulation

	高级白领	低级白领	工人/做小生意者	农民	无业/失业/下岗人员	总计
完全同意	7.6%	6.3%	9.5%	7.7%	8.3%	8.2%
比较同意	22.4%	17.9%	23.9%	23.0%	24.8%	22.9%
比较不同意	39.2%	38.7%	38.3%	41.8%	37.2%	39.2%
完全不同意	30.8%	37.0%	28.3%	27.6%	29.7%	29.7%
总计	100.0%	100.0%	100.0%	100.0%	100.0%	100.0%
列总计	669	775	2011	1644	1160	6259

Chi-square tests：df = 12，卡方值为 42.333，sig = 0.000 < 0.050，所以不同职业的居民在对“要想打赢官司，找关系比找律师更有价值”这一说法的认同度上存在显著差异。

C3e by A10

您是否同意以下说法："三个土老乡，顶得上一个公章" * 职业 Crosstabulation

	高级白领	低级白领	工人/做小生意者	农民	无业/失业/下岗人员	总计
完全同意	6.4%	3.7%	6.7%	6.5%	5.2%	6.0%
比较同意	16.9%	14.3%	23.8%	24.6%	22.1%	21.8%
比较不同意	40.9%	38.3%	37.6%	42.0%	40.4%	39.7%
完全不同意	35.7%	43.6%	31.8%	26.9%	32.3%	32.5%
总计	100.0%	100.0%	100.0%	100.0%	100.0%	100.0%
列总计	667	775	2003	1642	1162	6249

Chi-square tests：df = 12，卡方值为 99.845，sig = 0.000 < 0.050，所以不同职业的居民在对"三个土老乡，顶得上一个公章"这一说法的认同度上存在显著差异。

C3f by A10

您是否同意以下说法：法院是一个替老百姓讲理的地方 * 职业 Crosstabulation

	高级白领	低级白领	工人/做小生意者	农民	无业/失业/下岗人员	总计
完全同意	33.8%	34.6%	34.6%	43.4%	31.3%	36.2%
比较同意	41.2%	40.3%	40.9%	38.1%	43.6%	40.6%
比较不同意	19.5%	18.7%	18.5%	14.2%	18.2%	17.5%
完全不同意	5.5%	6.4%	6.0%	4.3%	6.9%	5.7%
总计	100.0%	100.0%	100.0%	100.0%	100.0%	100.0%
列总计	668	777	2007	1637	1162	6251

Chi-square tests：df = 12，卡方值为 63.008，sig = 0.000 < 0.050，所以不同职业的居民在对"法院是一个替老百姓讲理的地方"这一说法的认同度上存在显著差异。

C3g by A10

您是否同意以下说法：在这个社会，要想不吃亏，就一定要懂得利用潜规则 * 职业 Crosstabulation

	高级白领	低级白领	工人/做小生意者	农民	无业/失业/下岗人员	总计
完全同意	8.8%	6.9%	10.6%	10.9%	10.2%	10.0%
比较同意	28.3%	26.8%	31.6%	29.7%	28.6%	29.6%
比较不同意	41.0%	39.3%	39.0%	39.5%	38.5%	39.3%
完全不同意	22.0%	27.0%	18.9%	19.9%	22.7%	21.2%
总计	100.0%	100.0%	100.0%	100.0%	100.0%	100.0%
列总计	669	777	2005	1642	1162	6255

Chi-square tests：df = 12，卡方值为 37.092，sig = 0.001 < 0.050，所以不同职业的居民在对"这个社会，要想不吃亏，就一定要懂得利用潜规则"这一说法的认同度上存在显著差异。

C3h by A10

您是否同意以下说法：要远离那些不守规则的人，因为当他因不守规则出事的时候，可能会连累到你 ＊ 职业 Crosstabulation

	高级白领	低级白领	工人/做小生意者	农民	无业/失业/下岗人员	总计
完全同意	28.8%	31.5%	30.1%	28.2%	27.6%	29.2%
比较同意	42.5%	41.5%	40.0%	40.6%	39.2%	40.4%
比较不同意	19.8%	20.8%	22.6%	23.9%	24.3%	22.8%
完全不同意	8.9%	6.2%	7.3%	7.2%	8.9%	7.6%
总计	100.0%	100.0%	100.0%	100.0%	100.0%	100.0%
列总计	671	778	2010	1647	1167	6273

Chi-square tests：df = 12，卡方值为17.995，sig = 0.116 > 0.050，所以不同职业的居民在对“要远离那些不守规则的人，因为当他因不守规则出事的时候，可能会连累到你”这一说法的认同度上不存在显著差异。

C3i by A10

您是否同意以下说法：在这个处处讲背景的年代，规则是对普通老百姓最好的保护 ＊ 职业 Crosstabulation

	高级白领	低级白领	工人/做小生意者	农民	无业/失业/下岗人员	总计
完全同意	35.9%	33.5%	35.5%	39.3%	36.3%	36.4%
比较同意	39.5%	41.3%	42.5%	43.2%	42.4%	42.2%
比较不同意	17.7%	17.6%	16.1%	13.6%	16.3%	15.8%
完全不同意	6.9%	7.6%	5.9%	4.0%	5.0%	5.6%
总计	100.0%	100.0%	100.0%	100.0%	100.0%	100.0%
列总计	671	778	2013	1650	1169	6281

Chi-square tests：df = 12，卡方值为32.282，sig = 0.001 < 0.050，所以不同职业的居民在对“在这个处处讲背景的年代，规则是对普通老百姓最好的保护”这一说法的认同度上存在显著差异。

C4 by A10

哪一种关系对社会秩序最具有根本性意义 ＊ 职业 Crosstabulation

	高级白领	低级白领	工人/做小生意者	农民	无业/失业/下岗人员	总计
家庭伦理或血缘关系	29.9%	34.8%	41.8%	46.1%	39.3%	40.3%
个人与社会的关系	34.6%	34.9%	27.8%	22.0%	29.7%	28.3%
职业伦理关系	2.1%	2.5%	3.0%	2.0%	3.6%	2.7%
个人与国家民族的关系	27.0%	20.8%	20.6%	24.1%	20.7%	22.2%

续表

	高级白领	低级白领	工人/做小生意者	农民	无业/失业/下岗人员	总计
人与自然的关系	2.9%	4.0%	4.0%	2.5%	3.3%	3.4%
个人与他自身的关系	3.5%	3.0%	2.8%	3.2%	3.3%	3.1%
总计	100.0%	100.0%	100.0%	100.0%	100.0%	100.0%
列总计	662	768	1994	1621	1154	6199

Chi-square tests：df = 20，卡方值为 113.383，sig = 0.000 < 0.050，所以不同职业的居民在对“哪一种关系对社会秩序最具有根本性意义”的选择上存在显著差异。

C5a by A10

对于个人而言，您认为家庭、社会和国家三者哪个最重要 ＊ 职业 Crosstabulation

	高级白领	低级白领	工人/做小生意者	农民	无业/失业/下岗人员	总计
国家	68.7%	65.9%	63.2%	69.6%	59.0%	65.0%
社会	3.7%	2.8%	3.2%	3.4%	3.3%	3.3%
家庭	27.6%	31.2%	33.6%	27.0%	37.7%	31.7%
总计	100.0%	100.0%	100.0%	100.0%	100.0%	100.0%
列总计	670	778	2017	1649	1171	6285

Chi-square tests：df = 8，卡方值为 45.998，sig = 0.000 < 0.050，所以不同职业的居民在对“家庭、社会和国家三者哪个最重要”的选择上存在显著差异。

C5b by A10

对于个人而言，您认为家庭、社会和国家三者哪个第二重要 ＊ 职业 Crosstabulation

	高级白领	低级白领	工人/做小生意者	农民	无业/失业/下岗人员	总计
国家	17.7%	21.0%	21.5%	19.4%	25.2%	21.2%
社会	58.8%	59.8%	52.7%	52.3%	50.5%	53.7%
家庭	23.5%	19.2%	25.8%	28.3%	24.3%	25.1%
总计	100.0%	100.0%	100.0%	100.0%	100.0%	100.0%
列总计	668	771	2008	1642	1163	6252

Chi-square tests：df = 8，卡方值为 46.052，sig = 0.000 < 0.050，所以不同职业的居民在对“家庭、社会和国家三者哪个第二重要”的选择上存在显著差异。

C5c by A10

对于个人而言，您认为家庭、社会和国家三者哪个是第三重要 ＊ 职业 Crosstabulation

	高级白领	低级白领	工人/做小生意者	农民	无业/失业/下岗人员	总计
国家	13.0%	13.3%	14.8%	10.6%	15.5%	13.4%
社会	37.8%	37.4%	44.4%	44.6%	46.3%	43.3%
家庭	49.2%	49.3%	40.8%	44.8%	38.2%	43.3%
总计	100.0%	100.0%	100.0%	100.0%	100.0%	100.0%
列总计	662	765	1994	1627	1157	6205

Chi-square tests：df = 8，卡方值为 53.371，sig = 0.000 < 0.050，所以不同职业的居民在对“家庭、社会和国家三者哪个第三重要”的选择上存在显著差异。

C6a by A10

下列关系，您认为最重要的是 ＊ 职业 Crosstabulation

	高级白领	低级白领	工人/做小生意者	农民	无业/失业/下岗人员	总计
父母与子女	56.5%	58.2%	63.7%	63.0%	65.0%	62.3%
夫妇	18.8%	20.2%	19.2%	16.6%	17.3%	18.2%
兄弟姐妹	0.1%	0.3%	0.4%	1.5%	0.9%	0.7%
同事或同学	0.9%	0.4%	0.8%	0.6%	0.5%	0.7%
上级或下级	0.9%	0.4%	0.5%	0.3%	0.3%	0.4%
师生				0.4%	0.3%	0.2%
人与自然的关系	1.0%	1.3%	0.8%	0.5%	0.9%	0.8%
个人与社会的关系	1.5%	2.7%	1.4%	1.5%	1.3%	1.6%
个人与国家的关系	17.2%	13.9%	10.8%	13.8%	10.9%	12.7%
个人与工作单位的关系	0.9%	0.5%	0.9%	1.0%	0.4%	0.8%
朋友	0.1%	0.1%	0.3%		0.3%	0.2%
个人与自身的关系（身心和谐）	1.9%	2.1%	1.0%	0.9%	2.0%	1.4%
总计	100.0%	100.0%	100.0%	100.0%	100.0%	100.0%
列总计	669	778	2019	1647	1170	6283

Chi-square tests：df = 44，卡方值为 111.141，sig = 0.000 < 0.050，所以不同职业的居民在对“最重要的关系”的选择上存在显著差异。

C6b by A10

下列关系，您认为第二重要的是 * 职业 Crosstabulation

	高级白领	低级白领	工人/做小生意者	农民	无业/失业/下岗人员	总计
父母与子女	25.8%	26.4%	24.1%	22.5%	23.7%	24.1%
夫妇	46.6%	49.7%	50.8%	53.9%	49.0%	50.7%
兄弟姐妹	4.9%	6.7%	9.4%	7.9%	11.1%	8.5%
同事或同学	0.7%	0.5%	1.3%	1.2%	1.5%	1.1%
上级或下级	2.4%	0.5%	1.1%	1.3%	1.5%	1.3%
师生	0.3%	0.1%	0.2%	0.4%	0.9%	0.4%
人与自然的关系	1.9%	0.9%	1.2%	1.1%	1.5%	1.3%
个人与社会的关系	8.4%	7.5%	5.9%	6.1%	5.1%	6.3%
个人与国家的关系	5.1%	3.9%	3.6%	3.4%	3.0%	3.6%
个人与工作单位的关系	1.5%	1.4%	0.9%	0.8%	0.9%	1.0%
通过网络建立的关系		0.1%		0.1%	0.1%	0.1%
朋友	0.9%	0.9%	0.9%	1.1%	0.9%	1.0%
个人与自身的关系（身心和谐）	1.3%	1.3%	0.5%	0.4%	0.9%	0.7%
总计	100.0%	100.0%	100.0%	100.0%	100.0%	100.0%
列总计	667	776	2013	1648	1167	6271

Chi-square tests：df = 48，卡方值为96.929，sig = 0.000 < 0.050，所以不同职业的居民在对“第二重要的关系”的选择上存在显著差异。

C6c by A10

下列关系，您认为第三重要的是 * 职业 Crosstabulation

	高级白领	低级白领	工人/做小生意者	农民	无业/失业/下岗人员	总计
父母与子女	6.9%	6.3%	5.7%	7.1%	5.3%	6.2%
夫妇	11.4%	10.5%	11.3%	11.6%	11.6%	11.3%
兄弟姐妹	49.8%	52.4%	56.4%	59.3%	57.3%	56.1%
同事或同学	3.9%	3.8%	4.1%	2.6%	5.6%	3.9%
上级或下级	3.2%	3.4%	2.0%	1.8%	1.0%	2.0%
师生	1.2%	1.0%	0.8%	1.5%	0.9%	1.1%
人与自然的关系	4.4%	2.5%	2.0%	1.8%	2.5%	2.4%
个人与社会的关系	5.9%	5.0%	4.3%	3.9%	4.4%	4.5%
个人与国家的关系	5.0%	6.0%	5.2%	5.0%	5.2%	5.2%
个人与工作单位的关系	3.3%	3.5%	2.2%	0.7%	1.1%	1.9%

续表

	高级白领	低级白领	工人/做小生意者	农民	无业/失业/下岗人员	总计
通过网络建立的关系	0.2%	0.1%	0.2%	0.1%	0.1%	0.1%
朋友	2.4%	3.4%	4.3%	4.0%	3.5%	3.8%
个人与自身的关系（身心和谐）	2.4%	2.2%	1.3%	0.7%	1.5%	1.4%
总计	100.0%	100.0%	100.0%	100.0%	100.0%	100.0%
列总计	664	773	2008	1643	1163	6251

Chi-square tests：df = 48，卡方值为 128.301，sig = 0.000 < 0.050，所以不同职业的居民在对“第三重要的关系”的选择上存在显著差异。

C6d by A10

下列关系，您认为第四重要的是 ＊ 职业 Crosstabulation

	高级白领	低级白领	工人/做小生意者	农民	无业/失业/下岗人员	总计
父母与子女	5.1%	4.9%	3.0%	3.6%	3.1%	3.6%
夫妇	4.5%	4.7%	4.3%	4.9%	4.3%	4.5%
兄弟姐妹	9.1%	9.4%	9.8%	10.2%	8.7%	9.6%
同事或同学	20.9%	23.4%	18.2%	16.8%	19.3%	19.0%
上级或下级	5.9%	7.8%	5.8%	4.8%	5.6%	5.8%
师生	3.8%	2.7%	3.8%	4.2%	4.8%	3.9%
人与自然的关系	5.7%	4.2%	4.3%	3.7%	4.4%	4.3%
个人与社会的关系	9.2%	9.9%	10.2%	10.0%	10.4%	10.0%
个人与国家的关系	9.8%	8.8%	10.1%	13.6%	11.5%	11.1%
个人与工作单位的关系	8.5%	7.7%	6.7%	2.6%	3.5%	5.3%
通过网络建立的关系	0.8%		0.3%	0.2%	0.3%	0.3%
朋友	12.7%	12.9%	21.6%	23.1%	21.8%	20.0%
个人与自身的关系（身心和谐）	3.9%	3.8%	2.2%	2.3%	2.2%	2.6%
总计	100.0%	100.0%	100.0%	100.0%	100.0%	100.0%
列总计	661	770	1998	1629	1156	6214

Chi-square tests：df = 12，卡方值为 188.153，sig = 0.000 < 0.050，所以不同职业的居民在对“第四重要的关系”的选择上存在显著差异。

C6e by A10

在下列关系中，您认为第五重要的是 ＊ 职业 Crosstabulation

	高级白领	低级白领	工人/做小生意者	农民	无业/失业/下岗人员	总计
父母与子女	2.0%	1.4%	1.3%	1.3%	1.1%	1.3%
夫妇	4.3%	3.5%	2.9%	3.4%	2.6%	3.2%
兄弟姐妹	5.6%	5.9%	5.1%	6.2%	5.5%	5.6%
同事或同学	11.4%	12.1%	14.1%	11.1%	13.0%	12.6%
上级或下级	11.2%	11.7%	8.3%	5.7%	7.5%	8.2%
师生	3.3%	2.7%	3.9%	4.3%	4.9%	4.0%
人与自然的关系	7.1%	5.0%	4.8%	6.1%	6.8%	5.8%
个人与社会的关系	14.0%	13.6%	14.1%	17.7%	16.5%	15.4%
个人与国家的关系	9.1%	10.7%	13.1%	15.2%	11.4%	12.6%
个人与工作单位的关系	8.1%	8.6%	6.0%	3.3%	4.9%	5.6%
通过网络建立的关系	0.5%	0.7%	0.6%	0.7%	0.4%	0.6%
朋友	16.1%	16.2%	18.7%	20.0%	16.9%	18.1%
个人与自身的关系（身心和谐）	7.3%	8.0%	7.2%	5.0%	8.6%	7.0%
总计	100.0%	100.0%	100.0%	100.0%	100.0%	100.0%
列总计	658	767	1989	1623	1153	6190

Chi-square tests：df = 48，卡方值为 152.556，sig = 0.000 < 0.050，所以不同职业的居民在对“第五重要的关系”的选择上存在显著差异。

C7a by A10

您对自己所在企业（或所熟悉的本地企业）履行劳动安全保障责任的满意度 ＊ 职业 Crosstabulation

	高级白领	低级白领	工人/做小生意者	农民	无业/失业/下岗人员	总计
非常不满意	4.7%	5.2%	6.2%	4.8%	5.7%	5.5%
不太满意	16.7%	12.8%	18.7%	18.9%	20.5%	18.1%
比较满意	57.8%	59.3%	59.6%	61.2%	59.8%	59.8%
非常满意	20.9%	22.7%	15.6%	15.1%	14.0%	16.7%
总计	100.0%	100.0%	100.0%	100.0%	100.0%	100.0%
列总计	666	774	1978	1476	1084	5978

Chi-square tests：df = 12，卡方值为 54.569，sig = 0.000 < 0.050，所以不同职业的居民在对“自己所在企业（或所熟悉的本地企业）履行劳动安全保障责任”的满意度上存在显著差异。

C7b by A10

您对自己所在企业（或所熟悉的本地企业）履行薪酬正常发放责任的满意度 * 职业 Crosstabulation

	高级白领	低级白领	工人/做小生意者	农民	无业/失业/下岗人员	总计
非常不满意	3.9%	4.7%	4.1%	3.4%	4.5%	4.0%
不太满意	10.4%	10.2%	12.6%	15.1%	14.6%	13.0%
比较满意	58.8%	56.7%	59.8%	62.2%	59.2%	59.8%
非常满意	26.9%	28.5%	23.5%	19.3%	21.7%	23.2%
总计	100.0%	100.0%	100.0%	100.0%	100.0%	100.0%
列总计	665	773	1973	1462	1084	5957

Chi-square tests：df = 12，卡方值为 45.526，sig = 0.000 < 0.050，所以不同职业的居民在对“自己所在企业（或所熟悉的本地企业）履行薪酬正常发放责任”的满意度上存在显著差异。

C7c by A10

您对自己所在企业（或所熟悉的本地企业）履行职工文化生活责任的满意度 * 职业 Crosstabulation

	高级白领	低级白领	工人/做小生意者	农民	无业/失业/下岗人员	总计
非常不满意	4.2%	4.1%	7.2%	5.2%	5.8%	5.7%
不太满意	25.0%	22.0%	29.8%	31.8%	29.1%	28.6%
比较满意	52.3%	55.6%	51.5%	52.6%	54.0%	52.9%
非常满意	18.5%	18.2%	11.5%	10.4%	11.1%	12.8%
总计	100.0%	100.0%	100.0%	100.0%	100.0%	100.0%
列总计	664	773	1967	1458	1077	5939

Chi-square tests：df = 12，卡方值为 84.263，sig = 0.000 < 0.050，所以不同职业的居民在对“自己所在企业（或所熟悉的本地企业）履行职工文化生活责任”的满意度上存在显著差异。

C7d by A10

您对自己所在企业（或所熟悉的本地企业）履行诚实守法经营责任的满意度 * 职业 Crosstabulation

	高级白领	低级白领	工人/做小生意者	农民	无业/失业/下岗人员	总计
非常不满意	3.5%	3.1%	4.1%	2.9%	3.8%	3.6%
不太满意	14.8%	10.3%	14.6%	18.1%	17.3%	15.4%
比较满意	58.4%	60.2%	60.8%	61.3%	63.0%	61.0%
非常满意	23.4%	26.4%	20.5%	17.7%	15.9%	20.1%

续表

	高级白领	低级白领	工人/做小生意者	农民	无业/失业/下岗人员	总计
总计	100.0%	100.0%	100.0%	100.0%	100.0%	100.0%
列总计	663	769	1970	1467	1081	5950

Chi-square tests：df = 12，卡方值为61.715，sig = 0.000 < 0.050，所以不同职业的居民在对“自己所在企业（或所熟悉的本地企业）履行诚实守法经营责任”的满意度上存在显著差异。

C7e by A10

您对自己所在企业（或所熟悉的本地企业）履行环境保护责任的满意度 * 职业 Crosstabulation

	高级白领	低级白领	工人/做小生意者	农民	无业/失业/下岗人员	总计
非常不满意	4.5%	4.5%	6.6%	6.5%	8.1%	6.4%
不太满意	23.0%	16.8%	27.0%	24.2%	26.6%	24.5%
比较满意	53.6%	56.8%	50.9%	55.2%	52.8%	53.3%
非常满意	18.8%	21.9%	15.5%	14.1%	12.5%	15.8%
总计	100.0%	100.0%	100.0%	100.0%	100.0%	100.0%
列总计	664	773	1976	1468	1080	5961

Chi-square tests：df = 12，卡方值为76.605，sig = 0.000 < 0.050，所以不同职业的居民在对“自己所在企业（或所熟悉的本地企业）履行环境保护责任”的满意度上存在显著差异。

C7f by A10

您对自己所在企业（或所熟悉的本地企业）履行慈善公益事业责任的满意度 * 职业 Crosstabulation

	高级白领	低级白领	工人/做小生意者	农民	无业/失业/下岗人员	总计
非常不满意	5.8%	3.8%	6.8%	7.0%	7.5%	6.4%
不太满意	24.4%	20.1%	28.2%	28.6%	28.9%	26.9%
比较满意	49.7%	55.5%	52.1%	51.9%	51.4%	52.1%
非常满意	20.2%	20.6%	12.9%	12.6%	12.2%	14.5%
总计	100.0%	100.0%	100.0%	100.0%	100.0%	100.0%
列总计	660	767	1963	1452	1073	5915

Chi-square tests：df = 12，卡方值为78.495，sig = 0.000 < 0.050，所以不同职业的居民在对“自己所在企业（或所熟悉的本地企业）履行慈善公益事业责任”的满意度上存在显著差异。

C8a by A10

您觉得您身边下列现象常见吗：占卜算命 ＊ 职业 Crosstabulation

	高级白领	低级白领	工人/做小生意者	农民	无业/失业/下岗人员	总计
经常见到	19.1%	14.6%	20.4%	14.6%	19.8%	17.9%
偶尔见到	49.7%	54.3%	47.2%	41.8%	46.6%	46.8%
没见过	31.2%	31.2%	32.5%	43.6%	33.5%	35.3%
总计	100.0%	100.0%	100.0%	100.0%	100.0%	100.0%
列总计	670	776	2018	1650	1169	6283

Chi-square tests：df = 8，卡方值为 89.205，sig = 0.000 < 0.050，所以不同职业的居民在对“‘占卜算命’是否是您身边常见的现象”这一问题的回答上存在显著差异。

C8b by A10

您觉得您身边下列现象常见吗：操办喜事比富斗阔 ＊ 职业 Crosstabulation

	高级白领	低级白领	工人/做小生意者	农民	无业/失业/下岗人员	总计
经常见到	21.3%	18.6%	20.7%	13.9%	15.6%	17.8%
偶尔见到	44.9%	45.6%	42.6%	36.5%	43.3%	41.8%
没见过	33.8%	35.8%	36.7%	49.6%	41.1%	40.5%
总计	100.0%	100.0%	100.0%	100.0%	100.0%	100.0%
列总计	666	776	2017	1650	1166	6275

Chi-square tests：df = 8，卡方值为 100.125，sig = 0.000 < 0.050，所以不同职业的居民在对“‘操办喜事比富斗阔’是否是您身边常见的现象”这一问题的回答上存在显著差异。

C8c by A10

您觉得您身边下列现象常见吗：在父母生前不尽孝，却对父母的丧事大操大办 ＊ 职业 Crosstabulation

	高级白领	低级白领	工人/做小生意者	农民	无业/失业/下岗人员	总计
经常见到	16.2%	15.9%	15.7%	11.7%	13.2%	14.2%
偶尔见到	44.6%	42.9%	41.3%	36.7%	40.5%	40.5%
没见过	39.2%	41.2%	43.0%	51.6%	46.3%	45.3%
总计	100.0%	100.0%	100.0%	100.0%	100.0%	100.0%
列总计	668	780	2013	1644	1170	6275

Chi-square tests：df = 8，卡方值为 50.555，sig = 0.000 < 0.050，所以不同职业的居民在对“在父母生前不尽孝，却对父母的丧事大操大办是否是您身边常见的现象”这一问题的回答上存在显著差异。

C8d by A10

您觉得您身边下列现象常见吗：赌博或变相赌博 ＊ 职业 Crosstabulation

	高级白领	低级白领	工人/做小生意者	农民	无业/失业/下岗人员	总计
经常见到	25.2%	20.4%	24.7%	15.8%	21.6%	21.3%
偶尔见到	41.2%	38.8%	37.7%	37.2%	39.5%	38.4%
没见过	33.6%	40.8%	37.5%	47.0%	39.0%	40.3%
总计	100.0%	100.0%	100.0%	100.0%	100.0%	100.0%
列总计	670	779	2016	1649	1168	6282

Chi-square tests：df = 8，卡方值为 72.613，sig = 0.000 < 0.050，所以不同职业的居民在对"'赌博或变相赌博'是否是您身边常见的现象"这一问题的回答上存在显著差异。

C8e by A10

您觉得您身边下列现象常见吗：封建迷信活动 ＊ 职业 Crosstabulation

	高级白领	低级白领	工人/做小生意者	农民	无业/失业/下岗人员	总计
经常见到	14.8%	10.8%	12.0%	5.9%	10.2%	10.2%
偶尔见到	42.3%	37.4%	36.3%	29.2%	35.6%	35.1%
没见过	42.9%	51.9%	51.6%	64.9%	54.2%	54.7%
总计	100.0%	100.0%	100.0%	100.0%	100.0%	100.0%
列总计	669	779	2014	1649	1170	6281

Chi-square tests：df = 8，卡方值为 132.629，sig = 0.000 < 0.050，所以不同职业的居民在对"封建迷信活动是否是您身边常见的现象"这一问题的回答上存在显著差异。

C8f by A10

您觉得您身边下列现象常见吗：非法宗教活动 ＊ 职业 Crosstabulation

	高级白领	低级白领	工人/做小生意者	农民	无业/失业/下岗人员	总计
经常见到	4.6%	3.1%	3.0%	1.5%	2.5%	2.7%
偶尔见到	14.5%	14.2%	12.8%	9.0%	13.4%	12.3%
没见过	80.9%	82.8%	84.3%	89.5%	84.1%	85.1%
总计	100.0%	100.0%	100.0%	100.0%	100.0%	100.0%
列总计	670	777	2014	1649	1169	6279

Chi-square tests：df = 8，卡方值为 46.698，sig = 0.000 < 0.050，所以不同职业的居民在对"非法宗教活动是否是您身边常见的现象"这一问题的回答上存在显著差异。

C9 by A10

您在生活中经常买到假冒伪劣商品吗 * 职业 Crosstabulation

	高级白领	低级白领	工人/做小生意者	农民	无业/失业/下岗人员	总计
经常	10.9%	7.4%	10.7%	10.1%	11.0%	10.2%
偶尔	66.0%	62.8%	60.5%	51.5%	59.8%	58.9%
没有	19.5%	26.5%	25.2%	32.7%	25.3%	26.7%
不清楚	3.6%	3.3%	3.6%	5.7%	3.9%	4.2%
总计	100.0%	100.0%	100.0%	100.0%	100.0%	100.0%
列总计	671	782	2024	1653	1172	6302

Chi-square tests：df = 12，卡方值为82.533，sig = 0.000 < 0.050，所以不同职业的居民在对“您在生活中经常买到假冒伪劣商品吗”这一问题的回答上存在显著差异。

C10 by A10

您在购物、就医、理财等方面经常遇到过虚假广告吗 * 职业 Crosstabulation

	高级白领	低级白领	工人/做小生意者	农民	无业/失业/下岗人员	总计
经常	29.6%	21.4%	25.7%	22.5%	25.9%	24.7%
偶尔	52.2%	52.8%	51.8%	45.7%	50.2%	50.1%
没有	13.9%	21.7%	17.8%	24.6%	17.4%	19.6%
不清楚	4.3%	4.1%	4.8%	7.2%	6.5%	5.6%
总计	100.0%	100.0%	100.0%	100.0%	100.0%	100.0%
列总计	670	782	2023	1650	1170	6295

Chi-square tests：df = 16，卡方值为80.905，sig = 0.000 < 0.050，所以不同职业的居民在对“您在购物、就医、理财等方面经常遇到过虚假广告吗”这一问题的回答上存在显著差异。

C11 by A10

您生活的社区（或村）是否有社区公约、村规民约 * 职业 Crosstabulation

	高级白领	低级白领	工人/做小生意者	农民	无业/失业/下岗人员	总计
经常	73.4%	76.7%	63.5%	60.8%	57.6%	64.4%
偶尔	10.6%	8.1%	13.2%	16.0%	15.2%	13.4%
没有	15.8%	15.2%	23.1%	23.0%	27.1%	22.1%
不清楚			0.1%	0.1%		
总计	100.0%	100.0%	100.0%	100.0%	100.0%	100.0%
列总计	670	782	2023	1654	1172	6301

Chi-square tests：df = 16，卡方值为118.613，sig = 0.000 < 0.050，所以不同职业的居民在对“您生活的社区（或村）是否有社区公约、村规民约”这一问题的回答上存在显著差异。

C12a by A10

您觉得您周围的人在日常生活中遵守步行、骑车不闯红灯的规则吗 ＊ 职业 Crosstabulation

	高级白领	低级白领	工人/做小生意者	农民	无业/失业/下岗人员	总计
不遵守	11.0%	9.0%	10.5%	7.9%	10.3%	9.6%
基本遵守	58.6%	57.6%	58.2%	56.0%	56.3%	57.2%
自觉遵守	30.4%	33.5%	31.3%	36.2%	33.4%	33.1%
总计	100.0%	100.0%	100.0%	100.0%	100.0%	100.0%
列总计	671	780	2018	1640	1163	6272

Chi-square tests：df = 8，卡方值为 18.297，sig = 0.019 < 0.050，所以不同职业的居民在对“周围的人在日常生活中是否遵守步行、骑车不闯红灯的规则”这一问题的回答上存在显著差异。

C12b by A10

您觉得您周围的人在日常生活中遵守乘车、购物自觉排队的规则吗 ＊ 职业 Crosstabulation

	高级白领	低级白领	工人/做小生意者	农民	无业/失业/下岗人员	总计
不遵守	5.8%	3.9%	6.1%	4.5%	5.0%	5.2%
基本遵守	57.2%	52.4%	54.4%	53.3%	54.0%	54.1%
自觉遵守	37.0%	43.8%	39.5%	42.2%	41.0%	40.7%
总计	100.0%	100.0%	100.0%	100.0%	100.0%	100.0%
列总计	671	779	2016	1641	1162	6269

Chi-square tests：df = 8，卡方值为 15.521，sig = 0.050 = 0.050，所以不同职业的居民在对“周围的人在日常生活中是否遵守乘车、购物自觉排队的规则”这一问题的回答上存在显著差异。

C12c by A10

您觉得您周围的人在日常生活中遵守文明游览的规则吗 ＊ 职业 Crosstabulation

	高级白领	低级白领	工人/做小生意者	农民	无业/失业/下岗人员	总计
不遵守	5.2%	4.0%	5.1%	4.5%	4.3%	4.7%
基本遵守	58.4%	56.4%	57.6%	57.6%	60.0%	58.0%
自觉遵守	36.3%	39.6%	37.3%	38.0%	35.7%	37.3%
总计	100.0%	100.0%	100.0%	100.0%	100.0%	100.0%
列总计	669	777	2008	1628	1158	6240

Chi-square tests：df = 8，卡方值为 6.176，sig = 0.627 > 0.050，所以不同职业的居民在对“周围的人在日常生活中是否遵守文明游览的规则”这一问题的回答上不存在显著差异。

C12d by A10

您觉得您周围的人在日常生活中遵守社会公约、村规民约吗 ＊ 职业 Crosstabulation

	高级白领	低级白领	工人/做小生意者	农民	无业/失业/下岗人员	总计
不遵守	4.7%	3.8%	5.3%	4.7%	4.9%	4.8%
基本遵守	56.8%	51.1%	54.7%	50.9%	55.6%	53.7%
自觉遵守	38.5%	45.1%	40.0%	44.4%	39.5%	41.5%
总计	100.0%	100.0%	100.0%	100.0%	100.0%	100.0%
列总计	665	771	1979	1598	1140	6153

Chi-square tests：df = 8，卡方值为 18.052，sig = 0.021 < 0.050，所以不同职业的居民在对“周围的人在日常生活中是否遵守社会公约、村规民约”这一问题的回答上存在显著差异。

D1a by A10

判断下列词语是否属于社会主义核心价值观：文明 ＊ 职业 Crosstabulation

	高级白领	低级白领	工人/做小生意者	农民	无业/失业/下岗人员	总计
未选	10.3%	12.3%	15.5%	19.0%	14.4%	15.3%
已选	89.7%	87.7%	84.5%	81.0%	85.6%	84.7%
总计	100.0%	100.0%	100.0%	100.0%	100.0%	100.0%
列总计	670	780	2016	1623	1165	6254

Chi-square tests：df = 4，卡方值为 36.653，sig = 0.000 < 0.050，所以不同职业的居民在对“‘文明’是否是社会主义核心价值观”的认知上存在显著差异。

D1b by A10

判断下列词语是否属于社会主义核心价值观：诚信 ＊ 职业 Crosstabulation

	高级白领	低级白领	工人/做小生意者	农民	无业/失业/下岗人员	总计
未选	6.1%	5.4%	12.8%	18.4%	12.8%	12.6%
已选	93.9%	94.6%	87.2%	81.6%	87.2%	87.4%
总计	100.0%	100.0%	100.0%	100.0%	100.0%	100.0%
列总计	670	780	2016	1624	1165	6255

Chi-square tests：df = 4，卡方值为 112.232，sig = 0.000 < 0.050，所以不同职业的居民在对“‘诚信’是否是社会主义核心价值观”的认知上存在显著差异。

D1c by A10

判断下列词语是否属于社会主义核心价值观：勇敢 * 职业 Crosstabulation

	高级白领	低级白领	工人/做小生意者	农民	无业/失业/下岗人员	总计
未选	87.9%	88.6%	81.4%	69.4%	82.7%	80.1%
已选	12.1%	11.4%	18.6%	30.6%	17.3%	19.9%
总计	100.0%	100.0%	100.0%	100.0%	100.0%	100.0%
列总计	670	780	2016	1624	1165	6255

Chi-square tests：df = 4，卡方值为 185.351，sig = 0.000 < 0.050，所以不同职业的居民在对“‘勇敢’是否是社会主义核心价值观”的认知上存在显著差异。

D1d by A10

判断下列词语是否属于社会主义核心价值观：爱国 * 职业 Crosstabulation

	高级白领	低级白领	工人/做小生意者	农民	无业/失业/下岗人员	总计
未选	10.6%	14.5%	17.8%	16.0%	15.4%	15.7%
已选	89.4%	85.5%	82.2%	84.0%	84.6%	84.3%
总计	100.0%	100.0%	100.0%	100.0%	100.0%	100.0%
列总计	670	780	2016	1623	1165	6254

Chi-square tests：df = 4，卡方值为 21.010，sig = 0.000 < 0.050，所以不同职业的居民在对“‘爱国’是否是社会主义核心价值观”的认知上存在显著差异。

D1e by A10

判断下列词语是否属于社会主义核心价值观：创新 * 职业 Crosstabulation

	高级白领	低级白领	工人/做小生意者	农民	无业/失业/下岗人员	总计
未选	73.0%	71.2%	70.2%	72.7%	70.0%	71.2%
已选	27.0%	28.8%	29.8%	27.3%	30.0%	28.8%
总计	100.0%	100.0%	100.0%	100.0%	100.0%	100.0%
列总计	670	780	2016	1624	1165	6255

Chi-square tests：df = 4，卡方值为 4.641，sig = 0.326 > 0.050，所以不同职业的居民在对“‘创新’是否是社会主义核心价值观”的认知上不存在显著差异。

D1f by A10

判断下列词语是否属于社会主义核心价值观：友善 * 职业 Crosstabulation

	高级白领	低级白领	工人/做小生意者	农民	无业/失业/下岗人员	总计
未选	37.3%	39.1%	46.5%	54.9%	44.5%	46.4%

续表

	高级白领	低级白领	工人/做小生意者	农民	无业/失业/下岗人员	总计
已选	62.7%	60.9%	53.5%	45.1%	55.5%	53.6%
总计	100.0%	100.0%	100.0%	100.0%	100.0%	100.0%
列总计	670	780	2016	1623	1165	6254

Chi-square tests：df = 4，卡方值为 87.684，sig = 0.000 < 0.050，所以不同职业的居民在对“‘友善’是否是社会主义核心价值观”的认知上存在显著差异。

D1g by A10

判断下列词语是否属于社会主义核心价值观：勤劳 ＊ 职业 Crosstabulation

	高级白领	低级白领	工人/做小生意者	农民	无业/失业/下岗人员	总计
未选	80.1%	76.8%	69.3%	67.5%	74.6%	71.9%
已选	19.9%	23.2%	30.7%	32.5%	25.4%	28.1%
总计	100.0%	100.0%	100.0%	100.0%	100.0%	100.0%
列总计	670	780	2016	1623	1165	6254

Chi-square tests：df = 4，卡方值为 53.186，sig = 0.000 < 0.050，所以不同职业的居民在对“‘勤劳’是否是社会主义核心价值观”的认知上存在显著差异。

D2 by A10

您认为社会主义核心价值观和您的工作、生活有关系吗 ＊ 职业 Crosstabulation

	高级白领	低级白领	工人/做小生意者	农民	无业/失业/下岗人员	总计
对改变社会风气有好处，每个人都应该这样做人、做事	89.7%	86.0%	75.0%	69.2%	73.0%	76.0%
与个人工作、生活没关系	4.3%	5.0%	6.8%	7.7%	8.6%	6.9%
说不清	6.0%	9.0%	18.2%	23.1%	18.4%	17.1%
总计	100.0%	100.0%	100.0%	100.0%	100.0%	100.0%
列总计	670	780	2015	1634	1166	6265

Chi-square tests：df = 8，卡方值为 171.649，sig = 0.000 < 0.050，所以不同职业的居民在对“社会主义核心价值观和您的工作、生活是否有关系”的认知上存在显著差异。

D3 by A10

中华民族历来有孝敬、礼让、仁爱、节俭的传统，您认为现在还需要这些吗 ＊ 职业 Crosstabulation

	高级白领	低级白领	工人/做小生意者	农民	无业/失业/下岗人员	总计
这些传统什么时候都不能丢	97.0%	97.%	95.4%	95.5%	94.8%	95.7%
可有可无	1.5%	1.9%	3.4%	2.5%	3.6%	2.8%
已经过时，没必要讲这些	1.5%	1.0%	1.2%	2.1%	1.6%	1.5%
总计	100.0%	100.0%	100.0%	100.0%	100.0%	100.0%
列总计	671	782	2025	1650	1171	6299

Chi-square tests：df = 8，卡方值为 17.732，sig = 0.023 < 0.050，所以不同职业的居民在对“中华民族历来有孝敬、礼让、仁爱、节俭的传统，您认为现在还需要这些吗”这一问题的认知上存在显著差异。

D4 by A10

您认为在青少年中开展革命传统教育是否有现实意义 ＊ 职业 Crosstabulation

	高级白领	低级白领	工人/做小生意者	农民	无业/失业/下岗人员	总计
很有必要，应该大力开展	90.7%	92.7%	88.6%	88.0%	86.4%	88.8%
已经过时了，没必要开展	1.6%	1.0%	2.4%	1.6%	2.0%	1.9%
可有可无，意义不大	4.8%	4.1%	4.7%	4.6%	5.5%	4.8%
说不清楚	2.8%	2.2%	4.3%	5.7%	6.0%	4.6%
总计	100.0%	100.0%	100.0%	100.0%	100.0%	100.0%
列总计	670	781	2023	1653	1173	6300

Chi-square tests：df = 12，卡方值为 36.116，sig = 0.000 < 0.050，所以不同职业的居民在对“在青少年中开展革命传统教育是否有现实意义”这一问题的认知上存在显著差异。

D5 by A10

您认为当前中国社会个人道德素质的主要问题 ＊ 职业 Crosstabulation

	高级白领	低级白领	工人/做小生意者	农民	无业/失业/下岗人员	总计
道德上无知	14.9%	13.8%	13.3%	17.4%	13.8%	14.7%
有道德知识，但不见诸行动	77.8%	80.8%	78.5%	70.4%	77.5%	76.4%
既无知，又不行动	6.6%	3.6%	6.9%	9.6%	6.6%	7.1%
其他	0.7%	1.8%	1.3%	2.6%	2.1%	1.8%
总计	100.0%	100.0%	100.0%	100.0%	100.0%	100.0%

续表

	高级白领	低级白领	工人/做小生意者	农民	无业/失业/下岗人员	总计
列总计	670	778	2013	1640	1168	6269

Chi-square tests：df = 12，卡方值为 65. 372，sig = 0. 000 < 0. 050，所以不同职业的居民在对“当前中国社会个人道德素质的主要问题”的选择上存在显著差异。

D6 by A10

您认为对社会生活而言，个体德性（即个人的道德品质）和社会公正哪个更重要 * 职业 Crosstabulation

	高级白领	低级白领	工人/做小生意者	农民	无业/失业/下岗人员	总计
个体德性最重要	17. 0%	15. 6%	18. 0%	18. 2%	16. 6%	17. 4%
社会公正最重要	28. 8%	30. 9%	31. 3%	36. 7%	32. 0%	32. 5%
二者应当统一，但二者矛盾时应先追求个体德性	17. 2%	17. 5%	19. 2%	19. 7%	19. 2%	18. 9%
二者应当统一，但二者矛盾时应先追求社会公正	37. 0%	36. 0%	31. 4%	25. 5%	32. 3%	31. 2%
总计	100. 0%	100. 0%	100. 0%	100. 0%	100. 0%	100. 0%
列总计	670	781	2016	1648	1164	6279

Chi-square tests：df = 12，卡方值为 49. 384，sig = 0. 000 < 0. 050，所以不同职业的居民在对“您认为对社会生活而言，个体德性（即个人的道德品质）和社会公正哪个更重要”的选择上存在显著差异。

D7 by A10

您根据什么来判断某种行为是否符合伦理道德 * 职业 Crosstabulation

	高级白领	低级白领	工人/做小生意者	农民	无业/失业/下岗人员	总计
传统	15. 6%	16. 4%	17. 4%	19. 3%	14. 4%	17. 0%
风俗习惯	9. 1%	7. 0%	9. 5%	12. 2%	7. 8%	9. 5%
大多数人认同的道德规范	29. 8%	30. 4%	24. 0%	20. 7%	22. 3%	24. 2%
大多数当事人的共同利益和意志	3. 4%	4. 1%	3. 9%	3. 4%	3. 6%	3. 7%
自己的良心	21. 3%	21. 6%	32. 8%	36. 4%	33. 9%	31. 4%
自己的利益	0. 1%	0. 3%	1. 0%	0. 6%	0. 9%	0. 7%
意识形态要求	4. 3%	2. 4%	1. 7%	2. 5%	2. 2%	2. 4%
己立立人，立达达人；己所不欲，勿施于人	16. 4%	17. 8%	9. 8%	4. 9%	14. 9%	11. 2%
总计	100. 0%	100. 0%	100. 0%	100. 0%	100. 0%	100. 0%

续表

	高级白领	低级白领	工人/做小生意者	农民	无业/失业/下岗人员	总计
列总计	671	782	2020	1649	1171	6293

Chi-square tests：df = 28，卡方值为 276.623，sig = 0.000 < 0.050，所以不同职业的居民在对“根据什么来判断某种行为是否符合伦理道德”的选择上存在显著差异。

D8 by A10

老王的朋友（老张的生意竞争对手）想知道老张平时都跟哪些人接触，花钱让老王监视老张并向其报告。如果您是老王，您会怎么做 ＊ 职业 Crosstabulation

	高级白领	低级白领	工人/做小生意者	农民	无业/失业/下岗人员	总计
毫不犹豫地答应，个人利益高于一切，只要不让朋友知道，无可厚非	3.0%	2.6%	3.2%	2.6%	2.1%	2.7%
可能答应，谈不上道德不道德	4.2%	3.2%	5.0%	5.2%	4.7%	4.7%
可能答应，虽然对朋友不道德，但是有利可图，对自身是道德的	2.8%	2.4%	4.1%	5.3%	3.8%	4.0%
不会答应，因为这不道德，见利忘义的行为无论如何都不可取	90.0%	91.8%	87.7%	86.9%	89.4%	88.6%
总计	100.0%	100.0%	100.0%	100.0%	100.0%	100.0%
列总计	668	779	2024	1650	1169	6290

Chi-square tests：df = 12，卡方值为 24.882，sig = 0.015 < 0.050，所以不同职业的居民在对“老王的朋友（老张的生意竞争对手）想知道老张平时都跟哪些人接触，花钱让老王监视老张并向其报告。如果您是老王，您会怎么做”这一问题的回答上存在显著差异。

D9 by A10

遇到人生重大挫折时，您通常的反应是 ＊ 职业 Crosstabulation

	高级白领	低级白领	工人/做小生意者	农民	无业/失业/下岗人员	总计
去寺庙，求菩萨保佑	1.5%	0.4%	1.9%	2.9%	1.5%	1.9%
找朋友倾诉，求得疏解	24.0%	22.2%	16.5%	15.5%	19.7%	18.3%
向家人倾诉，寻求安慰	27.6%	33.1%	37.1%	38.6%	37.3%	36.0%
坚持自己的追求	13.6%	13.1%	10.4%	7.5%	11.3%	10.5%
自己独立承受和化解	32.8%	30.0%	33.3%	34.2%	28.8%	32.2%
其他	0.6%	1.2%	0.7%	1.3%	1.5%	1.1%

续表

	高级白领	低级白领	工人/做小生意者	农民	无业/失业/下岗人员	总计
总计	100.0%	100.0%	100.0%	100.0%	100.0%	100.0%
列总计	671	779	2022	1647	1168	6287

Chi-square tests：df = 20，卡方值为 110.105，sig = 0.000 < 0.050，所以不同职业的居民在对“遇到人生重大挫折时，您通常的反应”的选择上存在显著差异。

D10 by A10

当遇到人与人之间的利益冲突时，您首选的办法是 ＊ 职业 Crosstabulation

	高级白领	低级白领	工人/做小生意者	农民	无业/失业/下岗人员	总计
诉诸法律，打官司	9.0%	8.3%	9.3%	7.8%	9.5%	8.8%
主动与对方沟通，适可而止	62.8%	59.8%	52.5%	48.6%	56.5%	54.2%
找第三方帮助沟通调解，尽量不伤和气	21.8%	24.7%	27.8%	28.6%	24.3%	26.3%
能忍则忍	6.4%	7.2%	10.4%	15.0%	9.7%	10.7%
总计	100.0%	100.0%	100.0%	100.0%	100.0%	100.0%
列总计	669	782	2015	1649	1168	6283

Chi-square tests：df = 12，卡方值为 92.879，sig = 0.000 < 0.050，所以不同职业的居民在对“当遇到人与人之间的利益冲突时，您首选的办法”的选择上存在显著差异。

D11 by A10

当有陌生人走进您的单位或社区，或当您在车厢中与陌生人在一起时，您通常的态度是 ＊ 职业 Crosstabulation

	高级白领	低级白领	工人/做小生意者	农民	无业/失业/下岗人员	总计
对他/她微笑	32.5%	36.5%	24.7%	17.6%	26.5%	25.5%
主动打招呼	19.3%	16.6%	14.5%	15.9%	11.5%	15.1%
没有任何反应	13.6%	15.5%	20.2%	21.7%	23.9%	20.0%
保持警惕，防止上当	34.2%	30.7%	40.1%	43.9%	37.3%	38.8%
其他	0.4%	0.6%	0.6%	0.9%	0.8%	0.7%
总计	100.0%	100.0%	100.0%	100.0%	100.0%	100.0%
列总计	670	781	2019	1645	1169	6284

Chi-square tests：df = 16，卡方值为 175.196，sig = 0.000 < 0.050，所以不同职业的居民在对“当有陌生人走进您的单位或社区，或当您在车厢中与陌生人在一起时，您通常的态度”的选择上存在显著差异。

D12 by A10

假设您双手抱着东西走进电梯，您觉得电梯里的陌生人可能会怎样 ＊ 职业 Crosstabulation

	高级白领	低级白领	工人/做小生意者	农民	无业/失业/下岗人员	总计
主动问您去几楼并帮您按楼层	48.7%	46.0%	39.3%	36.4%	34.9%	39.6%
当作没看见	15.1%	12.4%	18.0%	17.7%	20.1%	17.3%
会在您的请求下给予帮助	36.2%	41.5%	42.7%	45.9%	44.9%	43.1%
总计	100.0%	100.0%	100.0%	100.0%	100.0%	100.0%
列总计	669	780	2021	1634	1168	6272

Chi-square tests：df = 8，卡方值为 63.298，sig = 0.000 < 0.050，所以不同职业的居民在对“假设您双手抱着东西走进电梯，您觉得电梯里的陌生人可能会怎样”这一问题的回答上存在显著差异。

D13 by A10

假设您走在街上被陌生人不小心踩到了并发出“哎哟”一声，您认为对方会做何种反应 ＊ 职业 Crosstabulation

	高级白领	低级白领	工人/做小生意者	农民	无业/失业/下岗人员	总计
用言语或手势表达歉意	92.2%	94.0%	89.8%	86.1%	88.2%	89.3%
不会做任何表示	6.9%	5.2%	8.3%	12.1%	9.6%	9.0%
反而说您大惊小怪	0.9%	0.8%	1.9%	1.8%	2.2%	1.7%
总计	100.0%	100.0%	100.0%	100.0%	100.0%	100.0%
列总计	670	781	2020	1651	1169	6291

Chi-square tests：df = 8，卡方值为 48.709，sig = 0.000 < 0.050，所以不同职业的居民在对“假设您走在街上被陌生人不小心踩到了并发出‘哎哟’一声，您认为对方会做何种反应”的选择上存在显著差异。

D14 by A10

与人相处时，您如何选择自己的行为 ＊ 职业 Crosstabulation

	高级白领	低级白领	工人/做小生意者	农民	无业/失业/下岗人员	总计
按照自己的准则办事，不必顾忌太多	18.4%	18.7%	20.9%	17.4%	17.5%	18.8%
以己度人，己立立人	29.2%	27.4%	22.5%	22.9%	29.1%	25.2%
以自己利益最大化为最高目标	1.6%	2.2%	3.3%	4.6%	3.3%	3.3%
以对双方有好处为标准	19.6%	17.8%	23.8%	33.0%	19.8%	24.3%

续表

	高级白领	低级白领	工人/做小生意者	农民	无业/失业/下岗人员	总计
权衡利弊，理性选择	30.9%	33.7%	28.9%	21.0%	29.8%	27.8%
其他	0.1%	0.3%	0.5%	1.0%	0.4%	0.6%
总计	100.0%	100.0%	100.0%	100.0%	100.0%	100.0%
列总计	667	781	2018	1639	1167	6272

Chi-square tests：df = 20，卡方值为 177.932，sig = 0.000 < 0.050，所以不同职业的居民在对“与人相处时，您如何选择自己的行为”的选择上存在显著差异。

D15 by A10

您认为目前我国社会对人际关系的伦理调节能力和个人行为的道德调节能力如何 * 职业 Crosstabulation

	高级白领	低级白领	工人/做小生意者	农民	无业/失业/下岗人员	总计
良好	33.6%	41.8%	35.9%	43.9%	35.6%	38.4%
一般	57.9%	52.4%	58.6%	49.5%	57.0%	55.1%
很差	6.1%	3.5%	2.9%	3.8%	4.1%	3.8%
几乎没有，一切都听从法律和利益	2.4%	2.3%	2.7%	2.9%	3.3%	2.8%
总计	100.0%	100.0%	100.0%	100.0%	100.0%	100.0%
列总计	667	782	2021	1651	1172	6293

Chi-square tests：df = 12，卡方值为 58.973，sig = 0.000 < 0.050，所以不同职业的居民在对“目前我国社会对人际关系的伦理调节能力和个人行为的道德调节能力”的评价上存在显著差异。

D16 by A10

现在社会上有些人不守道德反而讨了便宜，您会不会为了得到好处而仿效 * 职业 Crosstabulation

	高级白领	低级白领	工人/做小生意者	农民	无业/失业/下岗人员	总计
从来不这么做	61.9%	58.0%	60.3%	65.4%	60.5%	61.5%
通常不这么做，关键时刻会这么做	8.7%	9.3%	9.6%	10.5%	10.4%	9.9%
经常这么做	0.9%	1.2%	0.7%	1.2%	0.9%	1.0%
相信善有善报，恶有恶报，终将会善恶报应	23.9%	25.4%	21.6%	16.1%	21.1%	20.8%
说不清	4.5%	5.9%	7.7%	6.7%	6.7%	6.7%
其他	0.1%	0.3%		0.1%	0.4%	0.2%

续表

	高级白领	低级白领	工人/做小生意者	农民	无业/失业/下岗人员	总计
总计	100.0%	100.0%	100.0%	100.0%	100.0%	100.0%
列总计	669	781	2024	1653	1172	6299

Chi-square tests：df = 20，卡方值为57.520，sig = 0.000 < 0.050，所以不同职业的居民在对“现在社会上有些人不守道德反而讨了便宜，您会不会为了得到好处而仿效”的看法上存在显著差异。

D17 by A10

您常常体验到自己身上有一种“伦理感”的存在，如感到自己不属于自己，而属于他人、某个集体、国家、民族，您的行为选择要服从于“它”，并有一种要为“它”奉献的冲动吗 ＊ 职业 Crosstabulation

	高级白领	低级白领	工人/做小生意者	农民	无业/失业/下岗人员	总计
没有，我只感受到我自己个人实实在在的生活	31.3%	27.1%	33.9%	35.6%	30.2%	32.5%
偶尔有，但主要是因为那种情况下我的利益与“它”一致	14.0%	16.2%	19.3%	17.0%	16.8%	17.3%
偶尔有，是在受到某种作品或生活情境的影响之后	15.3%	19.3%	19.2%	17.0%	22.2%	18.8%
时常有，“它”是一种内在的信念	39.1%	36.8%	27.2%	29.7%	30.2%	30.9%
其他	0.3%	0.6%	0.5%	0.7%	0.6%	0.6%
总计	100.0%	100.0%	100.0%	100.0%	100.0%	100.0%
列总计	665	779	2014	1637	1166	6261

Chi-square tests：df = 16，卡方值为74.015，sig = 0.000 < 0.050，所以不同职业的居民在对“您常常体验到自己身上有一种‘伦理感’的存在，如感到自己不属于自己，而属于他人、某个集体、国家、民族，您的行为选择要服从于‘它’，并有一种要为‘它’奉献的冲动吗”这一问题的回答上存在显著差异。

D18a by A10

对政府官员道德状况的满意度 ＊ 职业 Crosstabulation

	高级白领	低级白领	工人/做小生意者	农民	无业/失业/下岗人员	总计
非常不满意	6.3%	5.1%	8.9%	6.1%	7.9%	7.2%
不太满意	23.5%	23.2%	20.2%	11.2%	18.5%	18.2%
比较满意	45.8%	41.2%	42.5%	38.0%	42.1%	41.5%
非常满意	24.4%	30.4%	28.4%	44.6%	31.5%	33.1%

续表

	高级白领	低级白领	工人/做小生意者	农民	无业/失业/下岗人员	总计
总计	100.0%	100.0%	100.0%	100.0%	100.0%	100.0%
列总计	668	779	2018	1646	1170	6281

Chi-square tests：df = 12，卡方值为 191.548，sig = 0.000 < 0.050，所以不同职业的居民在对“政府官员道德状况”的满意度上存在显著差异。

D18b by A10

对一般公务员道德状况的满意度 ＊ 职业 Crosstabulation

	高级白领	低级白领	工人/做小生意者	农民	无业/失业/下岗人员	总计
非常不满意	3.4%	3.0%	4.4%	2.8%	3.5%	3.5%
不太满意	22.5%	21.3%	21.0%	12.6%	19.2%	18.7%
比较满意	46.2%	42.9%	45.5%	38.9%	43.7%	43.2%
非常满意	27.9%	32.9%	29.1%	45.7%	33.5%	34.6%
总计	100.0%	100.0%	100.0%	100.0%	100.0%	100.0%
列总计	667	779	2011	1638	1164	6259

Chi-square tests：df = 12，卡方值为 149.837，sig = 0.000 < 0.050，所以不同职业的居民在对“一般公务员道德状况”的满意度上存在显著差异。

D18c by A10

对企业家道德状况的满意度 ＊ 职业 Crosstabulation

	高级白领	低级白领	工人/做小生意者	农民	无业/失业/下岗人员	总计
非常不满意	3.5%	3.0%	5.1%	3.6%	4.7%	4.2%
不太满意	21.5%	24.1%	20.9%	14.3%	19.6%	19.4%
比较满意	52.2%	46.3%	48.3%	43.1%	46.1%	46.7%
非常满意	22.8%	26.6%	25.8%	39.1%	29.5%	29.8%
总计	100.0%	100.0%	100.0%	100.0%	100.0%	100.0%
列总计	657	775	2000	1628	1161	6221

Chi-square tests：df = 12，卡方值为 125.326，sig = 0.000 < 0.050，所以不同职业的居民在对“企业家道德状况”的满意度上存在显著差异。

D18d by A10

对教师道德状况的满意度 ＊ 职业 Crosstabulation

	高级白领	低级白领	工人/做小生意者	农民	无业/失业/下岗人员	总计
非常不满意	4.4%	3.5%	4.8%	2.9%	2.6%	3.7%
不太满意	15.1%	17.8%	12.9%	7.8%	13.1%	12.5%
比较满意	34.5%	35.3%	31.3%	21.8%	26.9%	28.9%
非常满意	46.1%	43.4%	50.9%	67.4%	57.4%	55.0%
总计	100.0%	100.0%	100.0%	100.0%	100.0%	100.0%
列总计	664	781	2016	1646	1170	6277

Chi-square tests：df = 12，卡方值为 199.519，sig = 0.000 < 0.050，所以不同职业的居民在对“教师道德状况”的满意度上存在显著差异。

D18e by A10

对青少年道德状况的满意度 ＊ 职业 Crosstabulation

	高级白领	低级白领	工人/做小生意者	农民	无业/失业/下岗人员	总计
非常不满意	2.4%	1.5%	3.1%	1.6%	2.2%	2.3%
不太满意	20.7%	18.7%	17.5%	10.1%	14.9%	15.6%
比较满意	45.3%	42.1%	40.0%	32.7%	38.5%	38.6%
非常满意	31.6%	37.7%	39.4%	55.6%	44.4%	43.6%
总计	100.0%	100.0%	100.0%	100.0%	100.0%	100.0%
列总计	667	780	2016	1648	1171	6282

Chi-square tests：df = 12，卡方值为 182.117，sig = 0.000 < 0.050，所以不同职业的居民在对“青少年道德状况”的满意度上存在显著差异。

D18f by A10

对演艺娱乐界道德状况的满意度 ＊ 职业 Crosstabulation

	高级白领	低级白领	工人/做小生意者	农民	无业/失业/下岗人员	总计
非常不满意	17.1%	12.1%	11.4%	5.7%	8.8%	10.1%
不太满意	19.8%	26.8%	24.7%	19.5%	22.7%	22.7%
比较满意	48.6%	44.2%	45.1%	40.9%	44.1%	44.1%
非常满意	14.5%	16.9%	18.8%	33.8%	24.4%	23.1%
总计	100.0%	100.0%	100.0%	100.0%	100.0%	100.0%
列总计	667	776	1994	1625	1158	6220

Chi-square tests：df = 12，卡方值为 229.732，sig = 0.000 < 0.050，所以不同职业的居民在对“演艺娱乐界道德状况”的满意度上存在显著差异。

D18g by A10

对自由职业者道德状况的满意度 ＊ 职业 Crosstabulation

	高级白领	低级白领	工人/做小生意者	农民	无业/失业/下岗人员	总计
非常不满意	4.0%	2.8%	4.2%	2.4%	3.5%	3.4%
不太满意	21.0%	23.3%	20.4%	14.3%	18.8%	18.9%
比较满意	49.8%	45.5%	43.6%	42.0%	43.0%	44.0%
非常满意	25.2%	28.4%	31.8%	41.4%	34.8%	33.7%
总计	100.0%	100.0%	100.0%	100.0%	100.0%	100.0%
列总计	667	778	2003	1627	1157	6232

Chi-square tests：df = 12，卡方值为 99.617，sig = 0.000 < 0.050，所以不同职业的居民在对“自由职业者道德状况”的满意度上存在显著差异。

D18h by A10

对农民道德状况的满意度 ＊ 职业 Crosstabulation

	高级白领	低级白领	工人/做小生意者	农民	无业/失业/下岗人员	总计
非常不满意	1.8%	2.2%	2.5%	1.6%	2.1%	2.1%
不太满意	14.5%	15.5%	11.0%	5.3%	11.0%	10.5%
比较满意	32.6%	30.6%	27.5%	19.7%	27.0%	26.3%
非常满意	51.1%	51.7%	59.0%	73.3%	59.9%	61.2%
总计	100.0%	100.0%	100.0%	100.0%	100.0%	100.0%
列总计	662	779	2010	1647	1170	6268

Chi-square tests：df = 12，卡方值为 183.524，sig = 0.000 < 0.050，所以不同职业的居民在对“农民道德状况”的满意度上存在显著差异。

D18i by A10

对商人道德状况的满意度 ＊ 职业 Crosstabulation

	高级白领	低级白领	工人/做小生意者	农民	无业/失业/下岗人员	总计
非常不满意	6.5%	3.1%	7.0%	4.9%	5.1%	5.5%
不太满意	23.4%	22.2%	19.8%	16.3%	21.5%	19.9%
比较满意	47.9%	51.1%	46.1%	40.7%	45.1%	45.3%
非常满意	22.2%	23.6%	27.2%	38.2%	28.4%	29.3%
总计	100.0%	100.0%	100.0%	100.0%	100.0%	100.0%
列总计	666	779	2014	1643	1167	6269

Chi-square tests：df = 12，卡方值为 119.504，sig = 0.000 < 0.050，所以不同职业的居民在对“商人道德状况”的满意度上存在显著差异。

D18j by A10

对工人道德状况的满意度 ＊ 职业 Crosstabulation

	高级白领	低级白领	工人/做小生意者	农民	无业/失业/下岗人员	总计
非常不满意	1.7%	1.7%	2.1%	1.3%	1.3%	1.6%
不太满意	15.9%	14.5%	11.2%	6.7%	11.6%	11.0%
比较满意	33.4%	30.6%	31.0%	27.3%	31.4%	30.3%
非常满意	49.1%	53.3%	55.7%	64.7%	55.8%	57.1%
总计	100.0%	100.0%	100.0%	100.0%	100.0%	100.0%
列总计	662	781	2008	1645	1167	6263

Chi-square tests：df = 12，卡方值为89.818，sig = 0.000 < 0.050，所以不同职业的居民在对“工人道德状况”的满意度上存在显著差异。

D18k by A10

对专家学者道德状况的满意度 ＊ 职业 Crosstabulation

	高级白领	低级白领	工人/做小生意者	农民	无业/失业/下岗人员	总计
非常不满意	4.5%	3.2%	4.2%	2.0%	2.4%	3.2%
不太满意	14.9%	17.0%	12.8%	8.3%	12.7%	12.3%
比较满意	36.8%	35.6%	34.1%	27.0%	32.2%	32.4%
非常满意	43.8%	44.2%	48.9%	62.7%	52.7%	52.1%
总计	100.0%	100.0%	100.0%	100.0%	100.0%	100.0%
列总计	665	778	2007	1641	1163	6254

Chi-square tests：df = 12，卡方值为140.070，sig = 0.000 < 0.050，所以不同职业的居民在对“专家学者道德状况”的满意度上存在显著差异。

D18l by A10

对医生道德状况的满意度 ＊ 职业 Crosstabulation

	高级白领	低级白领	工人/做小生意者	农民	无业/失业/下岗人员	总计
非常不满意	5.1%	4.6%	6.1%	3.0%	4.4%	4.7%
不太满意	17.3%	16.2%	15.1%	8.7%	13.6%	13.5%
比较满意	39.2%	38.5%	34.9%	27.6%	33.9%	33.7%
非常满意	38.4%	40.6%	43.9%	60.7%	48.1%	48.1%
总计	100.0%	100.0%	100.0%	100.0%	100.0%	100.0%
列总计	669	776	2011	1642	1171	6269

Chi-square tests：df = 12，卡方值为176.322，sig = 0.000 < 0.050，所以不同职业的居民在对“医生道德状况”的满意度上存在显著差异。

D18m by A10

对弱势群体道德状况的满意度 * 职业 Crosstabulation

	高级白领	低级白领	工人/做小生意者	农民	无业/失业/下岗人员	总计
非常不满意	1.7%	3.1%	3.7%	1.8%	2.4%	2.7%
不太满意	13.9%	17.7%	11.8%	8.6%	11.9%	11.8%
比较满意	46.5%	43.0%	41.5%	34.3%	39.2%	39.7%
非常满意	37.9%	36.3%	43.0%	55.3%	46.6%	45.8%
总计	100.0%	100.0%	100.0%	100.0%	100.0%	100.0%
列总计	538	589	1700	1475	1003	5305

Chi-square tests：df = 12，卡方值为 115.951，sig = 0.000 < 0.050，所以不同职业的居民在对“弱势群体道德状况”的满意度上存在显著差异。

D19 by A10

您认为大家在一起合作共事，最重要的条件是 * 职业 Crosstabulation

	高级白领	低级白领	工人/做小生意者	农民	无业/失业/下岗人员	总计
心情要愉快，否则就不在一起或另找单位	25.8%	26.5%	28.5%	30.6%	27.6%	28.3%
自由宽松的氛围	6.8%	5.8%	7.2%	7.5%	7.6%	7.1%
不违背做人的基本准则	34.5%	34.3%	32.6%	31.8%	32.6%	32.8%
尽量约束自己，考虑别人感受	11.6%	13.3%	11.8%	10.9%	13.7%	12.1%
以共同体的利益为最高准则	20.9%	19.7%	19.3%	18.5%	17.4%	19.0%
其他	0.5%	0.4%	0.6%	0.7%	1.1%	0.7%
总计	100.0%	100.0%	100.0%	100.0%	100.0%	100.0%
列总计	664	773	2013	1646	1167	6263

Chi-square tests：df = 20，卡方值为 24.115，sig = 0.237 > 0.050，所以不同职业的居民在对“您认为大家在一起合作共事，最重要的条件”的选择上不存在显著差异。

D20 by A10

您常常体验到自己身上“道德感”的存在和满足吗（如社会行为不是出于本能欲望的冲动，而是考虑是否符合道德规则）* 职业 Crosstabulation

	高级白领	低级白领	工人/做小生意者	农民	无业/失业/下岗人员	总计
没有，只是凭自己的意志和利益办事	12.2%	10.3%	14.4%	17.3%	14.0%	14.4%

续表

	高级白领	低级白领	工人/做小生意者	农民	无业/失业/下岗人员	总计
在有监督的环境中有，其他环境中没有	5.7%	5.1%	10.4%	11.5%	7.6%	9.0%
能考虑行为符合公认的道德准则，但是出于社会评价的考虑	34.4%	35.4%	36.0%	31.6%	35.8%	34.6%
经常有，因为行为应当符合社会规则	47.2%	49.0%	38.7%	39.3%	42.3%	41.7%
其他	0.4%	0.1%	0.4%	0.3%	0.3%	0.4%
总计	100.0%	100.0%	100.0%	100.0%	100.0%	100.0%
列总计	671	779	2015	1640	1164	6269

Chi-square tests：df = 16，卡方值为90.264，sig = 0.000 < 0.050，所以不同职业的居民在对“您常常体验到自己身上‘道德感’的存在和满足吗（如社会行为不是出于本能欲望的冲动，而是考虑是否符合道德规则）”的认知上存在显著差异。

D21 by A10

您觉得大多数人都是可以相信的吗？如果 1 分代表“大多数人都可以相信”，5 分代表“对其他人都应该小心防备”，您会选几分 * 职业 Crosstabulation

	高级白领	低级白领	工人/做小生意者	农民	无业/失业/下岗人员	总计
1 分	34.2%	35.1%	27.1%	29.8%	25.1%	29.2%
2 分	21.8%	23.2%	22.9%	21.2%	23.0%	22.4%
3 分	28.8%	29.2%	30.3%	28.1%	33.7%	30.1%
4 分	10.0%	8.1%	11.1%	11.5%	11.7%	10.8%
5 分	5.2%	4.5%	8.6%	9.4%	6.5%	7.5%
总计	100.0%	100.0%	100.0%	100.0%	100.0%	100.0%
列总计	670	781	2023	1653	1172	6299

Chi-square tests：df = 16，卡方值为68.523，sig = 0.000 < 0.050，所以不同职业的居民在对“您觉得大多数人都是可以相信的吗？如果 1 分代表‘大多数人都可以相信’，5 分代表‘对其他人都应该小心防备’，您会选几分”的打分上存在显著差异。

D22 by A10

如果在路边看到一个老人摔倒，您的反应是 * 职业 Crosstabulation

	高级白领	低级白领	工人/做小生意者	农民	无业/失业/下岗人员	总计
立即将其扶起	43.9%	45.4%	41.8%	50.6%	41.7%	44.8%

续表

	高级白领	低级白领	工人/做小生意者	农民	无业/失业/下岗人员	总计
等有证人时再扶	21.9%	20.9%	23.6%	22.2%	23.8%	22.7%
先拍照，再扶起	17.5%	15.6%	12.7%	6.2%	12.1%	11.8%
不扶，避免惹是生非	4.3%	4.6%	6.5%	7.1%	6.8%	6.2%
报警	11.2%	12.6%	14.4%	11.8%	14.0%	13.1%
其他	1.2%	0.9%	1.0%	2.1%	1.6%	1.4%
总计	100.0%	100.0%	100.0%	100.0%	100.0%	100.0%
列总计	670	780	2021	1649	1170	6290

Chi-square tests：df = 20，卡方值为121.539，sig = 0.000 < 0.050，所以不同职业的居民在对“如果在路边看到一个老人摔倒，您有何种反应”的选择上存在显著差异。

D23a by A10

您认为导致当前医患关系紧张的首要原因是 * 职业 Crosstabulation

	高级白领	低级白领	工人/做小生意者	农民	无业/失业/下岗人员	总计
医生缺乏职业道德，对病人不负责任	26.3%	31.2%	33.5%	33.7%	29.9%	31.8%
医疗制度不合理，看病难，看病贵	51.9%	52.5%	43.9%	38.2%	44.6%	44.5%
医生腐败，不送红包，就不认真看病	10.1%	7.2%	12.9%	16.0%	13.2%	12.8%
“医闹”，病人蓄意闹事	9.9%	8.3%	8.5%	10.5%	10.9%	9.6%
其他	1.8%	0.8%	1.1%	1.5%	1.3%	1.3%
总计	100.0%	100.0%	100.0%	100.0%	100.0%	100.0%
列总计	665	769	1980	1616	1134	6164

Chi-square tests：df = 16，卡方值为92.881，sig = 0.000 < 0.050，所以不同职业的居民在对“导致当前医患关系紧张的首要原因”的选择上存在显著差异。

D23b by A10

您认为导致当前医患关系紧张的次要原因是 * 职业 Crosstabulation

	高级白领	低级白领	工人/做小生意者	农民	无业/失业/下岗人员	总计
医生缺乏职业道德，对病人不负责任	32.1%	34.8%	30.8%	33.3%	33.2%	32.5%
医疗制度不合理，看病难，看病贵	28.1%	26.1%	29.5%	27.9%	27.9%	28.2%

续表

	高级白领	低级白领	工人/做小生意者	农民	无业/失业/下岗人员	总计
医生腐败，不送红包，就不认真看病	17.9%	18.1%	22.4%	22.3%	19.8%	20.9%
“医闹”，病人蓄意闹事	20.4%	19.9%	15.8%	15.1%	17.7%	17.0%
其他	1.6%	1.1%	1.4%	1.4%	1.5%	1.4%
总计	100.0%	100.0%	100.0%	100.0%	100.0%	100.0%
列总计	627	724	1894	1567	1082	5894

Chi-square tests：df = 16，卡方值为 28.863，sig = 0.014 < 0.050，所以不同职业的居民在对“导致当前医患关系紧张的次要原因”的选择上存在显著差异。

D24a by A10

对家人的信任程度如何 ＊ 职业 Crosstabulation

	高级白领	低级白领	工人/做小生意者	农民	无业/失业/下岗人员	总计
完全信任	88.7%	89.7%	88.1%	89.6%	86.0%	88.3%
比较信任	10.4%	10.0%	11.6%	9.9%	13.2%	11.1%
不太信任	0.6%	0.1%	0.3%	0.5%	0.8%	0.5%
根本不信任	0.3%	0.1%	0.1%		0.1%	0.1%
总计	100.0%	100.0%	100.0%	100.0%	100.0%	100.0%
列总计	661	767	1985	1620	1148	6181

Chi-square tests：df = 12，卡方值为 20.677，sig = 0.055 > 0.050，所以不同职业的居民在对“家人”的信任度上不存在显著差异。

D24b by A10

对邻居的信任程度如何 ＊ 职业 Crosstabulation

	高级白领	低级白领	工人/做小生意者	农民	无业/失业/下岗人员	总计
完全信任	26.4%	27.7%	29.5%	37.2%	29.7%	31.0%
比较信任	66.3%	64.3%	62.4%	57.9%	61.3%	61.6%
不太信任	7.0%	7.6%	7.1%	4.4%	8.5%	6.7%
根本不信任	0.3%	0.4%	1.0%	0.6%	0.5%	0.7%
总计	100.0%	100.0%	100.0%	100.0%	100.0%	100.0%
列总计	671	779	2019	1649	1170	6288

Chi-square tests：df = 12，卡方值为 63.976，sig = 0.000 < 0.050，所以不同职业的居民在对“邻居”的信任度上存在显著差异。

D24c by A10

对商人的信任程度如何 ＊ 职业 Crosstabulation

	高级白领	低级白领	工人/做小生意者	农民	无业/失业/下岗人员	总计
完全信任	5.1%	5.4%	6.1%	9.0%	5.7%	6.6%
比较信任	28.6%	33.6%	33.6%	37.7%	31.2%	33.7%
不太信任	60.0%	58.1%	52.0%	45.8%	55.9%	52.7%
根本不信任	6.3%	2.8%	8.3%	7.5%	7.2%	7.0%
总计	100.0%	100.0%	100.0%	100.0%	100.0%	100.0%
列总计	665	776	2017	1650	1168	6276

Chi-square tests：df = 12，卡方值为 89.464，sig = 0.000 < 0.050，所以不同职业的居民在对“商人”的信任度上存在显著差异。

D24d by A10

对单位领导/社区（村）干部的信任程度如何 ＊ 职业 Crosstabulation

	高级白领	低级白领	工人/做小生意者	农民	无业/失业/下岗人员	总计
完全信任	24.2%	30.6%	21.3%	29.7%	20.3%	24.8%
比较信任	56.1%	56.5%	58.3%	53.6%	55.5%	56.1%
不太信任	16.7%	10.9%	16.8%	13.3%	20.3%	15.8%
根本不信任	3.0%	1.9%	3.6%	3.3%	3.9%	3.3%
总计	100.0%	100.0%	100.0%	100.0%	100.0%	100.0%
列总计	670	780	2016	1648	1168	6282

Chi-square tests：df = 12，卡方值为 90.841，sig = 0.000 < 0.050，所以不同职业的居民在对“单位领导/社区（村）干部”的信任度上存在显著差异。

D24e by A10

对公务员的信任程度如何 ＊ 职业 Crosstabulation

	高级白领	低级白领	工人/做小生意者	农民	无业/失业/下岗人员	总计
完全信任	14.9%	18.3%	14.1%	21.3%	13.7%	16.5%
比较信任	60.4%	60.2%	57.8%	58.2%	55.9%	58.1%
不太信任	23.0%	20.0%	24.7%	18.2%	28.2%	22.9%
根本不信任	1.6%	1.5%	3.5%	2.4%	2.2%	2.5%
总计	100.0%	100.0%	100.0%	100.0%	100.0%	100.0%
列总计	669	781	2012	1641	1164	6267

Chi-square tests：df = 12，卡方值为 89.203，sig = 0.000 < 0.050，所以不同职业的居民在对“公务员”的信任度上存在显著差异。

D24f by A10

对教师的信任程度如何 ＊ 职业 Crosstabulation

	高级白领	低级白领	工人/做小生意者	农民	无业/失业/下岗人员	总计
完全信任	30.1%	28.2%	28.9%	39.1%	31.5%	32.1%
比较信任	56.4%	59.8%	57.7%	51.5%	55.5%	55.8%
不太信任	12.0%	10.8%	11.5%	8.6%	11.8%	10.7%
根本不信任	1.5%	1.3%	1.9%	0.9%	1.2%	1.4%
总计	100.0%	100.0%	100.0%	100.0%	100.0%	100.0%
列总计	668	781	2016	1646	1169	6280

Chi-square tests：df = 12，卡方值为 64.162，sig = 0.000 < 0.050，所以不同职业的居民在对“教师”的信任度上存在显著差异。

D24g by A10

对警察的信任程度如何 ＊ 职业 Crosstabulation

	高级白领	低级白领	工人/做小生意者	农民	无业/失业/下岗人员	总计
完全信任	37.1%	35.0%	35.9%	48.1%	37.7%	39.4%
比较信任	51.4%	55.3%	52.1%	44.4%	50.9%	50.2%
不太信任	9.7%	8.1%	9.8%	6.3%	9.8%	8.7%
根本不信任	1.8%	1.7%	2.2%	1.3%	1.6%	1.7%
总计	100.0%	100.0%	100.0%	100.0%	100.0%	100.0%
列总计	671	780	2020	1652	1166	6289

Chi-square tests：df = 12，卡方值为 81.204，sig = 0.000 < 0.050，所以不同职业的居民在对“警察”的信任度上存在显著差异。

D24h by A10

对医生的信任程度如何 ＊ 职业 Crosstabulation

	高级白领	低级白领	工人/做小生意者	农民	无业/失业/下岗人员	总计
完全信任	24.6%	23.1%	24.7%	34.9%	26.6%	27.5%
比较信任	57.1%	57.8%	53.5%	50.8%	54.9%	54.0%
不太信任	16.3%	17.2%	18.5%	12.9%	16.3%	16.2%
根本不信任	1.9%	1.8%	3.4%	1.5%	2.2%	2.3%
总计	100.0%	100.0%	100.0%	100.0%	100.0%	100.0%
列总计	667	778	2019	1649	1170	6283

Chi-square tests：df = 12，卡方值为 88.211，sig = 0.000 < 0.050，所以不同职业的居民在对“医生”的信任度上存在显著差异。

D24i by A10

对法官的信任程度如何 ＊ 职业 Crosstabulation

	高级白领	低级白领	工人/做小生意者	农民	无业/失业/下岗人员	总计
完全信任	28.2%	29.8%	29.4%	41.1%	32.4%	32.9%
比较信任	53.4%	56.0%	53.9%	47.8%	51.0%	52.0%
不太信任	15.3%	12.2%	13.5%	9.5%	14.9%	12.7%
根本不信任	3.1%	1.9%	3.2%	1.6%	1.7%	2.3%
总计	100.0%	100.0%	100.0%	100.0%	100.0%	100.0%
列总计	667	778	2017	1641	1168	6271

Chi-square tests：df = 12，卡方值为 93.795，sig = 0.000 < 0.050，所以不同职业的居民在对“法官”的信任度上存在显著差异。

D24j by A10

对陌生人的信任程度如何 ＊ 职业 Crosstabulation

	高级白领	低级白领	工人/做小生意者	农民	无业/失业/下岗人员	总计
完全信任	1.8%	2.2%	1.8%	2.1%	2.1%	2.0%
比较信任	12.3%	14.6%	10.4%	9.0%	8.5%	10.4%
不太信任	52.3%	49.4%	47.4%	41.4%	48.4%	46.8%
根本不信任	33.6%	33.8%	40.4%	47.5%	41.0%	40.8%
总计	100.0%	100.0%	100.0%	100.0%	100.0%	100.0%
列总计	669	781	2018	1653	1168	6289

Chi-square tests：df = 12，卡方值为 75.749，sig = 0.000 < 0.050，所以不同职业的居民在对“陌生人”的信任度上存在显著差异。

D24k by A10

对外国人的信任程度如何 ＊ 职业 Crosstabulation

	高级白领	低级白领	工人/做小生意者	农民	无业/失业/下岗人员	总计
完全信任	2.7%	3.0%	1.8%	2.0%	2.1%	2.1%
比较信任	17.4%	18.8%	14.1%	9.5%	15.2%	14.0%
不太信任	49.2%	50.3%	46.2%	39.9%	45.9%	45.3%
根本不信任	30.7%	27.9%	37.9%	48.7%	36.9%	38.5%
总计	100.0%	100.0%	100.0%	100.0%	100.0%	100.0%
列总计	661	775	2004	1636	1158	6234

Chi-square tests：df = 12，卡方值为 143.709，sig = 0.000 < 0.050，所以不同职业的居民在对“外国人”的信任度上存在显著差异。

D24l by A10

对同事或同学的信任程度如何 * 职业 Crosstabulation

	高级白领	低级白领	工人/做小生意者	农民	无业/失业/下岗人员	总计
完全信任	17.1%	18.1%	15.5%	19.0%	16.3%	17.1%
比较信任	73.2%	72.8%	71.7%	66.0%	70.2%	70.2%
不太信任	8.2%	7.3%	11.0%	12.2%	11.2%	10.6%
根本不信任	1.5%	1.7%	1.8%	2.8%	2.3%	2.1%
总计	100.0%	100.0%	100.0%	100.0%	100.0%	100.0%
列总计	667	777	2010	1635	1169	6258

Chi-square tests：df = 12，卡方值为 36.597，sig = 0.001 < 0.050，所以不同职业的居民在对“同事或同学”的信任度上存在显著差异。

D24m by A10

对本地政府的信任程度如何 * 职业 Crosstabulation

	高级白领	低级白领	工人/做小生意者	农民	无业/失业/下岗人员	总计
完全信任	26.1%	30.8%	26.1%	39.2%	27.1%	30.3%
比较信任	58.5%	54.9%	55.1%	48.6%	56.4%	54.0%
不太信任	12.8%	13.3%	15.0%	9.8%	13.6%	13.0%
根本不信任	2.5%	1.0%	3.8%	2.4%	2.9%	2.8%
总计	100.0%	100.0%	100.0%	100.0%	100.0%	100.0%
列总计	670	780	2014	1650	1171	6285

Chi-square tests：df = 12，卡方值为 113.868，sig = 0.000 < 0.050，所以不同职业的居民在对“本地政府”的信任度上存在显著差异。

D24n by A10

对中央政府的信任程度如何 * 职业 Crosstabulation

	高级白领	低级白领	工人/做小生意者	农民	无业/失业/下岗人员	总计
完全信任	53.7%	50.5%	49.3%	61.3%	51.1%	53.4%
比较信任	38.5%	41.0%	41.9%	33.7%	40.5%	39.0%
不太信任	6.1%	7.1%	6.7%	4.1%	7.3%	6.1%
根本不信任	1.6%	1.4%	2.1%	0.9%	1.1%	1.5%
总计	100.0%	100.0%	100.0%	100.0%	100.0%	100.0%
列总计	670	778	2020	1652	1172	6292

Chi-square tests：df = 12，卡方值为 71.356，sig = 0.000 < 0.050，所以不同职业的居民在对“中央政府”的信任度上存在显著差异。

D25 by A10

您认为弱势群体产生的最主要原因是 ＊ 职业 Crosstabulation

	高级白领	低级白领	工人/做小生意者	农民	无业/失业/下岗人员	总计
制度不合理，社会关怀不够	31.2%	26.9%	26.5%	24.5%	26.0%	26.4%
收入分配不公	21.5%	23.9%	25.6%	25.1%	26.7%	25.0%
机会不平等	8.7%	9.0%	11.0%	10.2%	10.4%	10.2%
弱势群体自己不努力	13.9%	14.7%	15.3%	16.5%	15.3%	15.4%
缺乏生存技能	23.3%	24.1%	20.6%	22.4%	19.9%	21.7%
其他	1.5%	1.4%	1.0%	1.3%	1.7%	1.3%
总计	100.0%	100.0%	100.0%	100.0%	100.0%	100.0%
列总计	670	781	2015	1644	1169	6279

Chi-square tests：df = 20，卡方值为 29.468，sig = 0.079 > 0.050，所以不同职业的居民在对“弱势群体产生的最主要原因”的认知上不存在显著差异。

D26 by A10

您认为对当前我国伦理关系和道德风尚造成最大负面影响的因素是 ＊ 职业 Crosstabulation

	高级白领	低级白领	工人/做小生意者	农民	无业/失业/下岗人员	总计
传统文化的崩坏	22.5%	20.4%	21.1%	28.6%	23.1%	23.5%
外来文化的冲击	11.4%	10.2%	9.6%	8.0%	9.0%	9.3%
市场经济导致的个人主义	24.0%	27.4%	23.8%	19.0%	24.3%	23.1%
网络技术的发展	5.7%	6.2%	7.8%	6.2%	6.1%	6.6%
分配不公，两极分化	18.0%	20.3%	18.4%	19.6%	18.2%	18.9%
以权谋私，官员腐败	18.4%	15.6%	19.3%	18.6%	19.3%	18.6%
总计	100.0%	100.0%	100.0%	100.0%	100.0%	100.0%
列总计	667	775	2013	1635	1162	6252

Chi-square tests：df = 20，卡方值为 65.843，sig = 0.000 < 0.050，所以不同职业的居民在对“当前我国伦理关系和道德风尚造成最大负面影响的因素”的认知上存在显著差异。

E1 by A10

您对于我们正在走的中国特色社会主义道路怎么看 * 职业 Crosstabulation

	高级白领	低级白领	工人/做小生意者	农民	无业/失业/下岗人员	总计
充满信心，因为它可以给中国带来繁荣富强	78.8%	76.4%	67.7%	70.4%	63.5%	69.9%
不太了解，但相信这条路能够让老百姓过上好日子	13.0%	17.4%	24.0%	24.1%	26.1%	22.4%
表示怀疑，走这条路究竟怎么样，现在还说不清楚	7.5%	5.3%	6.1%	3.2%	7.9%	5.7%
走什么样的路，跟我没关系	0.7%	0.9%	2.1%	2.4%	2.5%	2.0%
总计	100.0%	100.0%	100.0%	100.0%	100.0%	100.0%
列总计	670	780	2020	1650	1171	6291

Chi-square tests：df = 12，卡方值为 112.836，sig = 0.000 < 0.050，所以不同职业的居民在对“中国特色社会主义道路”的看法上存在显著差异。

E2a by A10

结合自己的情况进行选择：我会经常关心比我不幸的人 * 职业 Crosstabulation

	高级白领	低级白领	工人/做小生意者	农民	无业/失业/下岗人员	总计
完全不符合	3.7%	4.1%	3.7%	4.5%	4.8%	4.2%
不太符合	13.3%	17.5%	18.2%	19.4%	19.7%	18.2%
比较符合	53.2%	48.8%	53.7%	50.5%	52.6%	52.0%
完全符合	29.7%	29.6%	24.4%	25.5%	23.0%	25.6%
总计	100.0%	100.0%	100.0%	100.0%	100.0%	100.0%
列总计	667	781	2019	1652	1170	6289

Chi-square tests：df = 12，卡方值为 31.508，sig = 0.002 < 0.050，所以不同职业的居民在对“我会经常关心比我不幸的人”的自我评价上存在显著差异。

E2b by A10

结合自己的情况进行选择：在做决定前，我会试着从每个人的立场去考虑问题 * 职业 Crosstabulation

	高级白领	低级白领	工人/做小生意者	农民	无业/失业/下岗人员	总计
完全不符合	2.4%	2.6%	2.5%	3.1%	3.0%	2.7%
不太符合	9.3%	9.2%	15.1%	16.2%	14.9%	14.0%
比较符合	60.8%	57.7%	58.3%	58.0%	57.9%	58.3%

续表

	高级白领	低级白领	工人/做小生意者	农民	无业/失业/下岗人员	总计
完全符合	27.5%	30.6%	24.1%	22.7%	24.3%	24.9%
总计	100.0%	100.0%	100.0%	100.0%	100.0%	100.0%
列总计	668	782	2021	1652	1170	6293

Chi-square tests：df = 12，卡方值为 50.025，sig = 0.000 < 0.050，所以不同职业的居民在对“在做决定前，我会试着从每个人的立场去考虑问题”的自我评价上存在显著差异。

E2c by A10

结合自己的情况进行选择：当我看到有人被利用时，我有点想要保护他们 * 职业 Crosstabulation

	高级白领	低级白领	工人/做小生意者	农民	无业/失业/下岗人员	总计
完全不符合	3.6%	3.1%	3.1%	3.9%	3.2%	3.4%
不太符合	13.1%	14.6%	18.9%	18.8%	19.7%	17.9%
比较符合	58.2%	55.1%	54.8%	54.9%	56.4%	55.5%
完全符合	25.1%	27.3%	23.2%	22.3%	20.6%	23.2%
总计	100.0%	100.0%	100.0%	100.0%	100.0%	100.0%
列总计	670	781	2017	1647	1171	6286

Chi-square tests：df = 12，卡方值为 31.730，sig = 0.002 < 0.050，所以不同职业的居民在对“当我看到有人被利用时，我有点想要保护他们”的自我评价上存在显著差异。

E2d by A10

结合自己的情况进行选择：我有时会试图站在他人的角度，以更好地理解他们 * 职业 Crosstabulation

	高级白领	低级白领	工人/做小生意者	农民	无业/失业/下岗人员	总计
完全不符合	2.5%	3.6%	1.9%	3.1%	2.7%	2.6%
不太符合	10.3%	9.4%	12.6%	13.4%	12.6%	12.2%
比较符合	56.9%	54.2%	59.4%	60.5%	59.2%	58.8%
完全符合	30.3%	32.8%	26.1%	23.0%	25.5%	26.4%
总计	100.0%	100.0%	100.0%	100.0%	100.0%	100.0%
列总计	670	780	2019	1648	1165	6282

Chi-square tests：df = 12，卡方值为 45.225，sig = 0.000 < 0.050，所以不同职业的居民在对“我有时会试图站在他人的角度，以更好地理解他们”的自我评价上存在显著差异。

E2e by A10

结合自己的情况进行选择：处在紧张情绪的状况中，我会惊慌害怕 * 职业 Crosstabulation

	高级白领	低级白领	工人/做小生意者	农民	无业/失业/下岗人员	总计
完全不符合	10.7%	9.1%	10.8%	13.4%	8.1%	10.8%
不太符合	33.9%	32.8%	30.3%	29.4%	28.6%	30.5%
比较符合	41.3%	41.4%	42.1%	39.0%	42.3%	41.2%
完全符合	14.2%	16.7%	16.8%	18.2%	20.9%	17.6%
总计	100.0%	100.0%	100.0%	100.0%	100.0%	100.0%
列总计	664	780	2012	1644	1166	6266

Chi-square tests：df = 12，卡方值为41.675，sig = 0.000 < 0.050，所以不同职业的居民在对“处在紧张情绪的状况中，我会惊慌害怕”的自我评价上存在显著差异。

E2f by A10

结合自己的情况进行选择：我相信任何问题都有两面性，我会试图从两个方面加以考虑 * 职业 Crosstabulation

	高级白领	低级白领	工人/做小生意者	农民	无业/失业/下岗人员	总计
完全不符合	1.8%	2.1%	2.1%	2.7%	2.6%	2.3%
不太符合	8.4%	10.1%	13.2%	18.0%	13.2%	13.5%
比较符合	53.5%	52.8%	56.4%	54.1%	56.9%	55.2%
完全符合	36.3%	35.0%	28.3%	25.2%	27.3%	29.0%
总计	100.0%	100.0%	100.0%	100.0%	100.0%	100.0%
列总计	669	780	2018	1649	1170	6286

Chi-square tests：df = 12，卡方值为81.614，sig = 0.000 < 0.050，所以不同职业的居民在对“我相信任何问题都有两面性，我会试图从两个方面加以考虑”的自我评价上存在显著差异。

E2g by A10

结合自己的情况进行选择：当我对某人很不耐烦或想批评他/她时，我通常会暂时站在他/她的位置上进行考虑 * 职业 Crosstabulation

	高级白领	低级白领	工人/做小生意者	农民	无业/失业/下岗人员	总计
完全不符合	3.6%	3.2%	4.1%	5.8%	4.2%	4.4%
不太符合	17.5%	23.2%	23.3%	24.4%	25.6%	23.4%
比较符合	58.5%	50.7%	54.9%	52.9%	52.6%	53.8%
完全符合	20.4%	22.8%	17.8%	16.9%	17.7%	18.5%

续表

	高级白领	低级白领	工人/做小生意者	农民	无业/失业/下岗人员	总计
总计	100.0%	100.0%	100.0%	100.0%	100.0%	100.0%
列总计	670	779	2016	1649	1172	6286

Chi-square tests：df = 12，卡方值为 42.075，sig = 0.000 < 0.050，所以不同职业的居民在对“当我对某人很不耐烦或想批评他/她时，我通常会暂时站在他/她的位置上进行考虑”的自我评价上存在显著差异。

E2h by A10

结合自己的情况进行选择：当我在读一个有趣的故事或者看一部电影时，我会想象如果这些事情发生在自己身上，我会是怎样的感受 ＊ 职业 Crosstabulation

	高级白领	低级白领	工人/做小生意者	农民	无业/失业/下岗人员	总计
完全不符合	4.5%	6.8%	8.8%	12.3%	7.8%	8.8%
不太符合	24.4%	23.3%	26.7%	28.3%	28.5%	26.8%
比较符合	50.1%	48.1%	46.8%	44.0%	46.0%	46.4%
完全符合	21.0%	21.9%	17.8%	15.4%	17.6%	18.0%
总计	100.0%	100.0%	100.0%	100.0%	100.0%	100.0%
列总计	668	778	2010	1645	1164	6265

Chi-square tests：df = 12，卡方值为 69.939，sig = 0.000 < 0.050，所以不同职业的居民在对“当我在读一个有趣的故事或者看一部电影时，我会想象如果这些事情发生在自己身上，我会是怎样的感受”的自我评价上存在显著差异。

E2i by A10

结合自己的情况进行选择：当我看到有人发生意外而急需帮助时，我紧张得几乎精神崩溃 ＊ 职业 Crosstabulation

	高级白领	低级白领	工人/做小生意者	农民	无业/失业/下岗人员	总计
完全不符合	21.7%	19.1%	20.0%	20.6%	18.5%	19.9%
不太符合	43.3%	45.2%	40.4%	35.2%	41.8%	40.2%
比较符合	27.4%	26.2%	29.1%	31.0%	28.0%	28.8%
完全符合	7.6%	9.5%	10.6%	13.3%	11.7%	11.0%
总计	100.0%	100.0%	100.0%	100.0%	100.0%	100.0%
列总计	669	781	2017	1651	1170	6288

Chi-square tests：df = 12，卡方值为 42.794，sig = 0.000 < 0.050，所以不同职业的居民在对“当我看到有人发生意外而急需帮助时，我紧张得几乎精神崩溃”的自我评价上存在显著差异。

E3 by A10

每个人都希望我们的国家越来越好，我们的生活越来越好。党的十八大提出，到2020年全面建成小康社会，到本世纪中叶建成社会主义现代化国家。您认为这样的目标能实现吗 ＊ 职业 Crosstabulation

	高级白领	低级白领	工人/做小生意者	农民	无业/失业/下岗人员	总计
相信一定能实现	53.9%	56.7%	55.4%	62.8%	53.8%	57.0%
有困难，但只要努力还是能实现的	40.2%	39.9%	35.7%	27.1%	36.5%	34.6%
不可能实现	2.7%	2.2%	3.4%	2.7%	3.0%	2.9%
说不清楚，跟我没关系	3.1%	1.2%	5.5%	7.4%	6.7%	5.5%
总计	100.0%	100.0%	100.0%	100.0%	100.0%	100.0%
列总计	671	781	2023	1652	1173	6300

Chi-square tests：df = 12，卡方值为107.421，sig = 0.000 < 0.050，所以不同职业的居民在对“每个人都希望我们的国家越来越好，我们的生活越来越好。党的十八大提出，到2020年全面建成小康社会，到本世纪中叶建成社会主义现代化国家。您认为这样的目标能实现吗”的信心度上存在显著差异。

E4 by A10

您认为在现代中国社会实际奉行的道德价值是 ＊ 职业 Crosstabulation

	高级白领	低级白领	工人/做小生意者	农民	无业/失业/下岗人员	总计
个人主义，人人为自己，上帝为大家	18.0%	19.1%	21.9%	23.1%	23.9%	21.8%
义利合一，以理导欲	57.7%	56.9%	56.3%	53.9%	53.8%	55.4%
见利忘义，物欲横流	9.8%	9.5%	10.8%	10.0%	9.6%	10.1%
存义去利	14.5%	14.5%	10.9%	13.0%	12.7%	12.6%
总计	100.0%	100.0%	100.0%	100.0%	100.0%	100.0%
列总计	662	775	1996	1602	1151	6186

Chi-square tests：df = 12，卡方值为23.260，sig = 0.026 < 0.050，所以不同职业的居民在对“现代中国社会实际奉行的道德价值”的认知上存在显著差异。

E5a by A10

您认为当今中国社会最重要和最需要的德性是 ＊ 职业 Crosstabulation

	高级白领	低级白领	工人/做小生意者	农民	无业/失业/下岗人员	总计
爱（仁爱、博爱、友爱）	42.2%	47.6%	38.5%	37.5%	37.6%	39.6%
义（道义、义务）	5.1%	5.2%	4.8%	3.5%	4.4%	4.5%

续表

	高级白领	低级白领	工人/做小生意者	农民	无业/失业/下岗人员	总计
宽容	2.5%	3.3%	4.1%	5.2%	3.3%	4.0%
责任	14.8%	12.2%	16.6%	14.9%	14.2%	15.0%
正义或公正	13.1%	14.5%	10.8%	10.1%	14.2%	12.0%
诚信	9.7%	7.9%	9.3%	7.9%	9.5%	8.8%
忠恕	1.0%	1.5%	1.0%	0.9%	0.9%	1.0%
理智	0.6%	0.3%	1.1%	1.2%	0.9%	0.9%
节制			0.1%	0.3%	0.3%	0.2%
谦让	0.4%	0.5%	0.8%	2.1%	1.4%	1.2%
恭敬	0.3%		0.7%	0.8%	0.3%	0.5%
勇敢			0.4%	0.9%	0.3%	0.4%
正直	1.9%	1.9%	1.9%	2.6%	2.9%	2.3%
善良	2.7%	1.5%	3.7%	5.3%	4.2%	3.8%
力行或知行合一	0.1%	0.4%			0.3%	0.1%
教养	0.9%	0.9%	2.1%	1.2%	2.0%	1.5%
孝悌	3.4%	1.3%	2.8%	4.7%	2.7%	3.1%
气节	0.3%	0.3%	0.1%	0.1%		0.1%
中庸		0.3%	0.1%	0.1%	0.1%	0.1%
敬业	0.7%	0.4%	0.9%	0.7%	0.3%	0.7%
总计	100.0%	100.0%	100.0%	100.0%	100.0%	100.0%
列总计	670	781	2021	1647	1169	6288

Chi-square tests：df = 76，卡方值为 203.251，sig = 0.000 < 0.050，所以不同职业的居民在对“当今中国社会最重要和最需要的德性”的认知上存在显著差异。

E5b by A10

您认为当今中国社会第二重要和第二需要的德性是 * 职业 Crosstabulation

	高级白领	低级白领	工人/做小生意者	农民	无业/失业/下岗人员	总计
爱（仁爱、博爱、友爱）	10.4%	9.0%	10.7%	9.2%	10.9%	10.1%
义（道义、义务）	15.1%	20.4%	17.1%	16.6%	17.3%	17.2%
宽容	6.9%	6.0%	6.3%	6.7%	6.9%	6.6%
责任	16.7%	17.1%	16.3%	13.7%	15.7%	15.6%
正义或公正	12.7%	12.1%	11.8%	13.0%	10.9%	12.1%
诚信	14.8%	13.7%	12.4%	13.6%	12.9%	13.2%
忠恕	1.5%	0.8%	0.9%	1.5%	1.5%	1.2%

续表

	高级白领	低级白领	工人/做小生意者	农民	无业/失业/下岗人员	总计
理智	3.6%	2.8%	2.2%	2.3%	3.3%	2.6%
节制	0.6%	0.1%	0.3%	0.4%	0.3%	0.4%
谦让	2.1%	1.4%	2.5%	1.7%	2.3%	2.1%
恭敬	0.6%	1.2%	0.6%	0.5%	1.0%	0.7%
勇敢	0.3%	0.9%	0.5%	1.2%	0.9%	0.8%
正直	3.1%	3.6%	3.0%	3.2%	3.2%	3.2%
善良	3.9%	6.3%	7.9%	8.8%	5.3%	7.0%
力行或知行合一	0.7%	0.3%	0.2%	0.1%	0.3%	0.3%
教养	2.4%	1.2%	2.3%	2.3%	3.4%	2.4%
孝悌	1.8%	1.7%	3.6%	3.3%	2.7%	2.9%
气节	0.3%	0.1%	0.1%	0.2%	0.1%	0.2%
中庸			0.1%	0.1%	0.2%	0.1%
敬业	2.7%	1.4%	1.1%	1.5%	1.0%	1.4%
总计	100.0%	100.0%	100.0%	100.0%	100.0%	100.0%
列总计	671	779	2017	1646	1169	6282

Chi-square tests：df = 76，卡方值为 123.898，sig = 0.000 < 0.050，所以不同职业的居民在对“当今中国社会第二重要和第二需要的德性”的认知上存在显著差异。

E5c by A10
您认为当今中国社会第三重要和第三需要的德性是 * 职业 Crosstabulation

	高级白领	低级白领	工人/做小生意者	农民	无业/失业/下岗人员	总计
爱（仁爱、博爱、友爱）	8.3%	8.0%	7.2%	6.5%	8.8%	7.6%
义（道义、义务）	5.1%	4.6%	5.5%	6.5%	5.8%	5.7%
宽容	14.0%	16.4%	15.2%	15.6%	14.3%	15.1%
责任	11.3%	14.9%	9.6%	9.3%	11.9%	10.8%
正义或公正	13.0%	10.3%	9.1%	7.6%	9.6%	9.4%
诚信	16.5%	18.2%	20.3%	20.0%	18.5%	19.2%
忠恕	0.6%	0.4%	0.8%	1.4%	1.4%	1.0%
理智	2.5%	2.4%	2.6%	2.3%	2.3%	2.4%
节制	1.0%	0.3%	1.0%	1.2%	0.6%	0.9%
谦让	1.0%	2.2%	1.4%	2.5%	2.1%	1.9%
恭敬	0.1%	0.5%	0.6%	0.7%	0.5%	0.6%
勇敢	1.2%	0.9%	1.9%	2.8%	2.1%	2.0%

续表

	高级白领	低级白领	工人/做小生意者	农民	无业/失业/下岗人员	总计
正直	3.0%	2.3%	3.7%	3.3%	3.6%	3.3%
善良	6.3%	7.1%	8.3%	8.5%	8.6%	8.1%
力行或知行合一	1.6%	1.0%	1.1%	1.0%	0.8%	1.1%
教养	4.3%	3.9%	3.6%	2.5%	3.5%	3.4%
孝悌	2.8%	2.3%	3.7%	4.3%	3.1%	3.5%
气节	1.0%	0.6%	0.4%	0.7%	0.5%	0.6%
中庸	0.3%		0.1%	0.1%	0.2%	0.1%
敬业	5.8%	3.6%	3.7%	3.1%	2.0%	3.4%
总计	100.0%	100.0%	100.0%	100.0%	100.0%	100.0%
列总计	671	776	2015	1642	1169	6273

Chi-square tests：df = 76，卡方值为 143.418，sig = 0.000 < 0.050，所以不同职业的居民在对“当今中国社会第三重要和第三需要的德性”的认知上存在显著差异。

E6a by A10

您在所在的单位有没有一种踏实和亲切的感觉 ＊ 职业 Crosstabulation

	高级白领	低级白领	工人/做小生意者	农民	无业/失业/下岗人员	总计
有	56.4%	60.6%	51.5%	56.8%	46.0%	53.6%
还可以	41.5%	37.4%	42.8%	35.0%	44.6%	40.2%
没有	2.1%	2.1%	5.8%	8.2%	9.4%	6.2%
总计	100.0%	100.0%	100.0%	100.0%	100.0%	100.0%
列总计	670	779	2000	1621	1132	6202

Chi-square tests：df = 8，卡方值为 115.922，sig = 0.000 < 0.050，所以不同职业的居民在对“在所在单位有一种踏实和亲切的感觉”的认知上存在显著差异。

E6b by A10

您在所在的社区/村有没有一种踏实和亲切的感觉 ＊ 职业 Crosstabulation

	高级白领	低级白领	工人/做小生意者	农民	无业/失业/下岗人员	总计
有	52.8%	60.2%	55.4%	66.5%	54.8%	58.5%
还可以	43.3%	37.3%	40.4%	29.6%	41.0%	37.6%
没有	3.9%	2.6%	4.2%	3.8%	4.2%	3.8%
总计	100.0%	100.0%	100.0%	100.0%	100.0%	100.0%
列总计	669	781	2016	1653	1172	6291

Chi-square tests：df = 8，卡方值为 74.411，sig = 0.000 < 0.050，所以不同职业的居民在对“在所在社区/村有一种踏实和亲切的感觉”的认知上存在显著差异。

E6c by A10

您在所在的城市有没有一种踏实和亲切的感觉 ＊ 职业 Crosstabulation

	高级白领	低级白领	工人/做小生意者	农民	无业/失业/下岗人员	总计
有	49.8%	53.9%	48.7%	55.5%	49.9%	51.5%
还可以	47.4%	43.0%	46.9%	39.0%	44.1%	43.9%
没有	2.8%	3.1%	4.4%	5.5%	6.0%	4.6%
总计	100.0%	100.0%	100.0%	100.0%	100.0%	100.0%
列总计	669	779	2016	1649	1170	6283

Chi-square tests：df = 8，卡方值为 41.374，sig = 0.000 < 0.050，所以不同职业的居民在对“在所在城市有一种踏实和亲切的感觉”的认知上存在显著差异。

E7 by A10

您认为在自己的成长中得到道德训练最重要的场所或机构是 ＊ 职业 Crosstabulation

	高级白领	低级白领	工人/做小生意者	农民	无业/失业/下岗人员	总计
家庭	37.5%	42.1%	42.5%	43.0%	44.7%	42.4%
学校	26.6%	25.1%	23.7%	20.3%	26.1%	23.7%
社会（包括职业生活）	27.2%	26.1%	27.4%	25.8%	23.5%	26.1%
国家或政府	5.8%	4.7%	4.8%	8.9%	4.4%	5.9%
媒体	1.9%	0.9%	1.0%	1.2%	0.7%	1.1%
其他	1.0%	1.0%	0.7%	0.9%	0.6%	0.8%
总计	100.0%	100.0%	100.0%	100.0%	100.0%	100.0%
列总计	670	781	2021	1646	1169	6287

Chi-square tests：df = 20，卡方值为 67.739，sig = 0.000 < 0.050，所以不同职业的居民在对“您认为在自己的成长中得到道德训练最重要的场所或机构”的认知上存在显著差异。

E8 by A10

您听说过一些道德模范或身边的好人好事吗？您愿意像他们那样做人做事吗 ＊ 职业 Crosstabulation

	高级白领	低级白领	工人/做小生意者	农民	无业/失业/下岗人员	总计
知道一些，他们很了不起，我在努力向他们学习	79.5%	78.9%	67.1%	63.0%	66.4%	68.7%
知道一些，我很敬佩他们，但自己学不来	15.7%	17.6%	22.5%	22.4%	22.4%	21.1%

续表

	高级白领	低级白领	工人/做小生意者	农民	无业/失业/下岗人员	总计
知道一些，我感到他们那样做有点不值得	1.9%	1.8%	2.7%	2.6%	2.1%	2.4%
没听说过谁是道德模范和身边好人	2.8%	1.7%	7.7%	12.1%	9.1%	7.8%
总计	100.0%	100.0%	100.0%	100.0%	100.0%	100.0%
列总计	668	782	2021	1651	1171	6293

Chi-square tests：df = 12，卡方值为 152.335，sig = 0.000 < 0.050，所以不同职业的居民在对“您听说过一些道德模范或身边的好人好事吗？您愿意像他们那样做人做事吗”的看法上存在显著差异。

E9a by A10

您对自己生活地方的下列群体职业道德状况总体评价如何：公务员道德状况（如工作认真负责、依法办事、公正廉洁、讲究效率、文明服务等）＊职业 Crosstabulation

	高级白领	低级白领	工人/做小生意者	农民	无业/失业/下岗人员	总计
非常满意	17.2%	20.1%	16.1%	23.2%	18.4%	19.0%
比较满意	59.4%	59.6%	58.0%	58.1%	56.6%	58.1%
不太满意	20.4%	17.9%	21.5%	15.4%	21.3%	19.3%
不满意	3.0%	2.3%	4.4%	3.4%	3.8%	3.6%
总计	100.0%	100.0%	100.0%	100.0%	100.0%	100.0%
列总计	667	780	2017	1648	1170	6282

Chi-square tests：df = 12，卡方值为 56.798，sig = 0.000 < 0.050，所以不同职业的居民在对“公务员道德状况”的满意度上存在显著差异。

E9b by A10

您对自己生活地方的下列群体职业道德状况总体评价如何：商人道德状况（如不卖假冒伪劣产品、不价格欺诈、不短斤少两、讲诚信服务等）＊职业 Crosstabulation

	高级白领	低级白领	工人/做小生意者	农民	无业/失业/下岗人员	总计
非常满意	7.2%	9.7%	9.3%	11.4%	9.6%	9.7%
比较满意	38.8%	42.9%	40.8%	45.3%	43.9%	42.6%
不太满意	44.5%	40.5%	39.8%	34.9%	37.6%	38.7%
不满意	9.6%	6.8%	10.1%	8.3%	8.9%	8.9%

续表

	高级白领	低级白领	工人/做小生意者	农民	无业/失业/下岗人员	总计
总计	100.0%	100.0%	100.0%	100.0%	100.0%	100.0%
列总计	670	780	2022	1651	1170	6293

Chi-square tests：df = 12，卡方值为 38.929，sig = 0.000 < 0.050，所以不同职业的居民在对“商人道德状况”的满意度上存在显著差异。

E9c by A10

您对自己生活地方的下列群体职业道德状况总体评价如何：教师道德状况（如爱岗敬业、关爱学生、教书育人、为人师表、不搞有偿家教等）* 职业 Crosstabulation

	高级白领	低级白领	工人/做小生意者	农民	无业/失业/下岗人员	总计
非常满意	23.5%	22.2%	27.5%	34.3%	28.9%	28.5%
比较满意	55.9%	59.9%	54.6%	54.3%	55.4%	55.5%
不太满意	18.1%	15.0%	14.4%	9.4%	13.1%	13.3%
不满意	2.5%	2.9%	3.5%	1.9%	2.6%	2.7%
总计	100.0%	100.0%	100.0%	100.0%	100.0%	100.0%
列总计	669	781	2021	1651	1172	6294

Chi-square tests：df = 12，卡方值为 83.226，sig = 0.000 < 0.050，所以不同职业的居民在对“教师道德状况”的满意度上存在显著差异。

E9d by A10

您对自己生活地方的下列群体职业道德状况总体评价如何：医生道德状况（如爱岗敬业、钻研医术、救死扶伤、尊重病人、不收红包等）* 职业 Crosstabulation

	高级白领	低级白领	工人/做小生意者	农民	无业/失业/下岗人员	总计
非常满意	17.8%	17.1%	20.1%	27.8%	20.3%	21.5%
比较满意	55.4%	55.4%	53.6%	54.5%	54.7%	54.5%
不太满意	21.3%	22.7%	20.6%	14.1%	20.5%	19.2%
不满意	5.5%	4.9%	5.7%	3.6%	4.4%	4.8%
总计	100.0%	100.0%	100.0%	100.0%	100.0%	100.0%
列总计	670	780	2023	1652	1170	6295

Chi-square tests：df = 12，卡方值为 86.267，sig = 0.000 < 0.050，所以不同职业的居民在对“医生道德状况”的满意度上存在显著差异。

E10 by A10

对当今中国社会，您更担忧哪种问题 * 职业 Crosstabulation

	高级白领	低级白领	工人/做小生意者	农民	无业/失业/下岗人员	总计
言而无信，不守信用	27.8%	28.2%	24.4%	23.5%	21.0%	24.4%
坑蒙拐骗，没有诚信	25.4%	21.4%	31.3%	40.1%	34.1%	32.3%
人与人之间互不信任，社会安全度低	38.8%	41.8%	33.6%	26.0%	34.6%	33.4%
可信任的人很少，遇到问题难以找到人倾诉和帮助	8.0%	8.6%	10.7%	10.4%	10.3%	10.0%
总计	100.0%	100.0%	100.0%	100.0%	100.0%	100.0%
列总计	665	777	2007	1637	1158	6244

Chi-square tests：df = 12，卡方值为 140.332，sig = 0.000 < 0.050，所以不同职业的居民在对“对当今中国社会，您更担忧哪种问题”的认知上存在显著差异。

E11a by A10

您的思想行为受什么人影响最大 * 职业 Crosstabulation

	高级白领	低级白领	工人/做小生意者	农民	无业/失业/下岗人员	总计
政府官员	13.9%	15.0%	13.7%	17.9%	10.4%	14.4%
企业家	0.7%	1.9%	2.0%	1.9%	1.0%	1.7%
演艺明星、体育明星	0.7%	0.3%	0.4%	0.2%	0.8%	0.5%
教师	13.0%	11.3%	12.0%	10.9%	14.8%	12.3%
知识精英	3.6%	2.4%	2.3%	1.6%	2.9%	2.4%
自由撰稿人	0.1%		0.2%	0.2%	0.5%	0.2%
农民	1.3%	1.3%	1.7%	6.0%	2.3%	2.9%
工人	0.4%	0.6%	1.9%	0.5%	0.6%	1.0%
先哲先贤	7.0%	4.5%	3.7%	2.0%	3.8%	3.7%
父母	59.0%	62.6%	62.0%	58.9%	62.9%	61.1%
总计	100.0%	100.0%	100.0%	100.0%	100.0%	100.0%
列总计	668	779	2011	1639	1169	6266

Chi-square tests：df = 36，卡方值为 209.653，sig = 0.000 < 0.050，所以不同职业的居民在对“您的思想行为受什么人影响最大”的选择上存在显著差异。

E11b by A10

您的思想行为受什么人影响第二大 * 职业 Crosstabulation

	高级白领	低级白领	工人/做小生意者	农民	无业/失业/下岗人员	总计
政府官员	10.4%	10.3%	11.1%	14.2%	9.6%	11.5%
企业家	6.0%	5.6%	6.0%	4.7%	4.5%	5.3%
演艺明星、体育明星	1.1%	1.3%	1.6%	1.1%	1.7%	1.4%
教师	39.9%	41.8%	41.1%	33.1%	41.4%	39.0%
知识精英	8.0%	7.3%	5.6%	3.6%	6.0%	5.6%
自由撰稿人	0.9%	0.6%	0.7%	0.9%	0.4%	0.7%
农民	3.2%	3.2%	6.8%	16.1%	8.1%	8.7%
工人	2.9%	1.9%	5.0%	4.6%	4.6%	4.2%
先哲先贤	10.9%	11.2%	7.1%	6.6%	7.9%	8.0%
父母	16.8%	16.8%	15.0%	15.0%	15.9%	15.6%
总计	100.0%	100.0%	100.0%	100.0%	100.0%	100.0%
列总计	662	770	1987	1630	1158	6207

Chi-square tests：df=36，卡方值为271.215，sig=0.000<0.050，所以不同职业的居民在对“您的思想行为受什么人影响第二大”的选择上存在显著差异。

E11c by A10

您的思想行为受什么人影响第三大 * 职业 Crosstabulation

	高级白领	低级白领	工人/做小生意者	农民	无业/失业/下岗人员	总计
政府官员	14.4%	17.5%	16.3%	15.0%	16.9%	16.0%
企业家	4.4%	5.9%	5.7%	4.0%	4.5%	4.9%
演艺明星、体育明星	3.2%	3.4%	4.0%	2.9%	4.4%	3.6%
教师	16.5%	17.0%	13.6%	14.6%	15.7%	15.0%
知识精英	17.0%	17.3%	12.2%	7.8%	13.4%	12.4%
自由撰稿人	2.1%	2.2%	2.1%	2.2%	2.7%	2.3%
农民	6.3%	6.0%	10.6%	20.3%	9.6%	11.9%
工人	3.7%	3.1%	11.5%	11.9%	7.8%	9.0%
先哲先贤	20.3%	17.9%	13.7%	10.0%	15.7%	14.3%
父母	12.1%	9.7%	10.1%	11.4%	9.4%	10.5%
总计	100.0%	100.0%	100.0%	100.0%	100.0%	100.0%
列总计	654	765	1971	1618	1148	6156

Chi-square tests：df=36，卡方值为352.794，sig=0.000<0.050，所以不同职业的居民在对“您的思想行为受什么人影响第三大”的选择上存在显著差异。

E12a by A10

对形成我国当前各种新型伦理关系和道德观念，哪种因素影响最大 * 职业 Crosstabulation

	高级白领	低级白领	工人/做小生意者	农民	无业/失业/下岗人员	总计
网络和媒体	45.5%	48.4%	39.7%	28.2%	40.2%	38.5%
政府	30.5%	31.4%	32.6%	45.0%	31.3%	35.2%
大学及其文化	6.3%	5.4%	5.5%	5.0%	8.3%	6.0%
市场	6.2%	5.8%	8.0%	9.6%	7.9%	7.9%
企业	1.1%	0.6%	1.8%	2.6%	1.0%	1.6%
社会团体	4.8%	3.6%	6.6%	5.4%	6.7%	5.7%
知识精英	2.6%	2.5%	2.6%	2.4%	2.7%	2.5%
国外价值观与生活方式	3.2%	2.3%	2.7%	1.4%	1.4%	2.1%
其他			0.5%	0.3%	0.5%	0.3%
总计	100.0%	100.0%	100.0%	100.0%	100.0%	100.0%
列总计	666	775	1995	1608	1148	6192

Chi-square tests：df = 32，卡方值为 210.613，sig = 0.000 < 0.050，所以不同职业的居民在对“对形成我国当前各种新型伦理关系和道德观念，哪种因素影响最大”的认知上存在显著差异。

E12b by A10

对形成我国当前各种新型伦理关系和道德观念，哪种因素影响第二大 * 职业 Crosstabulation

	高级白领	低级白领	工人/做小生意者	农民	无业/失业/下岗人员	总计
网络和媒体	19.1%	17.8%	18.2%	18.7%	16.4%	18.0%
政府	31.1%	31.0%	30.5%	27.9%	29.7%	29.8%
大学及其文化	12.0%	13.0%	8.8%	9.6%	9.8%	10.1%
市场	13.6%	14.8%	17.5%	17.9%	17.5%	16.8%
企业	5.2%	5.3%	6.5%	8.7%	5.6%	6.6%
社会团体	7.6%	9.1%	10.7%	9.9%	12.1%	10.2%
知识精英	5.5%	3.9%	4.4%	5.1%	5.1%	4.7%
国外价值观与生活方式	5.9%	4.8%	3.3%	2.1%	3.5%	3.5%
其他		0.4%	0.2%	0.1%	0.4%	0.2%
总计	100.0%	100.0%	100.0%	100.0%	100.0%	100.0%
列总计	656	771	1980	1601	1142	6150

Chi-square tests：df = 32，卡方值为 83.034，sig = 0.000 < 0.050，所以不同职业的居民在对“对形成我国当前各种新型伦理关系和道德观念，哪种因素影响第二大”的认知上存在显著差异。

E12c by A10

对形成我国当前各种新型伦理关系和道德观念，哪种因素影响第三大 ＊ 职业 Crosstabulation

	高级白领	低级白领	工人/做小生意者	农民	无业/失业/下岗人员	总计
网络和媒体	9.0%	10.3%	9.7%	11.2%	12.7%	10.6%
政府	10.0%	12.0%	12.1%	10.9%	15.6%	12.2%
大学及其文化	16.1%	18.5%	16.6%	16.6%	16.9%	16.8%
市场	21.8%	18.9%	19.1%	19.5%	17.5%	19.2%
企业	5.7%	5.7%	7.6%	7.9%	6.7%	7.1%
社会团体	17.3%	17.6%	18.1%	20.4%	17.5%	18.4%
知识精英	11.2%	8.1%	9.4%	8.7%	6.6%	8.7%
国外价值观与生活方式	8.0%	8.1%	6.4%	4.1%	6.0%	6.1%
其他	0.9%	0.8%	1.1%	0.8%	0.5%	0.8%
总计	100.0%	100.0%	100.0%	100.0%	100.0%	100.0%
列总计	652	767	1974	1591	1136	6120

Chi-square tests：df = 32，卡方值为 74.914，sig = 0.000 < 0.050，所以不同职业的居民在对“对形成我国当前各种新型伦理关系和道德观念，哪种因素影响第三大”的认知上存在显著差异。

E13 by A10

您认为哪种因素应当对当今不良道德风尚负主要责任 ＊ 职业 Crosstabulation

	高级白领	低级白领	工人/做小生意者	农民	无业/失业/下岗人员	总计
以权谋私，官员腐败	44.2%	46.0%	45.8%	45.2%	42.1%	44.8%
企业不讲诚信和损害社会利益	12.4%	10.8%	11.7%	10.3%	11.7%	11.3%
学校道德教育功能弱化	9.1%	7.4%	6.8%	6.7%	9.1%	7.5%
家庭伦理功能弱化	3.1%	2.4%	3.5%	5.1%	4.2%	3.9%
个人缺乏道德自觉	18.1%	17.8%	19.4%	18.6%	20.0%	19.0%
分配不公，两极分化	13.0%	15.5%	12.8%	14.1%	12.8%	13.5%
总计	100.0%	100.0%	100.0%	100.0%	100.0%	100.0%
列总计	668	780	2015	1638	1168	6269

Chi-square tests：df = 20，卡方值为 32.957，sig = 0.069 > 0.050，所以不同职业的居民在对“哪种因素应当对当今不良道德风尚负主要责任”的选择上不存在显著差异。

E14a by A10

您对下列关于网络的说法是否赞同：网络是个虚拟空间，不受现实生活中的道德规范约束 * 职业 Crosstabulation

	高级白领	低级白领	工人/做小生意者	农民	无业/失业/下岗人员	总计
非常不赞同	35.1%	35.1%	29.0%	27.6%	28.9%	30.1%
不太赞同	33.2%	36.0%	35.6%	35.7%	36.7%	35.6%
比较赞同	20.8%	21.0%	24.9%	26.6%	24.3%	24.3%
非常赞同	10.9%	7.9%	10.5%	10.1%	10.1%	10.0%
总计	100.0%	100.0%	100.0%	100.0%	100.0%	100.0%
列总计	663	775	1967	1546	1132	6083

Chi-square tests：df = 12，卡方值为 33.337，sig = 0.001 < 0.050，所以不同职业的居民在对“网络是个虚拟空间，不受现实生活中的道德规范约束”这种说法的赞同度上存在显著差异。

E14b by A10

您对下列关于网络的说法是否赞同：人肉搜索侵犯个人隐私，应该杜绝 * 职业 Crosstabulation

	高级白领	低级白领	工人/做小生意者	农民	无业/失业/下岗人员	总计
非常不赞同	5.1%	4.8%	5.6%	6.0%	5.3%	5.5%
不太赞同	15.0%	15.9%	13.0%	13.0%	12.5%	13.5%
比较赞同	38.0%	36.8%	40.3%	41.0%	43.0%	40.3%
非常赞同	41.9%	42.5%	41.2%	40.0%	39.1%	40.7%
总计	100.0%	100.0%	100.0%	100.0%	100.0%	100.0%
列总计	661	774	1961	1543	1122	6061

Chi-square tests：df = 12，卡方值为 14.978，sig = 0.225 > 0.050，所以不同职业的居民在对“人肉搜索侵犯个人隐私，应该杜绝”这种说法的赞同度上不存在显著差异。

E14c by A10

您对下列关于网络的说法是否赞同：明知是网络谣言仍转发的，应该受到惩罚 * 职业 Crosstabulation

	高级白领	低级白领	工人/做小生意者	农民	无业/失业/下岗人员	总计
非常不赞同	3.6%	4.4%	4.0%	5.1%	3.1%	4.1%
不太赞同	6.5%	5.8%	7.6%	8.8%	7.2%	7.5%
比较赞同	29.9%	28.9%	35.9%	35.5%	41.3%	35.3%
非常赞同	60.0%	60.9%	52.6%	50.5%	48.4%	53.1%

续表

	高级白领	低级白领	工人/做小生意者	农民	无业/失业/下岗人员	总计
总计	100.0%	100.0%	100.0%	100.0%	100.0%	100.0%
列总计	662	774	1972	1550	1135	6093

Chi-square tests：df = 12，卡方值为62.465，sig = 0.000 < 0.050，所以不同职业的居民在对“明知是网络谣言仍转发的，应该受到惩罚”这种说法的赞同度上存在显著差异。

E15 by A10

您认为政府在制定政策和决策时充分考虑到伦理道德方面的要求了吗（如社会公平、利益均衡、关怀弱势群体，以及大多数人的利益和感受）＊职业 Crosstabulation

	高级白领	低级白领	工人/做小生意者	农民	无业/失业/下岗人员	总计
有考虑	35.0%	38.2%	37.0%	43.6%	34.3%	38.2%
有考虑，但不够	60.7%	59.4%	57.1%	48.4%	58.3%	55.7%
比较赞同没有考虑	4.3%	2.4%	5.9%	8.0%	7.3%	6.1%
总计	100.0%	100.0%	100.0%	100.0%	100.0%	100.0%
列总计	671	780	2023	1647	1162	6283

Chi-square tests：df = 8，卡方值为75.953，sig = 0.000 < 0.050，所以不同职业的居民在对“您认为政府在制定政策和决策时充分考虑到伦理道德方面的要求了吗”的认知上存在显著差异。

E16 by A10

您认为解决当前我国的公民道德和社会风尚问题，最关键的是＊职业 Crosstabulation

	高级白领	低级白领	工人/做小生意者	农民	无业/失业/下岗人员	总计
加强法制	35.0%	36.7%	30.1%	34.6%	30.3%	32.7%
弘扬优秀道德传统	23.9%	20.8%	22.7%	22.2%	21.0%	22.2%
建设伦理道德的核心价值	9.6%	11.5%	7.1%	6.1%	9.3%	8.1%
惩治官员腐败	8.7%	7.8%	15.1%	13.0%	11.6%	12.3%
解决分配不公问题	7.6%	6.9%	8.6%	10.0%	9.5%	8.8%
提高个人道德素质	15.2%	16.3%	16.3%	14.1%	18.3%	16.0%
总计	100.0%	100.0%	100.0%	100.0%	100.0%	100.0%
列总计	669	780	2017	1643	1160	6269

Chi-square tests：df = 20，卡方值为90.179，sig = 0.000 < 0.050，所以不同职业的居民在对“您认为解决当前我国的公民道德和社会风尚问题，最关键”的认知上存在显著差异。

E17 by A10

一些政府机关、企事业单位和大中小学，利用权力为本单位的职工子女在入学、招工中提供特殊政策。您认为这种行为道德吗 * 职业 Crosstabulation

	高级白领	低级白领	工人/做小生意者	农民	无业/失业/下岗人员	总计
为本单位人员谋福利，符合道德	6.1%	6.8%	6.4%	6.9%	7.0%	6.6%
以权谋私，不道德	52.9%	55.0%	58.3%	58.3%	57.8%	57.2%
是对社会公众的欺骗，严重不道德	19.6%	19.3%	20.3%	22.3%	20.7%	20.7%
符合本单位员工利益，但严重侵蚀社会道德	17.3%	15.6%	11.1%	7.8%	9.9%	11.2%
无所谓道德不道德	4.0%	3.3%	3.9%	4.8%	4.6%	4.2%
总计	100.0%	100.0%	100.0%	100.0%	100.0%	100.0%
列总计	669	778	2020	1641	1163	6271

Chi-square tests：df = 16，卡方值为65.640，sig = 0.000 < 0.050，所以不同职业的居民在对“一些政府机关、企事业单位和大中小学，利用权力为本单位的职工子女在入学、招工中提供特殊政策。您认为这种行为道德吗”的评价上存在显著差异。

E18a by A10

残疾人、留守儿童、孤寡老人等弱势群体需要来自全社会的关爱与帮助，您认为本地区做得怎么样：社区提供的服务 * 职业 Crosstabulation

	高级白领	低级白领	工人/做小生意者	农民	无业/失业/下岗人员	总计
很好	31.5%	42.0%	29.2%	32.6%	28.0%	31.7%
比较好	54.1%	49.2%	56.9%	53.9%	57.4%	54.9%
不太好	12.3%	8.3%	12.2%	10.5%	12.8%	11.4%
很差	2.1%	0.5%	1.7%	2.9%	1.8%	2.0%
总计	100.0%	100.0%	100.0%	100.0%	100.0%	100.0%
列总计	666	774	2008	1642	1166	6256

Chi-square tests：df = 12，卡方值为70.654，sig = 0.000 < 0.050，所以不同职业的居民在对“社区提供的服务”的满意度上存在显著差异。

E18b by A10

残疾人、留守儿童、孤寡老人等弱势群体需要来自全社会的关爱与帮助，您认为本地区做得怎么样：周围人的尊重和关爱 * 职业 Crosstabulation

	高级白领	低级白领	工人/做小生意者	农民	无业/失业/下岗人员	总计
很好	25.7%	33.7%	27.6%	33.6%	28.1%	29.8%
比较好	62.2%	55.3%	60.4%	57.8%	60.0%	59.2%

续表

	高级白领	低级白领	工人/做小生意者	农民	无业/失业/下岗人员	总计
不太好	11.1%	10.6%	11.2%	7.7%	11.0%	10.2%
很差	1.1%	0.4%	0.7%	1.0%	0.9%	0.8%
总计	100.0%	100.0%	100.0%	100.0%	100.0%	100.0%
列总计	666	772	2007	1642	1167	6254

Chi-square tests：df = 12，卡方值为 40.633，sig = 0.000 < 0.050，所以不同职业的居民在对“来自本地区周围人的尊重和关爱”的满意度上存在显著差异。

E18c by A10

残疾人、留守儿童、孤寡老人等弱势群体需要来自全社会的关爱与帮助，您认为本地区做得怎么样：社会服务机构提供的专业化服务 * 职业 Crosstabulation

	高级白领	低级白领	工人/做小生意者	农民	无业/失业/下岗人员	总计
很好	23.6%	31.4%	22.5%	24.4%	21.7%	24.1%
比较好	51.2%	51.5%	54.1%	54.6%	54.3%	53.7%
不太好	20.6%	15.2%	20.4%	18.0%	21.6%	19.3%
很差	4.5%	1.9%	3.0%	3.0%	2.4%	2.9%
总计	100.0%	100.0%	100.0%	100.0%	100.0%	100.0%
列总计	664	771	1995	1635	1164	6229

Chi-square tests：df = 12，卡方值为 46.328，sig = 0.000 < 0.050，所以不同职业的居民在对“社会服务机构提供的专业化服务”的满意度上存在显著差异。

E18d by A10

残疾人、留守儿童、孤寡老人等弱势群体需要来自全社会的关爱与帮助，您认为本地区做得怎么样：政府实施的社会救助 * 职业 Crosstabulation

	高级白领	低级白领	工人/做小生意者	农民	无业/失业/下岗人员	总计
很好	24.7%	34.7%	26.6%	33.0%	25.8%	28.9%
比较好	56.3%	50.4%	54.0%	50.7%	52.4%	52.6%
不太好	15.7%	13.1%	16.0%	12.3%	18.1%	15.0%
很差	3.3%	1.8%	3.5%	3.9%	3.7%	3.4%
总计	100.0%	100.0%	100.0%	100.0%	100.0%	100.0%
列总计	663	770	1992	1637	1160	6222

Chi-square tests：df = 12，卡方值为 60.184，sig = 0.000 < 0.050，所以不同职业的居民在对“政府实施的社会救助”的满意度上存在显著差异。

E19a by A10

您认为目前社会公德中最突出的问题是：坑蒙拐骗 ＊ 职业 Crosstabulation

	高级白领	低级白领	工人/做小生意者	农民	无业/失业/下岗人员	总计
未选	64.8%	64.2%	60.5%	55.4%	60.3%	60.0%
已选	35.2%	35.8%	39.5%	44.6%	39.7%	40.0%
总计	100.0%	100.0%	100.0%	100.0%	100.0%	100.0%
列总计	671	782	2026	1651	1170	6300

Chi-square tests：df = 4，卡方值为 27.343，sig = 0.000 < 0.050，所以不同职业的居民在对“坑蒙拐骗是目前社会公德中最突出的问题”的看法上存在显著差异。

E19b by A10

您认为目前社会公德中最突出的问题是：人际关系冷漠，见危不救 ＊ 职业 Crosstabulation

	高级白领	低级白领	工人/做小生意者	农民	无业/失业/下岗人员	总计
未选	59.9%	59.3%	63.6%	68.4%	60.9%	63.5%
已选	40.1%	40.7%	36.4%	31.6%	39.1%	36.5%
总计	100.0%	100.0%	100.0%	100.0%	100.0%	100.0%
列总计	671	782	2025	1651	1170	6299

Chi-square tests：df = 4，卡方值为 30.286，sig = 0.000 < 0.050，所以不同职业的居民在对“人际关系冷漠，见危不救是目前社会公德中最突出的问题”的看法上存在显著差异。

E19c by A10

您认为目前社会公德中最突出的问题是：不守承诺，社会信用度低 ＊ 职业 Crosstabulation

	高级白领	低级白领	工人/做小生意者	农民	无业/失业/下岗人员	总计
未选	54.1%	56.3%	63.4%	65.9%	61.7%	61.9%
已选	45.9%	43.7%	36.6%	34.1%	38.3%	38.1%
总计	100.0%	100.0%	100.0%	100.0%	100.0%	100.0%
列总计	671	782	2024	1651	1170	6298

Chi-square tests：df = 4，卡方值为 41.079，sig = 0.000 < 0.050，所以不同职业的居民在对“不守承诺，社会信用度低是目前社会公德中最突出的问题”的看法上存在显著差异。

E19d by A10

您认为目前社会公德中最突出的问题是：社会财富分配不公，贫富悬殊 * 职业 Crosstabulation

	高级白领	低级白领	工人/做小生意者	农民	无业/失业/下岗人员	总计
未选	58.4%	64.1%	65.2%	67.1%	68.1%	65.4%
已选	41.6%	35.9%	34.8%	32.9%	31.9%	34.6%
总计	100.0%	100.0%	100.0%	100.0%	100.0%	100.0%
列总计	671	782	2025	1651	1170	6299

Chi-square tests：df = 4，卡方值为 21.053，sig = 0.000 < 0.050，所以不同职业的居民在对“社会财富分配不公，贫富悬殊是目前社会公德中最突出的问题”的看法上存在显著差异。

E19e by A10

您认为目前社会公德中最突出的问题是：公共场所缺乏道德 * 职业 Crosstabulation

	高级白领	低级白领	工人/做小生意者	农民	无业/失业/下岗人员	总计
未选	71.1%	68.5%	74.7%	80.2%	74.4%	74.9%
已选	28.9%	31.5%	25.3%	19.8%	25.6%	25.1%
总计	100.0%	100.0%	100.0%	100.0%	100.0%	100.0%
列总计	671	782	2025	1651	1170	6299

Chi-square tests：df = 4，卡方值为 46.829，sig = 0.000 < 0.050，所以不同职业的居民在对“公共场所缺乏道德是目前社会公德中最突出的问题”的看法上存在显著差异。

E19f by A10

您认为目前社会公德中最突出的问题是：自私自利，损人利己 * 职业 Crosstabulation

	高级白领	低级白领	工人/做小生意者	农民	无业/失业/下岗人员	总计
未选	76.0%	77.9%	70.2%	67.4%	68.4%	70.7%
已选	24.0%	22.1%	29.8%	32.6%	31.6%	29.3%
总计	100.0%	100.0%	100.0%	100.0%	100.0%	100.0%
列总计	671	782	2025	1651	1170	6299

Chi-square tests：df = 4，卡方值为 40.454，sig = 0.000 < 0.050，所以不同职业的居民在对“自私自利，损人利己是目前社会公德中最突出的问题”的看法上存在显著差异。

E19g by A10

您认为目前社会公德中最突出的问题是：缺乏爱心 ＊ 职业 Crosstabulation

	高级白领	低级白领	工人/做小生意者	农民	无业/失业/下岗人员	总计
未选	75.9%	72.0%	73.8%	74.3%	74.9%	74.1%
已选	24.1%	28.0%	26.2%	25.7%	25.1%	25.9%
总计	100.0%	100.0%	100.0%	100.0%	100.0%	100.0%
列总计	671	782	2025	1651	1170	6299

Chi-square tests：df = 4，卡方值为 3.348，sig = 0.501 > 0.050，所以不同职业的居民在对“缺乏爱心是目前社会公德中最突出的问题”的看法上不存在显著差异。

E19h by A10

您认为目前社会公德中最突出的问题是：缺乏公正心和正义感 ＊ 职业 Crosstabulation

	高级白领	低级白领	工人/做小生意者	农民	无业/失业/下岗人员	总计
未选	68.8%	72.8%	72.3%	74.1%	72.8%	72.5%
已选	31.2%	27.2%	27.7%	25.9%	27.2%	27.5%
总计	100.0%	100.0%	100.0%	100.0%	100.0%	100.0%
列总计	669	782	2012	1647	1166	6276

Chi-square tests：df = 4，卡方值为 7.043，sig = 0.134 > 0.050，所以不同职业的居民在对“缺乏公正心和正义感是目前社会公德中最突出的问题”的看法上不存在显著差异。

E19i by A10

您认为目前社会公德中最突出的问题是：缺乏羞耻感 ＊ 职业 Crosstabulation

	高级白领	低级白领	工人/做小生意者	农民	无业/失业/下岗人员	总计
未选	89.7%	89.9%	90.8%	89.7%	87.9%	89.7%
已选	10.3%	10.1%	9.2%	10.3%	12.1%	10.3%
总计	100.0%	100.0%	100.0%	100.0%	100.0%	100.0%
列总计	669	782	2012	1647	1166	6276

Chi-square tests：df = 4，卡方值为 6.529，sig = 0.163 > 0.050，所以不同职业的居民在对“缺乏羞耻感是目前社会公德中最突出的问题”的看法上不存在显著差异。

E19j by A10

您认为目前社会公德中最突出的问题是：私欲膨胀，物欲横流 ＊ 职业 Crosstabulation

	高级白领	低级白领	工人/做小生意者	农民	无业/失业/下岗人员	总计
未选	80.6%	84.8%	83.5%	83.7%	85.2%	83.7%
已选	19.4%	15.2%	16.5%	16.3%	14.8%	16.3%
总计	100.0%	100.0%	100.0%	100.0%	100.0%	100.0%
列总计	669	782	2012	1647	1166	6276

Chi-square tests：df = 4，卡方值为 7.353，sig = 0.118 > 0.050，所以不同职业的居民在对“私欲膨胀，物欲横流是目前社会公德中最突出的问题”的看法上不存在显著差异。

E19k by A10

您认为目前社会公德中最突出的问题是：干部贪污受贿，以权谋利 ＊ 职业 Crosstabulation

	高级白领	低级白领	工人/做小生意者	农民	无业/失业/下岗人员	总计
未选	65.9%	69.1%	61.1%	65.4%	67.1%	64.9%
已选	34.1%	30.9%	38.9%	34.6%	32.9%	35.1%
总计	100.0%	100.0%	100.0%	100.0%	100.0%	100.0%
列总计	669	782	2012	1647	1166	6276

Chi-square tests：df = 4，卡方值为 21.317，sig = 0.000 < 0.050，所以不同职业的居民在对“干部贪污受贿，以权谋利是目前社会公德中最突出的问题”的看法上存在显著差异。

E19l by A10

您认为目前社会公德中最突出的问题是：生活奢侈，铺张浪费 ＊ 职业 Crosstabulation

	高级白领	低级白领	工人/做小生意者	农民	无业/失业/下岗人员	总计
未选	83.9%	83.9%	84.5%	84.9%	85.2%	84.6%
已选	16.1%	16.1%	15.5%	15.1%	14.8%	15.4%
总计	100.0%	100.0%	100.0%	100.0%	100.0%	100.0%
列总计	669	782	2012	1647	1166	6276

Chi-square tests：df = 4，卡方值为 0.986，sig = 0.912 > 0.050，所以不同职业的居民在对“生活奢侈，铺张浪费是目前社会公德中最突出的问题”的看法上不存在显著差异。

E19m by A10

您认为目前社会公德中最突出的问题是：奉行功利主义，相互算计 ＊ 职业 Crosstabulation

	高级白领	低级白领	工人/做小生意者	农民	无业/失业/下岗人员	总计
未选	89.7%	91.6%	89.7%	89.4%	90.8%	90.1%
已选	10.3%	8.4%	10.3%	10.6%	9.2%	9.9%
总计	100.0%	100.0%	100.0%	100.0%	100.0%	100.0%
列总计	669	782	2012	1647	1166	6276

Chi-square tests：df = 4，卡方值为 3.965，sig = 0.411 > 0.050，所以不同职业的居民在对“奉行功利主义，相互算计是目前社会公德中最突出的问题”的看法上不存在显著差异。

E19n by A10

您认为目前社会公德中最突出的问题是：媒体缺乏社会责任，炒作新闻 ＊ 职业 Crosstabulation

	高级白领	低级白领	工人/做小生意者	农民	无业/失业/下岗人员	总计
未选	82.8%	80.7%	86.7%	90.5%	86.4%	86.5%
已选	17.2%	19.3%	13.3%	9.5%	13.6%	13.5%
总计	100.0%	100.0%	100.0%	100.0%	100.0%	100.0%
列总计	669	782	2012	1647	1166	6276

Chi-square tests：df = 4，卡方值为 52.656，sig = 0.000 < 0.050，所以不同职业的居民在对“媒体缺乏社会责任，炒作新闻是目前社会公德中最突出的问题”的看法上存在显著差异。

E19o by A10

您认为目前社会公德中最突出的问题是：人与人、人与社会之间缺乏信任，社会安全度低 ＊ 职业 Crosstabulation

	高级白领	低级白领	工人/做小生意者	农民	无业/失业/下岗人员	总计
未选	67.6%	65.7%	71.6%	73.4%	67.3%	70.1%
已选	32.4%	34.3%	28.4%	26.6%	32.7%	29.9%
总计	100.0%	100.0%	100.0%	100.0%	100.0%	100.0%
列总计	669	781	2012	1647	1166	6275

Chi-square tests：df = 4，卡方值为 24.270，sig = 0.000 < 0.050，所以不同职业的居民在对“人与人、人与社会之间缺乏信任，社会安全度低是目前社会公德中最突出的问题”的看法上存在显著差异。

E19p by A10

您认为目前社会公德中最突出的问题是：娱乐界以丑闻、绯闻进行炒作，污染社会风气 ＊ 职业 Crosstabulation

	高级白领	低级白领	工人/做小生意者	农民	无业/失业/下岗人员	总计
未选	87.4%	85.3%	89.1%	94.8%	89.6%	90.0%
已选	12.6%	14.7%	10.9%	5.2%	10.4%	10.0%
总计	100.0%	100.0%	100.0%	100.0%	100.0%	100.0%
列总计	669	782	2013	1647	1166	6277

Chi-square tests：df = 4，卡方值为 68.044，sig = 0.000 < 0.050，所以不同职业的居民在对“娱乐界以丑闻、绯闻进行炒作，污染社会风气是目前社会公德中最突出的问题”的看法上存在显著差异。

E19q by A10

您认为目前社会公德中最突出的问题是：企业行为损害社会利益，如环境污染，产品质量低劣，以虚假广告误导公众 ＊ 职业 Crosstabulation

	高级白领	低级白领	工人/做小生意者	农民	无业/失业/下岗人员	总计
未选	76.8%	76.8%	81.0%	86.5%	81.3%	81.5%
已选	23.2%	23.2%	19.0%	13.5%	18.7%	18.5%
总计	100.0%	100.0%	100.0%	100.0%	100.0%	100.0%
列总计	669	781	2013	1647	1166	6276

Chi-square tests：df = 4，卡方值为 48.304，sig = 0.000 < 0.050，所以不同职业的居民在对“企业行为损害社会利益，如环境污染，产品质量低劣，以虚假广告误导公众是目前社会公德中最突出的问题”的看法上存在显著差异。

E20 by A10

主流媒体的报道和朋友圈或国外媒体的消息不一致时，您会相信哪一个 ＊ 职业 Crosstabulation

	高级白领	低级白领	工人/做小生意者	农民	无业/失业/下岗人员	总计
主流媒体	56.4%	54.1%	51.4%	57.5%	45.6%	52.8%
朋友圈/亲朋圈子	9.6%	6.3%	10.1%	13.4%	12.5%	10.9%
国外报道	2.5%	1.7%	1.7%	0.7%	1.5%	1.5%
都不相信	6.7%	9.1%	11.5%	10.3%	13.4%	10.7%
自己比较判断应该相信哪个	24.1%	28.3%	24.5%	17.4%	26.2%	23.4%
其他	0.6%	0.5%	0.7%	0.7%	0.7%	0.7%

续表

	高级白领	低级白领	工人/做小生意者	农民	无业/失业/下岗人员	总计
总计	100.0%	100.0%	100.0%	100.0%	100.0%	100.0%
列总计	668	777	2009	1639	1164	6257

Chi-square tests：df = 20，卡方值为 123.095，sig = 0.000 < 0.050，所以不同职业的居民在对“主流媒体的报道和朋友圈或国外媒体的消息不一致时，您会相信哪一个”的选择上存在显著差异。

E21a by A10

下列哪些因素可能影响人际关系：社会资源缺乏，引发恶性竞争 * 职业 Crosstabulation

	高级白领	低级白领	工人/做小生意者	农民	无业/失业/下岗人员	总计
未选	69.0%	67.4%	74.2%	73.0%	70.0%	71.7%
已选	31.0%	32.6%	25.8%	27.0%	30.0%	28.3%
总计	100.0%	100.0%	100.0%	100.0%	100.0%	100.0%
列总计	671	780	2023	1651	1171	6296

Chi-square tests：df = 4，卡方值为 18.581，sig = 0.001 < 0.050，所以不同职业的居民在对“社会资源缺乏，引发恶性竞争可能是影响人际关系的因素”的认知上存在显著差异。

E21b by A10

下列哪些因素可能影响人际关系：过度宣扬竞争意识 * 职业 Crosstabulation

	高级白领	低级白领	工人/做小生意者	农民	无业/失业/下岗人员	总计
未选	82.6%	82.7%	86.7%	88.4%	84.0%	85.7%
已选	17.4%	17.3%	13.3%	11.6%	16.0%	14.3%
总计	100.0%	100.0%	100.0%	100.0%	100.0%	100.0%
列总计	671	780	2023	1650	1171	6295

Chi-square tests：df = 4，卡方值为 25.024，sig = 0.000 < 0.050，所以不同职业的居民在对“过度宣扬竞争意识可能是影响人际关系的因素”的看法上存在显著差异。

E21c by A10

下列哪些因素可能影响人际关系：社会财富分配不公，贫富差距过大 * 职业 Crosstabulation

	高级白领	低级白领	工人/做小生意者	农民	无业/失业/下岗人员	总计
未选	46.8%	50.6%	53.4%	56.4%	55.6%	53.6%
已选	53.2%	49.4%	46.6%	43.6%	44.4%	46.4%
总计	100.0%	100.0%	100.0%	100.0%	100.0%	100.0%
列总计	671	780	2024	1650	1172	6297

Chi-square tests：df = 4，卡方值为 22.498，sig = 0.000 < 0.050，所以不同职业的居民在对“社会财富分配不公，贫富差距过大可能是影响人际关系的因素”的看法上存在显著差异。

E21d by A10

下列哪些因素可能影响人际关系：个人主义盛行 * 职业 Crosstabulation

	高级白领	低级白领	工人/做小生意者	农民	无业/失业/下岗人员	总计
未选	77.5%	77.4%	79.0%	74.7%	76.5%	77.0%
已选	22.5%	22.6%	21.0%	25.3%	23.5%	23.0%
总计	100.0%	100.0%	100.0%	100.0%	100.0%	100.0%
列总计	671	779	2024	1650	1172	6296

Chi-square tests：df = 4，卡方值为 9.800，sig = 0.044 < 0.050，所以不同职业的居民在对“个人主义盛行可能是影响人际关系的因素”的看法上存在显著差异。

E21e by A10

下列哪些因素可能影响人际关系：缺乏爱心 * 职业 Crosstabulation

	高级白领	低级白领	工人/做小生意者	农民	无业/失业/下岗人员	总计
未选	69.9%	71.3%	70.2%	69.7%	71.8%	70.5%
已选	30.1%	28.7%	29.8%	30.3%	28.2%	29.5%
总计	100.0%	100.0%	100.0%	100.0%	100.0%	100.0%
列总计	671	780	2023	1651	1172	6297

Chi-square tests：df = 4，卡方值为 1.790，sig = 0.774 > 0.050，所以不同职业的居民在对“缺乏爱心可能是影响人际关系的因素”的看法上不存在显著差异。

E21f by A10

下列哪些因素可能影响人际关系：缺乏宽容 * 职业 Crosstabulation

	高级白领	低级白领	工人/做小生意者	农民	无业/失业/下岗人员	总计
未选	73.5%	72.9%	73.0%	72.1%	74.9%	73.2%

续表

	高级白领	低级白领	工人/做小生意者	农民	无业/失业/下岗人员	总计
已选	26.5%	27.1%	27.0%	27.9%	25.1%	26.8%
总计	100.0%	100.0%	100.0%	100.0%	100.0%	100.0%
列总计	671	780	2024	1651	1172	6298

Chi-square tests：df = 4，卡方值为 2.786，sig = 0.594 > 0.050，所以不同职业的居民在对“缺乏宽容可能是影响人际关系的因素”的看法上不存在显著差异。

E21g by A10

下列哪些因素可能影响人际关系：缺乏相互理解和沟通的意识和能力 * 职业 Crosstabulation

	高级白领	低级白领	工人/做小生意者	农民	无业/失业/下岗人员	总计
未选	70.5%	71.2%	74.9%	79.7%	75.1%	75.3%
已选	29.5%	28.8%	25.1%	20.3%	24.9%	24.7%
总计	100.0%	100.0%	100.0%	100.0%	100.0%	100.0%
列总计	671	780	2024	1650	1172	6297

Chi-square tests：df = 4，卡方值为 32.860，sig = 0.000 < 0.050，所以不同职业的居民在对“缺乏相互理解和沟通的意识和能力可能是影响人际关系的因素”的看法上存在显著差异。

E21h by A10

下列哪些因素可能影响人际关系：制度安排不公正，机会不平等 * 职业 Crosstabulation

	高级白领	低级白领	工人/做小生意者	农民	无业/失业/下岗人员	总计
未选	68.4%	71.7%	72.0%	75.0%	73.4%	72.6%
已选	31.6%	28.3%	28.0%	25.0%	26.6%	27.4%
总计	100.0%	100.0%	100.0%	100.0%	100.0%	100.0%
列总计	671	780	2024	1650	1172	6297

Chi-square tests：df = 4，卡方值为 11.921，sig = 0.018 < 0.050，所以不同职业的居民在对“制度安排不公正，机会不平等可能是影响人际关系的因素”的看法上存在显著差异。

E21i by A10

下列哪些因素可能影响人际关系：以权谋私，官员腐败 ＊ 职业 Crosstabulation

	高级白领	低级白领	工人/做小生意者	农民	无业/失业/下岗人员	总计
未选	60.1%	66.3%	60.2%	59.9%	64.8%	61.7%
已选	39.9%	33.7%	39.8%	40.1%	35.2%	38.3%
总计	100.0%	100.0%	100.0%	100.0%	100.0%	100.0%
列总计	671	780	2024	1651	1172	6298

Chi-square tests：df=4，卡方值为16.457，sig=0.002<0.050，所以不同职业的居民在对“以权谋私，官员腐败可能是影响人际关系的因素”的看法上存在显著差异。

E21j by A10

下列哪些因素可能影响人际关系：缺乏道德信用 ＊ 职业 Crosstabulation

	高级白领	低级白领	工人/做小生意者	农民	无业/失业/下岗人员	总计
未选	70.6%	75.1%	71.4%	73.6%	72.5%	72.5%
已选	29.4%	24.9%	28.6%	26.4%	27.5%	27.5%
总计	100.0%	100.0%	100.0%	100.0%	100.0%	100.0%
列总计	669	780	2011	1646	1168	6274

Chi-square tests：df=4，卡方值为6.241，sig=0.182>0.050，所以不同职业的居民在对“缺乏道德信用可能是影响人际关系的因素”的看法上不存在显著差异。

E21k by A10

下列哪些因素可能影响人际关系：人与人、人与社会之间缺乏信任 ＊ 职业 Crosstabulation

	高级白领	低级白领	工人/做小生意者	农民	无业/失业/下岗人员	总计
未选	58.6%	59.6%	62.5%	69.2%	61.7%	63.3%
已选	41.4%	40.4%	37.5%	30.8%	38.3%	36.7%
总计	100.0%	100.0%	100.0%	100.0%	100.0%	100.0%
列总计	671	780	2024	1651	1172	6298

Chi-square tests：df=4，卡方值为37.386，sig=0.000<0.050，所以不同职业的居民在对“人与人、人与社会之间缺乏信任可能是影响人际关系的因素”的看法上存在显著差异。

E21l by A10

下列哪些因素可能影响人际关系：传统伦理瓦解，社会缺乏统一的价值观 * 职业 Crosstabulation

	高级白领	低级白领	工人/做小生意者	农民	无业/失业/下岗人员	总计
未选	80.8%	87.8%	88.4%	89.5%	88.4%	87.8%
已选	19.2%	12.2%	11.6%	10.5%	11.6%	12.2%
总计	100.0%	100.0%	100.0%	100.0%	100.0%	100.0%
列总计	671	780	2024	1651	1172	6298

Chi-square tests：df = 4，卡方值为 36.695，sig = 0.000 < 0.050，所以不同职业的居民在对“传统伦理瓦解，社会缺乏统一的价值观可能是影响人际关系的因素”的看法上存在显著差异。

E21m by A10

下列哪些因素可能影响人际关系：一切诉诸利益或法律，人际关系缺乏伦理调节的机制和能力 * 职业 Crosstabulation

	高级白领	低级白领	工人/做小生意者	农民	无业/失业/下岗人员	总计
未选	92.1%	94.2%	91.9%	93.9%	93.5%	93.0%
已选	7.9%	5.8%	8.1%	6.1%	6.5%	7.0%
总计	100.0%	100.0%	100.0%	100.0%	100.0%	100.0%
列总计	671	780	2023	1650	1172	6296

Chi-square tests：df = 4，卡方值为 8.588，sig = 0.072 > 0.050，所以不同职业的居民在对“一切诉诸利益或法律，人际关系缺乏伦理调节的机制和能力可能是影响人际关系的因素”的看法上不存在显著差异。

E22a by A10

本地政府的就业政策对促进社会公平有效果吗 * 职业 Crosstabulation

	高级白领	低级白领	工人/做小生意者	农民	无业/失业/下岗人员	总计
普遍受欢迎	35.9%	42.3%	34.0%	37.7%	34.5%	36.3%
效果一般	52.5%	47.7%	46.0%	38.3%	44.9%	44.7%
没有效果	4.6%	4.6%	7.9%	8.1%	8.2%	7.3%
有负面影响	0.3%	0.3%	1.3%	0.7%	1.4%	0.9%
不清楚	6.6%	5.2%	10.8%	15.2%	10.9%	10.8%
总计	100.0%	100.0%	100.0%	100.0%	100.0%	100.0%
列总计	668	776	1993	1636	1164	6237

Chi-square tests：df = 16，卡方值为 131.710，sig = 0.000 < 0.050，所以不同职业的居民在对“就业政策对促进社会公平的效果”的评价上存在显著差异。

E22b by A10

本地政府的教育政策对促进社会公平有效果吗 * 职业 Crosstabulation

	高级白领	低级白领	工人/做小生意者	农民	无业/失业/下岗人员	总计
普遍受欢迎	42.3%	46.4%	44.5%	52.7%	46.7%	47.1%
效果一般	45.5%	43.4%	40.6%	33.7%	40.0%	39.6%
没有效果	6.2%	5.3%	5.0%	4.0%	5.7%	5.0%
有负面影响	2.6%	1.5%	2.4%	1.0%	1.6%	1.8%
不清楚	3.5%	3.3%	7.6%	8.5%	5.9%	6.5%
总计	100.0%	100.0%	100.0%	100.0%	100.0%	100.0%
列总计	666	778	2000	1631	1160	6235

Chi-square tests：df = 16，卡方值为92.825，sig = 0.000 < 0.050，所以不同职业的居民在对“教育政策对促进社会公平的效果”的评价上存在显著差异。

E22c by A10

本地政府的医疗卫生政策对促进社会公平有效果吗 * 职业 Crosstabulation

	高级白领	低级白领	工人/做小生意者	农民	无业/失业/下岗人员	总计
普遍受欢迎	38.2%	45.8%	43.5%	53.8%	44.3%	46.1%
效果一般	48.6%	42.1%	41.6%	36.2%	40.6%	40.8%
没有效果	8.3%	6.7%	8.0%	4.8%	8.3%	7.1%
有负面影响	2.3%	2.3%	2.2%	2.2%	1.9%	2.2%
不清楚	2.7%	3.1%	4.7%	3.1%	5.0%	3.9%
总计	100.0%	100.0%	100.0%	100.0%	100.0%	100.0%
列总计	665	777	2002	1637	1159	6240

Chi-square tests：df = 16，卡方值为86.308，sig = 0.000 < 0.050，所以不同职业的居民在对“医疗卫生政策对促进社会公平的效果”的评价上存在显著差异。

E22d by A10

本地政府的低保政策对促进社会公平有效果吗 * 职业 Crosstabulation

	高级白领	低级白领	工人/做小生意者	农民	无业/失业/下岗人员	总计
普遍受欢迎	49.4%	55.6%	44.6%	51.0%	45.2%	48.3%
效果一般	38.9%	32.9%	35.1%	31.2%	35.9%	34.3%
没有效果	4.6%	4.5%	7.3%	7.0%	6.9%	6.5%
有负面影响	1.0%	1.8%	3.1%	3.7%	2.9%	2.8%

续表

	高级白领	低级白领	工人/做小生意者	农民	无业/失业/下岗人员	总计
不清楚	6.0%	5.1%	10.0%	7.1%	9.1%	8.0%
总计	100.0%	100.0%	100.0%	100.0%	100.0%	100.0%
列总计	668	777	1998	1637	1163	6243

Chi-square tests：df = 16，卡方值为 79.412，sig = 0.000 < 0.050，所以不同职业的居民在对“低保政策对促进社会公平的效果”的评价上存在显著差异。

E22e by A10

本地政府的房地产政策对促进社会公平有效果吗 ＊ 职业 Crosstabulation

	高级白领	低级白领	工人/做小生意者	农民	无业/失业/下岗人员	总计
普遍受欢迎	19.4%	23.8%	17.2%	16.2%	19.4%	18.4%
效果一般	40.1%	36.6%	33.3%	29.5%	33.9%	33.6%
没有效果	16.7%	16.6%	17.2%	12.7%	15.5%	15.6%
有负面影响	11.6%	10.6%	9.2%	4.7%	6.6%	8.0%
不清楚	12.3%	12.4%	23.0%	36.9%	24.7%	24.5%
总计	100.0%	100.0%	100.0%	100.0%	100.0%	100.0%
列总计	666	776	1992	1629	1157	6220

Chi-square tests：df = 16，卡方值为 288.299，sig = 0.000 < 0.050，所以不同职业的居民在对“房地产政策对促进社会公平的效果”的评价上存在显著差异。

E22f by A10

本地政府的拆迁安置政策对促进社会公平有效果吗 ＊ 职业 Crosstabulation

	高级白领	低级白领	工人/做小生意者	农民	无业/失业/下岗人员	总计
普遍受欢迎	25.2%	30.7%	22.3%	21.1%	22.2%	23.3%
效果一般	40.5%	41.3%	35.1%	27.4%	36.4%	34.7%
没有效果	8.1%	7.9%	11.1%	9.7%	10.5%	9.9%
有负面影响	9.6%	6.7%	8.2%	6.0%	6.8%	7.3%
不清楚	16.5%	13.3%	23.4%	35.7%	24.1%	24.7%
总计	100.0%	100.0%	100.0%	100.0%	100.0%	100.0%
列总计	666	774	1994	1623	1162	6219

Chi-square tests：df = 16，卡方值为 226.852，sig = 0.000 < 0.050，所以不同职业的居民在对“拆迁安置政策对促进社会公平的效果”的评价上存在显著差异。

E23 by A10

您听说过或参加过道德讲堂活动吗 ＊ 职业 Crosstabulation

	高级白领	低级白领	工人/做小生意者	农民	无业/失业/下岗人员	总计
没有听说过	24.6%	22.2%	46.9%	60.2%	48.5%	45.2%
听说过，但没有参加过	31.0%	29.1%	29.2%	23.1%	29.0%	27.8%
参加过，觉得很有意义	36.8%	43.9%	20.8%	13.8%	17.0%	22.8%
参加过，但没留下太多印象	7.6%	4.9%	3.1%	2.8%	5.5%	4.2%
总计	100.0%	100.0%	100.0%	100.0%	100.0%	100.0%
列总计	668	781	2009	1647	1167	6272

Chi-square tests：df = 12，卡方值为 585.825，sig = 0.000 < 0.050，所以不同职业的居民在对“您听说过或参加过道德讲堂活动吗”的选择上存在显著差异。

E24 by A10

有人说，一条好家规、一个好家风可以影响三代人。现在开展的弘扬好家风、好家训活动，您认为有意义吗 ＊ 职业 Crosstabulation

	高级白领	低级白领	工人/做小生意者	农民	无业/失业/下岗人员	总计
没有必要	4.2%	2.9%	6.2%	7.5%	5.8%	5.9%
可有可无	6.8%	6.5%	9.3%	8.7%	10.3%	8.7%
很有意义	89.0%	90.5%	84.5%	83.7%	83.9%	85.4%
总计	100.0%	100.0%	100.0%	100.0%	100.0%	100.0%
列总计	666	780	2011	1646	1165	6268

Chi-square tests：df = 8，卡方值为 38.491，sig = 0.000 < 0.050，所以不同职业的居民在对“现在开展的弘扬好家风、好家训活动，您认为有意义吗”的评价上存在显著差异。

E25 by A10

现在有的地方建了“好人馆”“好人广场”“好人公园”，您认为有必要为好人树碑立传吗 ＊ 职业 Crosstabulation

	高级白领	低级白领	工人/做小生意者	农民	无业/失业/下岗人员	总计
可有可无	10.3%	10.6%	12.7%	10.9%	14.5%	12.1%
没有必要	14.1%	11.8%	13.2%	12.5%	11.4%	12.6%
很有必要，可以让更多的人知道他们、学习他们	75.6%	77.6%	74.1%	76.6%	74.1%	75.3%
总计	100.0%	100.0%	100.0%	100.0%	100.0%	100.0%

续表

	高级白领	低级白领	工人/做小生意者	农民	无业/失业/下岗人员	总计
列总计	668	780	2005	1649	1166	6268

Chi-square tests：df = 8，卡方值为 16. 218，sig = 0. 039 < 0. 050，所以不同职业的居民在对“您认为有必要为好人树碑立传吗”的评价上存在显著差异。

E26 by A10

您对生活的地方道德建设满意吗 ＊ 职业 Crosstabulation

	高级白领	低级白领	工人/做小生意者	农民	无业/失业/下岗人员	总计
没有必要	29. 2%	37. 3%	30. 6%	39. 6%	25. 6%	32. 7%
可有可无	62. 2%	56. 6%	59. 8%	51. 4%	62. 0%	57. 9%
不满意	6. 4%	3. 7%	5. 9%	5. 5%	7. 7%	5. 9%
说不清楚	2. 1%	2. 3%	3. 7%	3. 6%	4. 7%	3. 5%
总计	100. 0%	100. 0%	100. 0%	100. 0%	100. 0%	100. 0%
列总计	667	782	2009	1648	1167	6273

Chi-square tests：df = 12，卡方值为 96. 779，sig = 0. 000 < 0. 050，所以不同职业的居民在对“生活的地方道德建设”的满意度上存在显著差异。

E28 by A10

您对您生活的地方社会公德状况满意吗 ＊ 职业 Crosstabulation

	高级白领	低级白领	工人/做小生意者	农民	无业/失业/下岗人员	总计
非常满意	19. 9%	24. 9%	21. 9%	25. 0%	18. 9%	22. 3%
比较满意	43. 6%	44. 3%	45. 5%	48. 2%	44. 8%	45. 8%
基本满意	28. 8%	25. 4%	25. 6%	22. 1%	28. 2%	25. 5%
不满意	7. 7%	5. 4%	7. 0%	4. 6%	8. 1%	6. 4%
总计	100. 0%	100. 0%	100. 0%	100. 0%	100. 0%	100. 0%
列总计	653	763	1983	1623	1151	6173

Chi-square tests：df = 12，卡方值为 49. 343，sig = 0. 000 < 0. 050，所以不同职业的居民在对“生活的地方社会公德状况”的满意度上存在显著差异。